前言

钢结构作为现代建筑的“钢铁脊梁”，在高层建筑、工业厂房、桥梁工程、大型场馆等领域的应用日益广泛。随着钢结构工程规模的扩大和技术要求的提升，从设计、施工、安装到质量监控的全流程专业技能已成为行业迫切需求。为满足从业人员系统掌握钢结构技术、提升工程实践能力的需求，特编写本书，旨在提供一本覆盖全面、脉络清晰、实用性强的专业参考图书。

本书详细介绍了钢结构基础知识、技能技术和工程应用，以“技术基础→结构体系→专项技术→工程应用”为主线，系统整合基础理论、核心结构体系、前沿技术解析和工程实践应用四大模块。全书的内容和特点如下。

1. 内容全面。详细介绍了12类钢结构基础知识、7大钢结构体系、8种钢结构技术和13项工程项目技术应用，具有内容丰富、涵盖面广的特点。

2. 实用性强。针对施工难点（如柱脚安装、焊缝质量控制、支撑系统优化）提供解决方案，辅以200余幅节点详图与误差控制表（如围护墙板安装允许偏差）进行讲解，可以指导读者进行相关实操训练。

3. 适用面广。兼顾技术人员职业培训、院校教学参考（院校辅导用书）、创业者技能速成需求，设置“知识技能小贴士”专栏提炼实操要点。

4. 形式新颖。本书采用双色印刷，关键知识点直接在图上用颜色区分表达。同时，本书配上视频讲解，具有很强的直观指导价值。

总之，本书内容丰富、覆盖全面、脉络清晰、重点突出、实用性强。

本书在编写过程中，参考了一些珍贵的资料、文献、网站，在此向这些资料、文献、网站的作者深表谢意！由于部分参考文献标注不详细或者不规范，暂时没有或者没法在参考文献中列举鸣谢，在此特意说明，同时深表感谢。

另外，本书编写中还参考了现行有关标准、规范、要求、政策、方法等资料，从而保证本书内容新，符合现行要求。

本书由阳鸿钧、曹旭东、阳许倩、许小菊、阳梅开、阳育杰、阳苟妹、许四一、欧小宝、许满菊、阳红珍、许秋菊等人员参加编写或支持编写，或参与了相关辅助及协助工作。

另外，本书的编写还得到了一些同行、朋友及有关单位的帮助与支持，在此，向他们表示衷心的感谢！

由于水平有限，书中难免存在不足之处，敬请批评、指正。

目录

第 1 部分　开启钢构之门

钢结构技术及应用一本通

阳鸿钧 等编著

化学工业出版社

·北京·

内容简介

本书系统地介绍了钢结构的基础知识、专业技术与应用实践，涵盖钢结构常识与基础、材料与附件配件零件、各类结构体系（门式刚架、框架、桁架、网架、劲性结构等）、楼板与围护体系，以及装配式技术、预应力技术、单边螺栓连接技术等 8 大核心技术和 13 项工程应用。本书内容突出全面性、实用性与前沿性，结合大量节点详图、技术参数（如螺栓规格、焊接球承载力表）和工程案例，强调符合现行标准规范，并融入防火防腐、施工监理等关键环节，为读者提供清晰的技术脉络和实操指导。本书在编写时将关键知识点直接在图上用颜色区分表达，内容实用清晰。同时，本书配有视频讲解，具有很强的直观指导价值。

本书既适合钢结构工程领域的技术人员、施工人员、管理人员及一线作业人员作为职业培训或工作参考用书，也可供制造、材料企业相关人员查阅。同时，可作为高等院校相关专业的辅助教材，以及灵活就业者、技能培训人员和创业者快速掌握钢结构技术的自学资料。

图书在版编目（CIP）数据

钢结构技术及应用一本通 / 阳鸿钧等编著. -- 北京 : 化学工业出版社, 2025. 10. -- ISBN 978-7-122-48634-9

Ⅰ. TU391

中国国家版本馆CIP数据核字第2025SB1555号

责任编辑：彭明兰
文字编辑：冯国庆
责任校对：王鹏飞
装帧设计：刘丽华

出版发行：化学工业出版社
（北京市东城区青年湖南街 13 号　邮政编码 100011）
印　　装：北京云浩印刷有限责任公司
787mm×1092mm　1/16　印张 $18^{3}/_{4}$　字数 441 千字
2026 年 1 月北京第 1 版第 1 次印刷

购书咨询：010-64518888　　售后服务：010-64518899
网　　址：http://www.cip.com.cn
凡购买本书，如有缺损质量问题，本社销售中心负责调换。

定　　价：79.00元

第 3 部分　钢构技术与应用全掌握

第 6 章　装配式钢结构技术与预应力钢结构技术　126

第 7 章　钢结构螺纹锚固单边螺栓连接技术　163

第 8 章 拱形钢结构技术与大型钢结构件焊接技术 181

第 9 章 房屋建筑工程钢结构技术 205

第 10 章 钢结构焊接监理技术与大跨度钢结构监测技术 236

第 11 章 其他应用钢构技术 249

部分参考文献 269

附录 270

第 1 部分
开启钢构之门

第1章
常识与基础知识

扫码看视频

建筑结构

1.1 常识

1.1.1 常见的钢结构类型

建筑结构一般是指建筑的承重结构与围护结构等部分。根据建筑物所使用材料类型的不同，可以分为砖木结构、砖混结构、钢筋混凝土结构、钢结构等大类，如图 1-1 所示。

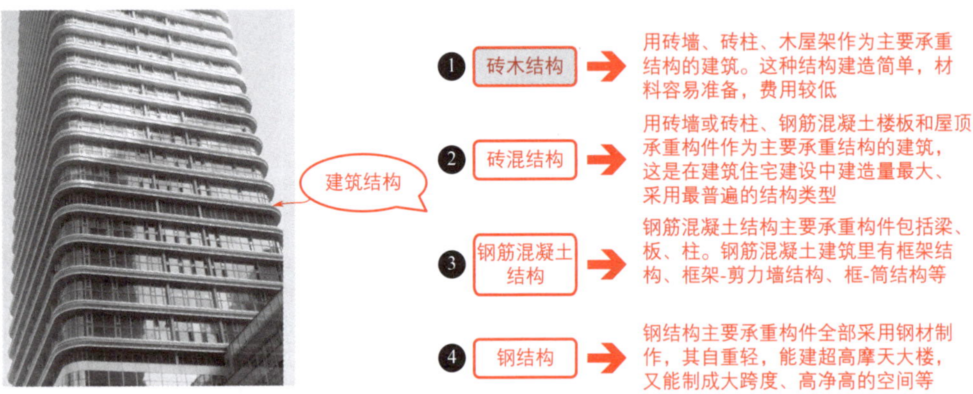

图 1-1　建筑结构的分类

钢筋混凝土结构是指用配有钢筋增强的混凝土制成的结构。钢筋混凝土结构承重的主要构件是用钢筋混凝土建造的，如图 1-2 所示。

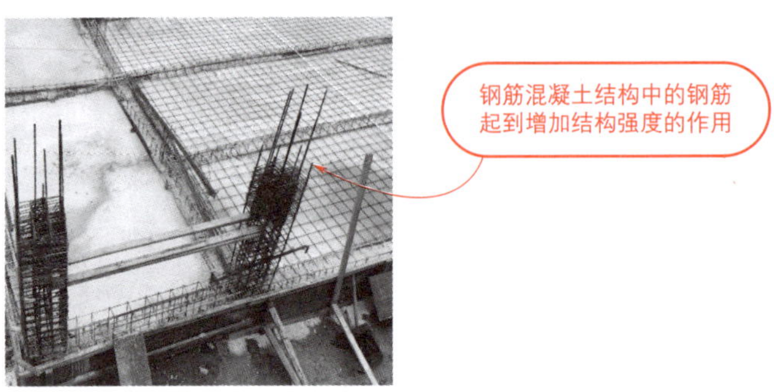

图 1-2　钢筋混凝土结构

钢结构是现代建筑工程中广泛应用的一种结构形式，其主要由型钢、钢板等钢材加工、连接、安装而成。钢结构的核心构件包括钢梁、钢柱、钢桁架等，这些构件通过焊接、螺栓或铆钉连接，形成稳定且可靠的整体结构。

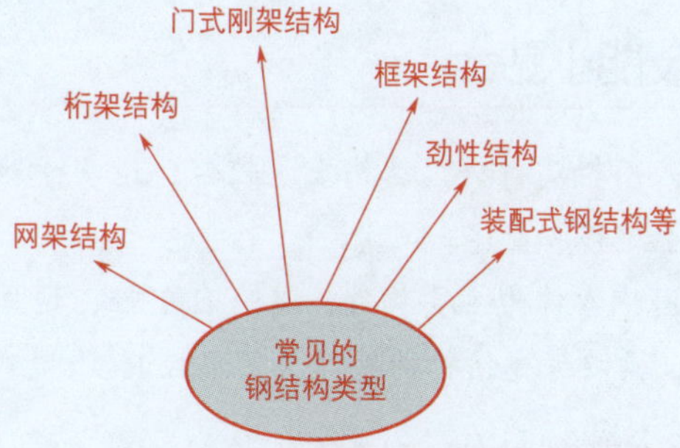

图1-3　常见的钢结构类型

扫码看视频

常见的钢结构类型

常见的钢结构类型有门式刚架结构、框架结构、桁架结构、网架结构、劲性结构、装配式钢结构等，如图1-3所示。

钢结构因其具有强度高、自重轻、抗震性能好、施工速度快等优点，在现代建筑与工程领域中得到了广泛应用，并且不断有新的技术。钢结构的应用如图1-4所示。

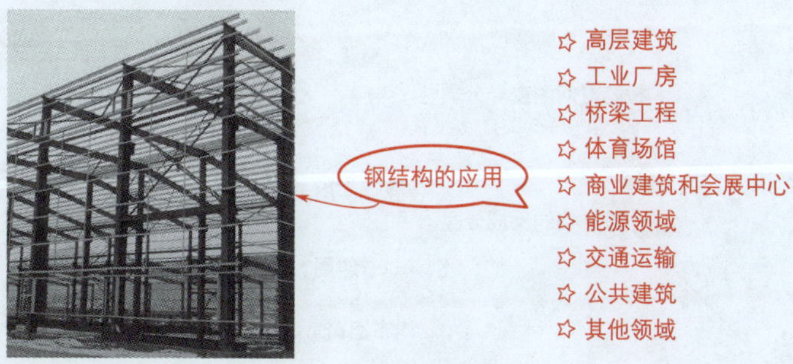

图1-4　钢结构的应用

另外，钢结构的新型应用就是钢与混凝土组合结构。钢与混凝土组合结构，就是钢部件与混凝土或钢筋混凝土部件组合成为整体而共同工作的一种结构，其兼具钢结构与钢筋混凝土结构的一些特性。钢与混凝土组合结构图示如图1-5所示。

图1-5　钢与混凝土组合结构图示

知识技能小贴士

轻型钢结构采用轻质材料，结构重量较轻，适用于地基条件差的地区。轻型钢结构的构件可以拆装，便于迁移、重建。

钢索结构采用钢索作为主要构件，具有自重轻，适用于跨度较大的建筑物等特点。钢索结构的刚度较小，需要考虑结构的振动与变形控制。

1.1.2 建筑结构荷载的特点与分类

对于建筑结构，为了符合安全、适用、经济等要求，需要考虑其荷载，尤其是气候变化、极端天气与灾害等因素带来的诸多问题。

建筑结构的荷载是指建筑物在建造、使用过程中需承受的所有直接或间接作用于结构上的力或者作用。建筑结构的荷载分为永久荷载、可变荷载、偶然荷载，如图 1-6 所示。

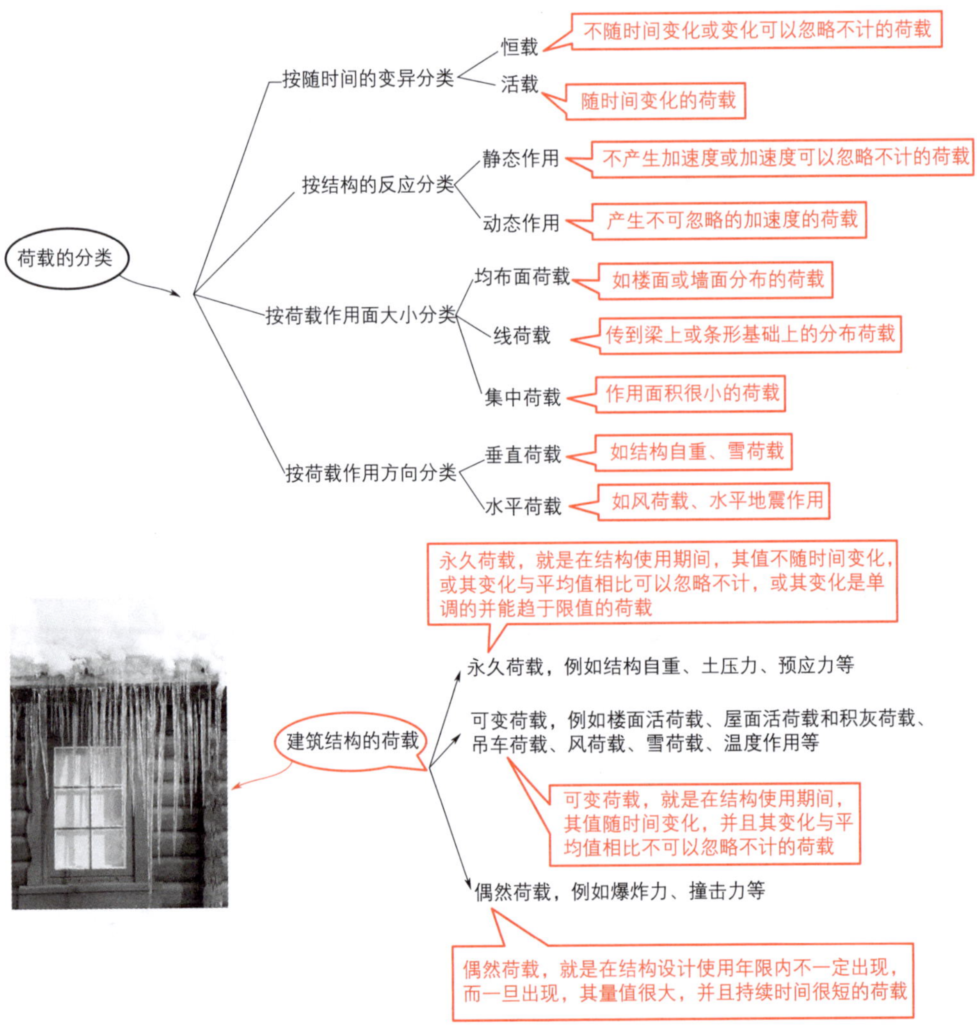

图1-6 建筑结构的荷载

建筑结构在设计时，一般需要对不同荷载采用不同的代表值，如图1-7所示。

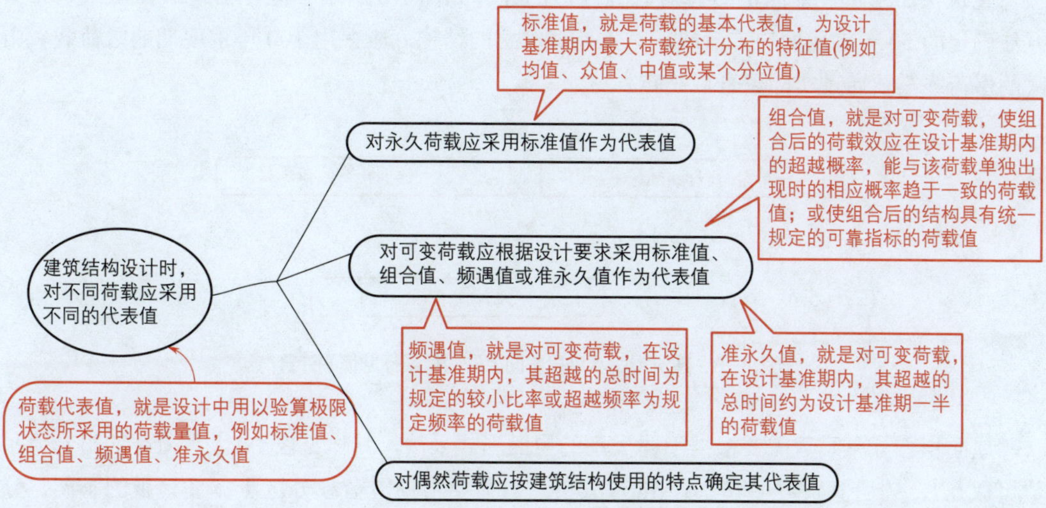

图1-7 不同荷载采用不同的代表值

知识技能小贴士

荷载设计值——就是荷载代表值与荷载分项系数的乘积。

荷载效应——就是由荷载引起结构或结构构件的反应，例如内力、变形、裂缝等。

荷载组合——按极限状态设计时，为了保证结构的可靠性而对同时出现的各种荷载设计值的规定。

基本组合——计算承载能力极限状态时，永久荷载与可变荷载的组合。

偶然组合——计算承载能力极限状态时，永久荷载、可变荷载与一个偶然荷载的组合，以及偶然事件发生后验算受损结构整体稳固性时，永久荷载与可变荷载的组合。

标准组合——计算正常使用极限状态时，采用标准值或组合值作为荷载代表值的组合。

频遇组合——计算正常使用极限状态时，对可变荷载采用频遇值或准永久值作为荷载代表值的组合。

准永久组合——计算正常使用极限状态时，对可变荷载采用准永久值作为荷载代表值的组合。

基本雪压——雪荷载的基准压力，一般根据当地空旷平坦地面上积雪自重的观测数据，经概率统计得出50年一遇的最大值确定。

基本风压——风荷载的基准压力，一般根据当地空旷平坦地面上10m高度处10min平均的风速观测数据，经概率统计得出50年一遇最大值确定的风速，再考虑相应的空气密度，按伯努利公式确定的风压。

温度作用——结构或结构构件中由于温度变化所引起的作用。

1.1.3 雪荷载

建筑屋面水平投影面上的雪荷载标准值的计算如图 1-8 所示。基本雪荷载需要采用相关方法确定的 50 年重现期的雪荷载。对雪荷载敏感的结构，应采用 100 年重现期的雪荷载。山区的雪荷载需要通过实际调查后确定。

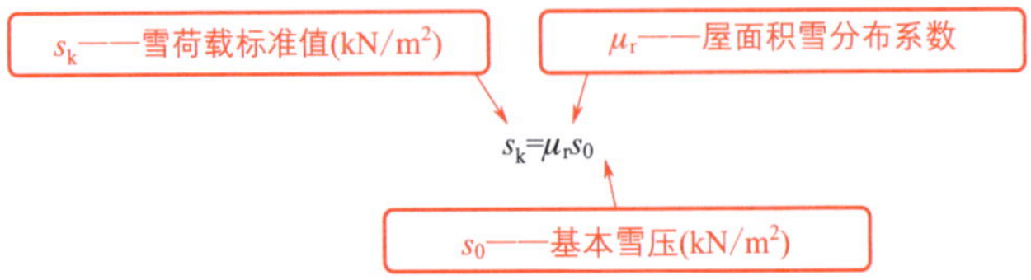

图 1-8 建筑屋面水平投影面上的雪荷载标准值的计算

屋面积雪分布系数需要根据不同类别的屋面形式采用，具体见表 1-1。雪荷载的组合值系数可取 0.7，频遇值系数可取 0.6。准永久值系数需要根据雪荷载分区Ⅰ、Ⅱ、Ⅲ的不同，分别取 0.5、0.2、0。

表 1-1 屋面积雪分布系数

<table>
<tr><th>类别</th><th>屋面形式及积雪分布系数μ_r</th></tr>
<tr><td>单跨单坡屋面</td><td>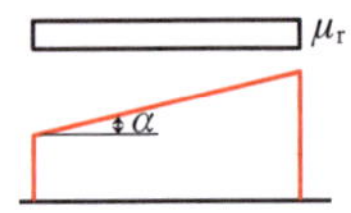

<table>
<tr><td>α</td><td>≤25°</td><td>30°</td><td>35°</td><td>40°</td><td>45°</td><td>50°</td><td>55°</td><td>≥60°</td></tr>
<tr><td>μ_r</td><td>1.0</td><td>0.85</td><td>0.7</td><td>0.55</td><td>0.4</td><td>0.25</td><td>0.1</td><td>0</td></tr>
</table></td></tr>
<tr><td>单跨双坡屋面</td><td>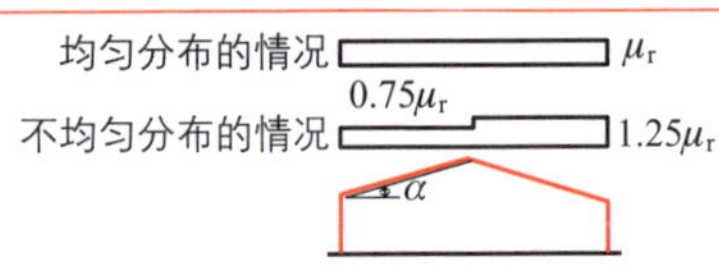
</td></tr>
<tr><td>拱形屋面</td><td>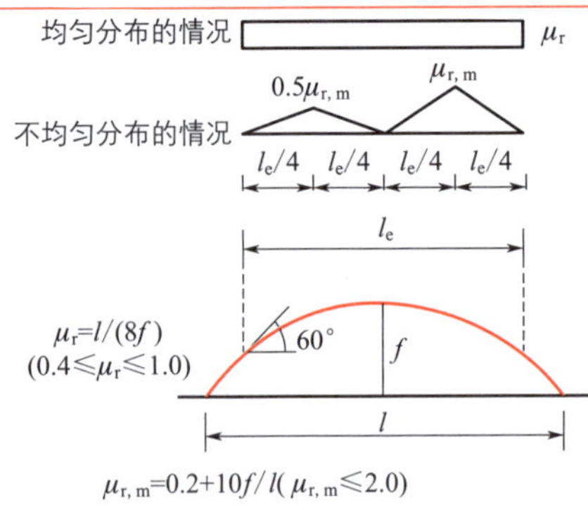
</td></tr>
<tr><td>带天窗的坡屋面</td><td>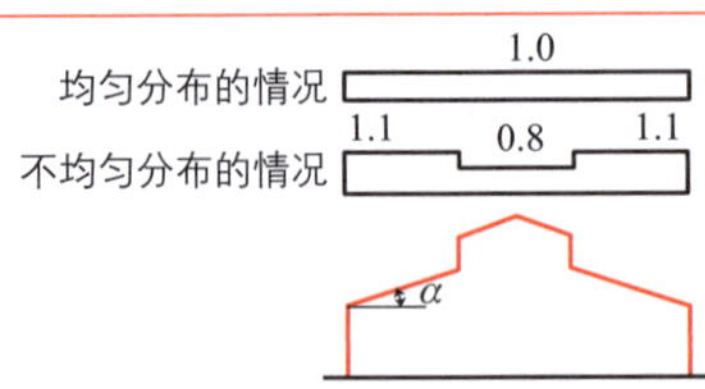
</td></tr>
</table>

续表

类别	屋面形式及积雪分布系数μ_r
带天窗、有挡风板的坡屋面	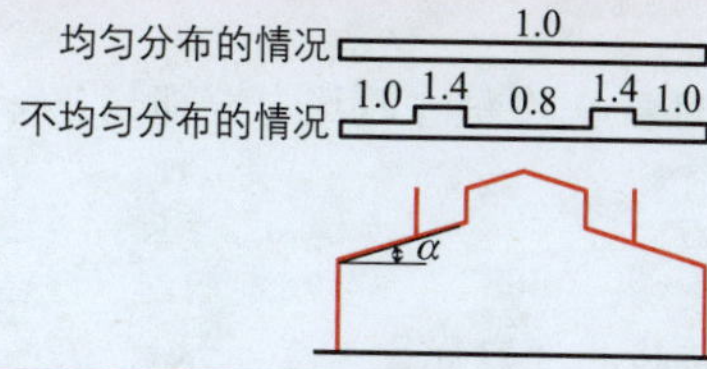
多跨单坡屋面（锯齿形屋面）	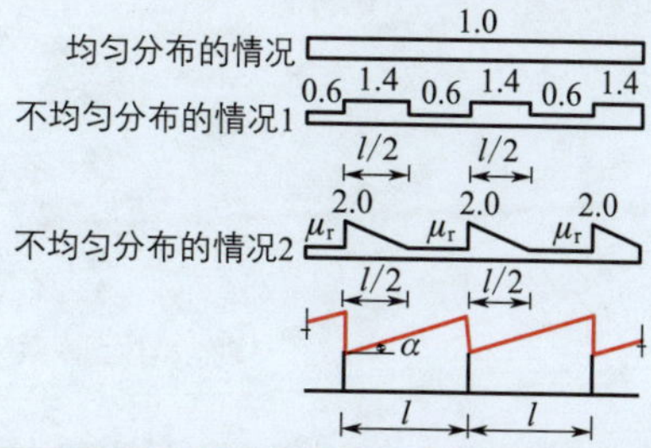
双跨双坡或拱形屋面	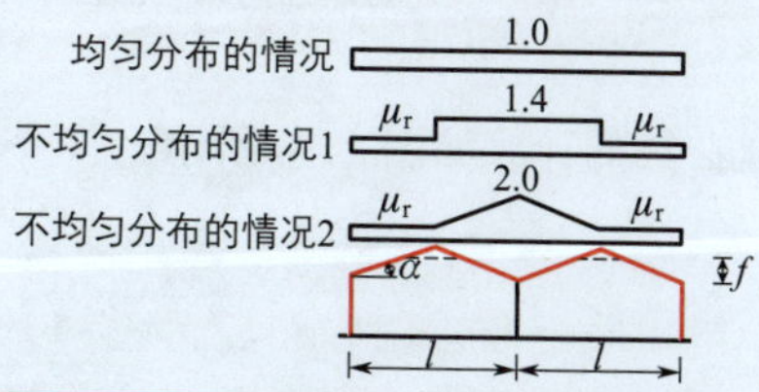
高低屋面	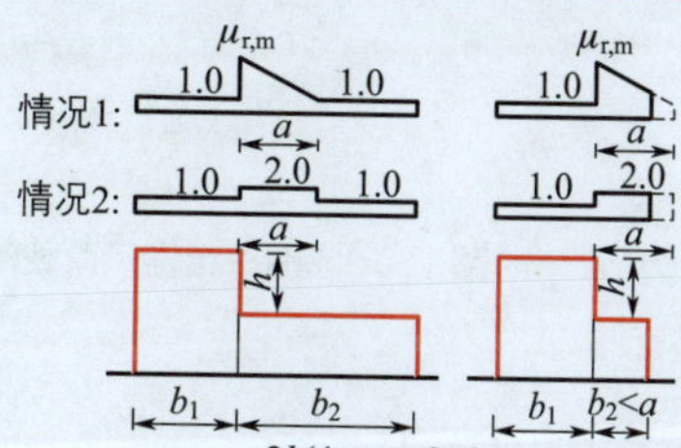 $a=2h$（$4m<a<8m$） $\mu_{r,m}=(b_1+b_2)/2h$（$2.0\leqslant\mu_{r,m}\leqslant4.0$）
有女儿墙及其他凸起物的屋面	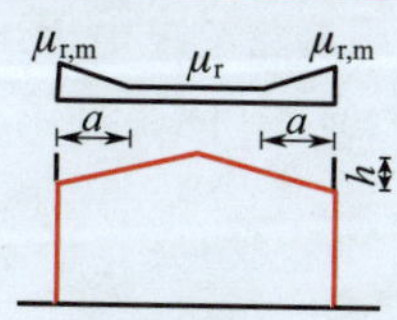 $a=2h$ $\mu_{r,m}=1.5h/s_0$（$1.0\leqslant\mu_{r,m}\leqslant2.0$）
大跨屋面（$l>100$m）	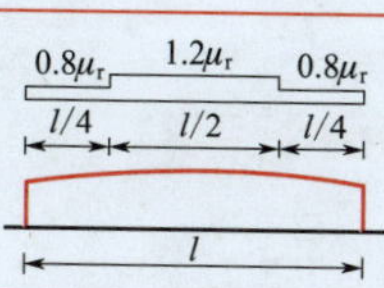

知识技能小贴士

建筑结构及屋面的承重构件，采用积雪的分布情况如下。

① 屋面板、檩条按积雪不均匀分布的最不利情况采用。

② 屋架、拱壳一般分别按全跨积雪的均匀分布、不均匀分布和半跨积雪的均匀分布按最不利情况采用。

③ 框架、柱可按全跨积雪的均匀分布情况采用。

1.1.4 风荷载

建筑结构风荷载的计算如图 1-9 所示。

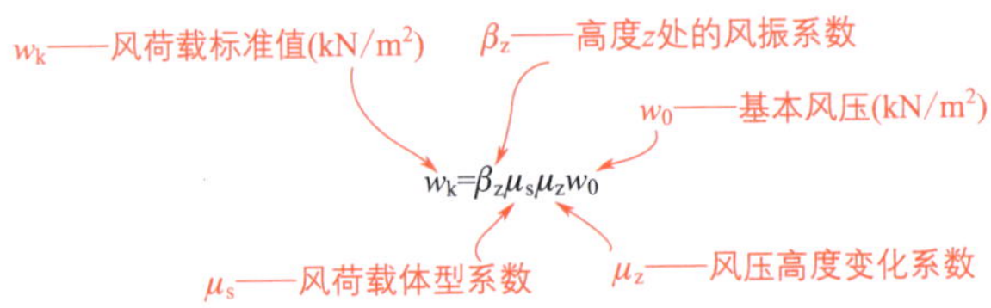

图 1-9 建筑结构风荷载的计算（计算主要受力结构时）

围护结构风荷载的计算如图 1-10 所示。

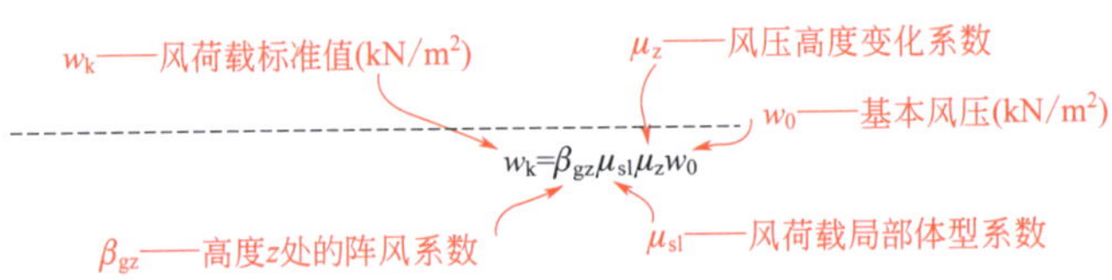

图 1-10 围护结构风荷载的计算（计算围护结构时）

知识技能小贴士

基本风压一般需要采用相关规定方法确定的 50 年重现期的风压，但是不得小于 0.3kN/m^2。对于高层建筑、高耸结构、对风荷载比较敏感的其他结构，基本风压的取值需要适当提高，并且应符合有关规定。

扫码看视频

钢结构工程材料要求

1.2 基础知识

1.2.1 钢结构工程材料要求

钢结构工程材料要求如下。

① 钢结构工程所选用钢材的牌号、技术条件、性能指标，均需要符合国家现行有关标准的规定。对于钢结构工程施工，需要核对钢结构工程所选用的钢材是否与设计、施工图等相符合。

② 工程用钢材与连接材料需要规范管理，钢材与连接材料需要根据设计文件的选材要求订货。

③ 承重构件主要用于承受结构自重与外部荷载，例如矩形柱、H 型钢梁、圆管柱等属于钢结构承重构件。钢结构承重构件所用的钢材需要具有屈服强度、断后伸长率、抗拉强度、硫磷含量的合格保证。钢结构承重构件所用钢材的其他要求如图 1-11 所示。

低温使用环境下 → 还需要具有冲击韧性的合格保证

对焊接结构 → 还需要具有碳或碳当量的合格保证

铸钢件与要求抗层状撕裂(Z向)性能的钢材 → 还需要具有断面收缩率的合格保证

焊接承重结构、重要的非焊接承重结构所用的钢材 → 还需要具有弯曲试验的合格保证

对直接承受动力荷载或需进行疲劳验算的构件 → 其所用钢材还需要具有冲击韧性的合格保证

图 1-11　钢结构承重构件所用钢材的其他要求

知识技能小贴士

根据极限状态设计方法进行结构强度与稳定计算，钢材强度一般取钢材的强度设计值，该值应以钢材的屈服强度标准值除以钢材的抗力分项系数求得。

1.2.2　普通钢构件与连接

普通钢构件是指由普通钢材制成的构件，其主要用于承受与传递荷载的钢结构组合件。普通钢材是指硫、磷含量分别为 0.035% ～ 0.05%、碳含量为 0.06% ～ 0.38% 的碳素结构钢经塑性加工生产的产品。

普通钢构件与连接要求如下。

① 对于轴心受压构件，需要进行稳定性验算。稳定承载力根据构件的毛截面计算，并且需要根据截面两个主轴方向分别进行验算。对截面形心与剪切中心不重合的构件，需要验算弯扭屈曲承载力。对抗扭刚度较弱的构件，还需要验算扭转屈曲承载力。当可能发生局部屈曲时，还需要考虑局部屈曲对整体屈曲承载力的影响。格构式轴心受压构件中，柱肢屈曲不应先于构件整体失稳。

② 计算实腹式轴心受压构件承载力时，若不允许板件局部屈曲，板件的局部屈曲不应先于构件的整体失稳。当允许板件局部屈曲时，应考虑局部屈曲对截面强度与整体失稳的影响。

③ 受弯构件截面的弯曲应力和剪切应力不应大于相应的强度设计值。对于承受集中荷载的受弯构件，需要考虑局部压应力的影响。

④ 对侧向弯扭没有约束的受弯构件，需要验算其侧向弯扭失稳承载力。在构件约束端及内支座位置，需要采取措施保证截面不发生扭转。

⑤ 对于拉弯和压弯构件，需要验算轴力与弯矩共同作用下的截面强度，并且验算时截面几何特性应根据净截面面积与净截面模量计算。

⑥ 压弯构件必须保证在压力与弯矩共同作用下的整体稳定性。对于拉弯构件，当拉力很

小而弯矩相对较大时，需要防止发生整体失稳。

知识技能小贴士

钢结构受压构件是指在钢结构中主要承受轴向压力作用的构件。钢结构受压构件承受着建筑物与桥梁等结构的重量和外部载荷，保证了结构的稳定性和安全性。常见的钢结构受力构件有梁、柱、桁架等。轴心受压构件是指受力方向与构件轴线重合的构件。钢结构实腹式轴心受压构件是指截面为实心或具有连续腹板的构件，其轴心压力作用线与构件截面的形心轴重合。常见的实腹式截面包括工字形、矩形、实心圆柱形等。

1.2.3 冷弯钢构件与连接

冷弯型钢即钢制冷弯型材或冷弯型材，其是指以热轧或冷轧带钢为坯料，经弯曲成形制成的各种截面形状和尺寸的型钢。冷弯，顾名思义就是在常温下对金属材料进行弯曲加工的一种方法。

冷弯钢构件与连接要求如下。

① 轴心受拉构件与以受拉为主的拉弯构件，需要进行强度和刚度验算。

② 轴心受压构件、受弯构件、压弯构件、以受弯为主的拉弯构件，需要进行强度、稳定性、刚度的验算。

③ 刚架、屋架、檩条、墙梁，需要对构件的强度、稳定性、刚度进行验算，并且需要考虑风吸力作用引起构件内力变化的不利影响。

④ 经退火、焊接、热镀锌等热处理的冷弯型钢构件，不应采用考虑冷弯效应的强度设计值。

知识技能小贴士

钢结构受弯构件是指受到弯曲力作用时发生形变的构件，主要承受横向荷载与弯矩。典型的受弯构件包括梁和板。结构中的受弯构件主要以梁的形式体现。结构中的实腹式受弯构件一般称为梁。

1.2.4 不锈钢构件与连接

不锈钢构件是指使用不锈钢材料加工制作的各种零件、元件，包括螺栓、螺母、垫片、机座、紧定器、支撑架等。不锈钢构件具有抗腐蚀性、耐高温性、强度高等特点。

不锈钢构件与连接要求如下。

① 不锈钢结构材料，需要根据结构的安全等级、设计工作年限、工作环境、耐腐蚀要求、表面要求等因素选用。

② 不锈钢构件不应与碳素钢、低合金钢构件进行焊接。

③ 不锈钢构件采用紧固件与碳素钢及低合金钢构件连接时，需要采用绝缘垫片分隔或采

取其他有效措施防止双金属腐蚀，并且不得降低连接处的力学性能。

④ 不锈钢构件需要符合的规定如下。

a. 不锈钢构件的受拉强度，需要根据净截面计算。不锈钢构件的受压强度需要根据有效净截面计算。构件的稳定承载力需要根据有效截面计算。构件的稳定系数需要根据毛截面计算。

b. 不锈钢轴心受压构件、受弯构件、压弯构件，需要进行强度、稳定性、刚度验算。

c. 对于直接承受动力荷载或其他不考虑屈曲后强度的不锈钢焊接受弯构件，需要验算腹板的局部稳定性。

d. 不锈钢轴心受拉构件与拉弯构件，需要进行强度和刚度验算。

知识技能小贴士

钢结构压弯构件是指既承受压力又承受弯矩的钢结构部件。压弯构件不仅需要支撑上方的重量（承受压力），还要抵抗来自不同方向的力导致的弯曲（承受弯矩）。对于钢结构压弯构件，常使用高强度钢材以提供更好的承载能力，同时考虑钢材的韧性、可焊性等性能。

扫码看视频

钢结构连接要求

1.2.5 钢结构连接要求

钢结构连接要求如下。

① 连接与连接件的计算模型，需要与连接的实际受力性能相符合，并且需要根据承载力极限状态、正常使用极限状态分别计算单个连接件的承载力和变形。

② 普通螺栓连接、铆钉连接、高强度螺栓连接，需要计算螺栓（铆钉）受剪、受拉、拉剪联合承载力，以及连接板的承压承载力，并且考虑螺栓孔削弱与连接板撬力对连接承载力的影响。

③ 螺栓孔加工精度、高强度螺栓施加的预拉力、高强度螺栓摩擦型连接的连接板摩擦面处理工艺，需要保证螺栓连接的可靠性。已施加过预拉力的高强度螺栓拆卸后，不应再作为受力螺栓循环使用。

④ 焊接材料需要与母材相匹配。焊缝需要采用减少垂直于厚度方向的焊接收缩应力的坡口形式与构造措施。

⑤ 钢结构焊缝质量等级需要根据钢结构的重要性、荷载特性、焊缝形式、工作环境、应力状态等因素来确定。

⑥ 钢结构承受动荷载且需进行疲劳验算时，严禁使用塞焊、槽焊、电渣焊、气电立焊接头。

知识技能小贴士

一般钢结构要求的钢结构螺栓都是8.8级以上的，如10.9级、12.9级等高强度的螺栓。普通螺栓，一般是指规格为M12～M30，等级为4.6级、4.8级的螺栓。普通螺栓连接分A级、B级、C级。A级、B级螺栓也称精制螺栓，材料为5.6级或8.8级，一般由优质碳素钢中的45

号钢或35号钢制成。C级螺栓也称粗制螺栓，其性能等级为4.6级、4.8级，一般由普通碳钢Q235-B.F钢制成。C级普通螺栓的螺杆直径较螺孔直径小1～1.5mm。

1.2.6 钢结构的节点形式与分类

钢结构连接是指钢结构构件或部件间的互相连接。钢结构连接常用的有焊缝连接、螺栓连接和铆钉连接。螺栓连接又分为普通螺栓连接和高强度螺栓连接。

例如，从网架平面图就可以看出钢结构往往是需要连接的，如图1-12所示。

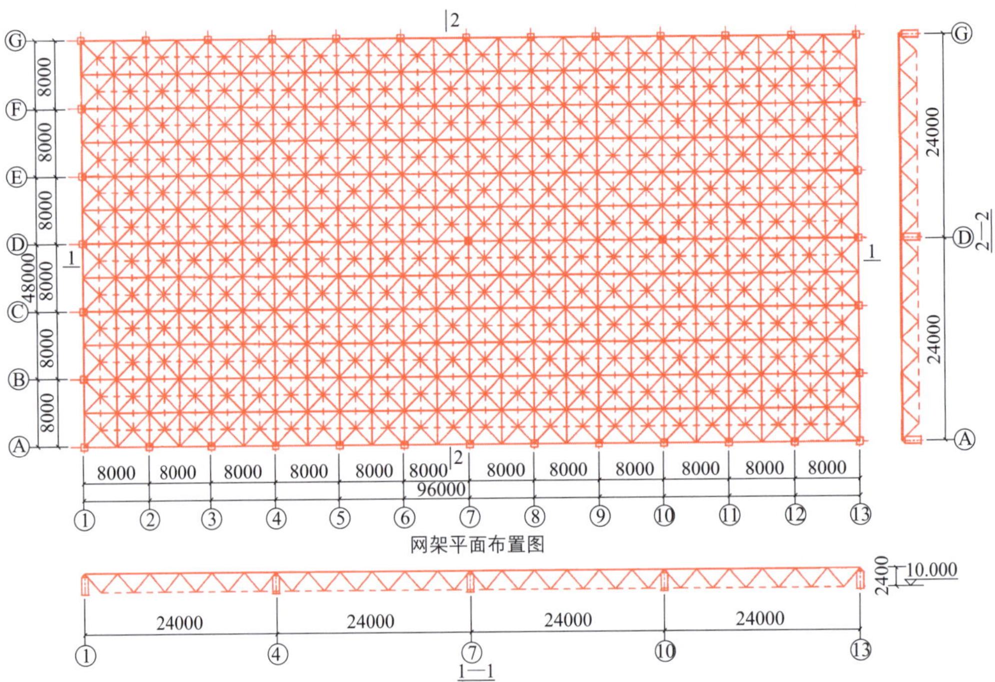

图1-12 钢结构连接

普通螺栓在钢结构中的应用主要依赖其受剪、受拉的工作性能。受剪螺栓连接依靠螺栓杆的承压与抗剪来传力；受拉螺栓连接是通过螺栓的拉力来连接构件。

钢结构高强度螺栓连接是一种利用高强度螺栓作为连接件的连接方式，主要用于钢结构中的节点连接。高强度螺栓常采用经过热处理的高强度钢材制成，性能等级分为8.8级、10.9级等。需要施以较大预紧力的螺栓也称高强度螺栓。

高强度螺栓与普通螺栓的核心区别在于受力形式，而不仅是材料的强度。高强度螺栓通过施加预紧力，利用静摩擦力来抗剪。普通螺栓通过螺杆本身的塑性变形来承受剪力。另外，高强度螺栓的施工需要处理连接面的摩擦力，而普通螺栓则不需要。

钢结构连接节点是指钢结构中用于连接不同构件的部位。连接节点一般由钢板、角钢、钢管采用焊接、螺栓连接等方式组合而成。

钢结构的节点形式与分类如图1-13所示。钢梁节点图示如图1-14所示。吊车梁系统中吊车梁牛腿节点如图1-15所示。

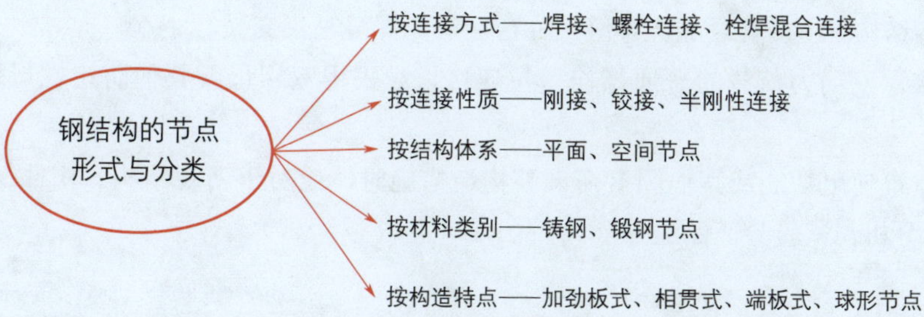

图1-13 钢结构的节点形式与分类

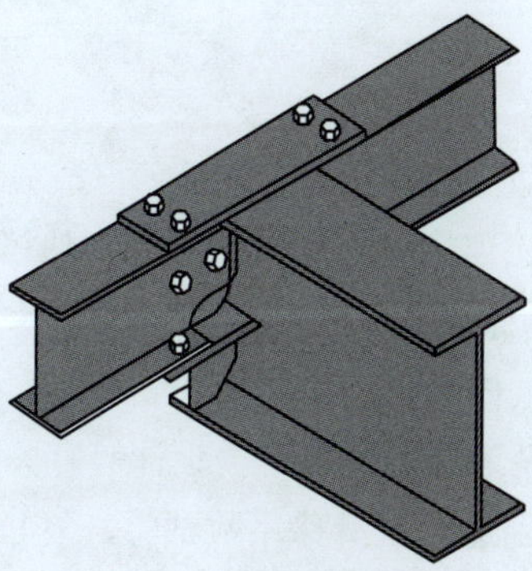

图1-14 钢梁节点图示

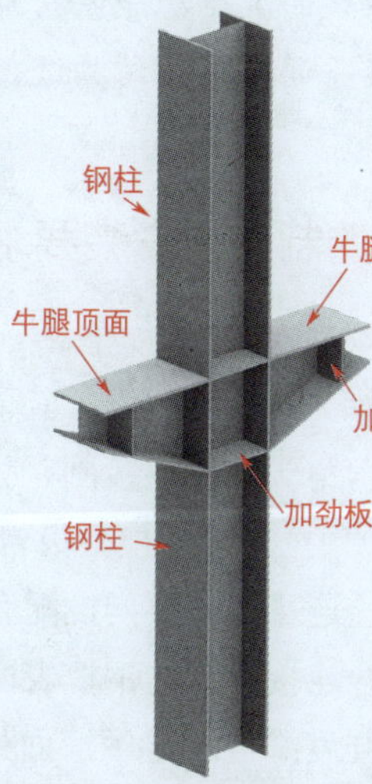

图1-15 吊车梁系统中吊车梁牛腿节点

知识技能小贴士

钢结构连接强度是指钢结构中各个构件或部件间通过连接方式所能够承受的最大外力而不发生破坏或永久变形的能力。钢结构强度是指整个钢结构的承载能力。节点强度是指节点的承载能力。钢材的强度取决于其抗拉、抗压、抗弯能力等。

1.2.7 钢结构构造要求

钢结构构造要求如下。

① 对于钢结构，需要根据几何形式、建造过程、受力状态设置可靠的支撑系统。

② 在建（构）筑物每一个温度区段、防震区段或分期建设的区段中，都需要分别设置独立的支撑系统。

③ 对于大跨度平面结构，需要根据结构稳定性、抗震、抗风等性能要求，通过计算设置支撑系统。

④ 对于钢构件，应根据结构形式、抗震等级、节间荷载等情况，控制其长细比、板件宽厚比，并且根据需要设置加劲肋。

⑤ 焊接结构中不应任意加大焊缝尺寸，应避免焊缝密集交叉。

⑥ 直接承受动力荷载的普通螺栓受拉连接，应采用双螺母或其他防止螺母松动的有效措施。

⑦ 当建筑使用功能或其他因素需调整构造措施时，或对于新型结构、构件、连接节点，应通过计算分析与试验验证保证安全。

知识技能小贴士

钢结构支撑系统的主要功能包括确保总体结构与单个构件的稳定性、传递水平作用力到基础，并且对复杂平面布置的结构进行刚度调整，使结构受力更均匀、更合理，进而提升结构的整体性。

1.2.8 钢结构的制作与安装要求

钢结构的制作与安装要求如下。

① 钢结构构件工厂加工制作，应采用机械化与自动化等工业化方式。

② 高强度大六角头螺栓连接副、扭剪型高强度螺栓连接副出厂时，应分别随箱带有扭矩系数与紧固轴力（预拉力）的检验报告，以及出厂质量保证书。

③ 高强度螺栓连接副需要同批配套进场，并在同批内配套使用。

④ 高强度螺栓连接位置的钢板表面处理方法与除锈等级，需要符合设计等有关要求。

⑤ 摩擦型高强度螺栓连接摩擦面处理后，需要分别进行抗滑移系数试验、复验，并且其结果需要达到抗滑移系数的指标等要求。

⑥ 钢结构安装方法、顺序需要根据结构特点、施工现场情况等来确定。

⑦ 钢结构安装时，需要形成稳固的空间刚度单元。

⑧ 钢结构安装时，测量、校正需要考虑温度、日照、焊接变形等因素对结构变形的影响。

⑨ 钢结构吊装作业，必须在起重设备的额定起重量范围内进行，并且用于吊装的钢丝绳、吊装带、卸扣、吊钩等吊具需要经检验合格，并在其额定许用荷载范围内使用。

⑩ 大型复杂钢结构，需要进行施工成形过程计算，并且进行施工过程监测。

⑪ 索膜结构或预应力钢结构施工张拉时，需要遵循分级、匀速、对称、同步的原则。

⑫ 钢结构施工方案需要包含专门防护施工内容、防护施工专项方案等，并且需要明确现场防护施工的操作方法、环境保护措施等要求。

知识技能小贴士

钢结构安装时，需要定位轴线，也就是用水墨线在钢柱摆放的基础混凝土平面上标记出钢柱就位的十字线，并且在钢柱柱身上标记出定位线。

钢结构安装时，需要调整标高，也就是在柱身上标记标高基准点，然后用水准仪测定其差值，再适当增减垫片来调整钢柱的柱顶标高。

1.2.9 钢结构构件的发运要求

运输过程中，钢构件的保护措施：装载时必须有专人监管，吊运大件必须有专人负责，运输过程中保持平稳，严禁野蛮装卸，构件到达施工现场后需要及时组织卸货，卸货后需要分区堆放。

檩条包装发运要求如图 1-16 所示。

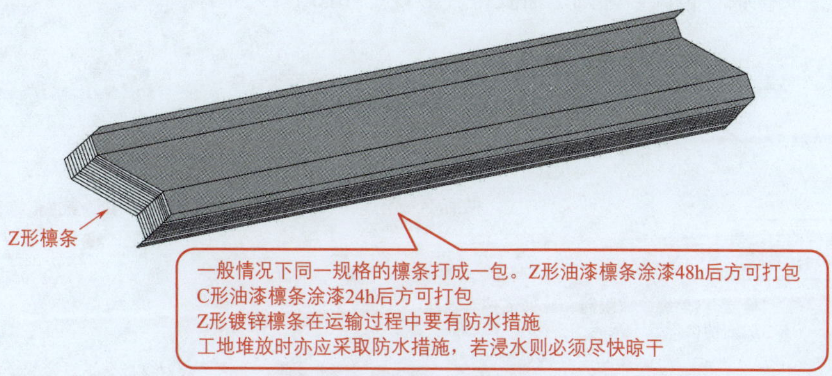

图 1-16 檩条包装发运要求

1.2.10 钢结构构件的堆放

钢件堆放需要确保稳定，防止倒塌、滑落伤人。堆放高度、宽度、堆垛间的距离需要符合相关规定。堆放高度一般不超过两层。钢堆放的方法主要有平放、立放、悬挂式等。

钢结构产品不得直接放在地上，需要垫高 200mm 以上。钢结构构件堆放应遵循的原则如图 1-17 所示。

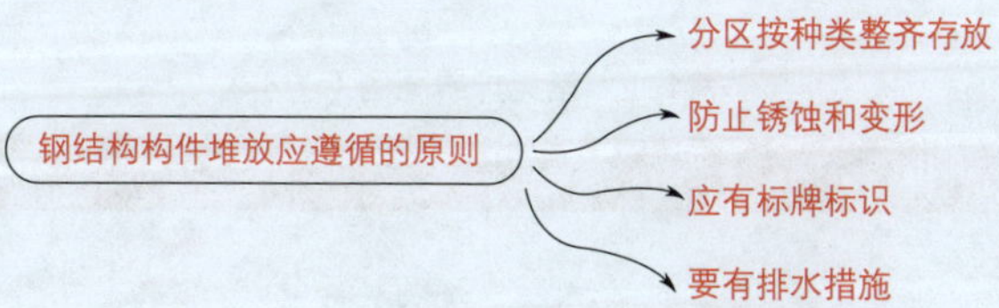

图 1-17 钢结构构件堆放应遵循的原则

简单、常规的 H 形梁，可以根据长、宽、高、重量等情况进行分类堆放。每层间适当加垫木方，并且注意层高一般≤ 2.5m，如图 1-18 所示。

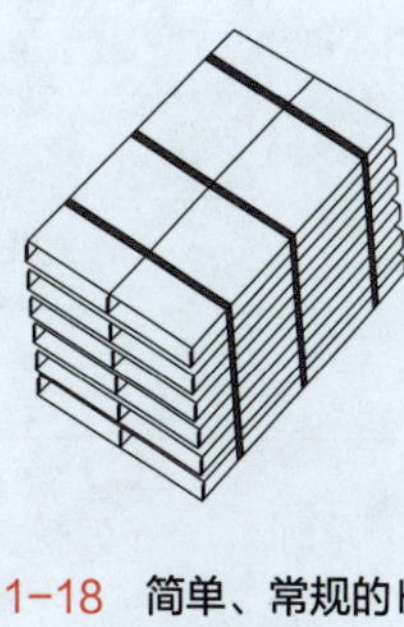

图 1-18 简单、常规的H形梁的堆放

1.2.11 钢结构的焊接要求

扫码看视频

钢结构的焊接要求

钢结构的焊接要求如下。

① 钢结构焊接材料，需要具有焊接材料厂出具的产品质量证明书、检验报告。

② 首次采用的钢材、焊接材料、接头形式、焊接位置、焊接方法、焊后热处理制度、焊接工艺参数、焊接预热、焊接后热措施等参数的组合条件，需要在钢结构构件制作、安装施工前根据规定程序进行焊接工艺评定，以及制定焊接操作规程，焊接施工过程需要遵守焊接操作规程。

③ 对于全部焊缝，需要进行外观检查。对于全焊透的一级、二级焊缝，需要进行内部缺陷无损检测。

④ 焊接质量抽样检验结果判定需要符合的规定如图 1-19 所示。

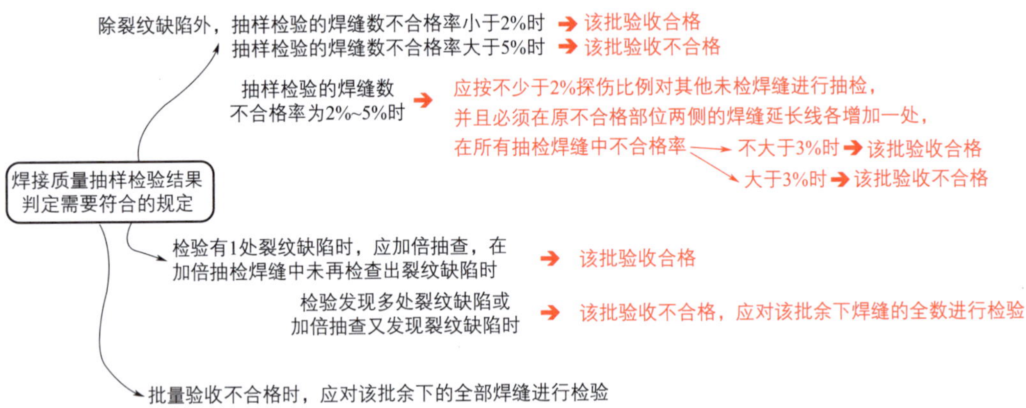

图1-19 焊接质量抽样检验结果判定需要符合的规定

1.2.12 常见焊缝图例

钢结构施工图中往往标注了一些焊接符号，为此需要掌握焊接有关知识。常见焊缝图例见表 1-2 和表 1-3。

表1-2 常见焊缝图例（一）

焊缝形式	焊缝示例	焊缝形式	焊缝示例
单面角焊缝	h_f为单面角焊缝焊脚尺寸	现场双面角焊缝	h_f为双面角焊缝焊脚尺寸
双面角焊缝	h_f为双面角焊缝焊脚尺寸	单边全焊透坡口焊缝	
周围焊缝	h_f为周围焊缝焊脚尺寸	全焊透对接焊缝	
现场单面角焊缝	h_f为单面角焊缝焊脚尺寸	相同焊缝	h_f为相同角焊缝焊脚尺寸

表1-3　常见焊缝图例（二）

<table>
<tr><th>名称</th><th>型式</th><th>图例</th></tr>
<tr><td>单面角焊缝</td><td></td><td>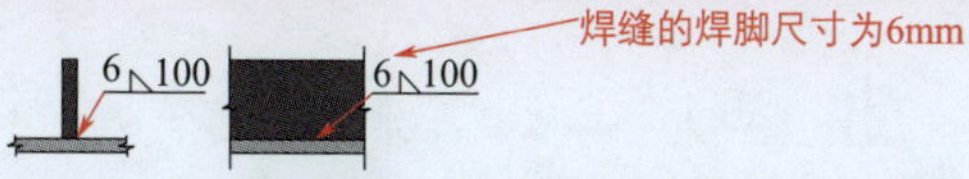</td></tr>
<tr><td>双面角焊缝</td><td></td><td></td></tr>
<tr><td>单面安装焊缝</td><td></td><td>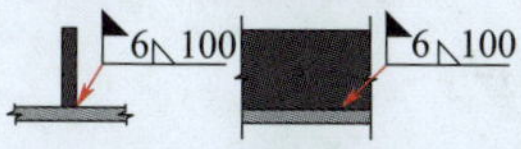</td></tr>
<tr><td>双面安装焊缝</td><td></td><td>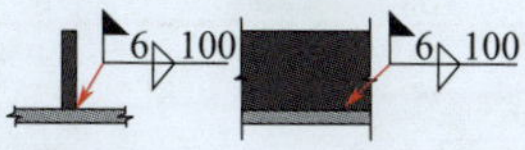</td></tr>
<tr><td rowspan="2">周围焊缝</td><td></td><td rowspan="2">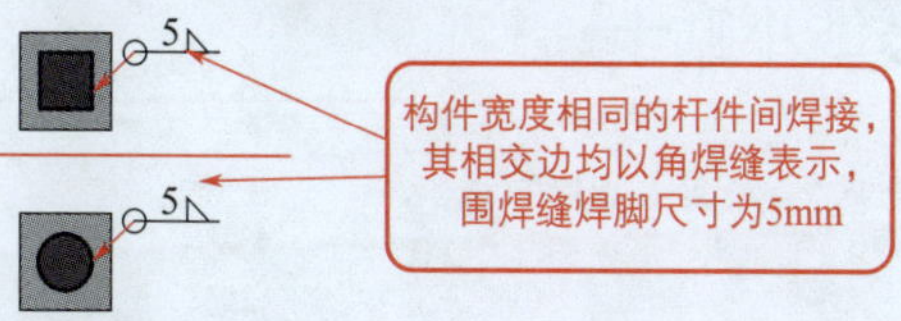</td></tr>
<tr><td></td></tr>
<tr><td rowspan="2">三面围焊缝</td><td></td><td rowspan="2">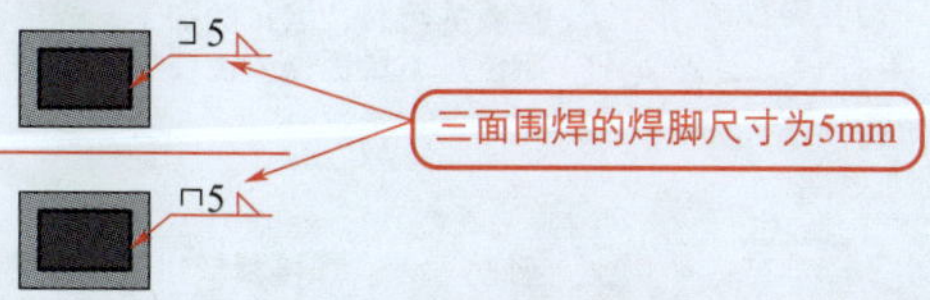</td></tr>
<tr><td></td></tr>
<tr><td>相同焊缝</td><td></td><td>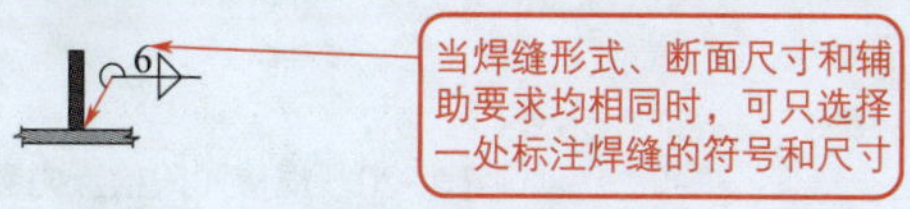</td></tr>
<tr><td>全焊透对接焊缝</td><td>—</td><td>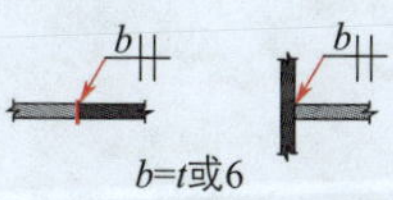</td></tr>
<tr><td rowspan="3">双面角焊缝</td><td></td><td>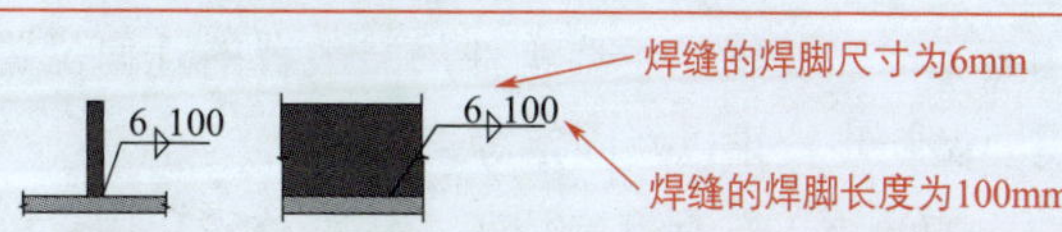</td></tr>
<tr><td>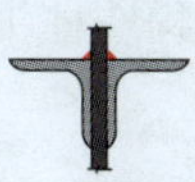</td><td>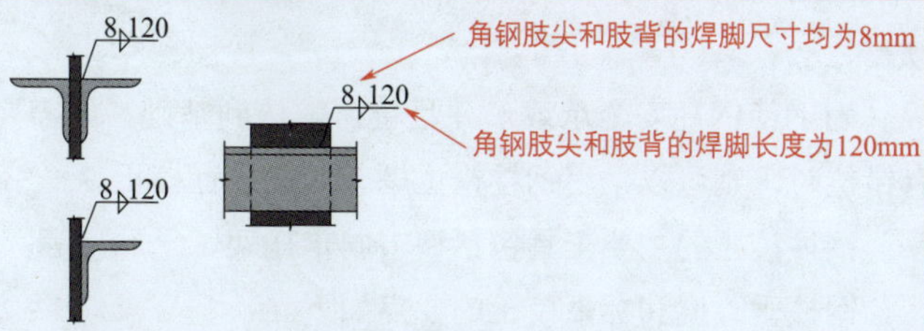</td></tr>
<tr><td></td><td>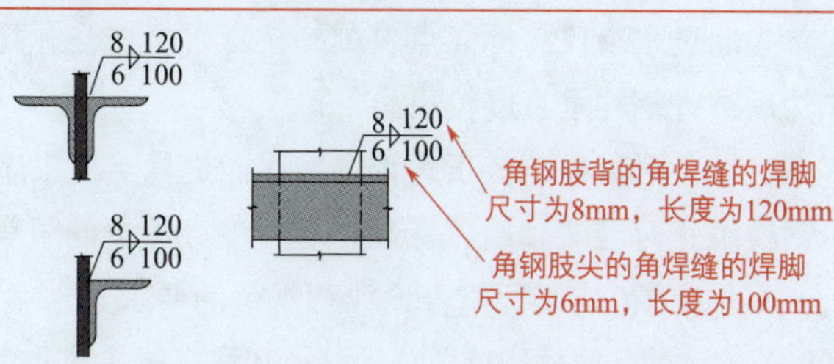</td></tr>
</table>

续表

<table>
<tr><th>名称</th><th>型式</th><th>图例</th></tr>
<tr><td>双面角焊缝</td><td></td><td>或
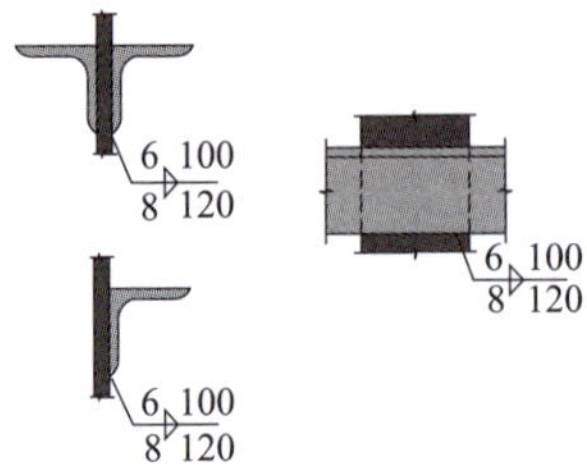</td></tr>
</table>

知识技能小贴士

焊接阶段检查内容如图1-20所示。

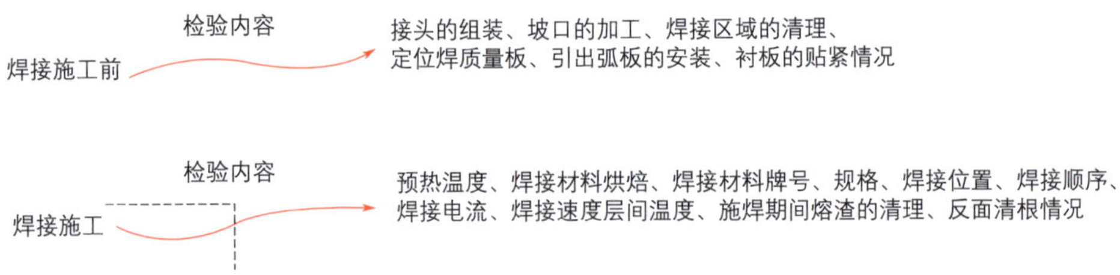

图1-20 焊接阶段检查内容

1.2.13 钢结构的校正要求

钢结构施工时，要确定主要构件吊装放置的几何位置应在设计要求的位置上，并且在松开吊钩前需要做初步校正以及固定等工作。

钢结构施工的校正有垂直度校正、标高校正和位移校正等。钢柱垂直度校正是必须校正项目之一。

为了使钢柱安全承载，并且将荷载传到基础，则需要合理构造柱头、柱脚。若钢柱安装有错位时，则可以采用钢柱错位调节措施进行校正。

钢柱校正的主要工具包括调节固定托架、千斤顶等。

钢柱垂直度和标高校正的要点如下。

① 首先通过水准仪将标高点引测到柱身，将钢柱标高调校到要求范围之内。

② 然后进行钢柱垂直度校正。

③ 钢柱校正后，经复核正确无误后才能进行下道工序施工。

④ 钢柱校正时应对轴线、标高、垂直度、焊缝间隙等因素进行综合考虑，全面兼顾，并且每个分项的偏差值均需要符合设计和规范的要求。

⑤ 每节钢柱的定位轴线都要从地面控制线直接从基准线向上引，不得引用下节钢柱的轴线。

⑥ 钢柱标高可以根据相对标高进行控制，标高控制需要从同一控制网引测，避免累积误差。钢柱错位校正措施如图 1-21 所示。

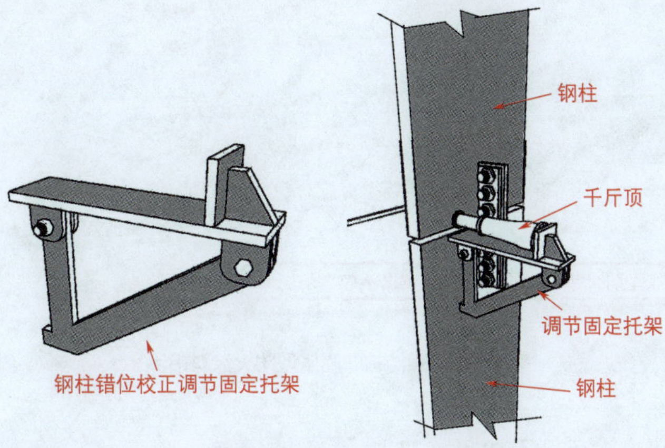

图1-21　钢柱错位校正措施

知识技能小贴士

钢柱吊装前，需要将底座柱顶面与本节钢柱底面的渣土、浮锈等清除干净，以保证焊道内的清洁。钢柱就位后，需要与底座柱头的中心线吻合，并且四面兼顾，以及调节临时连接板且穿好安装螺栓。钢柱吊装完成、初校合格后，才可以进入下一道工序。施工过程中，需要注意钢柱上下段对接应准确，避免带来安全隐患。

1.2.14　钢结构的防火

钢结构防火涂料的类别与应用见表 1-4。

表1-4　钢结构防火涂料的类别与应用

类别	特性	厚度/mm	耐火时限/h	类别
薄涂型防火涂料	附着力强，可以配色，一般不需外保护层	2～7	1.5	工业与民用建筑楼盖与屋盖钢结构
超薄型防火涂料	附着力强，干燥快，可配色，有装饰效果，不需外保护层	3～5	2～2.5	工业与民用建筑、柱等钢结构
厚涂型防火涂料	喷涂施工，密度小，物理强度及附着力低，需装饰面层隔护	8～50	1.5～3	有装饰面层的民用建筑钢结构柱、梁
露天用防火涂料	喷涂施工，有良好的耐候性	薄涂3～10 厚涂25～40	0.5～23	露天环境中的框架、构架等钢结构

钢结构防火涂料类型有非膨胀型防火涂料、膨胀型防火涂料等。钢结构非膨胀型防火涂料喷涂如图 1-22 所示。

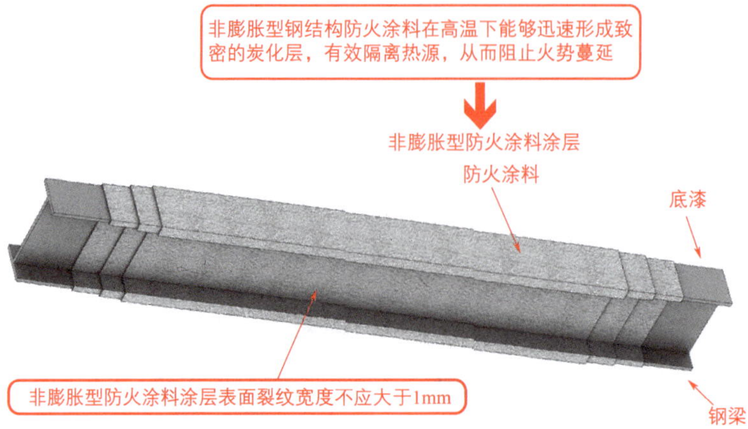

图1-22 钢结构非膨胀型防火涂料喷涂

钢结构膨胀型防火涂料施工如图 1-23 所示。

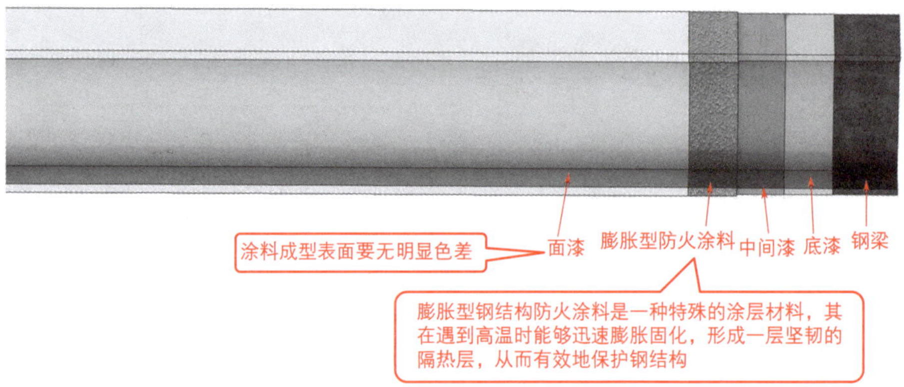

图1-23 钢结构膨胀型防火涂料施工

钢结构防火涂层技术指标见表 1-5。

表1-5 钢结构防火涂层技术指标

产品类型	检测项目	技术指标
膨胀型钢结构防火涂料	外观	钢结构防火涂层无空鼓、脱层、起泡
	抗裂性	每个构件防火涂层的裂缝宽度不应大于0.5mm，1m长度内裂缝不得多于1条；当涂层厚度小于或等于3mm时，裂缝宽度不应大于0.1mm
	黏结强度	≥0.15MPa
	膨胀倍率	膨胀倍率大于或等于3倍
非膨胀型钢结构防火涂料	外观	钢结构防火涂层无空鼓、脱层、起泡
	抗裂性	每个构件防火涂层的裂缝宽度不应大于1mm,1m长度内裂缝不得多于3条
	黏结强度	≥0.04MPa

1.2.15 钢结构的防腐防锈

钢结构防腐施工类型有底漆 + 中间漆、无防火涂料面漆施工（底漆 + 中间漆 + 面漆）等。钢结构表面防腐涂层的最小厚度如图 1-24 所示。

钢结构表面防护防腐蚀涂层的最小厚度

防腐蚀保护层设计使用年限/年	防腐蚀涂层最小干膜总厚度/μm				
	腐蚀性等级Ⅱ级	腐蚀性等级Ⅲ级	腐蚀性等级Ⅳ级	腐蚀性等级Ⅴ级	腐蚀性等级Ⅵ级
2~5	120	140	160	180	200
5~10	160	180	200	220	240
10~15	200	220	240	260	280

不同金属材料接触会加速腐蚀，应在接触部位采用隔离措施。焊条、螺栓、垫圈、节点板等连接构件的耐腐蚀性能，不应低于主材材料。螺栓直径不应小于12mm。不应采用弹簧垫圈。螺栓、螺母和垫圈应采用镀锌等方法防护，安装后再采用与主体结构相同的防腐蚀方案

图1-24 钢结构表面防腐涂层的最小厚度

钢铁基层最低除锈等级见表 1-6。各种底漆与相适应的除锈等级见表 1-7。

表1-6 钢铁基层最低除锈等级

钢铁基层类型	最低除锈等级
富锌底漆	$Sa2\frac{1}{2}$
乙烯磷化底漆	
环氧或乙烯基酯玻璃鳞片底漆	Sa2
氯化橡胶、聚氨酯、环氧、聚氯乙烯萤丹、高氯化聚乙烯、氯磺化聚乙烯、醇酸、丙烯酸环氧、丙烯酸聚氨酯等底漆	Sa2或Sa3
富锌底漆	Sa2
环氧沥青、聚氨酯沥青底漆	Sa3
喷锌及其合金	$Sa2\frac{1}{2}$
热镀浸锌	Be

表1-7 各种底漆与相适应的除锈等级

各种底漆	喷射或抛射除锈			手工除锈		酸洗除锈
	Sa3	$Sa2\frac{1}{2}$	Sa3	St3	St2	SP-8
油基漆	1	1	1	2	3	1
酚醛漆	1	1	1	2	3	1
醇酸漆	1	1	1	2	3	1

续表

各种底漆	喷射或抛射除锈			手工除锈		酸洗除锈
	Sa3	Sa2 $\frac{1}{2}$	Sa3	St3	St2	SP-8
磷化底漆	1	1	1	2	4	1
沥青漆	1	1	1	2	3	1
聚氨酯漆	1	1	2	3	4	2
氯化橡胶漆	1	1	2	3	4	2
氯磺化聚乙烯漆	1	1	2	3	4	2
环氧漆	1	1	1	2	3	1
环氧煤焦油	1	1	1	2	3	1
有机富锌漆	1	1	2	3	4	3
无机富锌漆	1	1	2	4	4	4
无机硅底漆	1	2	3	4	4	2

注：1表示好；2表示较好；3表示可用；4表示不可用。防腐涂层包括底漆、中间漆和面漆，各种底漆与除锈等级要相匹配采用。

钢结构用底漆、中间漆、面漆的配套组合如表1-8所示。

表1-8 钢结构用底漆、中间漆、面漆的配套组合

（环氧清漆面漆）不适用于室外暴晒环境

<table>
<tr><th>底漆与中间漆</th><th>面漆</th><th>最低除锈等级</th><th>适用环境构件</th></tr>
<tr><td>红丹系列（油性防锈漆、醇酸或醛防锈漆）
铁红系列（油性防锈漆、醇酸底漆、酸防锈漆）
底漆
云铁醇酸防锈漆</td><td>各色醇酸磁漆2～3遍</td><td>St2
—</td><td>无侵蚀作用构件
室内弱侵蚀作用的次要构件</td></tr>
<tr><td>氯化橡胶漆一层</td><td>氯化橡胶面漆2～4遍</td><td rowspan="7">Sa2</td><td rowspan="7">室内外弱侵蚀作用的重要构件
中等侵蚀环境的各类承重结构</td></tr>
<tr><td>氯磺化聚乙烯底漆2遍+氯磺化聚乙烯中间漆1～2遍</td><td>氯磺化聚乙烯面漆2～3遍</td></tr>
<tr><td>铁红环氧酯底漆1遍+环氧防腐漆2～3遍</td><td>环氧清（彩）漆1～2遍</td></tr>
<tr><td>铁红环氧底漆1遍+环氧云铁中间漆1～2遍</td><td>氯化橡胶面漆2遍</td></tr>
<tr><td>聚氨酯底漆1遍+聚氨酯磁漆2～3遍</td><td>聚氨酯清漆1～3遍</td></tr>
<tr><td>环氧富锌底漆1遍+环氧云铁中间漆2遍</td><td>氯化橡胶面漆2遍</td></tr>
<tr><td>无机富锌底漆1遍+环氧云铁中间漆1遍</td><td>氯化橡胶面漆2遍</td></tr>
<tr><td>无机富锌底漆2遍+环氧中间漆2～3遍
（75～100mm）　（75～125mm）</td><td>脂肪族聚氨酯面漆2遍（50mm）</td><td>Sa2 $\frac{1}{2}$</td><td>需特别加强防锈蚀的重要结构</td></tr>
</table>

1.2.16 钢结构氧化聚合型包覆腐蚀控制技术

氧化聚合型包覆腐蚀控制技术是一种用于钢结构表面，包含多层材料外加聚合物氧化膜的包覆防腐蚀技术。

氧化聚合型包覆防腐层结构由防蚀膏、防蚀带、外防护层组成，如图1-25所示。表面不平整，有接缝、孔洞等位置，需要采用防蚀胶泥进行填充。

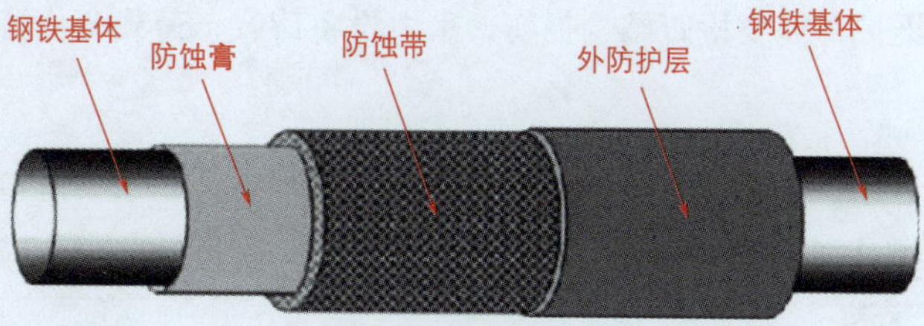

图1-25 氧化聚合型包覆防腐层结构

钢结构氧化聚合型包覆腐蚀控制技术，施工现场环境温度应在5℃以上，相对湿度小于95%，不应在雨、雪天施工。

知识技能小贴士

钢结构表面除锈前，需要清除其表面的焊渣、毛刺、油渍等。应在表面处理后6h内涂抹防蚀膏，在涂抹防蚀膏后30min内粘贴防蚀带。粘贴时，防蚀带需要铺平，紧贴于钢结构表面，不应用力拉伸。粘贴后，应用力按压，挤出气泡，使两层防蚀带尤其是搭接位置完全粘贴在一起。另外，应在粘贴防蚀带后30min内涂刷外防护剂。

1.2.17 钢结构的验收

钢结构的验收要求如下。

① 钢结构防腐涂料、涂装遍数、涂层厚度均应符合要求。设计对涂层厚度无要求时，则涂层干漆膜总厚度：室外应为150μm，室内应为125μm，允许偏差为−25pm。检查数量与检验方法需要符合的规定如图1-26所示。

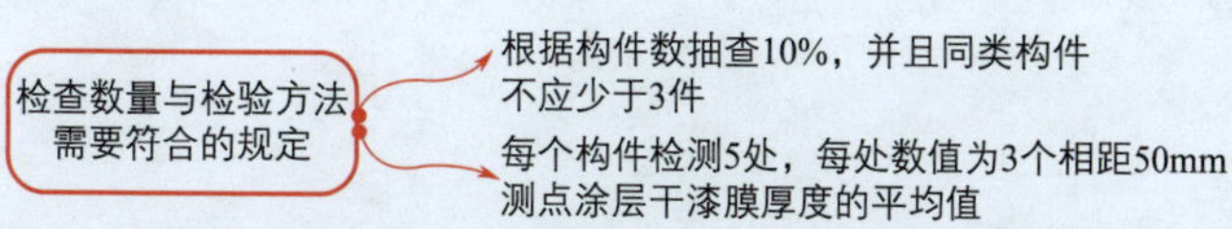

图1-26 检查数量与检验方法需要符合的规定

② 膨胀型防火涂料的涂层厚度需要符合耐火极限的设计等要求。非膨胀型防火涂料的涂层厚度，80%及以上面积需要符合耐火极限的设计等要求，并且最薄位置厚度不应低于设计要求的85%。检查数量应根据同类构件数抽查10%，并且均不应少于3件。

1.2.18 钢结构的维护

扫码看视频

钢结构的维护

钢结构的维护要求如下。

① 对于钢结构需要根据结构安全性等级、类型、使用环境，建立全寿命周期内的结构使用、维护管理等制度、要求。

② 钢结构维护应遵守“预防为主、防治结合”的原则，需要进行日常维护、定期检测与鉴定。

③ 钢结构日常维护，需要检查结构损伤、重大设备荷载、荷载变化情况、消防车通行时的主要受力构件等。

知识技能小贴士

钢结构工程出现下列情况之一的，需要进行检测和鉴定。

① 因遭受灾害、事故而造成损伤、损坏。

② 存在严重的质量缺陷，出现严重的腐蚀、损伤、变形。

③ 进行改造，改变使用功能、使用条件、使用环境。

④ 达到设计使用年限拟继续使用。

第 2 章
钢结构材料与附件、配件及零件

2.1 钢结构材料的基本性能要求与型材类型

2.1.1 钢结构材料的选择要求

建筑用钢材的性能要求包括其要有较高的强度、足够的变形能力、良好的加工性能等。钢材性能包括强度、塑性、韧性、可焊性、冷弯性、耐久性等。

钢结构材料的选择如图 2-1 所示。

钢材最低质量等级要求

		工作温度/℃			
		$T>0$	$-20<T\leqslant 0$	$-40<T\leqslant -20$	
不需验算疲劳	非焊接结构	B(允许用A)	B	B	受拉构件及承重结构的受拉板件： (1) 板厚或直径小于40mm：C (2) 板厚或直径不小于40mm：D (3) 重要承重结构的受拉板材宜选建筑结构用钢板
	焊接结构	B (允许用Q345A~Q420A)			
需验算疲劳	非焊接结构	B	Q235B Q390C Q345GJC Q420C Q345B Q460C	Q235C Q390D Q345GJC Q420D Q345C Q460D	
	焊接结构	B	Q235C Q390D Q345GJC Q420D Q345C Q460D	Q235D Q390E Q345GJD Q420E Q345D Q460E	

钢材质量等级的选用应符合规定

A级钢仅可用于结构工作温度高于0℃的不需要验算疲劳的结构，且Q235A钢不宜用于焊接结构，需验算疲劳的焊接结构用钢材应符合以下规定：

(1)工作温度高于0℃时其质量等级不应低于B级；

(2)工作温度不高于0℃但高于-20℃时；Q235、Q345钢不应低于C级，Q390、Q420及Q460钢不应低于D级；

(3)工作温度不高于-20℃时，Q235钢和Q345钢不应低于D级，Q390钢、Q420钢、Q460钢应选用E级

图2-1 钢结构材料的选择

知识技能小贴士

建筑钢材的类别：Q235为碳素结构钢；Q345、Q390、Q420为低合金高强度结构钢。高强钢丝及钢索主要用于斜拉结构、悬索结构、桅杆结构等抗拉构件中。

2.1.2 钢结构材料Z向性能要求

对于厚钢板，不仅要求宽度方向与长度方向有一定的力学性能，还要求厚度方向有良好的抗层状撕裂性能，也就是钢结构材料 Z 向性能要求。

钢结构材料 Z 向性能要求如图 2-2 所示。

T形连接

在T形、十字形和角形焊接的连接节点中，当其板件厚度不小于40mm且沿板厚方向有较高撕裂拉力作用，包括较高约束拉应力作用时，该部位板件钢材宜具有厚度方向抗撕裂性能即Z向性能的合格保证，其沿板厚方向断面收缩率不小于按现行国家标准《厚度方向性能钢板》(GB/T 5313—2023)规定的Z15级允许限值

T形连接Z向性能一般要求

焊缝类型	Z向性能等级	含硫量
≥25, ≥40	不宜低于Z15	宜≤0.01%
≥35, ≥40		
≥40, ≥40	宜为Z25	宜≤0.007%
≥60, ≥40		
≥16, ≥25	—	宜≤0.01%

图2-2 钢结构材料Z向性能要求

2.1.3 工字钢

工字钢一般是轧制截面，翼缘内边有 1 : 10 的坡度，如图 2-3 所示。工字钢可以分为普通工字钢、轻型工字钢、宽翼缘工字钢等种类。根据翼缘与腹板高度比，宽翼缘工字钢又可以分为宽幅宽翼缘工字钢、中幅宽翼缘工字钢、窄幅宽翼缘工字钢。

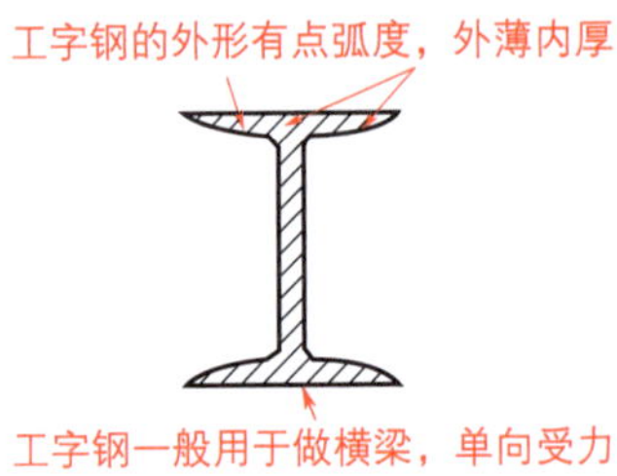

图2-3 工字钢

相同高度下，轻型工字钢翼缘窄、腹板薄、重量轻。宽翼缘工字钢又称为 H 型钢。

工字钢的规格，一般是用腰宽的厘米值来表示的。例如，10 号工字钢，其腰宽为 10cm。另外，工字钢的规格也可以用高 × 腿厚 × 腰厚的方式表示。

钢结构型材类型除了工字钢外，还有 H 型钢、T 型钢等类型，这些型材知识将在相关章节中介绍，本小节不再重述。

2.2 装配式钢结构建筑用热轧型钢

2.2.1 装配式钢结构建筑用热轧型钢牌号的表示方法

改善耐候性能钢的牌号由代表屈服强度“屈”字的汉语拼音首位字母 Q、规定的最小上屈服强度数值、代表改善耐候性能钢的符号“W”、质量等级符号（B、C、D、E 级）等部分组成。Q+ 规定的最小上屈服强度数值 +W，简称为“钢级”。

示例：Q420WD 的含义解读。

Q 代表屈服强度“屈”的汉语拼音首字母。

420 代表规定的最小上屈服强度数值，单位为兆帕（MPa）。

W 代表“耐候”的英文“weathering”首字母。

D 代表质量等级为 D 级。

知识技能小贴士

装配式钢结构建筑用热轧型钢牌号的表示方法图解识读，如图 2-4 所示。热轧型钢是通过将钢坯加热到再结晶温度以上，经过粗轧与精轧机组轧制而成的钢材。根据型钢截面形式，普通热轧型钢可以分为角钢、扁钢、槽钢、工字钢、H 型钢、L 型钢等。

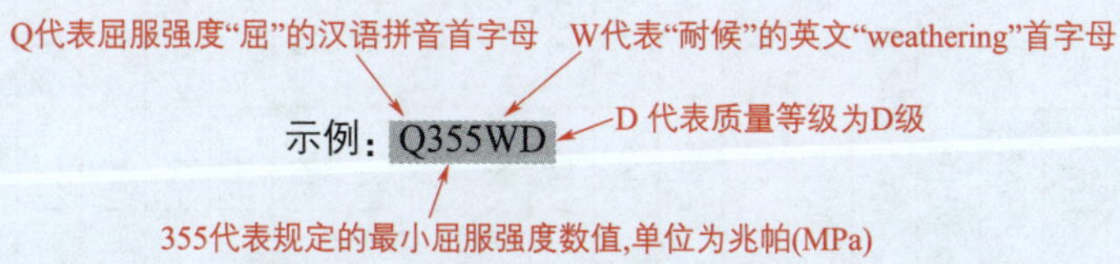

图 2-4　装配式钢结构建筑用热轧型钢牌号的表示方法图解识读

2.2.2 H 型钢尺寸与表示方法

H 型钢根据不同的用途，其截面尺寸的高宽比不同。H 型钢的翼缘厚度是相等的。H 型钢在轧制的过程中，与普通的工字钢也不同，普通工字钢仅使用一套水平压辊，H 型钢的翼缘比较宽且无斜度，增设一组立式压辊来同时辊轧。

H 型钢的交货常定尺长度为 6000mm、8000mm、12000mm 等。另外，根据需方要求也可供应其他定尺长度的产品。

H 型钢尺寸与表示方法如图 2-5 所示。H 型钢截面尺寸、截面面积、理论重量与截面特性见表 2-1。

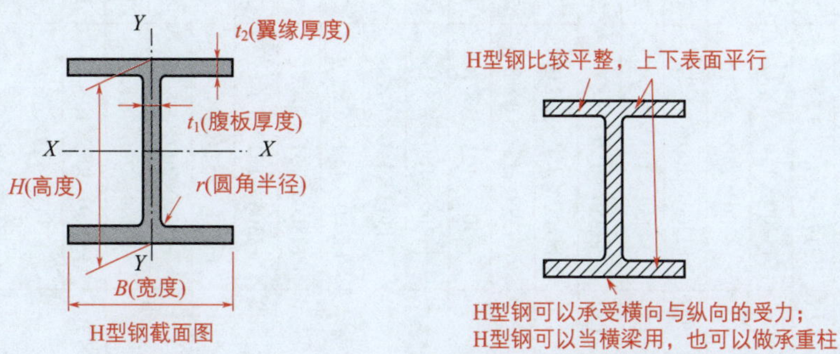

扫码看视频

H 型钢

图 2-5　H 型钢尺寸与表示方法

表2-1 H型钢截面尺寸、截面面积、理论重量与截面特性

型号	规格表示$H\times B\times t_1\times t_2$	截面尺寸/mm					截面面积	理论质量	外表面积		惯性矩/cm		惯性半径/cm		截面模量/cm³		塑性截面模量/cm³	
		H	B	t_1	t_2	r	A/cm^2	$G/(kg/m)$	$A_1/(m^2/m)$	$A_g/(m^2/t)$	I_x	I_y	i_x	i_y	W_x	W_y	W_x	W_y
H150×100	H150×100×5×7	150	100	5	7	8	21.35	16.8	0.676	40.3	845	117	6.29	2.34	113	23.4	127	36.1
H150×150	H150×150×7×10	150	150	7	10	8	39.65	31.1	0.872	28.0	1620	563	6.40	3.77	216	75.1	243	114
H175×175	H175×175×7.5×11	175	175	7.5	11	13	51.43	40.4	1.01	25.1	2900	984	7.50	4.37	331	112	370	172
H200×150	H200×150×8×12	200	150	8	12	13	51.53	40.5	0.962	23.7	3650	677	8.42	3.62	365	90.2	413	139
	H200×150×6×10	200	150	6	10	13	12.25	33.2	0.966	29.1	3110	563	8.58	3.65	311	75.1	346	115
H200×200	H200×200×8×12	200	200	8	12	13	63.53	49.9	1.16	23.3	4720	1600	8.62	5.02	472	160	525	244
H250×125	H250×125×6×9	250	125	6	9	8	36.97	29.0	0.974	33.6	3960	294	10.4	2.82	317	47.0	358	72.7
H250×150	H250×150×6×9	250	150	6	9	8	41.47	32.6	1.07	33.0	4620	507	10.6	3.50	369	67.6	412	104
H250×250	H250×250×9×14	250	250	9	14	13	91.43	71.8	1.46	20.3	10700	3650	10.8	6.32	860	292	953	443
H300×125	H299×123×6×8	299	123	6	8	8	37.21	29.2	1.06	36.4	5410	249	12.1	2.59	362	40.4	414	63.3
	H303×123×6×10	303	123	6	10	8	42.13	33.1	1.07	32.4	6520	311	12.4	2.72	431	50.5	488	78.5
H300×150	H300×150×8×15	300	150	8	15	13	68.05	53.4	1.16	21.8	10700	846	12.5	3.53	714	113	806	174
	H300×150×6×9	300	150	6	9	13	45.37	35.6	1.17	32.7	7120	507	12.5	3.34	474	67.6	532	105
	H300×150×6.5×9	300	150	6.5	9	13	46.78	36.7	1.16	31.7	7210	508	12.4	3.29	481	67.7	542	105
	H304×151×7×11	304	151	7	11	13	54.41	42.7	1.18	27.5	8720	633	12.7	3.41	574	83.8	646	130
	H308×151×7×13	308	151	7	13	13	60.45	47.5	1.18	24.9	10100	747	12.9	3.52	658	99.0	738	153
	H311×152×8×14.5	311	152	8	14.5	13	68.09	53.5	1.19	22.3	11500	851	13.0	3.53	737	112	833	173
H300×200	H300×200×8×15	300	200	8	15	13	83.05	65.2	1.36	20.9	13800	2000	12.9	4.91	917	200	1020	305
	H300×200×6×9	300	200	6	9	13	54.37	42.7	1.37	32.0	9020	1200	12.9	4.70	601	120	663	183
H300×300	H300×300×10×15	300	300	10	15	13	118.5	93.0	1.76	18.9	20200	6750	13.1	7.55	1350	450	1480	683
H350×125	H348×127×6×8	348	127	6	8	13	41.69	32.7	1.17	35.8	8090	274	13.9	2.57	465	43.2	534	68.4
	H350×125×6×19	350	125	6	19	13	67.67	53.1	1.17	22.0	14900	620	14.8	3.03	850	99.1	954	152
	H350×125×6×11	350	125	6	11	13	48.63	38.2	1.17	30.5	10000	359	14.4	2.72	574	57.5	651	89.7
	H352×127×6×10	352	127	6	10	13	46.77	36.7	1.18	32.1	9650	343	14.4	2.71	548	54.0	623	84.5

续表

型号	规格表示$H\times B\times t_1\times t_2$	截面尺寸/mm					截面面积	理论质量	外表面积		惯性矩/cm		惯性半径/cm		截面模量/cm³		塑性截面模量/cm³	
		H	B	t_1	t_2	r	A/cm²	G/(kg/m)	A_1/(m²/m)	A_g/(m²/t)	I_x	I_y	i_x	i_y	w_x	w_y	w_x	w_y
H350×150	H346×149×7×10	346	149	7	10	13	54.07	42.4	1.25	29.5	10800	553	14.1	3.20	625	74.2	710	116
	H346×149×8×12	346	149	8	12	13	62.97	49.4	1.25	25.3	12600	664	14.1	3.25	726	89.1	827	139
	H349×155×6×10	349	155	6	10	13	52.19	41.0	1.28	31.3	11100	622	14.6	3.45	634	80.2	711	124
	H353×156×7×12	353	156	7	12	13	61.92	48.6	1.29	26.6	13300	761	14.7	3.51	756	97.6	851	151
	H357×157×8×14	357	157	8	14	13	71.73	56.3	1.30	23.2	15700	905	14.8	3.55	879	115	994	179
	H359×157×8×15	359	157	8	15	13	74.87	58.8	1.31	22.2	16700	970	14.9	3.60	930	124	1050	191
	H350×150×6×11	350	150	6	11	13	54.13	42.5	1.27	29.8	11600	620	14.7	3.38	664	82.7	744	128
	H350×150×6×19	350	150	6	19	13	77.17	60.6	1.27	20.9	17500	1070	15.1	3.72	999	143	1110	217
	H350×150×10×19	350	150	10	19	13	89.65	70.4	1.26	17.9	18500	1070	14.4	3.46	1060	143	1210	223
H350×175	H350×175×7×11	350	175	7	11	13	62.91	49.4	1.36	27.6	13500	984	14.6	3.96	771	112	864	173
H350×200	H350×200×10×19	350	200	10	19	13	108.7	85.3	1.46	17.1	23700	2540	14.8	4.83	1350	254	1520	389
	H350×200×6×11	350	200	6	11	13	65.13	51.1	1.47	28.7	14800	1470	15.1	4.75	845	147	931	224
H350×250	H350×250×9×19	350	250	9	19	13	124.5	97.7	1.66	17.0	28700	4950	15.2	6.31	1640	396	1810	601
	H350×252×11×19	350	252	11	19	13	131.5	103	1.66	16.2	29400	5070	14.9	6.21	1680	403	1870	614
H350×350	H350×350×12×19	350	350	12	19	13	171.9	135	2.05	15.2	39800	13600	15.2	8.89	2280	776	2520	1180
H400×150	H400×150×8×13	400	150	8	13	13	70.37	55.2	1.36	24.7	18600	734	16.3	3.23	929	97.8	1060	153
	H400×150×10×21	400	150	10	21	13	100.3	78.7	1.36	17.3	26900	1190	16.4	3.44	1350	158	1540	246
H400×200	H400×200×8×13	400	200	8	13	13	83.37	65.4	1.56	23.9	23500	1740	16.8	4.56	1170	174	1310	267
	H400×200×8×21	400	200	8	21	13	114.1	89.6	1.56	17.4	33700	2800	17.2	4.96	1690	280	1870	427
	H400×200×10×21	400	200	10	21	13	121.3	95.2	1.56	16.4	34500	2800	16.9	4.81	1720	280	1940	430
	H400×200×14×20	400	200	14	20	13	131.9	104	1.55	14.9	34800	2680	16.2	4.50	1740	268	2000	419
H400×250	H400×250×16×25	400	250	16	25	13	182.5	143	1.75	12.2	50200	6520	16.6	5.98	2510	522	2860	805
H400×400	H400×400×13×21	400	400	13	21	22	218.7	172	2.34	13.6	66600	22400	17.5	10.1	3330	1120	3670	1700

续表

型号	规格表示$H\times B\times t_1\times t_2$	截面尺寸/mm					截面面积	理论质量	外表面积		惯性矩/cm		惯性半径/cm		截面模量/cm³		塑性截面模量/cm³	
		H	B	t_1	t_2	r	A/cm^2	$G/(kg/m)$	$A_1/(m^2/m)$	$A_g/(m^2/t)$	I_x	I_y	i_x	i_y	W_x	W_y	W_x	W_y
H414×405	H414×405×18×28	414	405	18	28	22	295.4	232	2.37	10.2	92800	31000	17.7	10.2	4480	1530	5030	2330
H420×250	H420×250×16×35	420	250	16	35	13	232.5	183	1.79	9.76	71200	9130	17.5	6.27	3390	730	3880	1120
H428×407	H428×407×20×35	428	407	20	35	22	360.7	283	2.41	8.50	119000	39400	18.2	10.4	5570	1930	6310	2940
H450×200	H450×200×9×14	450	200	9	14	13	95.43	74.9	1.66	22.2	32900	1870	18.6	4.43	1460	187	1650	290
	H450×200×10×23	450	200	10	23	13	133.9	105	1.66	15.8	48000	3.070	18.9	4.79	2140	307	2400	471
H450×300	H450×300×14×25	450	300	14	25	13	207.5	163	2.05	12.6	75800	11300	19.1	7.37	3370	751	3780	1150
H450×400	H450×395×20×35	450	395	20	35	22	356.7	280	2.40	8.58	130000	36.000	19.1	10.0	5770	1820	6540	2770
H450×450	H450×450×13×23	450	450	13	23	22	263.7	207	2.64	12.7	103000	34900	19.8	11.5	4590	1550	5030	2350
H500×200	H500×200×8×16	500	200	8	16	13	102.9	80.8	1.76	21.8	45100	2140	20.9	4.56	1800	214	2020	328
	H500×200×8×24	500	200	8	24	13	133.6	105	1.76	16.8	61300	3200	21.4	4.90	2450	320	2730	488
	H500×200×10×16	500	200	10	16	13	112.3	88.2	1.76	19.9	46800	2140	20.4	4.36	1870	214	2130	333
	H500×200×12×24	500	200	12	24	13	151.7	119	1.75	14.7	64400	3210	20.6	4.60	2580	321	2930	498
H500×250	H500×250×12×20	500	250	12	20	13	156.7	123	1.95	15.9	68100	5220	20.8	5.77	2720	417	3.070	643
H500×300	H500×300×12×24	500	300	12	24	13	199.7	157	2.15	13.7	91600	10.800	21.4	7.36	3660	721	4.070	1100
H508×350	H508×350×16×25	508	350	16	25	18	251.1	197	2.35	11.9	116000	17900	21.5	8.44	4580	1020	5130	1560
H528×350	H528×350×16×35	528	350	16	35	18	321.1	252	2.39	9.50	163.000	25000	22.6	8.83	6190	1430	6940	2180
H500×500	H500×500×15×24	500	500	15	24	22	312.0	245	2.93	12.0	150000	50.000	21.9	12.7	5990	2000	6570	3030
H600×200	H606×201×12×20	606	201	12	20	20	151.8	119	1.96	16.5	89800	2720	24.3	4.23	2970	271	3410	428
H600×250	H600×250×14×18	600	250	14	18	20	172.4	135	2.14	15.8	99800	4710	24.1	5.22	3330	376	3830	594
H600×300	H600×300×12×26	600	300	12	26	13	223.2	175	2.35	13.4	146000	11700	25.6	7.24	4870	781	5420	1190
H608×306	H608×306×18×30	608	306	18	30	13	283.7	223	2.38	10.7	179000	14400	25.1	7.11	5900	938	6700	1450
H618×306	H618×306×18×35	618	306	18	35	13	314.3	247	2.40	9.72	208.000	16700	25.7	7.30	6730	1090	7630	1680
H700×250	H700×250×14×24	700	250	14	24	20	214.7	169	2.34	13.8	173.000	6270	28.4	5.40	4940	502	5650	786

知识技能小贴士

欧标H型钢是一种根据欧洲标准（EN10034）生产的钢材，其截面形状类似英文字母“H”，由上下两块翼缘板与中间的腹板组成。欧标H型钢主要的系列如图2-6所示。

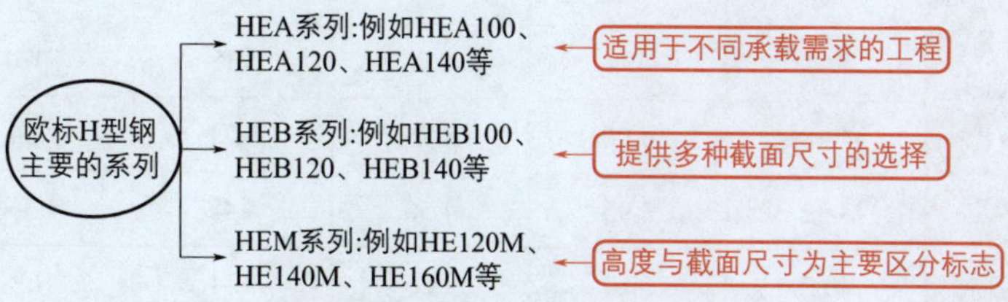

图2-6 欧标H型钢主要的系列

2.2.3 T型钢截面尺寸、截面面积、理论重量与截面特性

T型钢尺寸与表示方法如图2-7所示。T型钢截面尺寸、截面面积、理论重量与截面特性见表2-2。

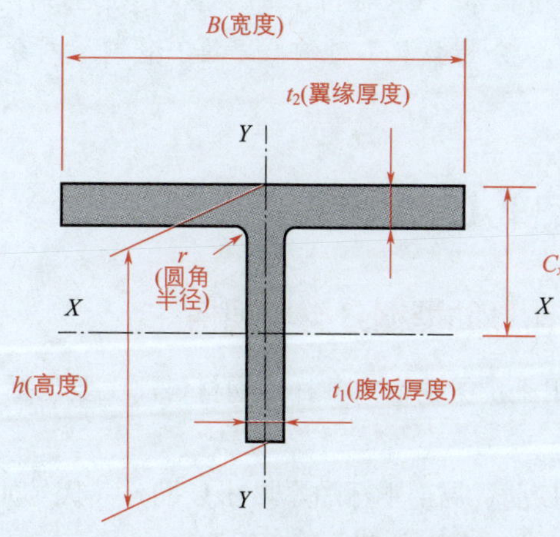

图2-7 T型钢尺寸与表示方法

表2-2 T型钢截面尺寸、截面面积、理论重量与截面特性

型号		T150×150	T175×175	T200×200	T225×200	T250×200	T200×400
截面尺寸/mm	h	150	175	200	225	250	200
	B	150	175	200	200	200	400
	t_1	6.5	7	8	9	10	13
	t_2	9	11	13	14	16	21
	r	8	13	13	13	13	22
截面面积/cm²		22.94	31.45	41.68	47.71	56.12	109.3

续表

型号		T150×150	T175×175	T200×200	T225×200	T250×200	T200×400
理论质量/（kg/m）		18.0	24.7	32.7	37.5	44.1	85.8
外表面积/（m^2/m）		0.593	0.689	0.789	0.839	0.889	1.181
惯性矩/cm	I_x	461	814	1390	2150	3200	2480
	I_y	254	492	868	935	1070	11200
惯性半径/cm	i_x	4.48	5.08	5.78	6.71	7.54	4.75
	i_y	3.32	3.95	4.56	4.42	4.36	10.1
截面模量/cm	W_x	40.0	59.3	88.6	124	169	147
	W_y	33.8	56.2	86.8	93.5	107	560
重心C_x/cm		3.45	3.76	4.26	5.19	6.03	3.21

知识技能小贴士

欧标T型钢是指符合欧洲标准（EN标准）的T型钢。T型钢是一种截面形状如英文字母“T”的钢材。T型钢可以分为热轧T型钢、焊接T型钢、剖分T型钢、冷拉T型钢等几类。

2.3 桥梁钢结构用热轧U肋型钢

2.3.1 桥梁钢结构用热轧U肋型钢分类与规格

桥梁钢结构用型钢是指用于桥梁建造的各种型钢材料，主要包括H型钢、工字钢、C型钢、U肋型钢等。

热轧U肋分为等厚热轧U肋、局部平行加厚热轧U肋，其代号如下。

U表示等厚热轧U肋，U表示型钢的截面形状为U形。

UP表示局部平行加厚热轧U肋，其中U表示型钢的截面形状为U形，P为parallel（平行）的首字母。

热轧U肋规格一般由热轧U肋代号与总宽度B值×高度H值×槽底宽度B_1值×翼板厚度t值表示。

示例：UP300×280×170×8的表示含义如下。

UP表示热轧U肋为局部平行加厚热轧U肋。

300表示热轧U肋总宽度为300，单位为毫米（mm）。

280表示热轧U肋高度为280，单位为毫米（mm）。

170表示热轧U肋槽底宽度为170，单位为毫米（mm）。

8表示热轧U肋翼板厚度为8，单位为毫米（mm）。

知识技能小贴士

型钢是一种有一定截面形状与尺寸的条形钢材。型钢是钢材板、管、型、丝四大品种之一。桥梁热轧U肋型钢是一种具有“U”形截面的钢材。

2.3.2 桥梁钢结构用热轧 U 肋型钢尺寸与表示方法

热轧 U 肋的交货长度一般在合同中注明，常定尺长度为 6000 ～ 12000mm。经供需双方协商，也可以按其他定尺长度交货。

热轧 U 肋截面如图 2-8 所示。

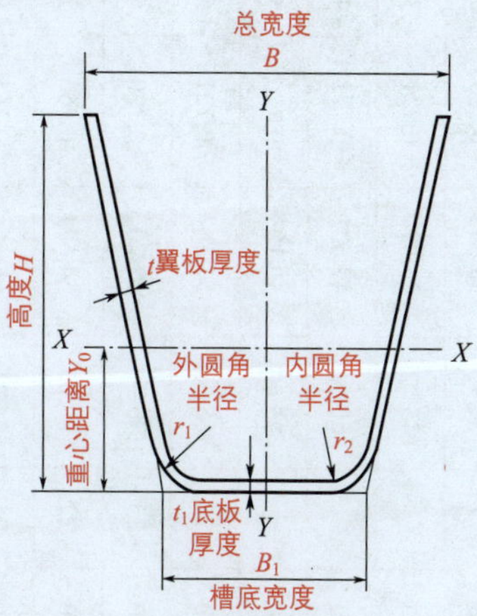

(a) 等厚热轧U肋截面

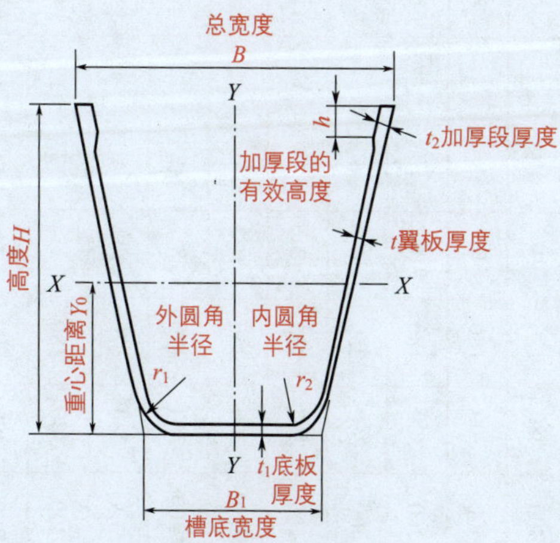

(b) 局部平行加厚热轧U肋截面

图2-8 热轧U肋截面

热轧 U 肋的截面尺寸、截面面积、理论重量、截面特性参数应符合的规定见表 2-3。经供需双方协商，也可以供应其他规格的产品。

表2-3 热轧U肋的截面尺寸、截面面积、理论重量、截面特性参数

类别	型号（总宽度×高度）/mm	截面尺寸/mm									截面面积/cm^2	理论质量/（kg/m）	外表面积/（m^2/m）	惯性矩/cm^4		惯性半径/cm		截面模数/cm^3	
		B	H	B_1	t	t_1	t_2	r_1	r_2	h				I_x	I_y	i_x	i_y	w_x	w_y
U	300×280	*300	280	170	8	8		48	40		56.69	44.50	0.721	4570	6188	8.98	10.45	276	413
		300	280	170	10	10		50	40		70.45	55.31	0.720	5631	7580	8.94	10.37	342	505
	300×300	300	300	180	8	8		48	40		60.30	47.33	0.766	5591	6860	9.63	10.67	316	457
		300	300	180	10	10		50	40		74.95	58.84	0.765	6895	8406	9.59	10.59	388	560
	400×260	400	260	250	6	6		46	40		45.72	35.89	0.771	3325	8896	8.53	13.95	200	445
		400	260	250	8	8		48	40		60.64	47.60	0.771	4375	11675	8.49	13.88	264	584
		400	260	250	10	10		50	40		75.40	59.19	0.770	5396	14364	8.46	13.80	327	718
UP	300×280	*300	280	170	8	12	12	48	40	22	65.68	51.56	0.721	5811	6817	9.41	10.19	343	454
		*300	280	170	10	4	4	50	40	25	79.31	62.26	0.720	6839	8187	9.29	10.16	408	546
	300×300	300	300	180	8	12	12	48	40	22	69.65	54.67	0.766	7074	7515	10.08	10.39	389	501
		300	300	180	10	14	14	50	40	25	84.41	66.26	0.765	8393	9080	9.97	10.37	468	605
	400×260	*400	260	250	6	10	10	46	40	20	57.93	45.47	0.771	4553	10264	8.87	13.31	262	513
		*400	260	250	8	12	12	48	40	22	72.89	57.22	0.771	5610	13060	8.77	13.39	328	653
		*400	260	250	10	14	14	50	40	25	87.53	68.71	0.770	6603	15711	8.69	13.40	390	786

注：“*”表示的规格为推荐常用订货规格。h仅用于孔型设计，不作为交货要求。

2.4 钢结构附件、配件及零件综述

2.4.1 钢结构附件、配件及零件有关术语与解说

钢结构的构件中，五金配件的选择至关重要，主要包括螺栓、膨胀螺栓、螺母、垫圈、垫片等。不同的钢结构应用场景需要不同的配件、零件。

钢结构附件、配件及零件有关术语与解释见表 2-4。

表2-4 钢结构附件、配件及零件有关术语与解释

名称	解释
零件	组成部件或构件的最小单元，例如节点板、翼缘板等
部件	由若干零件组成的单元，例如牛腿、焊接H型钢等
构件	由零件或内零件和部件组成的钢结构基本单元，例如梁、柱、支撑等
小拼单元	钢网架结构安装工程中，除散件外的最小安装单元。小拼单元一般分平面和锥体两种类型
中拼单元	钢网架结构安装工程中，由散件与小拼单元组成的安装单元。中拼单元一般分条状和块状两种类型
高强度螺栓连接副	高强度螺栓和与之配套的螺母、垫圈的总称
高强度螺栓连接抗滑移系数	高强度螺栓连接中，使连接件摩擦面产生滑动时的外力与垂直于摩擦面的高强度螺栓预拉力的比值
预拼装	为检验构件是否满足安装质量要求而进行的拼装
空间刚度单元	内构件构成的基本的稳定空间体系

知识技能小贴士

栓钉焊接是将栓钉一端与板件（或管件）表面接触通电引弧团熔化后，给焊钉（栓钉）一定压力完成焊接的方法。钢结构制作安装环境温度是制作或安装时现场的温度。

2.4.2 常见钢结构附件、配件及零件

2.4.2.1 吊耳

根据构件重量与截面形式选用吊耳形式，其中钢箱梁一般采用 D 形吊耳，普通截面钢梁一般采用 A 形吊耳。有的钢柱采用连接耳板作为吊耳，上孔扩大处理。

待构件安装完成后需切除吊耳，切除时不得伤及母材，一般情况下保留大约 2mm。吊耳如图 2-9 所示。

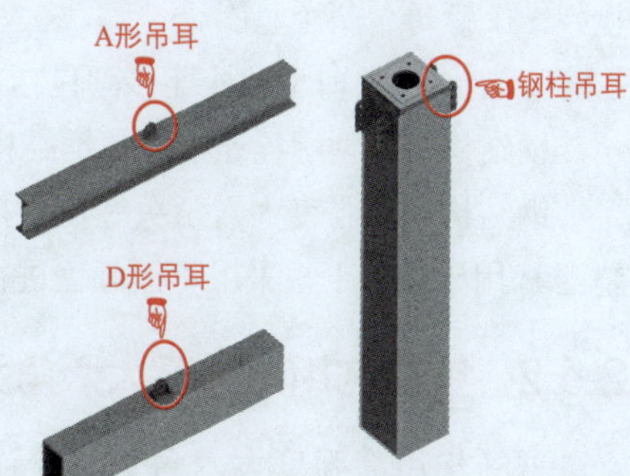

图2-9 吊耳

2.4.2.2 卸扣

钢结构吊装卸扣在吊装作业中起着至关重要的

作用，其主要用于连接吊索与吊物，确保吊装过程的安全与稳定等，如图 2-10 所示。

钢结构常用吊装卸扣，需要根据构件重量与截面形式选用。

使用卸扣时，一定要遵守额定载荷，过度频繁使用和超载使用均不允许。起重过程中，请勿在起重机械和起重吊具下站人。常见国标卸扣规格为 3T、5T、8T、10T、15T、20T、25T、30T、40T、50T、60T、80T、100T、120T、150T、200T 等。

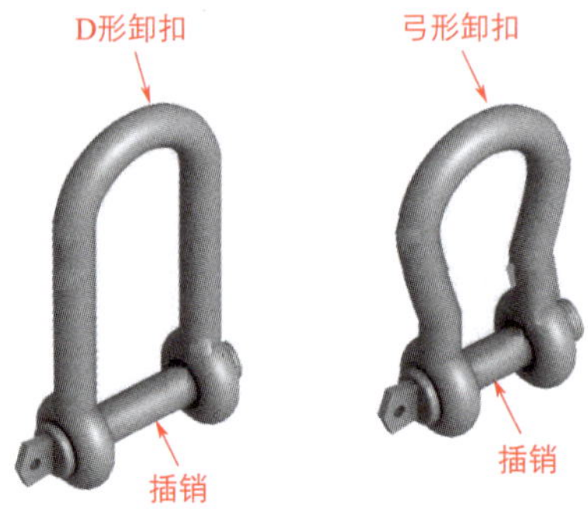

图2-10 卸扣

知识技能小贴士

卸扣报废标准如下。

① 扣体或轴销任何一处截面磨损量达原尺寸的10%以上。

② 卸扣本体、轴销有大面积的腐蚀或锈蚀时，要立即报废。

③ 卸扣试验不合格。

④ 有明显永久变形或轴销不能转动自如。

⑤ 卸扣不能闭锁。

⑥ 卸扣的任何一处出现裂纹。

扫码看视频

螺栓连接副形式

2.5 钢结构用高强度大六角头螺栓连接副

2.5.1 螺栓连接副形式

螺栓连接副是由螺栓、螺母、垫圈 A、垫圈 B 各一件组成的一个完整的连接单元。螺栓连接副形式如图 2-11 所示。

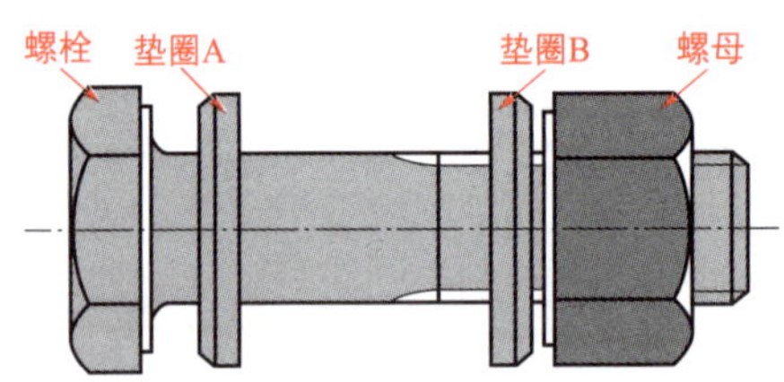

图2-11 螺栓连接副形式

螺栓连接副可以分为多种类型，常见的如下。

① 钢结构用大六角头螺栓连接副包括：一个螺栓、一个螺母、两个垫圈。

② 钢结构扭剪型螺栓连接副包括：一个螺栓、一个螺母、一个垫圈。

钢结构扭剪型螺栓连接副是钢结构大六角头螺栓连接副的改进版。

钢结构用高强度大六角头螺栓连接副中带内外倒角的垫圈 A 用于螺栓头下，带外倒角的垫圈 B 用于螺母下，采用不同颜色进行区分。

2.5.2 钢结构用高强度大六角头螺栓连接副形式要求和螺栓尺寸

钢结构用高强度大六角头螺栓连接副螺栓的形式要求如图 2-12 所示，其尺寸规格见表 2-5 和表 2-6。高强度大六角头螺栓螺纹长度与理论质量见表 2-7。

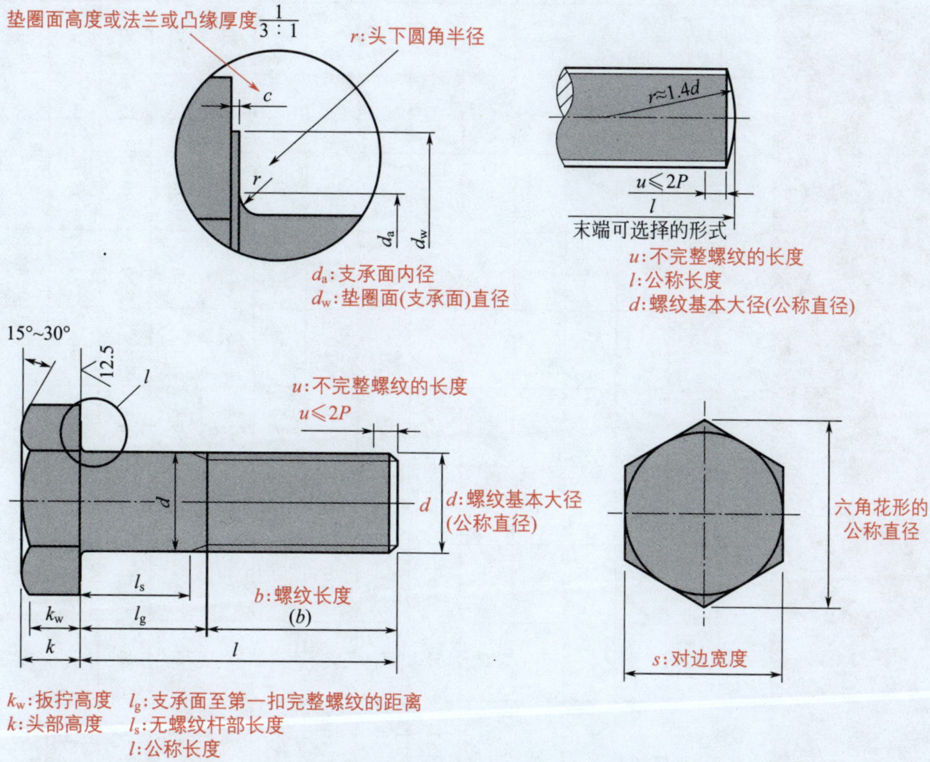

图2-12　钢结构用高强度大六角头螺栓连接副螺栓的形式要求

表2-5　高强度大六角头螺栓尺寸规格　　单位:mm

螺纹规格 d		M12	M16	M20	(M22)	M24	(M27)	M30	(M33)	M36
P		1.75	2	2.5	2.5	3	3	3.5	3.5	4
c	max	0.8	0.8	0.8	0.8	0.8	0.8	0.8	0.8	0.8
	min	0.4	0.4	0.4	0.4	0.4	0.4	0.4	0.4	0.4
d_a	max	15.23	19.23	24.32	26.32	28.32	32.84	35.84	39.84	42.84
d_s	max	12.43	16.43	20.52	22.52	24.52	27.84	30.84	34.00	37.00
	min	11.57	15.57	19.48	21.48	23.48	26.16	29.16	32.00	35.00
d_w	min	19.20	24.90	31.40	33.30	38.00	42.80	46.50	51.10	55.90
e	min	22.78	29.56	37.29	39.55	45.20	50.85	55.37	60.79	66.44
k	公称	7.5	10	12.5	14	15	17	18.7	21	22.5
	max	7.95	10.75	13.40	14.90	15.90	17.90	19.75	22.05	23.55
	min	7.05	9.25	11.60	13.10	14.10	16.10	17.65	19.95	21.45
k_w	min	4.90	6.50	8.10	9.20	9.90	11.30	12.40	13.97	15.02
r	min	1.0	1.0	1.5	1.5	1.5	2.0	2.0	2.5	2.5
s	max	21	27	34	36	41	46	50	55	60
	min	20.16	26.16	33.00	35.00	40.00	45.00	49.00	53.80	58.80

注：括号中的尺寸为非优选尺寸。表中尺寸均为无涂覆尺寸。

表2-6 高强度大六角头螺栓长度

单位:mm

螺纹规格 d			M12		M16		M20		(M22)		M24		(M27)		M30		(M33)		M36	
l[①]			l_s和l_g[②]																	
公称	min	max	l_s min	l_g max	l_s min	l_g max	l_s min	l_g max	l_s min	l_g max	l_s min	l_g max	l_s min	l_g max	l_s min	l_g max	l_s min	l_g max	l_s min	l_g max
35	33.75	36.25	4.8	10																
40	38.75	41.25	9.8	15																
45	43.75	46.25	9.8	15	9	15														
50	48.75	51.25	14.8	20	14	20	7.5	15												
55	53.5	56.5	19.8	25	14	20	12.5	20	7.5	15										
60	58.5	61.5	24.8	30	19	25	17.5	25	12.5	20	6	15								
65	63.5	66.5	29.8	35	24	30	17.5	25	17.5	25	11	20	6	15						
70	68.5	71.5	34.8	40	29	35	22.5	30	17.5	25	16	25	11	20	4.5	15				
75	73.5	76.5	39.8	45	34	40	27.5	35	22.5	30	16	25	16	25	9.5	20	4.5	15		
80	78.5	81.5			39	45	32.5	40	27.5	35	21	30	16	25	14.5	25	9.5	20		
85	83.25	86.75			44	50	37.5	45	32.5	40	26	35	21	30	14.5	25	14.5	25	8	20
90	88.25	91.75			49	55	42.5	50	37.5	45	31	40	26	35	19.5	30	14.5	25	13	25
95	93.25	96.75			54	60	47.5	55	42.5	50	36	45	31	40	24.5	35	19.5	30	13	25
100	98.25	101.75			59	65	52.5	60	47.5	55	41	50	36	45	29.5	40	24.5	35	18	30
110	108.25	111.75			69	75	62.5	70	57.5	65	51	60	46	55	39.5	50	34.5	45	28	40
120	118.25	121.75			79	85	72.5	80	67.5	75	61	70	56	65	49.5	60	44.5	55	38	50

续表

螺纹规格d			M12		M16		M20		(M22)		M24		(M27)		M30		(M33)		M36	
l[①]			l_s和l_g[②]																	
公称	min	max	l_s min	l_g max	l_s min	l_g max	l_s min	l_g max	l_s min	l_g max	l_s min	l_g max	l_s min	l_g max	l_s min	l_g max	l_s min	l_g max	l_s min	l_g max
130	128	132			89	95	82.5	90	77.5	85	71	80	66	75	59.5	70	54.5	65	48	60
140	138	142					92.5	100	87.5	95	81	90	76	85	69.5	80	64.5	75	58	70
150	148	152					102.5	110	97.5	105	91	100	86	95	79.5	90	74.5	85	68	80
160	156	164					112.5	120	107.5	115	101	110	96	105	89.5	100	84.5	95	78	90
170	166	174							117.5	125	111	120	106	115	99.5	110	94.5	105	88	100
180	176	184							127.5	135	121	130	116	125	109.5	120	104.5	115	98	110
190	185.4	194.6							137.5	145	131	140	126	135	119.5	130	114.5	125	108	120
200	195.4	204.6							147.5	155	141	150	136	145	129.5	140	124.5	135	118	130
220	215.4	224.6							167.5	175	161	170	156	165	149.5	160	144.5	155	138	150
240	235.4	244.6									181	190	179	185	169.5	180	164.5	175	158	170
260	254.8	265.2											196	205	189.5	200	184.5	195	178	190
280	274.8	285.2													209.5	220	204.5	215	198	210
300	294.8	305.2													229.5	240	224.5	235	218	230
320	314.3	325.7															244.5	255	238	250
340	334.3	345.7																	258	270
360	354.3	365.7																	278	290

① 当$l_{公称}$>100mm时，螺栓长度可根据用户需求按5mm级数递增。

② $l_{gmax}=l_{公称}-b_{参考}$；$l_{smin}=l_{gmax}-3P$。

注：括号中的尺寸为非优选尺寸。表中尺寸均为无涂覆尺寸。

表2-7 高强度大六角头螺栓螺纹长度与理论质量

螺纹规格 d/mm	M12	M16	M20	(M22)	M24	(M27)	M30	(M33)	M36	M12	M16	M20	(M22)	M24	(M27)	M30	(M33)	M36
公称长度 l/mm	(b) /mm									每1000个钢螺栓的理论质量/kg								
35	25									47.6								
40										52.1								
45	30	30								55.6	109.9							
50			35							60.1	117.8	202.2						
55				40						64.5	124.3	214.6	263.6					
60					45					69.0	132.2	226.9	278.5	350.3				
65	30	35	40	40	45	50				73.4	140.1	237.2	293.4	368.1	494.1			
70				45			55			77.8	148.0	249.5	306.1	385.8	516.6	647.2		
75					50			60		82.3	155.9	261.8	321.0	400.6	539.1	675.0	863.1	
80						55					163.8	274.2	335.9	418.4	558.2	702.7	896.7	
85							60		65		171.7	286.5	350.8	436.1	580.7	726.1	930.3	1134.2
90								65			179.6	298.8	365.8	453.9	603.1	753.9	959.1	1174.2
95									70		187.5	311.2	380.7	471.6	625.6	781.6	992.7	1208.2
100											195.4	323.5	395.6	489.4	648.1	809.4	1026.2	1248.2
110											211.1	348.2	425.4	524.9	693.0	864.9	1093.4	1328.1
120											226.9	372.8	455.3	560.4	738.0	920.3	1160.5	1408.0
130											242.7	397.5	485.1	595.9	782.9	975.8	1227.7	1487.9
140												422.1	515.0	631.4	827.9	1031.3	1294.8	1567.8
150												446.8	544.8	666.9	872.8	1086.8	1361.9	1647.7
160												471.5	574.6	702.5	917.7	1142.3	1429.1	1727.6
170													604.5	738.0	962.7	1197.8	1496.2	1807.5
180													634.3	773.5	1007.6	1253.3	1563.4	1887.4
190													664.2	809.0	1052.6	1308.8	1630.5	1967.3
200													694.0	844.5	1097.5	1364.3	1697.6	2047.2
220													753.7	915.5	1187.4	1475.2	1831.9	2207.0
240														986.6	1277.3	1586.2	1966.2	2366.8
260															1367.2	1697.2	2100.5	2526.6
280																1808.2	2234.8	2686.4
300																1919.1	2369.1	2846.2
320																	2503.3	3006.0
340																		3165.8
360																		3325.6

注：根据要求，螺栓长度可超出表中的规定，括号中的尺寸为非优选尺寸。表中尺寸均为无涂覆尺寸。

2.5.3 高强度大六角头螺栓螺母的尺寸与理论质量

高强度大六角头螺栓螺母的形式要求如图 2-13 所示。螺母尺寸与理论质量见表 2-8。

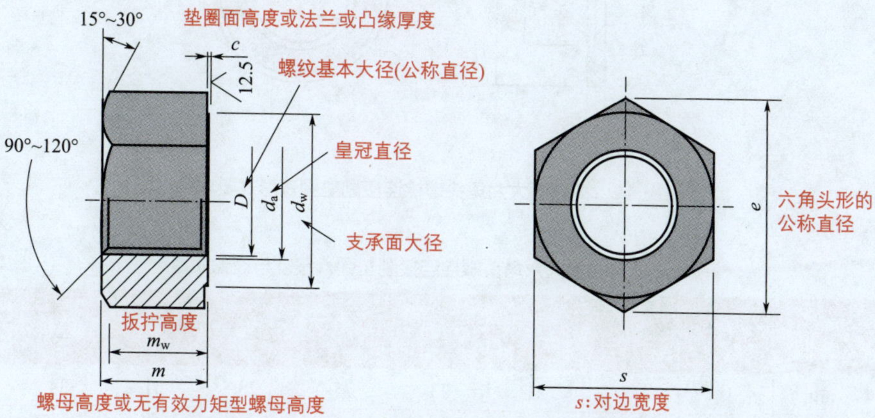

图2-13 高强度大六角头螺栓螺母

表2-8 高强度大六角头螺栓螺母的尺寸与理论质量

螺纹规格 D/mm		M12	M16	M20	(M22)	M24	(M27)	M30	(M33)	M36
P/mm		1.75	2	2.5	2.5	3	3	3.5	3.5	4
d_a/mm	max	13.0	17.3	21.6	23.8	25.9	29.1	32.4	35.6	38.9
	min	12	16	20	22	24	27	30	33	36
d_w/mm	min	19.2	24.9	31.4	33.3	38.0	42.8	46.5	51.1	55.9
e/mm	min	22.78	29.56	37.29	39.55	45.20	50.85	55.37	60.79	66.44
m/mm	max	12.30	17.10	20.70	23.60	24.20	27.60	30.70	33.65	36.60
	min	11.87	16.40	19.40	22.30	22.90	26.30	29.10	32.05	35.00
m_w/mm	min	8.3	11.5	13.6	15.6	16.0	18.4	20.4	22.4	24.5
c/mm	max	0.8	0.8	0.8	0.8	0.8	0.8	0.8	0.8	0.8
	min	0.4	0.4	0.4	0.4	0.4	0.4	0.4	0.4	0.4
s/mm	max	21	27	34	36	41	46	50	55	60
	min	20.16	26.16	33.00	35.00	40.00	45.00	49.00	53.80	58.80
t①/mm		0.29	0.38	0.47	0.50	0.57	0.64	0.70	0.76	0.84
每1000个钢螺母的理论质量/kg		25.30	56.86	109.07	135.33	188.56	270.66	350.64	462.75	603.64

① t为支承面对螺纹轴线的垂直度公差。

注：括号中的尺寸为非优选尺寸。表中尺寸均为无涂覆尺寸。

2.5.4 高强度大六角头螺栓连接副垫圈A形式与尺寸

高强度大六角头螺栓连接副垫圈 A 形式要求如图 2-14 所示，其尺寸与理论质量见表 2-9。

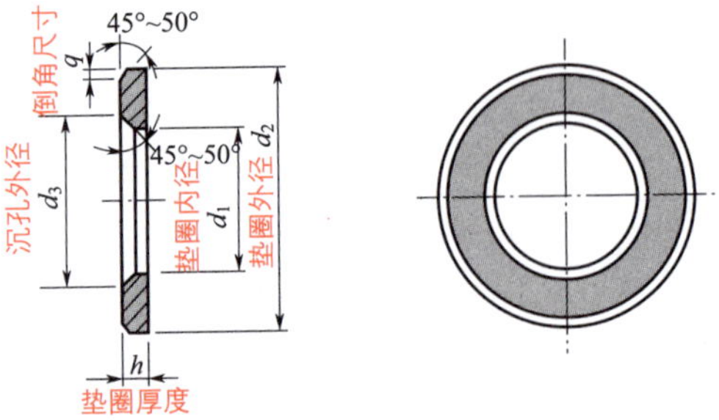

图2-14　高强度大六角头螺栓连接副垫圈A形式要求

表2-9　高强度大六角头螺栓连接副垫圈A尺寸与理论质量

公称规格（螺纹大径）/mm		12	16	20	（22）	24	（27）	30	（33）	36
d_1/mm	min	13	17	21	23	25	28	31	34	37
	max	13.43	17.43	21.52	23.52	25.52	28.52	31.62	34.62	37.62
d_2/mm	min	23.7	31.4	38.4	40.4	45.4	50.1	54.1	58.1	64.1
	max	25	33	40	42	47	52	56	60	66
d_3/mm	min	15.23	19.23	24.32	26.32	28.32	32.84	35.84	39.84	42.84
	max	16.03	20.03	25.12	27.12	29.12	33.64	36.64	40.64	43.64
h/mm	公称	3.0	4.0	4.0	5.0	5.0	5.0	5.0	5.0	6.0
	min	2.7	3.7	3.7	4.7	4.7	4.7	4.7	4.7	5.7
	max	3.3	4.3	4.3	5.3	5.3	5.3	5.3	5.3	6.3
q/mm	min	1	1	1	1.5	1.5	1.5	1.5	1.5	2
	max	1.5	1.5	1.5	2	2	2	2	2	2.5
每1000个钢垫圈的理论质量/kg		7.03	17.33	25.18	33.24	43.45	51.55	58.70	65.08	96.81

注：括号中的尺寸为非优选尺寸。表中尺寸均为无涂覆尺寸。

2.5.5　高强度大六角头螺栓连接副垫圈B形式与尺寸

高强度大六角头螺栓连接副垫圈B形式要求如图2-15所示，其尺寸和理论质量见表2-10。

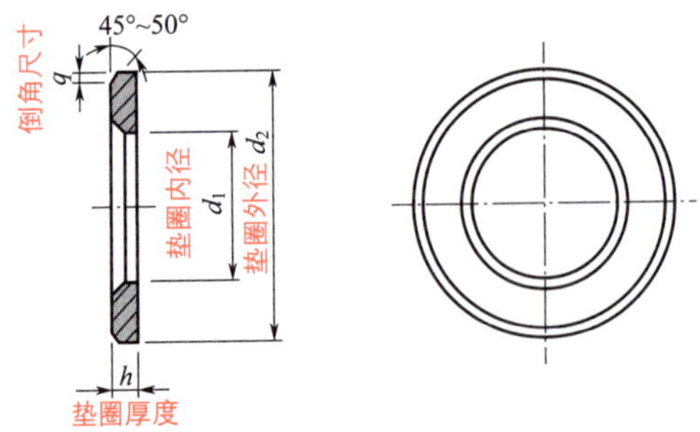

图2-15　高强度大六角头螺栓连接副垫圈B形式要求

表2-10 高强度大六角头螺栓连接副垫圈B尺寸和理论质量

公称规格（螺纹大径）/mm		12	16	20	（22）	24	（27）	30	（33）	36
d_1/mm	min	13	17	21	23	25	28	31	34	37
	max	13.43	17.43	21.52	23.52	25.52	28.52	31.62	34.62	37.62
d_2/mm	min	23.7	31.4	38.4	40.4	45.4	50.1	54.1	58.1	64.1
	max	25	33	40	42	47	52	56	60	66
h/mm	公称	3.0	4.0	4.0	5.0	5.0	5.0	5.0	5.0	6.0
	min	2.7	3.7	3.7	4.7	4.7	4.7	4.7	4.7	5.7
	max	3.3	4.3	4.3	5.3	5.3	5.3	5.3	5.3	6.3
q/mm	min	1	1	1	1.5	1.5	1.5	1.5	1.5	2
	max	1.5	1.5	1.5	2	2	2	2	2	2.5
每1000个钢垫圈的理论质量/kg		7.28	17.66	26.01	34.14	44.43	53.84	61.17	69.02	101.07

注：括号中的尺寸为非优选尺寸。表中尺寸均为无涂覆尺寸。

2.5.6 螺栓、螺母、垫圈的性能等级与材料

螺栓、螺母、垫圈的性能等级与材料规定见表2-11。经供需双方协议，也可以使用其他材料，但是应在合同中注明，并在产品上增加标志“T”。

表2-11 螺栓、螺母、垫圈的性能等级与材料规定

类别	性能等级	材料	执行标准	适用规格
螺栓	10.9S	20MnTiB	GB/T 3077	M12 ～ M24
		ML 20MnTiB	GB/T 6478	
		35VB	—	M27 ～ M36
		42CrMo	GB/T 3077	
		ML 40CrMo	GB/T 6478	
	8.8S	35、45	GB/T 699	M12 ～ M20
		20MnTiB、40Cr	GB/T 3077	M12 ～ M24
		ML 20MnTiB	GB/T 6478	
		35CrMo	GB/T 3077	M27 ～ M36
		35VB	—	
螺母	10H、8H	35、45、ML35、ML45、40Cr	GB/T 699 GB/T 6478 GB/T 3077	M12 ～ M36
垫圈	35HRC ～ 45HRC（329HV30 ～ 436HV30）	35、45	GB/T 699	M12 ～ M36

2.5.7 螺栓、螺母、垫圈的匹配

高强度大六角头螺栓连接副螺栓、螺母、垫圈的匹配规定见表 2-12。高强度大六角头螺栓连接副的螺栓、螺母、垫圈需要匹配的原因主要有：确保连接的稳固性与可靠性、满足特定的力学性能要求、防止松动与失效、适应不同的使用环境与工况等。

表2-12 高强度大六角头螺栓连接副螺栓、螺母、垫圈的匹配规定

类别	螺栓	螺母	垫圈
性能等级	10.9S	10H	35HRC ～ 45HRC
	8.8S	8H	35HRC ～ 45HRC

2.6 钢结构用耐候钢高强度螺栓连接副

扫码看视频

钢结构用耐候钢高强度螺栓连接副

2.6.1 钢结构用耐候钢高强度螺栓连接副概述

耐候钢是指通过添加少量的合金元素 Cu、P、Cr、Ni 等，使其在金属基体表面上形成保护层，以提高耐大气腐蚀性能的钢。

耐候钢高强度螺栓连接副是指由耐候钢制造的高强度螺栓、高强度螺母、高强度垫圈组成的连接副。

耐候钢高强度螺栓连接副包括 1 个螺栓、1 个螺母、1 个或 2 个垫圈。

耐候钢高强度螺栓、螺母、垫圈宜采用相同化学成分的材料，化学成分（熔炼分析）限值需要符合的规定见表 2-13。

表2-13 耐候钢高强度螺栓、螺母、垫圈用耐候钢材料化学成分

化学成分（质量分数）/%								最低回火温度/℃
C	Mn	P	S	Cu	Ni	Cr	Mo	
0.30 ～ 0.52	≥0.60	≤0.035	≤0.040	0.20 ～ 0.60	≥0.20	≥0.45	≥0.10	427

注：螺栓应在奥氏体化温度下采用油冷淬火。

2.6.2 钢结构用耐候钢高强度螺栓、螺母、垫圈的使用配合

钢结构用耐候钢高强度螺栓、螺母、垫圈的使用配合需要符合的规定见表 2-14。

表2-14 钢结构用耐候钢高强度螺栓、螺母、垫圈的使用配合

类别	螺栓	螺母	垫圈
大六角头螺栓连接副	NH8.8S	NH8H	329 HV30 ～ 436 HV30（35HRC ～ 45HRC）
	NH10.9S	NH10H	329 HV30 ～ 436 HV30（35HRC ～ 45HRC）
扭剪型螺栓连接副	NH10.9S	NH10H	329 HV30 ～ 436 HV30（35HRC ～ 45HRC）

2.6.3 钢结构用耐候钢高强度螺栓标志

钢结构用耐候钢高强度连接副用螺栓，一般需要标志制造者识别标志、性能等级，并且在头部顶面用凹字或凸字标志，或者可在头部侧面用凹字标志，具体如图 2-16 所示。

性能等级应标志为“NH××.×S”，其中由点隔开的数字分别表示公称抗拉强度的 1/100 和屈强比，“NH”代表耐候钢，“S”表示钢结构用螺栓。

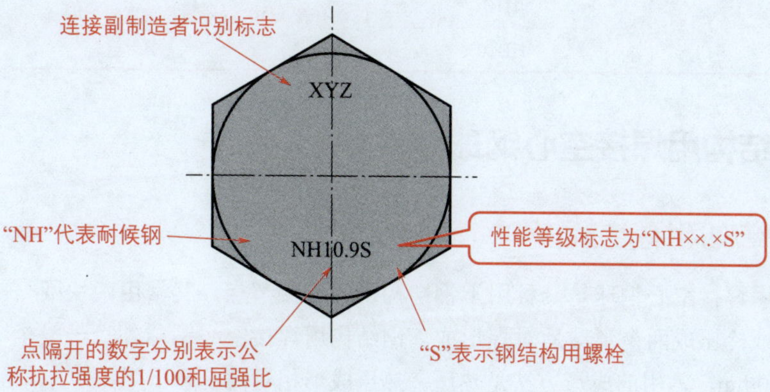

图2-16 螺栓标志

2.6.4 钢结构用耐候钢高强度螺母标志

钢结构用耐候钢高强度连接副用螺母，一般标志制造者识别标志、性能等级，这些标志应在顶面或侧面用凹字标志，如图 2-17 所示。

性能等级应标志为“NH××H”，其中数字相当于可与其搭配使用的螺栓的最高性能等级标记中左边的数字，字母“NH”代表耐候钢，“H”表示钢结构用螺母。

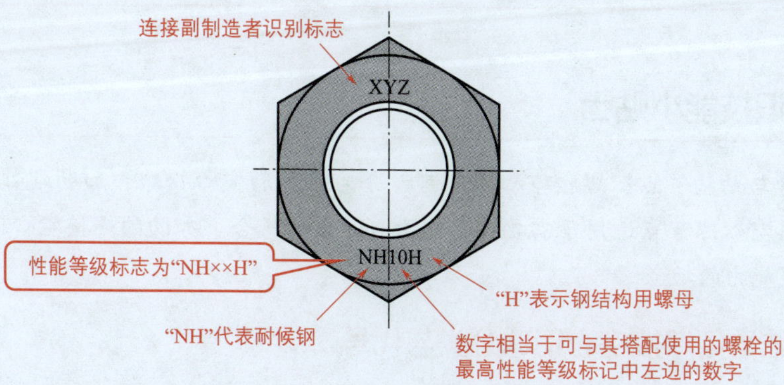

图2-17 螺母标志

2.6.5 其他在用连接副耐候钢牌号的构成及其含义

其他在用连接副耐候钢牌号的构成及其含义见表 2-15。

表2-15 其他在用连接副耐候钢牌号的构成及其含义

产品类别	牌号	牌号构成
耐候钢	NH4	B表含硼钢 NH+B+1位或2位数字 数字表紧固件抗拉强度的1% NH表“耐候”汉语拼音首字母
	NH6	
	NH8	
	NHB8	
	NH10	
	NHB10	

2.7 钢结构用焊接空心钢球

扫码看视频

钢结构用焊接空心钢球

2.7.1 钢结构用焊接空心钢球术语与解说

钢结构用焊接空心钢球是一种用于钢结构中的连接节点，其常由两块圆钢板经热压或冷压成两个半球后对焊形成。钢结构用焊接空心钢球外径一般为 160 ～ 500mm，常用的成形方法是热压。热压成形相对简单且常用。

钢结构用焊接空心钢球有关术语与解释见表 2-16。

表2-16 钢结构用焊接空心钢球有关术语与解释

名称	解释
焊接空心钢球	由两个热冲压钢半球加肋或无肋焊成的空心球
壁厚减薄量	焊接空心钢球公称壁厚与实测最小壁厚之差
肋板	平行、垂直或位于空心球对接环缝平面且与球体焊为一体的环形加劲板，用于提高空心球的承载能力与刚度
中和轴直径	空心球公称外径与公称壁厚之差

知识技能小贴士

根据用途与结构特点，焊接空心钢球可以分为不加肋空心钢球、加肋空心钢球等类型。不加肋的焊接空心球节点适用于需要简单传力与连接的场合。加肋的焊接空心球节点适用于需要更高承载能力的场合。

2.7.2 钢结构用焊接空心钢球分类与代号

钢结构用焊接空心钢球可以根据无肋、加肋、加肋形式分类，其代号分别如下。

WS——无肋空心球。

WSR——加单肋空心球。

WS+——十字肋空心球。

WS//——平行肋空心球。

W S *——多肋空心球。

钢结构用焊接空心钢球的构造形式如图 2-18 所示。

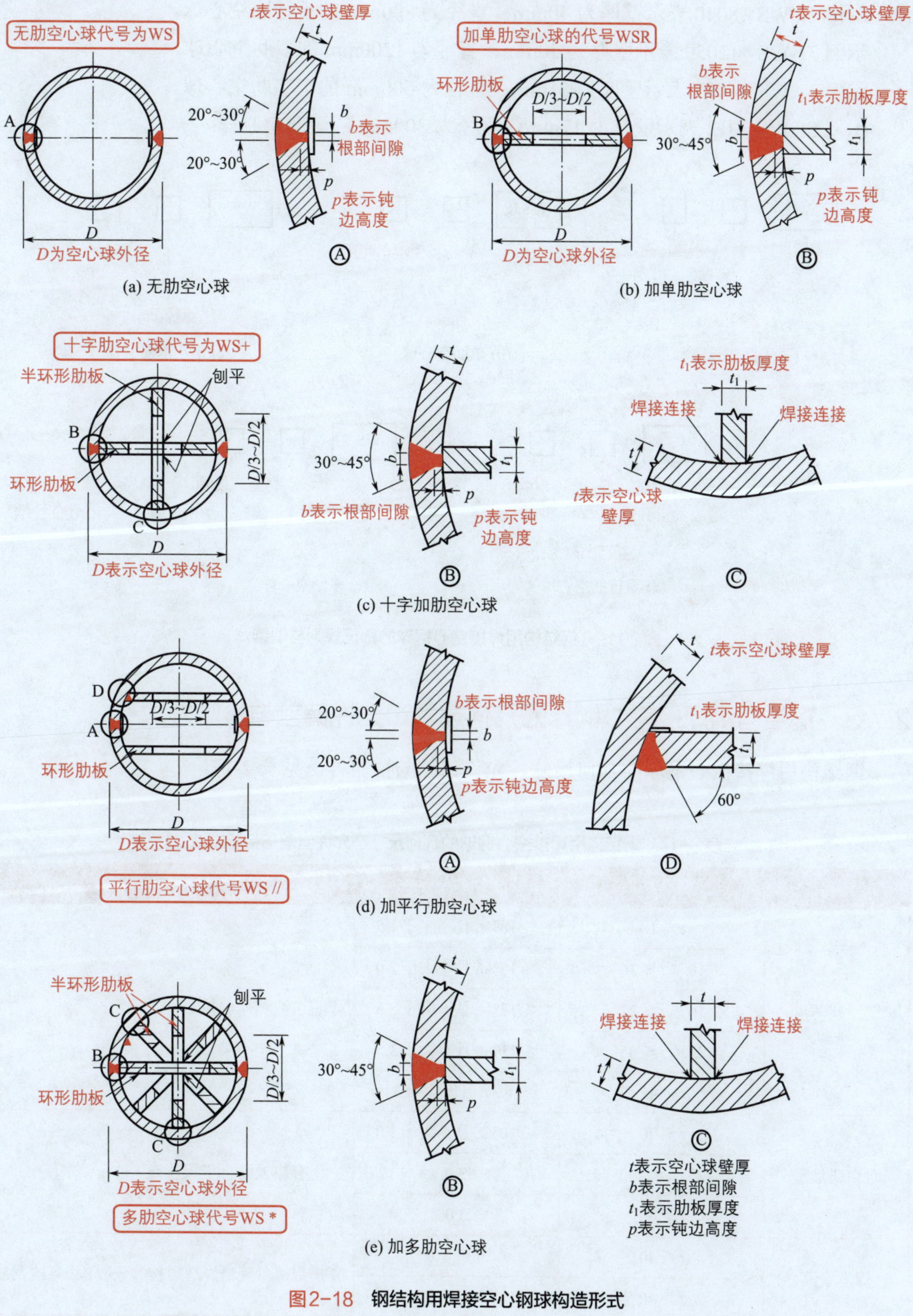

图2-18 钢结构用焊接空心钢球构造形式

钢结构用焊接空心钢球的标记规则与识读如图 2-19 所示。钢结构用焊接空心钢球的标记示例如下。

示例 1：WS R5020 表示壁厚为 20mm、直径为 500mm 的单肋空心球。

示例 2：WS //8040 表示壁厚为 40mm、直径为 800mm 的平行肋空心球。

示例 3：WS *12050 表示壁厚为 50mm、直径为 1200mm 的多肋空心球。

示例 4：WS +6025 表示壁厚为 25mm、直径为 600mm 的十字肋空心球。

示例 5：WS 3012 表示壁厚为 12mm、直径为 300mm 的无肋空心球。

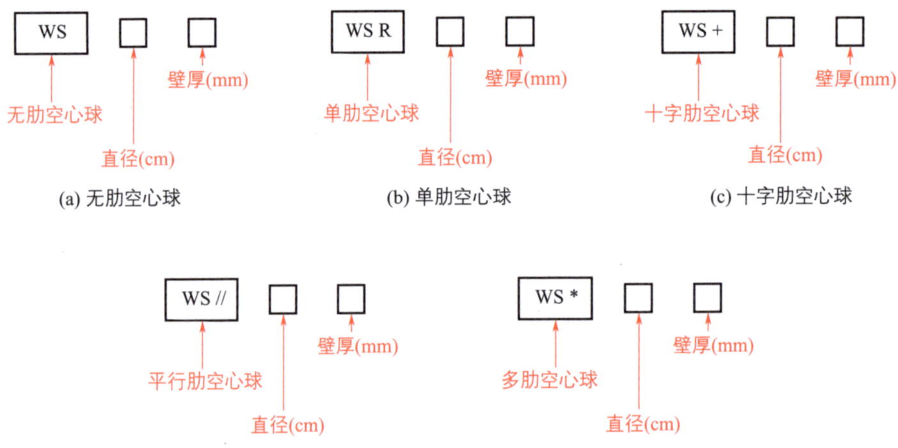

(a) 无肋空心球　(b) 单肋空心球　(c) 十字肋空心球　(d) 平行肋空心球　(e) 多肋空心球

图2-19　钢结构用焊接空心钢球的标记规则与识读

2.7.3　钢结构用焊接空心钢球的几何尺寸、允许偏差与检验方法

钢结构用焊接空心钢球的几何尺寸、允许偏差与检验方法见表 2-17。

表2-17　钢结构用焊接空心钢球的几何尺寸、允许偏差与检验方法

项目	规格/mm	允许偏差/mm	检验方法
壁厚减薄量	$t \leqslant 10$	≤18%t，且不大于 1.5	超声波测厚仪检测
	$10 < t \leqslant 16$	≤15%t，且不大于 2.0	
	$16 < t \leqslant 22$	≤12%t，且不大于 2.5	
	$22 < t \leqslant 45$	≤11%t，且不大于 3.5	
	$t > 45$	≤8%t，且不大于 4.0	
对口错边量	$t \leqslant 20$	≤10%t，且不大于 1.0	用套模及游标卡尺检查
	$20 < t \leqslant 40$	2.0	
	$t > 40$	3.0	
焊缝余高	$t \leqslant 40$	0～1.0	用焊缝量规沿焊缝周长等分取 8 个点检查
	$t > 40$	0～1.5	

续表

项目	规格/mm	允许偏差/mm	检验方法
直径	$D \leq 300$	±1.5	用卡钳及游标卡尺检查，每个球测量各向三个数值
	$300 < D \leq 500$	±2.5	
	$500 < D \leq 800$	±3.5	
	$800 < D \leq 1200$	±4.0	
	$1200 < D \leq 1600$	±4.5	
	$1600 < D \leq 2000$	±5.0	
圆度	$D \leq 300$	±1.5	用卡钳及游标卡尺检查，每个球测三对，每对成90°，以三对直径差的平均值计
	$300 < D \leq 500$	±2.5	
	$500 < D \leq 800$	±3.5	
	$800 < D \leq 1200$	±4.0	
	$1200 < D \leq 1600$	±4.5	
	$1600 < D \leq 2000$	±5.0	

注：D表示焊接空心球的外径；t表示焊接空心球的壁厚。

2.7.4 不加肋焊接空心钢球规格

不加肋焊接空心钢球规格见表2-18。

表2-18 不加肋焊接空心钢球规格

产品标记	规格尺寸（直径×壁厚）/mm	理论质量/kg	产品标记	规格尺寸（直径×壁厚）/mm	理论质量/kg
WS2006	D200×6	5.57	WS3512	D350×12	33.82
WS2008	D200×8	7.28	WS3514	D350×14	39.00
WS2206	D220×6	6.78	WS4012	D400×12	44.57
WS2208	D220×8	8.87	WS4014	D400×14	51.47
WS2406	D240×6	8.10	WS4016	D400×16	58.22
WS2408	D240×8	10.62	WS4018	D400×18	64.82
WS2410	D240×10	13.05	WS4514	D450×14	65.66
WS2608	D260×8	12.53	WS4516	D450×16	74.36
WS2610	D260×10	15.42	WS4518	D450×18	82.89
WS2808	D280×8	14.60	WS4520	D450×20	91.26
WS2810	D280×10	17.99	WS5016	D500×16	92.47
WS2812	D280×12	21.27	WS5018	D500×18	103.18
WS3008	D300×8	16.83	WS5020	D500×20	113.71
WS3010	D300×10	20.75	WS5022	D500×22	124.05
WS3012	D300×12	24.56	WS5516	D550×16	112.55
WS3510	D350×10	28.52	WS5518	D550×18	125.68

续表

产品标记	规格尺寸（直径×壁厚）/mm	理论质量/kg	产品标记	规格尺寸（直径×壁厚）/mm	理论质量/kg
WS5520	D550×20	138.61	WS7528	D750×28	360.14
WS5522	D550×22	151.34	WS7530	D750×30	383.76
WS5525	D550×25	170.06	WS7535	D750×35	441.62
WS6018	D600×18	150.41	WS8022	D800×22	328.49
WS6020	D600×20	165.99	WS8025	D800×25	370.44
WS6022	D600×22	181.35	WS8028	D800×28	411.72
WS6025	D600×25	203.97	WS8030	D800×30	438.88
WS6028	D600×28	226.11	WS8035	D800×35	505.49
WS6030	D600×30	240.60	WS8522	D850×22	372.05
WS6520	D650×20	195.83	WS8525	D850×25	419.76
WS6525	D650×25	240.96	WS8528	D850×28	466.75
WS6528	D650×28	267.33	WS8530	D850×30	497.69
WS6530	D650×30	284.62	WS8535	D850×35	573.68
WS7020	D700×20	228.14	WS8540	D850×40	647.74
WS7022	D700×22	249.49	WS9025	D900×25	472.16
WS7025	D700×25	281.04	WS9028	D900×28	525.24
WS7028	D700×28	312.01	WS9030	D900×30	560.21
WS7030	D700×30	332.34	WS9035	D900×35	646.18
WS7522	D750×22	287.63	WS9040	D900×40	730.11
WS7525	D750×25	324.20	WS9045	D900×45	812.02

2.7.5 加肋焊接空心钢球规格

加肋焊接空心钢球规格见表2-19。

表2-19 加肋焊接空心钢球规格

产品标记	规格尺寸（直径×壁厚）/mm	理论质量/kg	产品标记	规格尺寸（直径×壁厚）/mm	理论质量/kg
WSR3008	D300×8	20.31	WSR4018	D400×18	77.56
WSR3010	D300×10	24.97	WSR4514	D450×14	79.08
WSR3012	D300×12	29.46	WSR4516	D450×16	89.37
WSR3510	D350×10	34.39	WSR4518	D450×18	99.42
WSR3512	D350×12	40.68	WSR4520	D450×20	109.22
WSR3514	D350×14	46.78	WSR5016	D500×16	111.33
WSR4012	D400×12	53.71	WSR5018	D500×18	123.99
WSR4014	D400×14	61.88	WSR5020	D500×20	136.37
WSR4016	D400×16	69.82	WSR5022	D500×22	148.49

续表

产品标记	规格尺寸(直径×壁厚)/mm	理论质量/kg	产品标记	规格尺寸(直径×壁厚)/mm	理论质量/kg
WSR5516	D550×16	135.71	WSR7525	D750×25	390.09
WSR5518	D550×18	151.27	WSR7528	D750×28	432.49
WSR5520	D550×20	166.54	WSR7530	D750×30	460.26
WSR5522	D550×22	181.51	WSR7535	D750×35	527.91
WSR5525	D550×25	203.41	WSR8022	D800×22	396.36
WSR6018	D600×18	181.27	WSR8025	D800×25	446.18
WSR6020	D600×20	199.73	WSR8028	D800×28	495.00
WSR6022	D600×22	217.85	WSR8030	D800×30	527.01
WSR6025	D600×25	244.43	WSR8035	D800×35	605.14
WSR6028	D600×28	270.29	WSR8522	D850×22	449.28
WSR6030	D600×30	287.13	WSR8525	D850×25	506.03
WSR6520	D650×20	235.92	WSR8528	D850×28	561.73
WSR6525	D650×25	289.22	WSR8530	D850×30	598.28
WSR6528	D650×28	320.14	WSR8535	D850×35	687.64
WSR6530	D650×30	340.32	WSR8540	D850×40	774.16
WSR7020	D700×20	275.13	WSR9025	D900×25	569.65
WSR7022	D700×22	300.48	WSR9028	D900×28	632.68
WSR7025	D700×25	337.77	WSR9030	D900×30	674.07
WSR7028	D700×28	374.21	WSR9035	D900×35	775.42
WSR7030	D700×30	398.03	WSR9040	D900×40	873.74
WSR7522	D750×22	346.76	WSR9045	D900×45	969.08

2.7.6 不加肋焊接空心钢球的抗拉抗压极限承载力

不加肋焊接空心钢球的抗拉抗压极限承载力见表 2-20。

表2-20 不加肋焊接空心钢球的抗拉抗压极限承载力

产品标记	试验配合钢管直径/mm	抗拉、抗压极限承载力/kN		产品标记	试验配合钢管直径/mm	抗拉、抗压极限承载力/kN	
		Q235	Q345			Q235	Q345
WS2006	ϕ76	244	352	WS2608	ϕ102	443	638
WS2008	ϕ76	325	469	WS2610	ϕ102	553	798
WS2206	ϕ89	293	423	WS2808	ϕ114	503	725
WS2208	ϕ89	391	564	WS2810	ϕ114	628	906
WS2406	ϕ102	344	495	WS2812	ϕ114	754	1087
WS2408	ϕ102	458	661	WS3008	ϕ114	488	704
WS2410	ϕ102	573	826	WS3010	ϕ114	610	880

续表

产品标记	试验配合钢管直径/mm	抗拉、抗压极限承载力/kN		产品标记	试验配合钢管直径/mm	抗拉、抗压极限承载力/kN	
		Q235	Q345			Q235	Q345
WS3012	ϕ114	732	1056	WS6528	ϕ245	3140	4518
WS3510	ϕ133	712	1026	WS6530	ϕ245	3364	4841
WS3512	ϕ133	854	1231	WS7020	ϕ273	2535	3648
WS3514	ϕ133	996	1437	WS7022	ϕ273	2788	4012
WS4012	ϕ146	922	1330	WS7025	ϕ273	3168	4559
WS4014	ϕ146	1076	1551	WS7028	ϕ273	3549	5107
WS4016	ϕ146	1230	1773	WS7030	ϕ273	3802	5471
WS4018	ϕ146	1319	1898	WS7522	ϕ299	3082	4436
WS4514	ϕ146	1028	1482	WS7525	ϕ299	3503	5040
WS4516	ϕ146	1174	1693	WS7528	ϕ299	3923	5645
WS4518	ϕ146	1260	1813	WS7530	ϕ299	4203	6048
WS4520	ϕ146	1400	2014	WS7535	ϕ299	4904	6339
WS5016	ϕ168	1369	1975	WS8022	ϕ325	3378	4860
WS5018	ϕ168	1469	2114	WS8025	ϕ325	3838	5523
WS5020	ϕ168	1632	2349	WS8028	ϕ325	4299	6186
WS5022	ϕ168	1795	2584	WS8030	ϕ325	4606	6628
WS5516	ϕ219	1721	2482	WS8035	ϕ325	5373	6946
WS5518	ϕ219	1846	2657	WS8522	ϕ351	3674	5286
WS5520	ϕ219	2051	2952	WS8525	ϕ351	4175	6007
WS5522	ϕ219	2256	3247	WS8528	ϕ351	4675	6728
WS5525	ϕ219	2564	3690	WS8530	ϕ351	5009	7209
WS6018	ϕ245	2088	3004	WS8535	ϕ351	5844	7555
WS6020	ϕ245	2320	3338	WS8540	ϕ351	6516	8634
WS6022	ϕ245	2552	3672	WS9025	ϕ351	4074	5862
WS6025	ϕ245	2900	4173	WS9028	ϕ351	4563	6566
WS6028	ϕ245	3248	4673	WS9030	ϕ351	4888	7035
WS6030	ϕ245	3480	5007	WS9035	ϕ351	5703	7372
WS6520	ϕ245	2243	3227	WS9040	ϕ351	6359	8426
WS6525	ϕ245	2803	4034	WS9045	ϕ351	7154	9479

2.7.7 加肋焊接空心钢球抗拉抗压极限承载力

加肋焊接空心钢球抗拉抗压极限承载力见表 2-21。

表2-21 加肋焊接空心钢球抗拉抗压极限承载力

产品标记	试验配合钢管直径/mm	抗拉极限承载力/kN		抗压极限承载力/kN	
		Q235	Q345	Q235	Q345
WSR3008	ϕ114	537	774	683	985
WSR3010	ϕ114	671	968	854	1231
WSR3012	ϕ114	805	1161	1025	1478
WSR3510	ϕ133	783	1129	996	1437
WSR3512	ϕ133	940	1355	1196	1724
WSR3514	ϕ133	1096	1580	1395	2011
WSR4012	ϕ146	1014	1463	1291	1862
WSR4014	ϕ146	1184	1707	1506	2172
WSR4016	ϕ146	1353	1950	1722	2482
WSR4018	ϕ146	1451	2088	1847	2657
WSR4514	ϕ146	1130	1630	1439	2074
WSR4516	ϕ146	1292	1863	1644	2371
WSR4518	ϕ146	1386	1994	1764	2538
WSR4520	ϕ146	1540	2216	1960	2820
WSR5016	ϕ168	1506	2172	1917	2764
WSR5018	ϕ168	1616	2325	2057	2959
WSR5020	ϕ168	1795	2584	2285	3288
WSR5022	ϕ168	1975	2842	2514	3617
WSR5516	ϕ219	1893	2730	2410	3474
WSR5518	ϕ219	2031	2922	2585	3719
WSR5520	ϕ219	2256	3247	2872	4133
WSR5522	ϕ219	2482	3572	3159	4546
WSR5525	ϕ219	2821	4059	3590	5166
WSR6018	ϕ245	2297	3305	2923	4206
WSR6020	ϕ245	2552	3672	3248	4673
WSR6022	ϕ245	2807	4039	3572	5141
WSR6025	ϕ245	3190	4590	4060	5842
WSR6028	ϕ245	3572	5141	4547	6543
WSR6030	ϕ245	3828	5508	4872	7010
WSR6520	ϕ245	2467	3550	3140	4518
WSR6525	ϕ245	3084	4438	3925	5648
WSR6528	ϕ245	3454	4970	4396	6325
WSR6530	ϕ245	3700	5325	4710	6777
WSR7020	ϕ273	2788	4012	3549	5107

续表

产品标记	试验配合钢管直径/mm	抗拉极限承载力/kN		抗压极限承载力/kN	
		Q235	Q345	Q235	Q345
WSR7022	ϕ273	3067	4414	3904	5617
WSR7025	ϕ273	3485	5015	4436	6383
WSR7028	ϕ273	3904	5617	4968	7149
WSR7030	ϕ273	4182	6019	5323	7660
WSR7522	ϕ299	3391	4879	4315	6210
WSR7525	ϕ299	3853	5544	4904	7057
WSR7528	ϕ299	4315	6210	5492	7903
WSR7530	ϕ299	4623	6653	5884	8468
WSR7535	ϕ299	5394	6973	6865	8875
WSR8022	ϕ325	3715	5346	4729	6804
WSR8025	ϕ325	4222	6075	5373	7732
WSR8028	ϕ325	4729	6804	6018	8660
WSR8030	ϕ325	5066	7290	6448	9279
WSR8035	ϕ325	5911	7641	7523	9724
WSR8522	ϕ351	4041	5815	5143	7401
WSR8525	ϕ351	4592	6608	5844	8410
WSR8528	ϕ351	5143	7401	6546	9419
WSR8530	ϕ351	5510	7930	7013	10092
WSR8535	ϕ351	6429	8310	8182	10577
WSR8540	ϕ351	7168	9498	9123	12088
WSR9025	ϕ351	4481	6448	5703	8207
WSR9028	ϕ351	5019	7222	6388	9192
WSR9030	ϕ351	5377	7738	6844	9848
WSR9035	ϕ351	6274	8110	7984	10321
WSR9040	ϕ351	6995	9268	8903	11796
WSR9045	ϕ351	7869	10427	10015	13270

第 2 部分

全面掌握钢构技能

第 3 章 门式刚架结构与框架结构

3.1 门式刚架结构

3.1.1 门式刚架结构综述

轻型门式刚架结构与普通钢结构相比具有以下特征：结构构件的横截面尺寸较小，可以有效地利用建筑空间，降低房屋的高度。门式刚架的刚度较好，自重轻，横梁与柱可以组装。屋面刚架用钢量仅为普通钢屋架用钢量的（1/10）～（1/5），是一种经济可靠的结构形式。

门式刚架是一种传统的结构体系，其上部主构架包括刚架梁、刚架柱、檩条、柱间支撑、系杆、墙面板等。轻型门式刚架结构如图 3-1 所示。

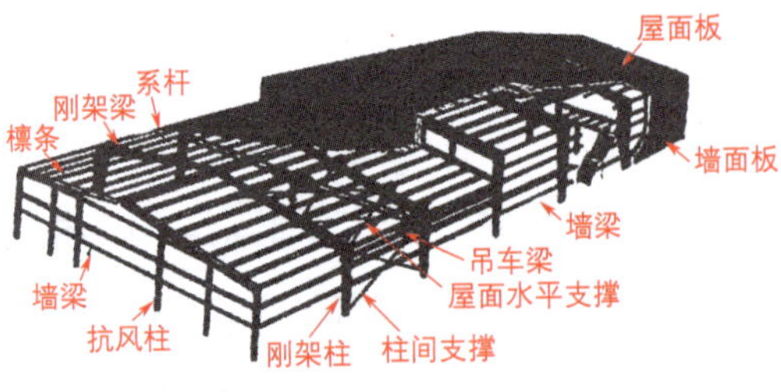

图3-1 轻型门式刚架结构

重型门式刚架结构常包括预埋件、柱脚、支撑系统、梁柱连接、系杆、檩条系统等，如图 3-2 所示。

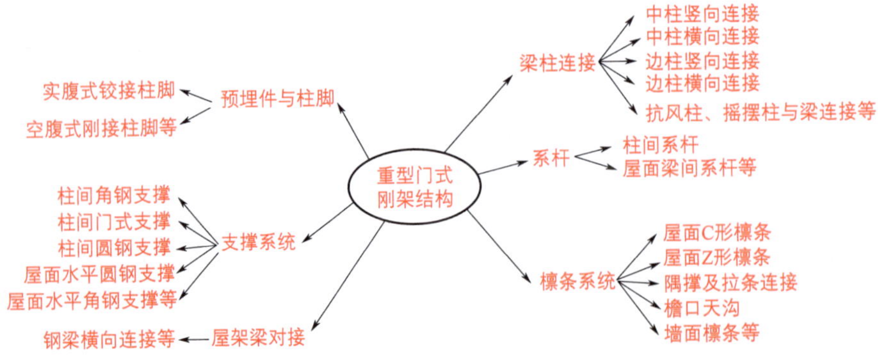

图3-2 重型门式刚架结构

门式刚架结构形式如图 3-3 所示。门式刚架的跨度宜为 9 ～ 36m，宜以 3m 为模数。门式刚架的高度应取地坪柱轴线与斜梁轴线交点的高度，宜取 4.5 ～ 9m。

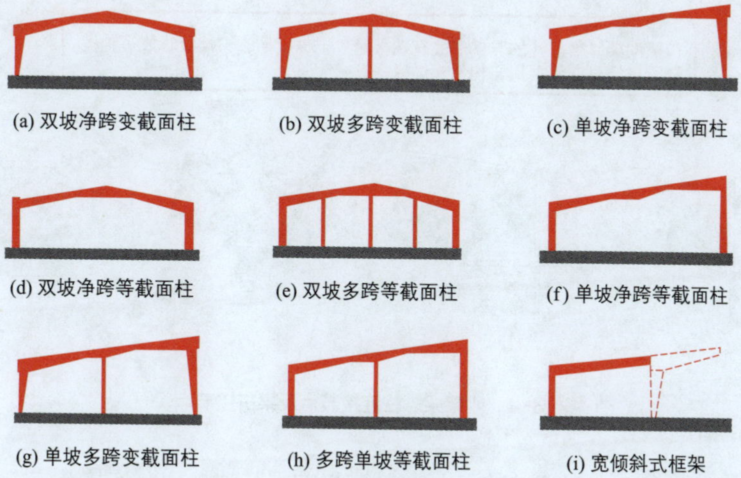

图3-3　门式刚架结构形式

门式刚架屋面荷载等级见表 3-1。

表3-1　门式刚架屋面荷载等级

外荷载等级	荷载标准值 /（kN/m²）		荷载设计值 /（kN/m²）	
	永久荷载	可变荷载	永久荷载	可变荷载
1	0.30	0.50	0.39	0.75
2	0.30	0.70	0.39	1.05
3	0.90	0.50	1.17	0.75
4	1.10	0.70	1.43	1.05

注：1. 可变荷载为屋面活荷载和雪荷载两者中的较大值，未考虑积灰荷载。
2. 墙面荷载不大于 $0.5kN/m^2$。
3. 未考虑悬挂吊重和临时检修起重荷载。永久荷载不包括刚架斜梁自重。

3.1.2　刚架梁、柱连接节点及梁拼接节点

刚架结构一般是由梁和柱组成的结构，其中各杆件主要受弯。刚架的节点主要是刚节点，也可以有部分铰节点或组合节点。

刚架梁柱连接节点是指在钢结构建筑中，梁与柱间的连接部分，其用于传递梁上的荷载到柱上，以确保结构的整体稳定性与安全性。

梁拼接节点是指将梁的不同部分连接在一起的节点，常用于钢结构中。梁拼接节点的主要目的是将梁的不同段连接成一个整体，以确保结构的完整性和稳定性。

刚架梁、柱连接节点及梁拼接节点如图 3-4 所示。端板的类型有伸臂类端板、两边支承

类端板、无加劲肋类端板、三边支承类端板等。刚架构件的翼缘与端板的连接，需要采用全熔透对接焊缝。腹板与端板的连接，需要采用角对接组合焊缝或与腹板等强的角焊缝。

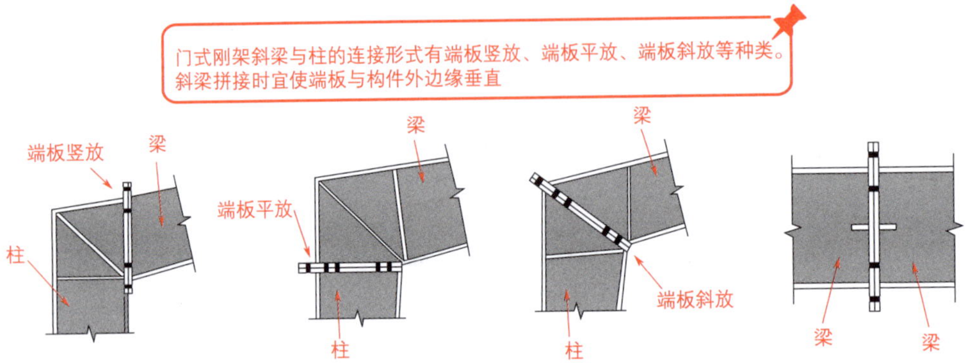

图3-4　刚架梁、柱连接节点及梁拼接节点

门式刚架梁柱连接常见的节点有边柱竖向连接节点、边柱横向连接节点、中柱竖向连接节点、中柱横向连接节点、抗风柱（摇摆柱）与梁连接节点等。门式刚架梁柱连接常见的节点图示如图 3-5 所示。

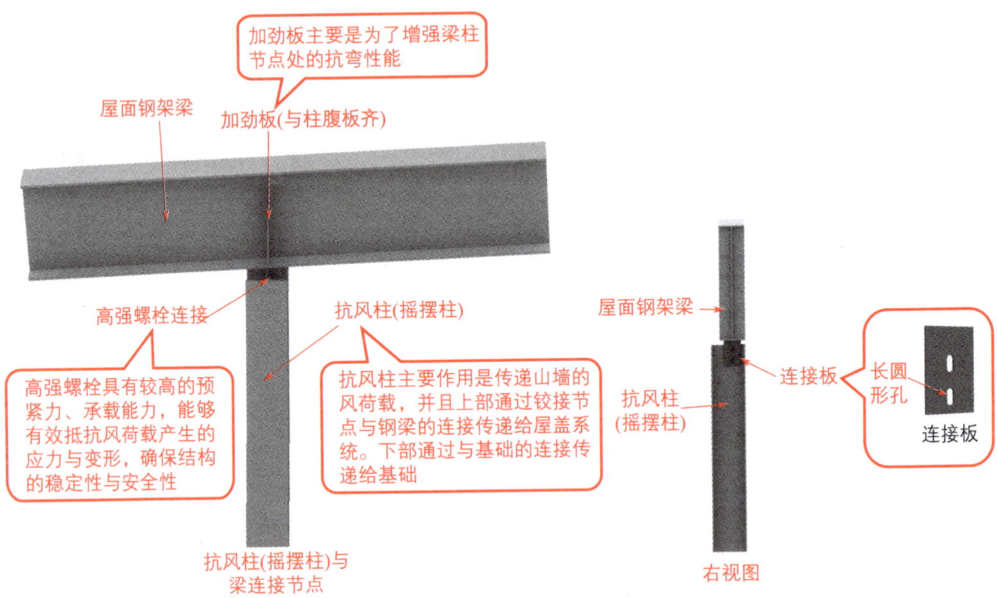

图3-5　门式刚架梁柱连接常见的节点图示

知识技能小贴士

刚架端板是指在钢结构建筑中，尤其是在门式刚架结构中使用的端板连接节点。端板常位于梁的端部，垂直于梁的纵轴线，用于连接其他梁柱，以增强局部稳定性等作用。

3.1.3 门式刚架预埋件及柱脚

预埋件是指在结构浇筑过程中预先安置的构配件，常用于隐蔽工程中，为后续施工提供稳固的基础。预埋件大多由金属制造，也可采用木头、塑料等非金属刚性材料制造。

柱脚是连接钢柱与基础的部件。柱脚主要分为铰接柱脚、刚接柱脚等类型。铰接柱脚可以通过缆风绳与楔形铁块固定，适用于需要灵活调整的结构。刚接柱脚通过螺栓与焊接固定，适用于需要较高稳定性的结构。

柱脚刚接可节约钢材，但是基础费用有所提高，加工、安装也较为复杂。一般宜采用平板式铰接柱脚。

门式刚架柱脚形式如图 3-6 所示。

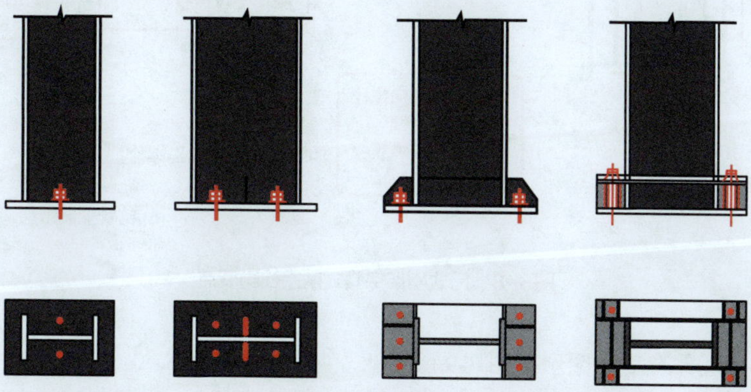

图3-6 门式刚架柱脚形式

门式刚架实腹式铰接柱脚节点如图 3-7 所示。

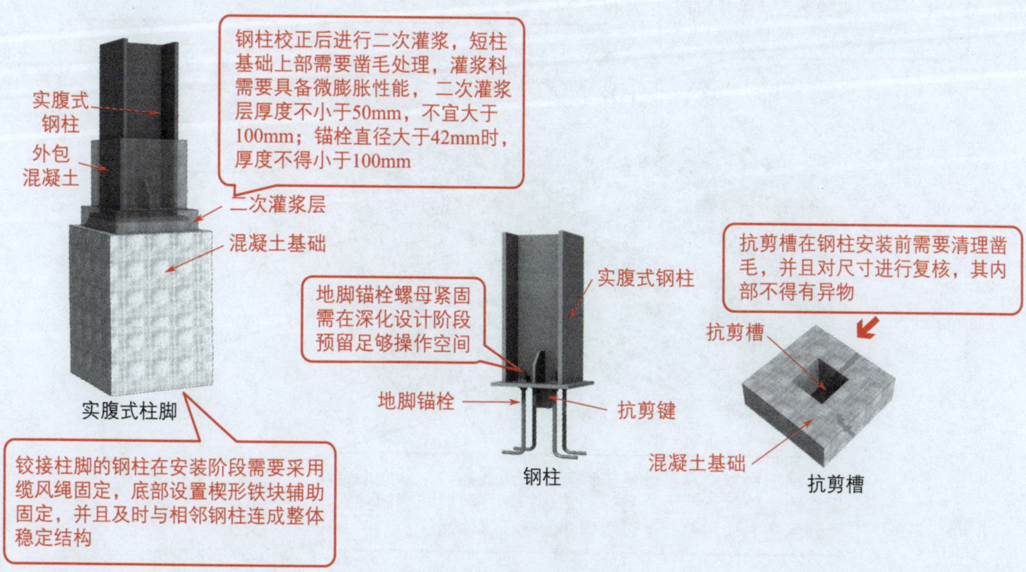

图3-7 门式刚架实腹式铰接柱脚节点

门式刚架空腹式刚接柱脚节点如图 3-8 所示。

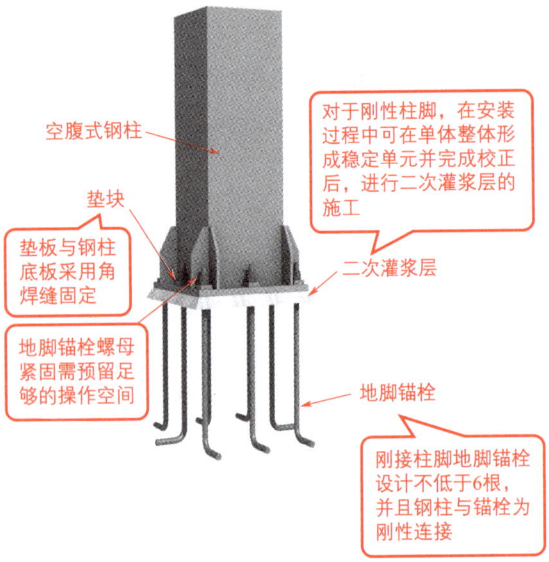

(a) 柱脚大样

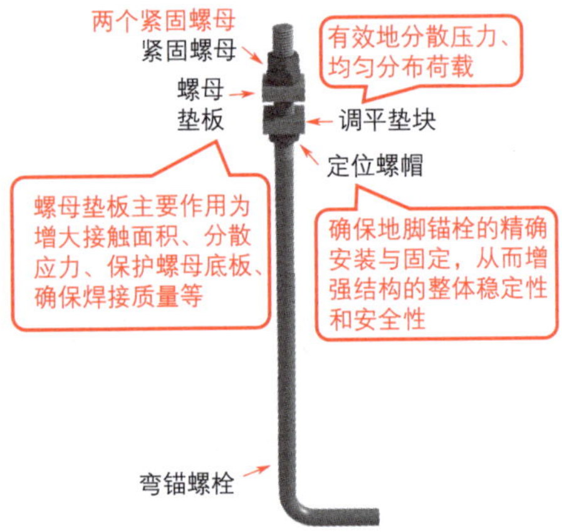

(b) 锚栓安装示意

图3-8 门式刚架空腹式刚接柱脚节点

门式刚架预埋件及柱脚图示如图 3-9 所示。

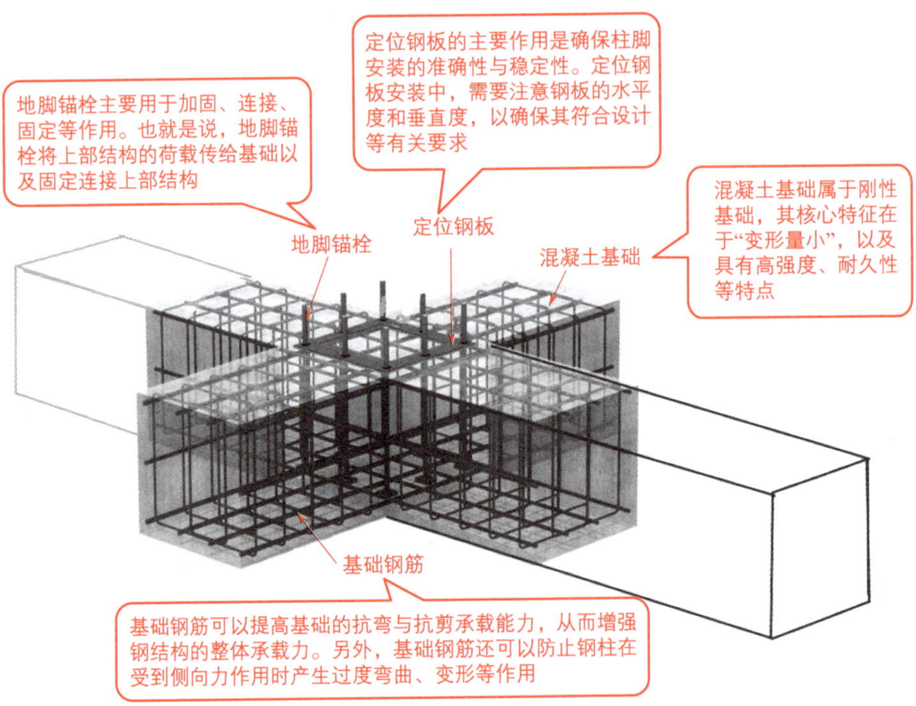

(a) 预埋件大样

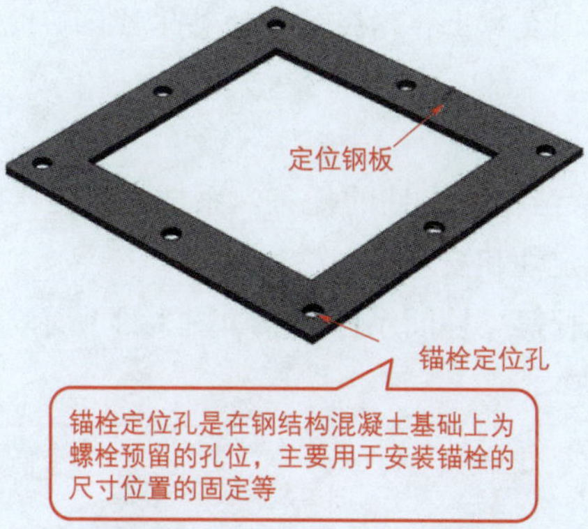

(b) 定位板

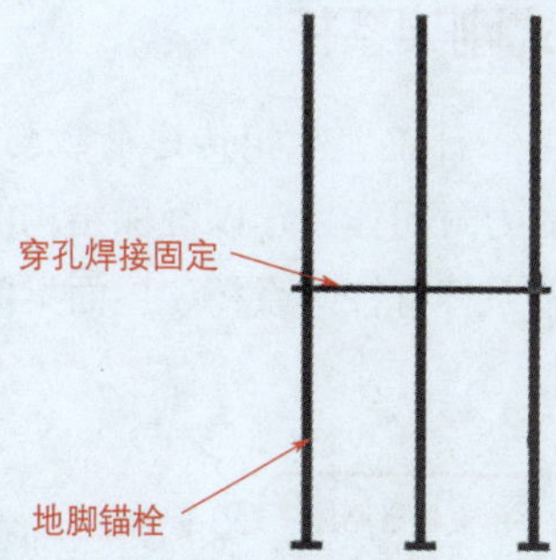

(c) 锚栓安装

图3-9 门式刚架预埋件及柱脚

知识技能小贴士

门式刚架预埋件及柱脚是门式刚架结构中的重要组成部分，其主要起着关键的固定与支撑作用。刚架柱脚的安装需要严格根据施工流程进行，包括地脚锚栓的安装、钢柱的校正、二次灌浆等步骤。刚接柱脚地脚锚栓设计一般不低于6根，钢柱与锚栓为刚性连接。

3.1.4 门式刚架支撑系统

门式刚架支撑系统是一种在门式刚架钢结构中使用的支撑结构，主要用于确保整个结构与单个构件的稳定性，传递水平作用力到基础，以及调整结构刚度，使结构受力均匀、合理，从而提升其整体性。

门式刚架支撑系统有柱间门式支撑、柱间圆钢支撑、柱间角钢支撑、屋面水平圆钢支撑、屋面水平角钢支撑等类型。

柱间圆钢支撑如图3-10所示。其中，花篮螺栓是不可或缺的连接元件，其可以紧密地将柱子与支撑结构相连，以确保整体结构的稳固与承重能力。

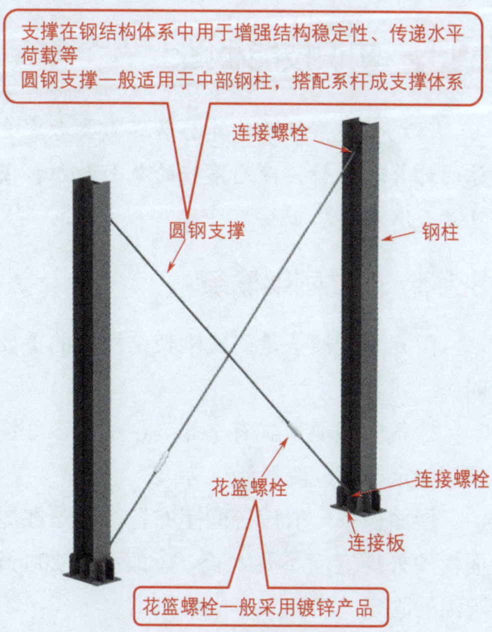

图3-10 柱间圆钢支撑

知识技能小贴士

门式刚架支撑系统常包括的组成部分有屋盖水平支撑、柱间支撑、刚性系杆、隅撑等。其中，隅撑在实腹式门式刚架的梁、柱翼缘受压时使用，可以减小构件平面外无支撑长度。柱间支撑一般设置在柱列的中部，用于将屋盖水平支撑所承受的荷载传递到柱间支撑上，增强结构的整体性。

3.1.5 门式刚架系杆

门式刚架系杆主要承担传递荷载与维持结构稳定性的任务。系杆常由受压圆钢管制成，与支撑组成受力封闭体系，以确保结构的稳定性和安全性。

门式刚架系杆有柱间系杆、屋面梁间系杆等。柱间系杆节点如图 3-11 所示。

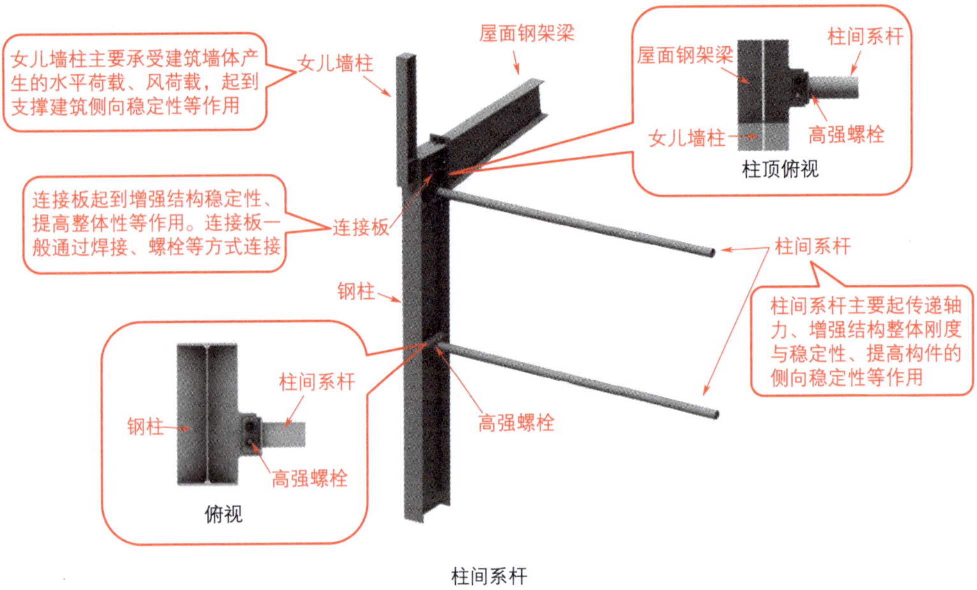

图3-11 柱间系杆节点

知识技能小贴士

门式刚架系杆的计算与选择需要考虑直径、壁厚、长度、屈服强度等参数。可以通过具体的计算和分析，确定系杆的截面面积、惯性矩、回转半径等参数，从而验证其长细比与强度是否满足要求。

3.1.6 门式刚架檩条

门式刚架檩条是门式刚架结构中的重要组成部分，其主要用于支撑屋顶或墙体。檩条也叫作“龙骨”。

檩条的截面形式有 Z 形、C 形等，如图 3-12 所示。檩条的截面选择需要进行强度计算、整体稳定计算、变形计算等。

屋面檩条一般应等间距布置，但是在屋脊位置，应沿屋脊两侧各布置一道檩条，使得屋面板的外伸宽度不要太长（一般小于 200mm）。另外，在天沟附近应布置一道檩条，以便于天沟的固定。

门式刚架屋面 Z 形檩条安装如图 3-13 所示。

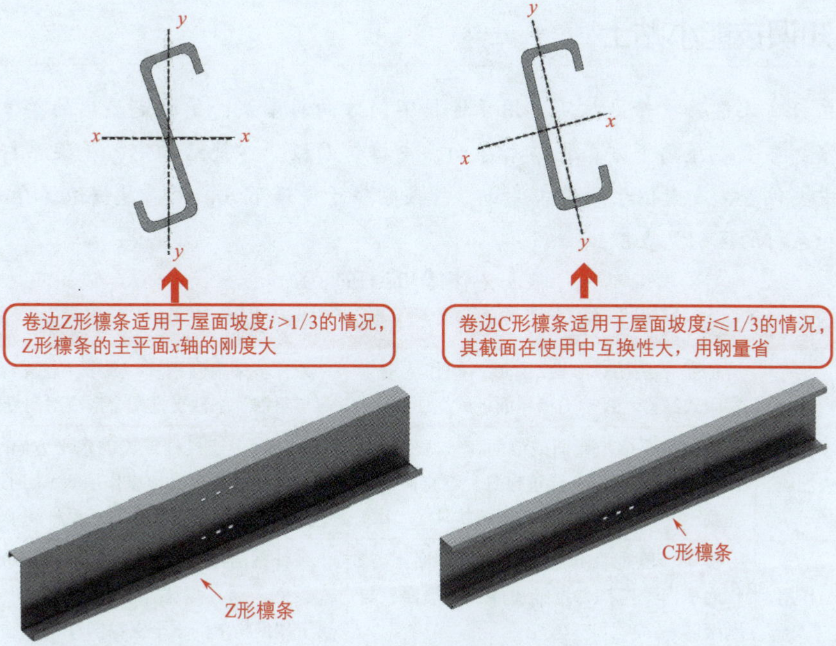

图3-12 檩条的截面形式

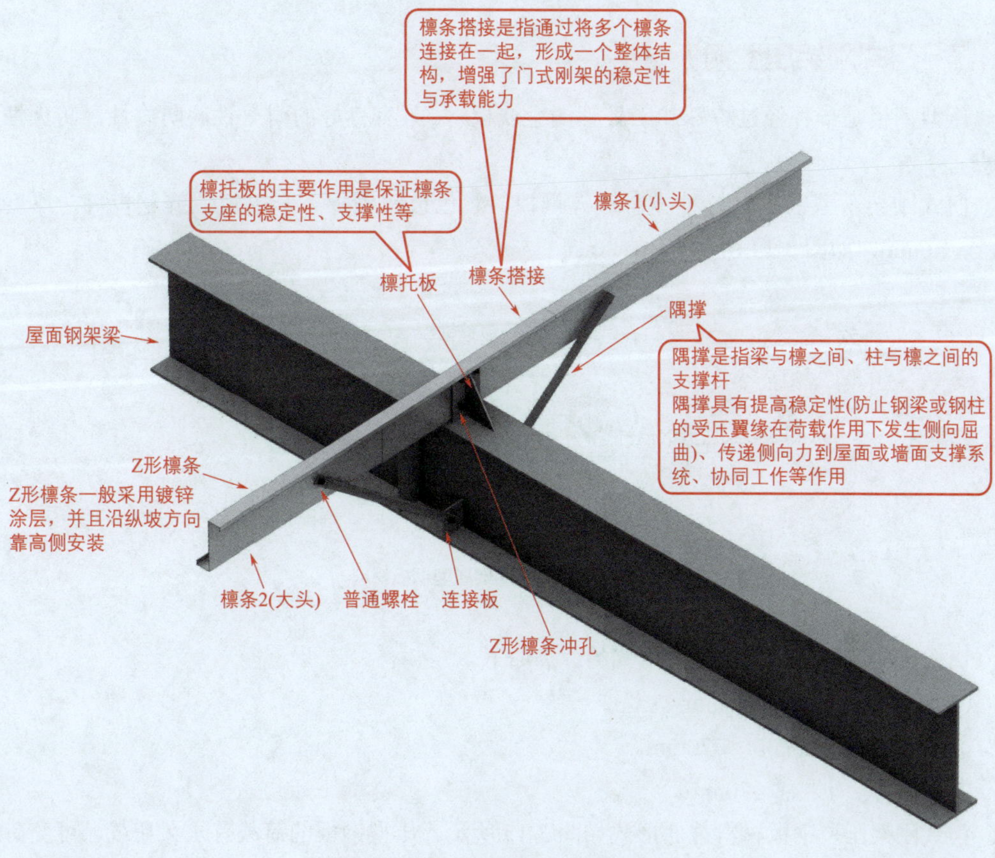

图3-13 门式刚架屋面Z形檩条安装

知识技能小贴士

屋架系杆常比檩条更粗更结实，用于连接不同方向的屋架，是固定屋顶的整体框架。檩条相对较窄，布置在屋顶下方，托举着屋面，支撑饰面板。建筑结构中，屋架系杆常位于屋面内侧的中央位置，或者位于两端、旁边。檩条常位于屋顶下方，沿着屋檐边缘分布。

檩条和系杆的区别见表3-2。

表3-2 檩条和系杆的区别

项目	檩条	系杆
材料与结构形式	檩条常采用C形钢、Z形钢制作，属于实腹式结构，直接支撑屋面板或墙面板	系杆多采用圆钢管，属于柔性支撑的一部分，需与角钢等刚性支撑配合形成封闭受力体系
功能与受力性质	檩条主要承担屋面或墙面荷载（例如风荷载、雪荷载等），通过自身受弯将荷载传递到刚架柱。檩条属于受压弯构件	系杆用于连接柱或梁的水平方向，主要承受压力（例如风压、地震作用等），通过受压圆钢管传递水平力到支撑体系。系杆属于受压构件
结构位置与作用	檩条一般垂直布置于屋面或墙面下方，作为横向受弯构件连接屋面板或墙面板与刚架体系	系杆常沿结构全长布置，一般平布置于柱间或梁间，通过增强结构稳定性防止侧向变形，属于次结构中的水平支撑构件
设计表达	檩条代号LT	系杆代号XG
设计原则	檩条需满足抗弯强度、稳定性要求	系杆需满足压力稳定性等要求

3.1.7 门式刚架压型钢板材料

压型钢板是一种经过特殊加工处理的金属板材，具有良好的耐久性、防腐性、防火性等特点。

门式刚架压型钢板材料种类有镀锌钢板、彩色镀锌钢板、彩色镀铝锌钢板等，厚度为0.4 ～ 1.6mm，如图3-14所示。

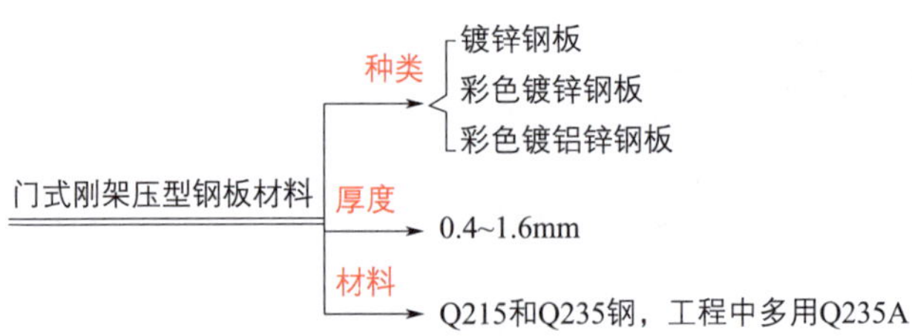

图3-14 门式刚架压型钢板材料

门式刚架压型钢板材料截面形式的分类如下。

① 低波板：波高＜ 30mm。

② 中波板：波高 30 ～ 70mm。

③ 高波板：波高＞ 70mm。

门式刚架压型钢板材料截面形式如图3-15所示。压型钢板的荷载有永久荷载、可变荷载等种类。

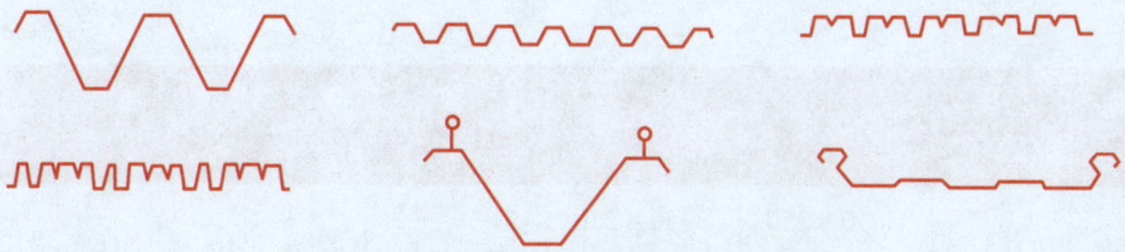

图3-15 门式刚架压型钢板材料截面形式

扫码看视频

压型钢板材料截面形式

知识技能小贴士

门式刚架中常用的压型钢板的截面形式与选择如图3-16所示。

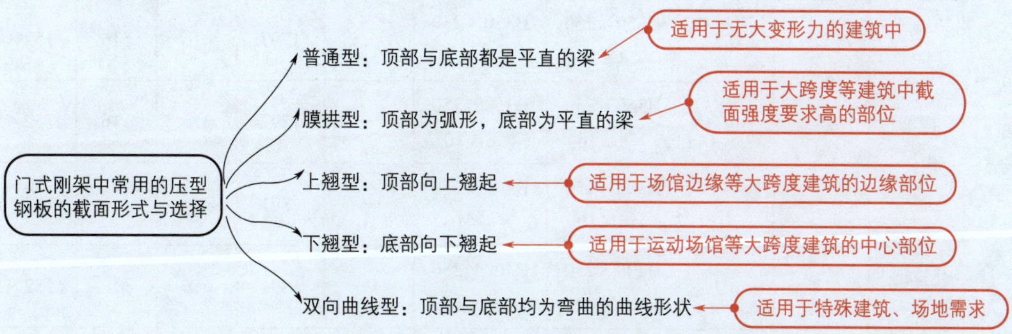

图3-16 门式刚架中常用的压型钢板的截面形式与选择

3.1.8 门式刚架的应用

3.1.8.1 15m跨刚架

15m跨刚架选用见表3-3。15m跨刚架布置示意如图3-17所示。

表3-3 15m跨刚架选用表（高度：6.0m）

柱距/m	恒载/(kN/m^2)	活载/(kN/m^2)	风压/(kN/m^2)	柱截面	梁（第一段）	梁（第二段）	质量/kg	柱间支撑	屋面支撑	系杆
6	0.3	0.5	0.5	H300×200×8×10	B300×200×8×10	—	1439	ϕ16	ϕ16	ϕ120×5
			0.7	H300×200×8×10	B300×200×8×10	—	1439	ϕ16	ϕ16	ϕ120×5
	0.3	0.7	0.5	H300×220×8×10	B300×220×8×10	—	1534	ϕ16	ϕ16	ϕ120×5
			0.7	H300×220×8×10	B300×220×8×10	—	1534	ϕ16	ϕ16	ϕ120×5
	0.9	0.5	0.5	H350×250×8×10	B350×250×8×10	—	1785	ϕ16	ϕ16	ϕ120×5
			0.7	H350×250×8×10	B350×250×8×10	—	1785	ϕ16	ϕ16	ϕ120×5

续表

柱距/m	恒载/(kN/m^2)	活载/(kN/m^2)	风压/(kN/m^2)	柱截面	梁（第一段）	梁（第二段）	质量/kg	柱间支撑	屋面支撑	系杆
6	1.1	0.7	0.5	H350×250×8×12	B350×250×8×12	—	2008	ϕ16	ϕ16	ϕ120×5
			0.7	H350×250×8×12	B350×250×8×12	—	2008	ϕ16	ϕ16	ϕ120×5
7.5	0.3	0.5	0.5	H350×220×8×10	B350×220×8×10	—	1633	ϕ16	ϕ16	ϕ152×5
			0.7	H350×220×8×10	B350×220×8×10	—	1633	ϕ16	ϕ16	ϕ152×5
	0.3	0.7	0.5	H350×250×8×10	B350×250×8×10	—	1797	ϕ16	ϕ16	ϕ152×5
			0.7	H350×250×8×10	B350×250×8×10	—	1797	ϕ16	ϕ16	ϕ152×5
	0.9	0.5	0.5	H400×250×8×10	B400×250×8×10	—	1891	ϕ16	ϕ16	ϕ152×5
			0.7	H400×250×8×10	B400×250×8×10	—	1891	ϕ16	ϕ16	ϕ152×5
	1.1	0.7	0.5	H400×260×8×12	B400×250×8×12	—	2151	ϕ16	ϕ16	ϕ152×5
			0.7	H400×260×8×12	B400×250×8×12	—	2151	ϕ16	ϕ16	ϕ152×5
9	0.3	0.5	0.5	H400×220×8×10	B400×220×8×10	—	1725	ϕ16	ϕ16	ϕ180×5
			0.7	H400×220×8×10	B400×220×8×10	—	1725	ϕ16	ϕ16	ϕ180×5
	0.3	0.7	0.5	H400×250×8×10	B400×250×8×10	—	1880	ϕ16	ϕ16	ϕ180×5
			0.7	H400×250×8×10	B400×250×8×10	—	1880	ϕ16	ϕ16	ϕ180×5
	0.9	0.5	0.5	H500×250×8×10	B500×250×8×10	—	2079	ϕ16	ϕ16	ϕ180×5
			0.7	H500×250×8×10	B500×250×8×10	—	2079	ϕ16	ϕ16	ϕ180×5
	1.1	0.7	0.5	H500×260×8×12	B500×250×8×12	—	2345	ϕ16	ϕ16	ϕ180×5
			0.7	H500×260×8×12	B500×250×8×12	—	2345	ϕ16	ϕ16	ϕ180×5

注：表中质量表示对应刚架总质量，不包括檩托、墙托的质量。

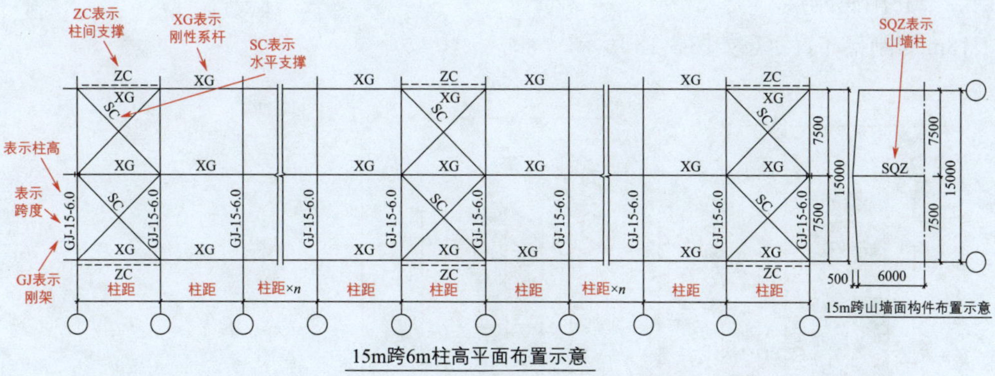

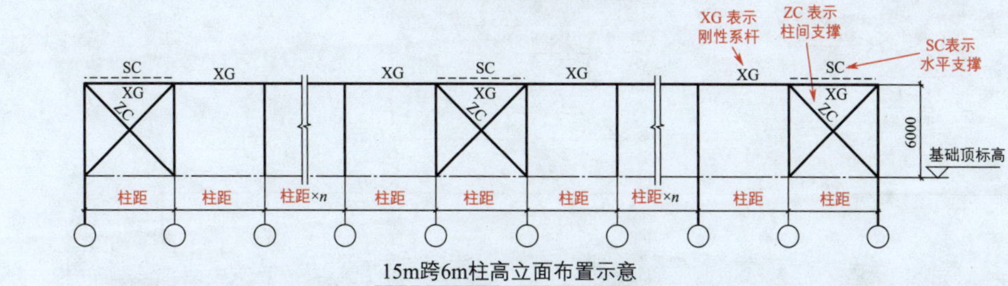

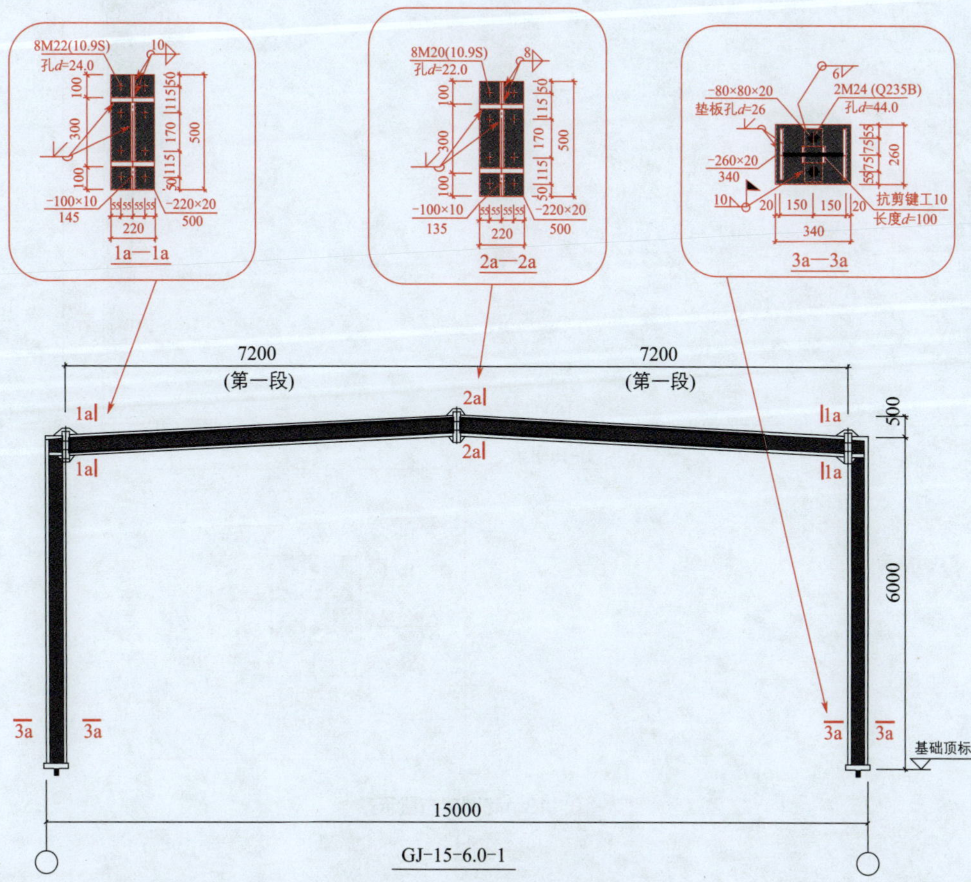

图3-17 15m跨刚架布置示意

3.1.8.2 18m跨刚架

18m 跨刚架布置示意如图 3-18 所示。

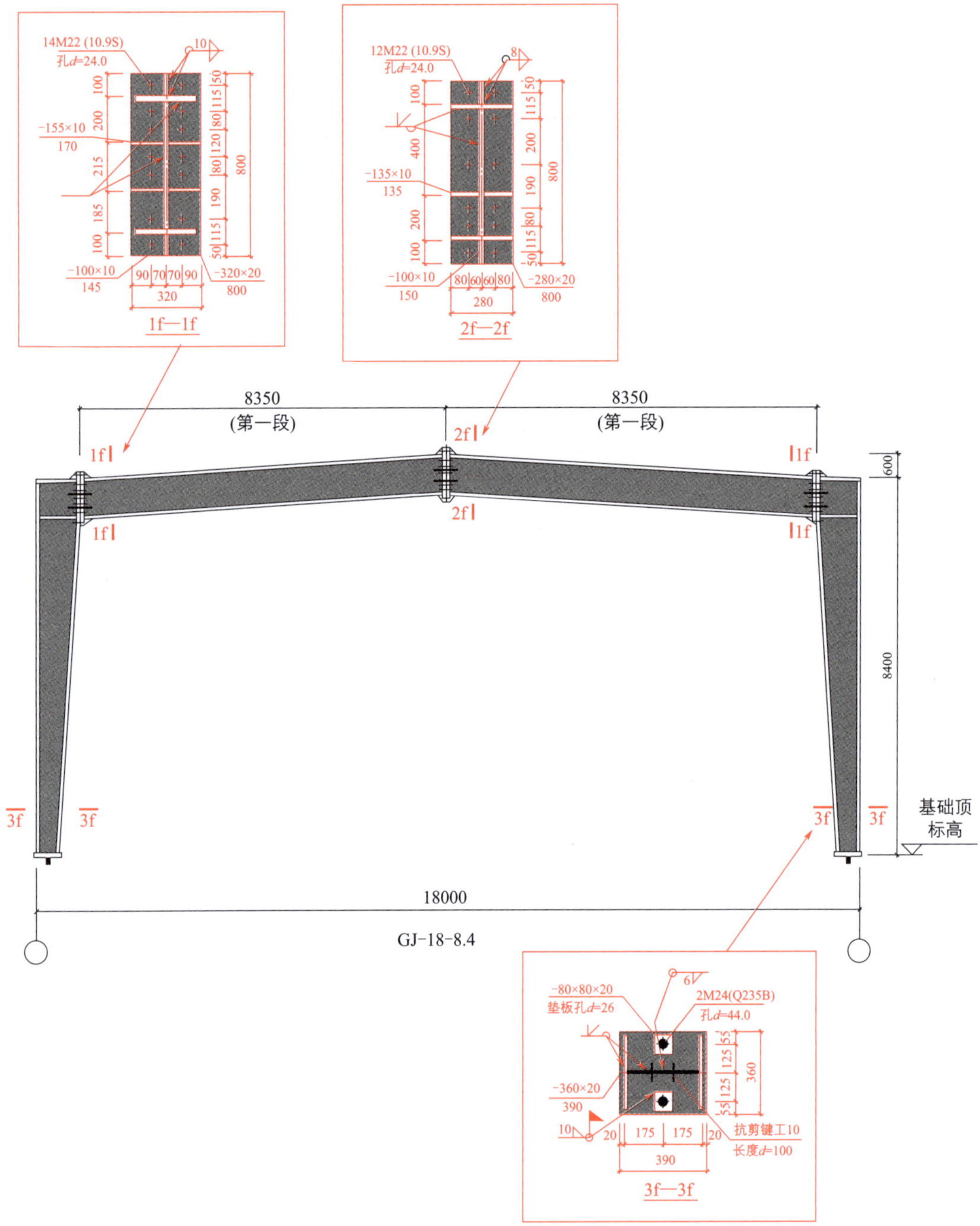

图3-18　18m跨刚架布置示意

3.1.8.3 30m跨刚架

30m 跨刚架选用见表 3-4。30m 跨刚架布置示意如图 3-19 所示。

表3-4 30m跨刚架选用表（高度：8.4m）

柱距/m	恒载/(kN/m^2)	活载/(kN/m^2)	风压/(kN/m^2)	柱截面	梁（第一段）	梁（第二段）	重量/kg	柱间支撑	屋面支撑	系杆
6	0.3	0.5	0.5	H（400～900）×300×8×14	H（800～600）×280×8×12	H（600～750）×280×8×12	4879	ϕ22	ϕ20	ϕ120×5
			0.7	H（400～900）×300×8×14	H（800～600）×280×8×12	H（600～750）×280×8×12	4879	ϕ28	ϕ22	ϕ120×5
	0.3	0.7	0.5	H（400～900）×320×8×14	H（800～600）×300×8×12	H（600～750）×300×8×12	5106	ϕ22	ϕ20	ϕ120×5
			0.7	H（400～900）×320×8×14	H（800～600）×300×8×12	H（600～750）×300×8×12	5106	ϕ28	ϕ22	ϕ120×5
	0.9	0.5	0.5	H（500～1000）×340×8×14	H（900～650）×320×8×14	H（650～800）×320×8×14	5922	ϕ22	ϕ20	ϕ120×5
			0.7	H（500～1000）×340×8×14	H（900～650）×320×8×14	H（650～800）×320×8×14	5922	ϕ28	ϕ22	ϕ120×5
	1.1	0.7	0.5	H（500～1000）×380×8×16	H（900～650）×340×8×14	H（650～800）×340×8×14	6518	ϕ22	ϕ20	ϕ120×5
			0.7	H（500～1000）×380×8×16	H（900～650）×340×8×14	H（650～800）×340×8×14	6518	ϕ28	ϕ22	ϕ120×5
7.5	0.3	0.5	0.5	H（400～1000）×320×8×14	H（850～600）×280×8×12	H（600～750）×280×8×14	5125	ϕ22	ϕ20	ϕ152×5
			0.7	H（400～1000）×320×8×14	H（850～600）×280×8×12	H（600～750）×280×8×14	5125	ϕ28	ϕ22	ϕ152×5
	0.3	0.7	0.5	H（400～1000）×340×8×14	H（850～600）×300×8×12	H（600～750）×300×8×14	5371	ϕ22	ϕ20	ϕ152×5
			0.7	H（400～1000）×340×8×14	H（850～600）×300×8×12	H（600～750）×300×8×14	5371	ϕ28	ϕ22	ϕ152×5
	0.9	0.5	0.5	H（500～1000）×360×8×16	H（950～700）×320×8×14	H（700～850）×320×8×16	6362	ϕ22	ϕ20	ϕ152×5
			0.7	H（500～1000）×360×8×16	H（950～700）×320×8×14	H（700～850）×320×8×16	6362	ϕ28	ϕ22	ϕ152×5
	1.1	0.7	0.5	H（500～1000）×390×8×18	H（950～700）×350×8×16	H（700～850）×350×8×16	7331	ϕ22	ϕ20	ϕ152×5
			0.7	H（500～1000）×390×8×18	H（950～700）×350×8×16	H（700～850）×350×8×16	7331	ϕ28	ϕ22	ϕ152×5
9	0.3	0.5	0.5	H（500～1000）×340×8×14	H（900～650）×300×8×12	H（650～800）×300×8×14	5567	ϕ22	ϕ20	ϕ180×5
			0.7	H（500～1000）×340×8×14	H（900～650）×300×8×12	H（650～800）×300×8×14	5567	ϕ28	ϕ22	ϕ180×5
	0.3	0.7	0.5	H（500～1000）×340×8×16	H（900～650）×320×8×14	H（650～800）×320×8×14	6103	ϕ22	ϕ20	ϕ180×5
			0.7	H（500～1000）×340×8×16	H（900～650）×320×8×14	H（650～800）×320×8×14	6103	ϕ28	ϕ22	ϕ180×5
	0.9	0.5	0.5	H（600～1100）×380×8×16	H（1100～750）×340×8×14	H（750～900）×340×8×16	6943	ϕ22	ϕ20	ϕ180×5
			0.7	H（600～1100）×380×8×16	H（1100～750）×340×8×14	H（750～900）×340×8×16	6943	ϕ28	ϕ22	ϕ180×5
	1.1	0.7	0.5	H（600～1100）×420×8×18	H（1100～750）×380×8×16	H（750～900）×380×8×16	8130	ϕ22	ϕ20	ϕ180×5
			0.7	H（600～1100）×420×8×18	H（1100～750）×380×8×16	H（750～900）×380×8×16	8130	ϕ28	ϕ22	ϕ180×5

注：表中质量表示对应刚架总质量，不包括檩托、墙托的质量。

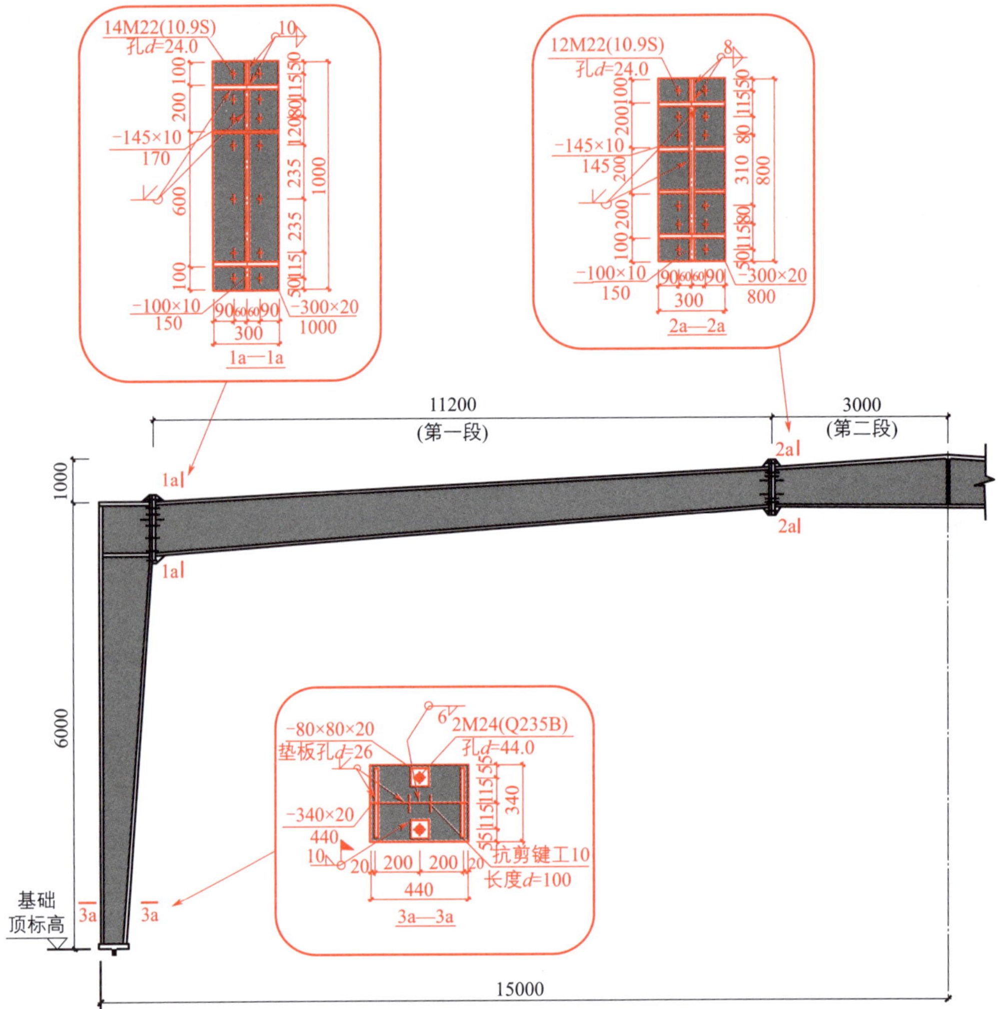

GJ-30-6.0-1

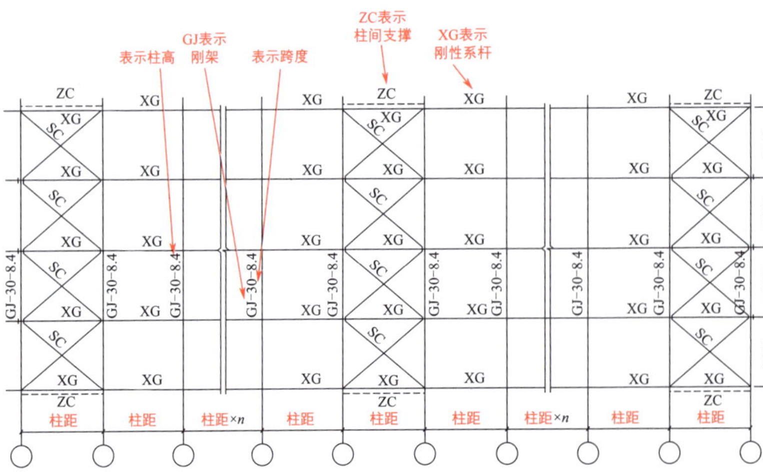

30m跨山墙面构件布置示意

30m跨8.4m柱高平面布置示意

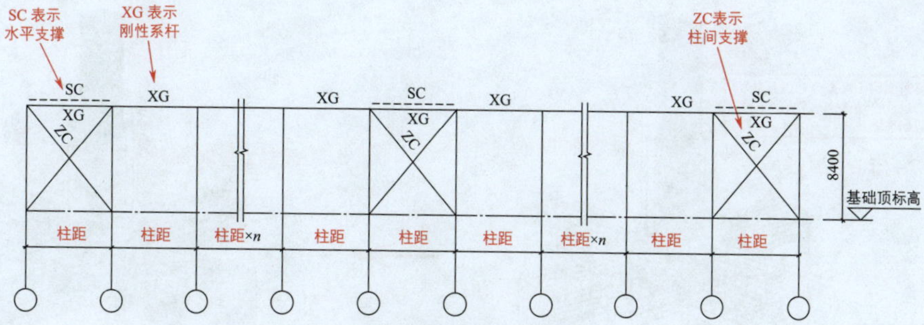

30m跨8.4m柱高立面布置示意

图3-19　30m跨刚架布置示意

3.2　钢框架结构

扫码看视频

钢框架结构

3.2.1　钢框架结构综述

钢框架结构，顾名思义，就是以钢材为主要材料，通过焊接、螺栓连接等方式将钢柱、钢梁等构件组合而成的空间受力结构。

钢框架结构是主要由钢柱、钢梁、楼板及其相互连接构成的一种刚性框架结构。

钢框架结构常包括柱脚、梁柱连接、主次梁连接、钢柱工地对接、支撑连接、梁与预埋板连接等，如图3-20所示。

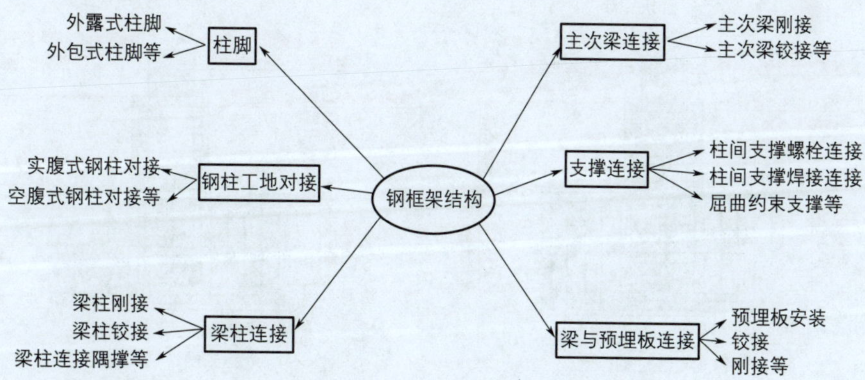

图3-20　钢框架结构

3.2.2　钢框架结构柱脚

钢框架结构柱脚是连接上部结构与基础的关键节点，其类型选择直接影响结构的承载能力、抗震性能、施工便利性。常见的钢结构柱脚类型有插入式、埋入式、外包式等。

插入式柱脚就是钢柱直接插入基础杯口内，通过混凝土或灌浆料填充固定。埋入式柱脚就是钢柱埋入基础混凝土内部，周围配置钢筋笼增强约束。外包式柱脚就是钢柱底部外包钢筋混凝土，形成组合截面。

钢框架结构外包式柱脚如图3-21所示。

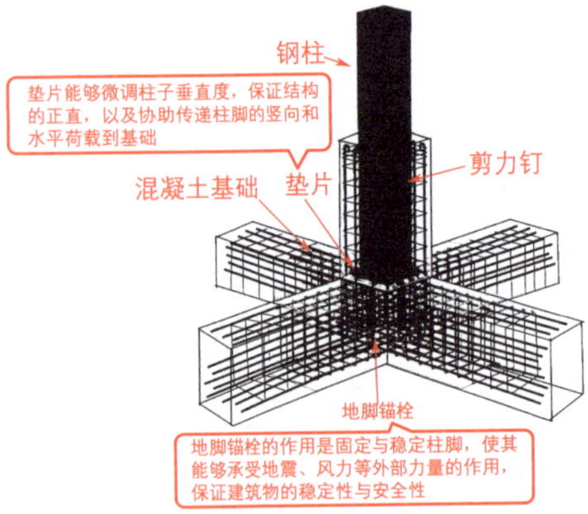

外包式柱脚大样
钢筋安装

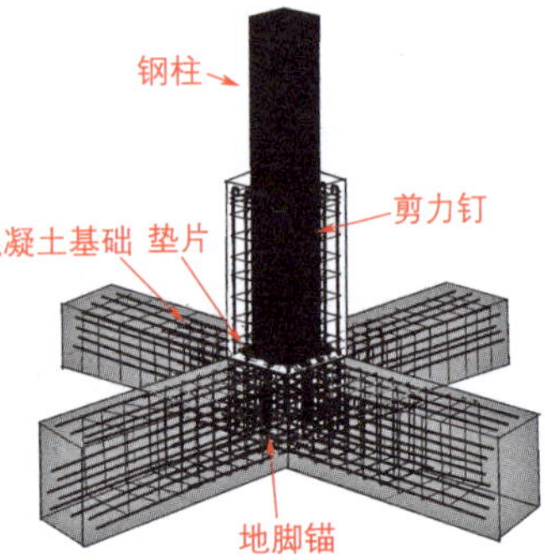

外包式柱脚大样
分段浇筑1

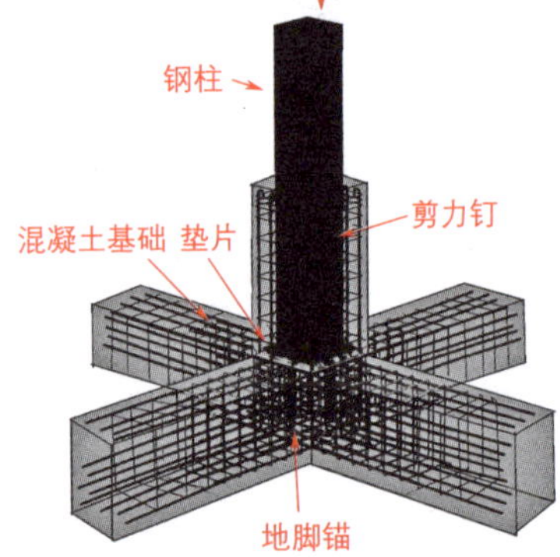

外包式柱脚大样
分段浇筑2

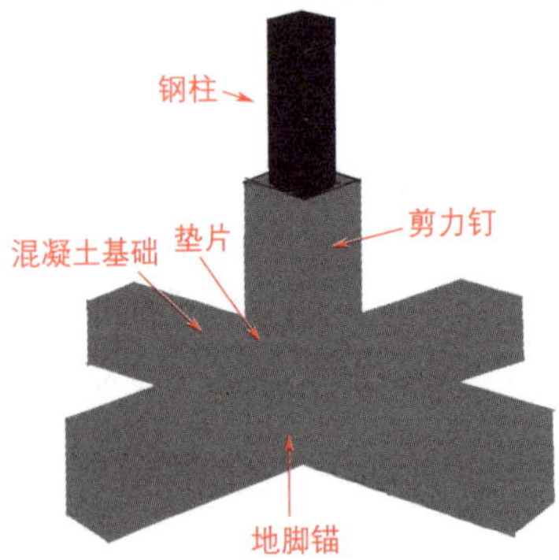

分段浇筑2

外包式柱脚大样
浇筑完成

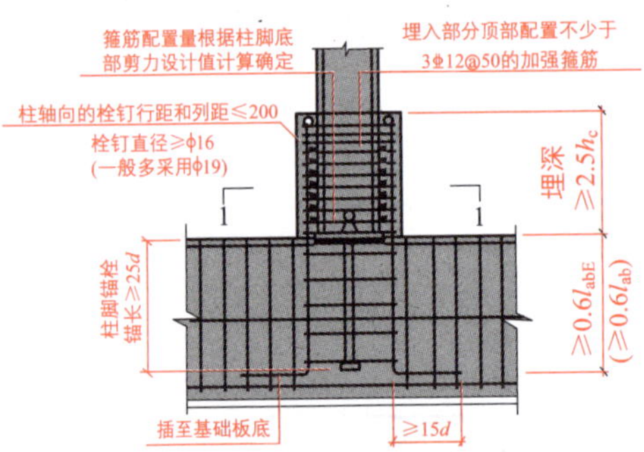

外包式刚性柱脚构造
(H形截面)
[非四角主筋锚固长度≥l_{aE}(l_a)时，可不插至基础板底，可不弯钩]

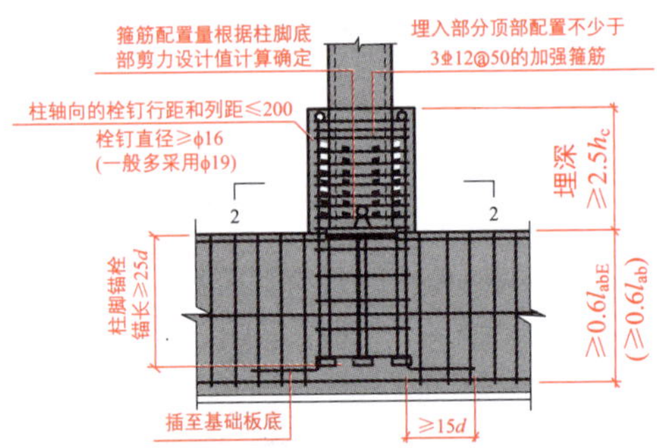

外包式刚性柱脚构造
(圆形截面)
[非四角主筋锚固长度≥l_{aE}(l_a)时，可不插至基础板底，可不弯钩]

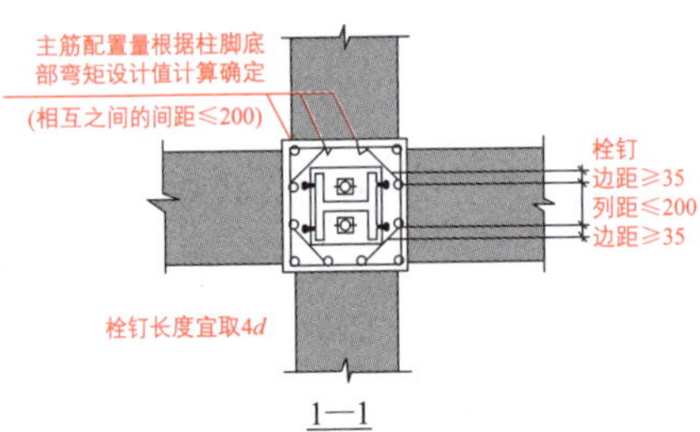

1—1

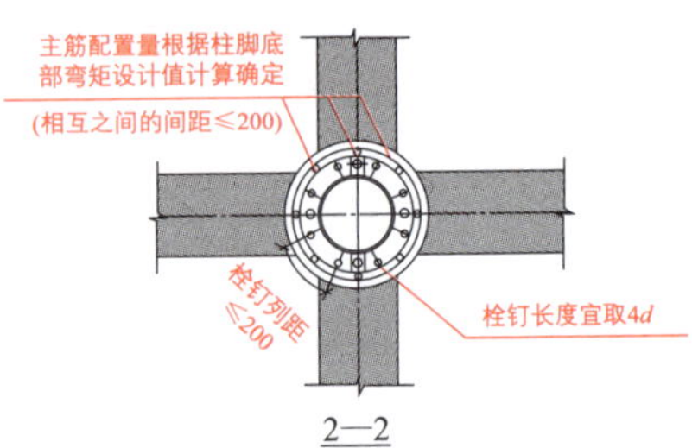

2—2

外包式刚性柱脚构造

图3-21 钢框架结构外包式柱脚

框架结构外露柱脚构造如图3-22所示。

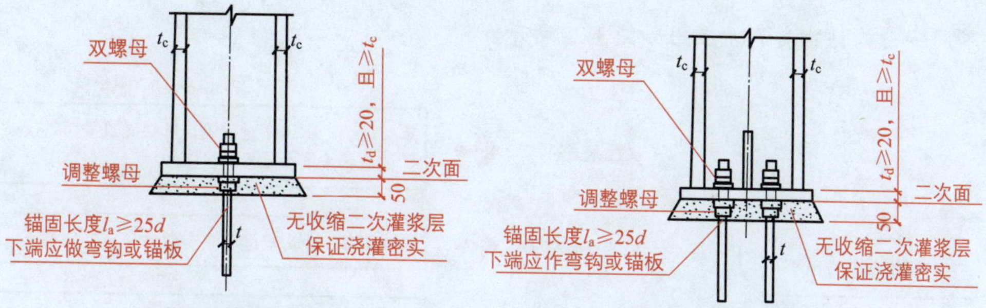

H形截面柱铰接柱脚构造
(用于柱截面较小时)

H形截面柱铰接柱脚构造
(用于柱截面较大时)

(a) 外露式H形截面柱的铰接柱脚构造

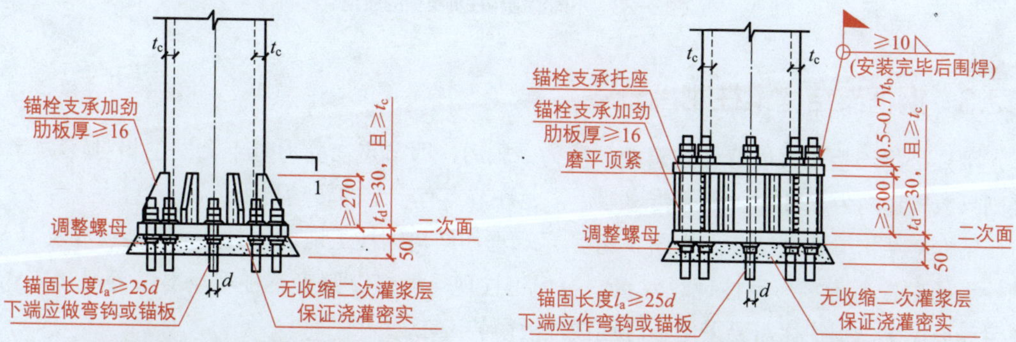

圆形截面柱刚性柱脚构造(一)
(用于柱底端在弯矩和轴力作用下锚栓出现较小拉力和不出现拉力时)

圆形截面柱刚性柱脚构造(二)
(用于柱底端在弯矩和轴力作用下锚栓出现较大拉力时)

(b) 外露式圆形截面柱刚性柱脚构造

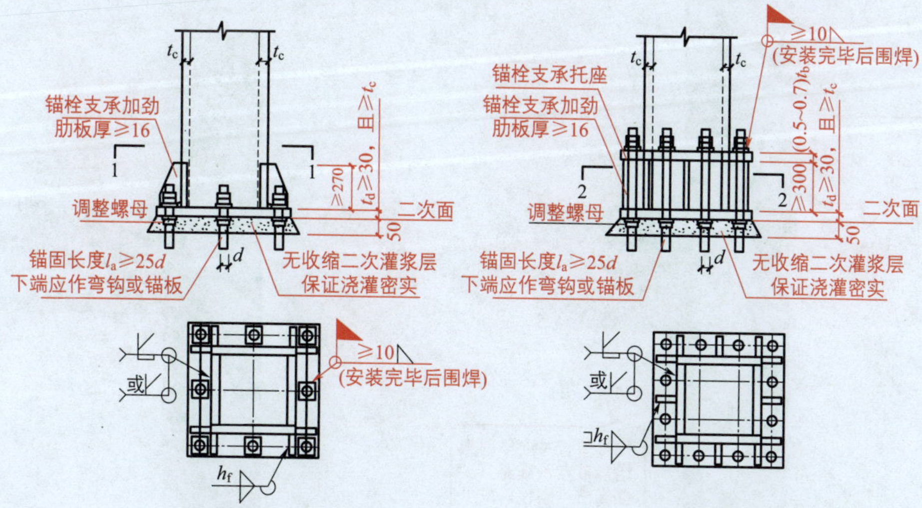

1—1
箱形截面柱刚性柱脚构造(一)
(用于柱底端在弯矩和轴力作用下锚栓出现较小拉力和不出现拉力时)

2—2
箱形截面柱刚性柱脚构造(二)
(用于柱底端在弯矩和轴力作用下锚栓出现较大拉力时)

(c) 外露式箱形截面柱刚性柱脚构造

图3-22 钢框架结构外露柱脚构造

知识技能小贴士

不同钢结构柱脚类型的应用如图3-23所示。

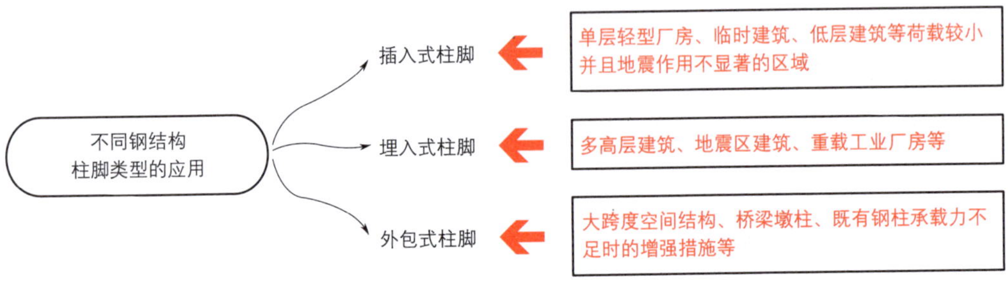

图3-23 不同钢结构柱脚类型的应用

3.2.3 钢框架结构梁柱刚接节点

刚接是指连接位置能够传递弯矩、剪力、轴力，即节点在受力时不会发生相对转动。铰接则只能传递剪力、轴力，不能传递弯矩，允许节点有一定的转动自由度。

钢框架结构梁柱刚接节点如图3-24所示。框架结构钢柱工地现场对接，可能会涉及H形钢柱现场对接、十字形钢柱现场对接、箱形钢柱现场对接、圆管钢柱现场对接等对接方式。采用现场焊接，则往往需要采用临时连接耳板吊装工艺。

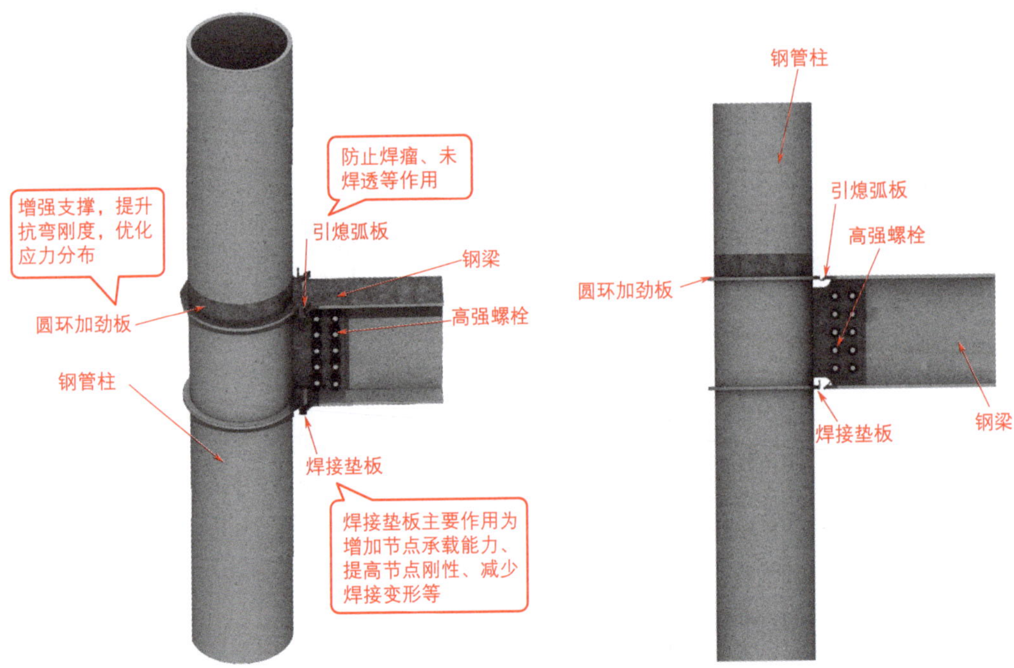

圆管柱与钢梁连接节点　　左视图

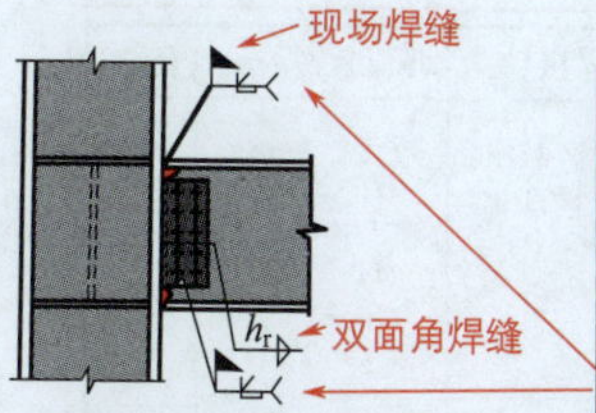

框架横梁与H形中柱刚接

标注样式	坡口形状示意图	焊透种类	焊接方法	板厚t/mm	焊接位置	坡口尺寸/mm			备注
	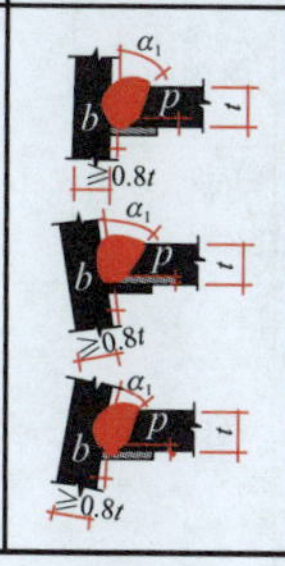	全焊透焊接	焊条手工电弧焊	≥6	F, H V, O (F, V, O)	b	α_1	p	T形
						6 (10)	45° (30°)	0~2	
			气体保护焊、自保护焊		F, H V, O	b	α_1	p	
						6	45°	0~2	
					F	10	30°		
			埋弧焊	≥10	F	b	α_1	p	
						6	45°	2	
						10	30°		

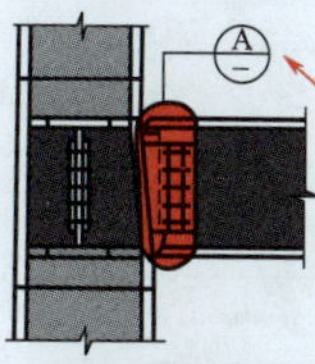

梁与边列变截面工字形(或箱形)柱的栓焊刚性连接

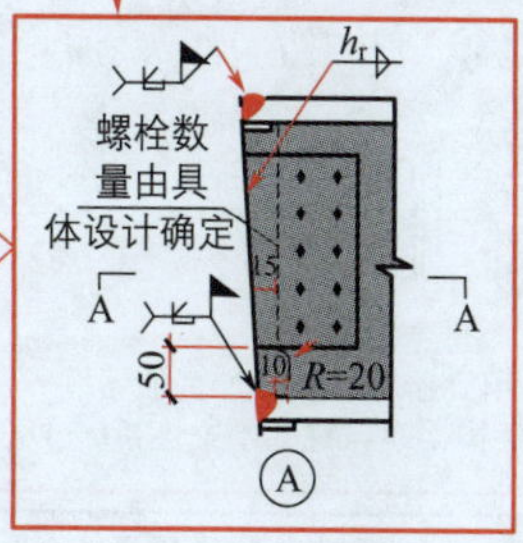

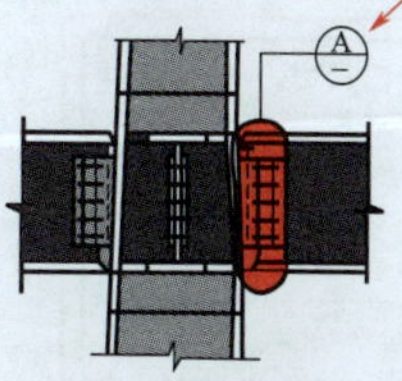

梁与中列变截面工字形(或箱形)柱的栓焊刚性连接

图3-24　钢框架结构梁柱刚接节点

梁柱加强性连接如图3-25所示。梁柱加强性连接是指在梁与柱的连接位置采用特定的构造措施，以增强结构的稳定性和抗震性能。常见的梁柱加强性连接方式包括全焊接节点、栓焊混合节点、全螺栓连接节点等。

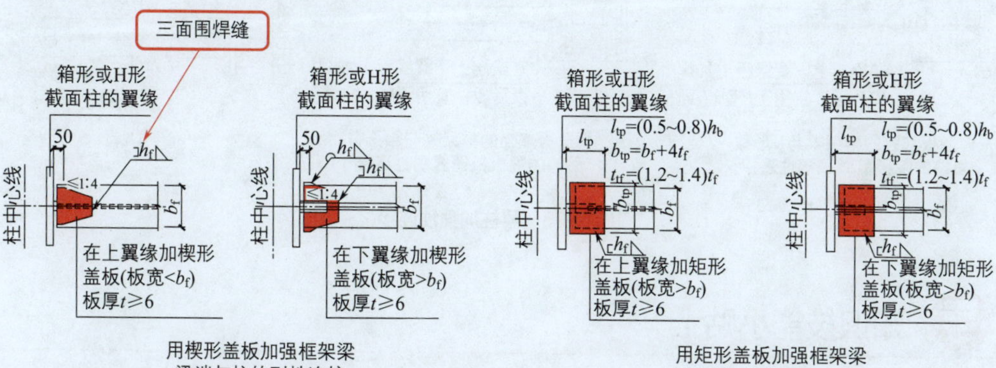

图3-25

标注样式	坡口形状示意图	焊透种类	焊接方法	板厚t/mm	焊接位置	坡口尺寸/mm	备注
	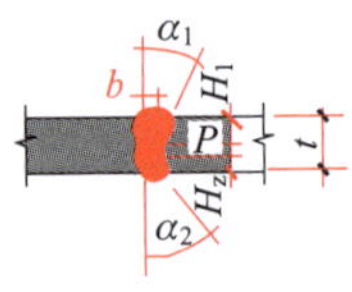	全焊透焊接	焊条手工电弧焊	≥16	F H V O	b=0~3 H_1=2(t−p)/3 p=0~3 H_2=(t−p)/3 α_1=45° α_2=60°	清根 “—”字形
			气体保护焊、自保护焊				
			埋弧焊	≥20	F	b=0~3 H_1=2(t−p)/3 p=5 H_2=(t−p)/3 α_1=45° α_2=60°	

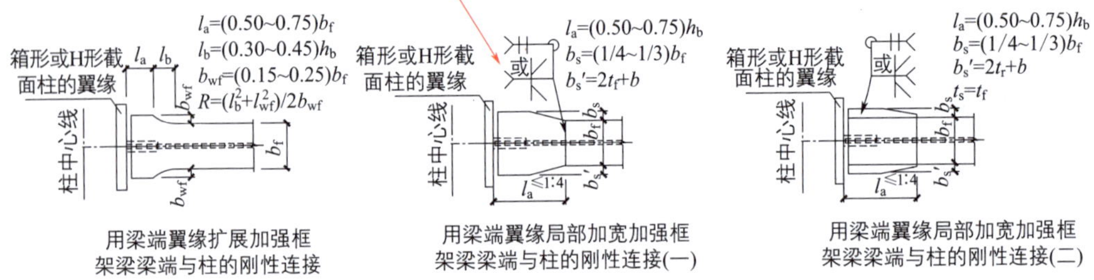

坡口形状示意图	标注样式	焊透种类	焊接方法	板厚t/mm	焊接位置	坡口尺寸/mm	备注
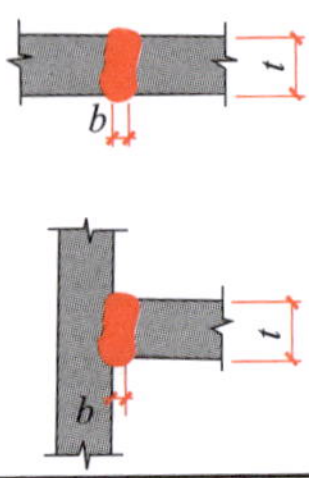		全焊透焊接	焊条手工电弧焊	3~6	F H V O	b=t/2	清根 “—”字形
			气体保护焊、自保护焊	3~8		b=0~3	
			埋弧焊	6~12	F	b=0	

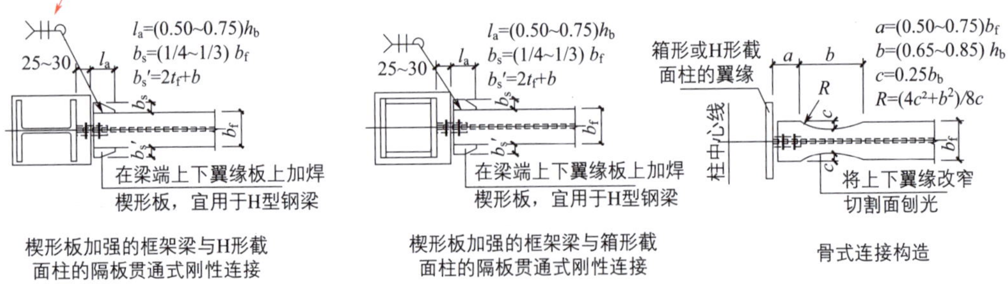

图3-25 梁柱加强性连接

知识技能小贴士

钢结构中的弯矩是指受力构件截面上的内力矩，即弯曲所需要的力矩，也就是在其跨度方向上发生曲率变形而引起的内力。

钢结构中的剪力是一种剪切力，也就是作用于构件两侧、方向相反、距离很近的一对力。钢结构中，剪力常是由外部荷载、温度变化、地基沉降等因素引起的。

钢结构中的轴力是指与杆件轴线重合的内力。当杆件受拉时，轴力为拉力，其指向背离截面；杆件受压时，轴力为压力，其指向截面。

3.2.4 钢框架结构主次梁连接

钢框架结构中的主次梁连接方式包括刚接、铰接等类型。刚接节点是指主次梁间通过焊接螺栓连接，能够传递弯矩、剪力，适用于需要较高结构稳定性的场合。铰接节点指主次梁间仅通过螺栓连接，不能传递弯矩，适用于荷载较小或需要灵活布置的场合。

钢框架结构主次梁铰接节点如图 3-26 所示，图中 H 型钢次梁腹板与主钢梁耳板采用螺栓连接，上下翼缘不连接。

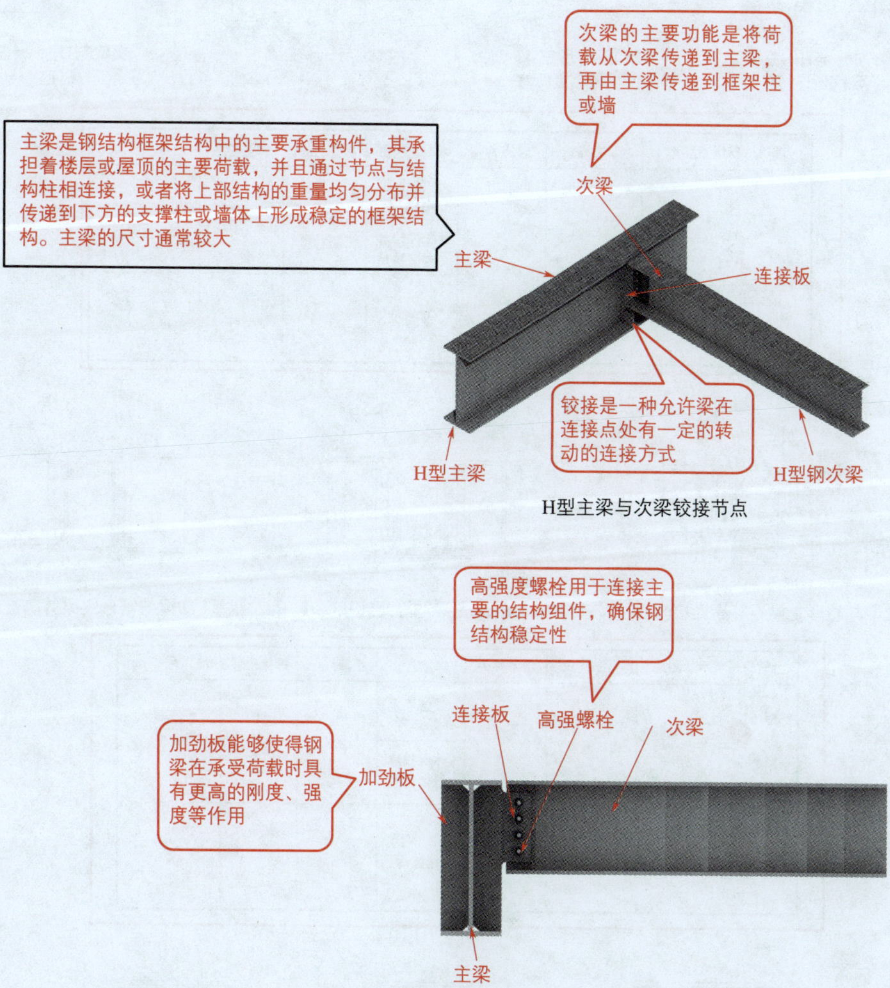

图3-26 钢框架结构主次梁铰接节点

其他主次梁连接如图 3-27 所示。

坡口形状示意图	标注样式	焊透种类	焊接方法	板厚t/mm	焊接位置	坡口尺寸/mm		
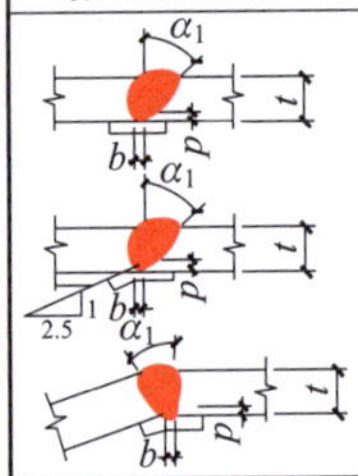	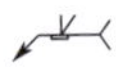	全焊透焊接	焊条手工电弧焊	≥6	F，H V，O	b	α_1	p
						6	45°	0~2
			气体保护焊、自保护焊		F，H V，O (F)	b	α_1	p
						6 (10)	45° (30°)	0~2
			埋弧焊	≥10	F	b	α_1	p
						6	45°	2
						10	30°	

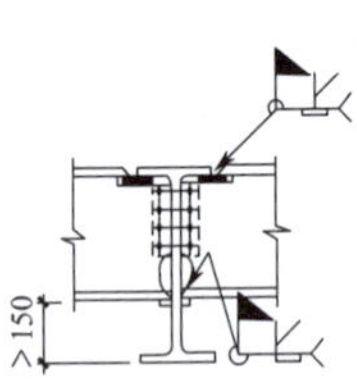

次梁与H形主梁不等高连接(一)

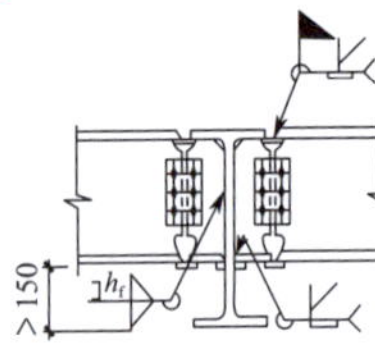

次梁与H形主梁不等高连接(二)

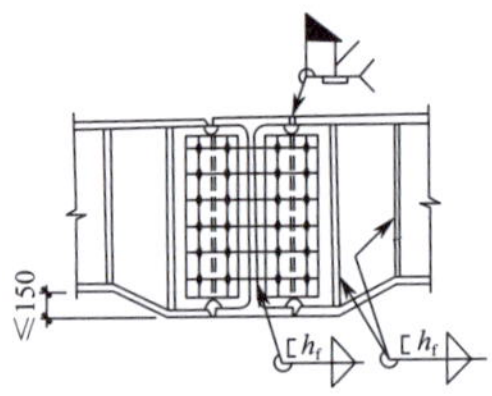

次梁与H形主梁不等高连接(三)

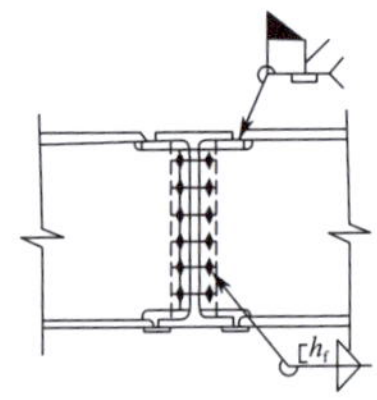

次梁与H形主梁等高连接

坡口形状示意图	标注样式	焊透种类	焊接方法	板厚t/mm	焊接位置	坡口尺寸/mm
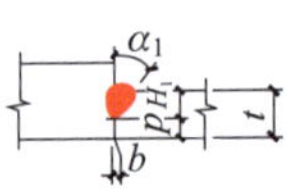		部分焊透焊接	焊条手工电弧焊 气体保护焊、自保护焊	≥6	F H V O	$b=0$ $H_1\geqslant 2\sqrt{t}$ $p=t-H_1$ $\alpha_1=45°$
			埋弧焊	≥14	F H	$b=0$ $H_1\geqslant 2\sqrt{t}$ $p=t-H_1$ $\alpha_1=60°$

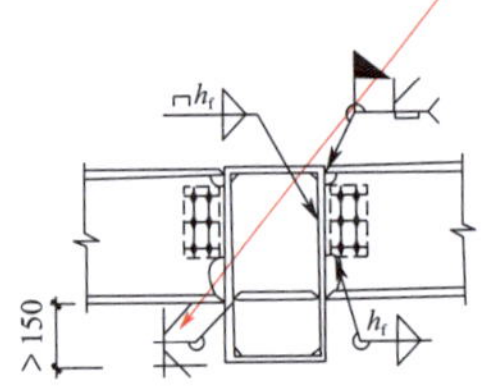

次梁与箱形主梁不等高连接(一)

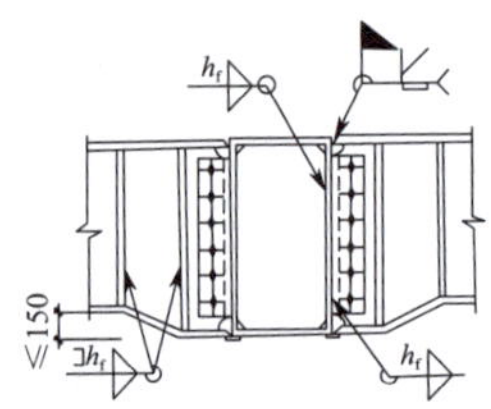

次梁与箱形主梁不等高连接(二)

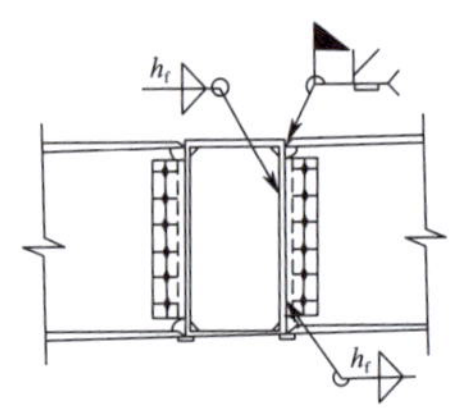

次梁与箱形主梁等高连接

坡口形状示意图	标注样式	焊透种类	焊接方法	板厚t/mm	焊接位置	坡口尺寸/mm
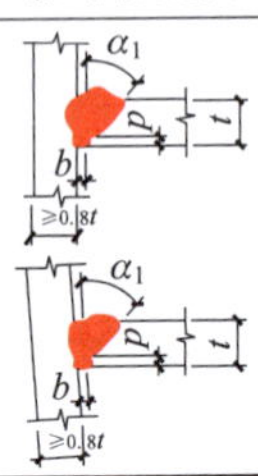	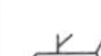	全焊透焊接	焊条手工电弧焊 气体保护焊、自保护焊	≥6	F H V O	$b=0\sim3$ $p=0\sim3$ $\alpha_1=45°$
			埋弧焊	≥8	F	$b=0$ $H_1=t-p$ $p=6$ $\alpha_1=60°$

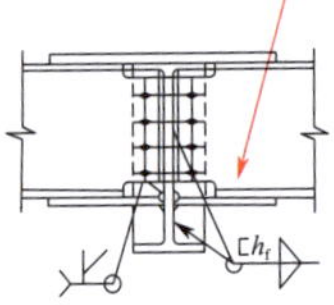

次梁与主梁不等高连接(一)

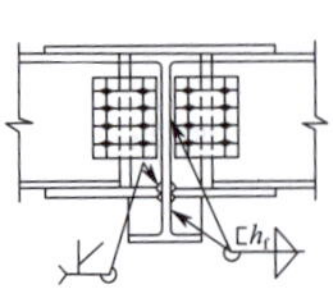

次梁与主梁不等高连接(二)

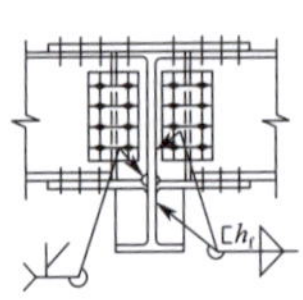

次梁与主梁不等高连接(三)

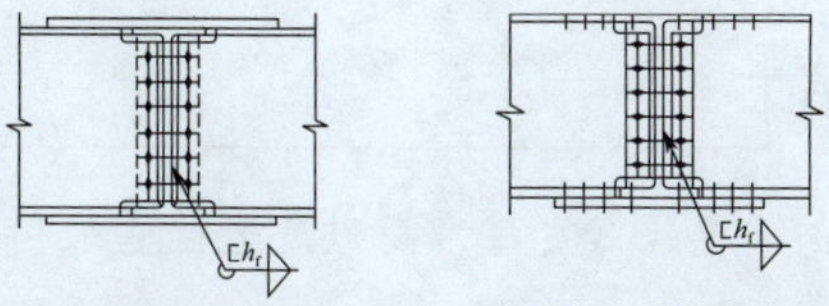

图3-27 其他主次梁连接

知识技能小贴士

主次梁连接前，需对主梁和次梁进行精准定位，以确保连接的准确性和稳定性。在钢结构主次梁的平接中，传统的构造方法是连接板搭接在次梁的腹板上，再与主梁的腹板进行焊接。

3.2.5 钢结构中心支撑

钢结构中心支撑是指在钢结构建筑中，用于增强结构整体稳定性、抗侧刚度、承载能力的支撑系统。钢结构中心支撑常位于结构的中心位置，通过提供侧向支撑来防止结构在水平荷载作用下的侧向变形，以及提供连接作用。

钢结构中心支撑类型如图 3-28 所示。

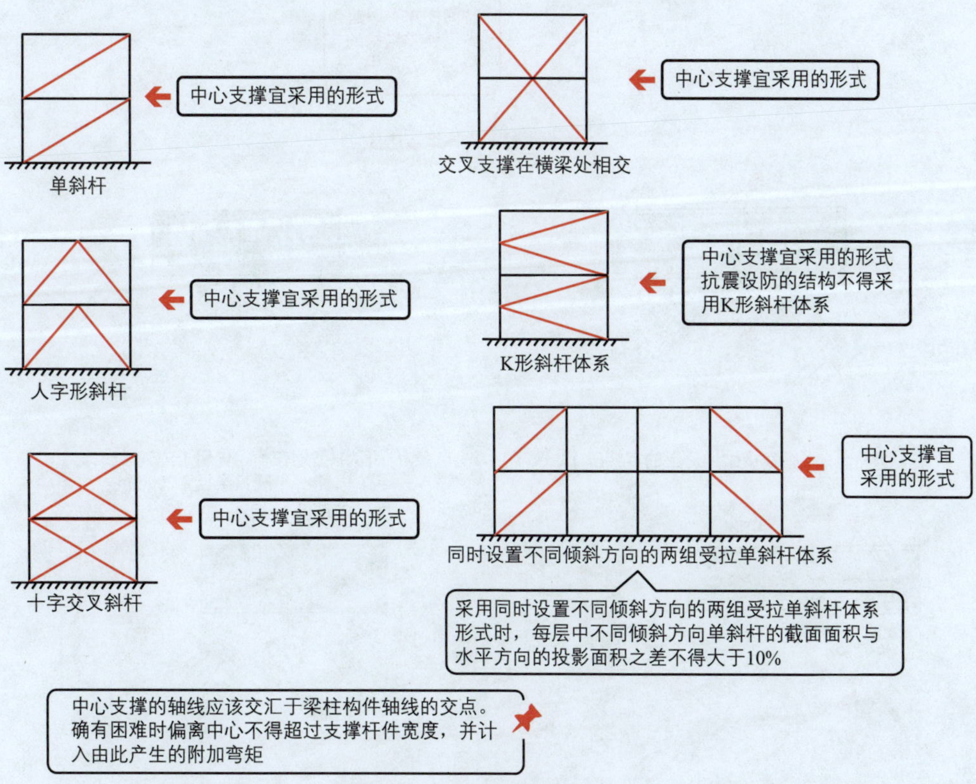

图3-28 钢结构中心支撑类型

知识技能小贴士

基本支撑可以是中心支撑或偏心支撑，高烈度地区宜采用偏心支撑。钢框架中间支撑结构主要有X形支撑、K形支撑等。

3.2.6 钢框架结构支撑连接

钢框架结构的支撑连接主要包括主次梁连接、柱间支撑连接、屈曲约束支撑节点等。钢框架结构支撑连接如图 3-29 所示。

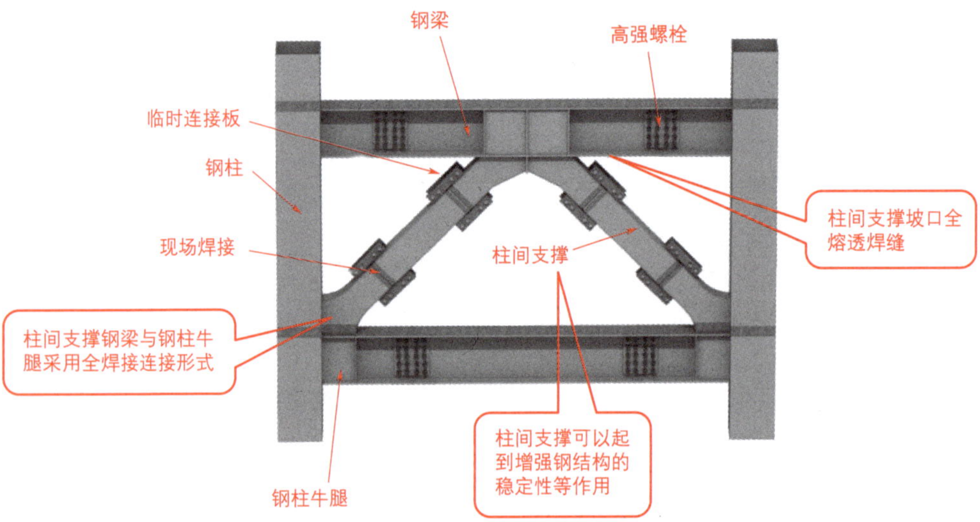

柱间支撑焊接连接

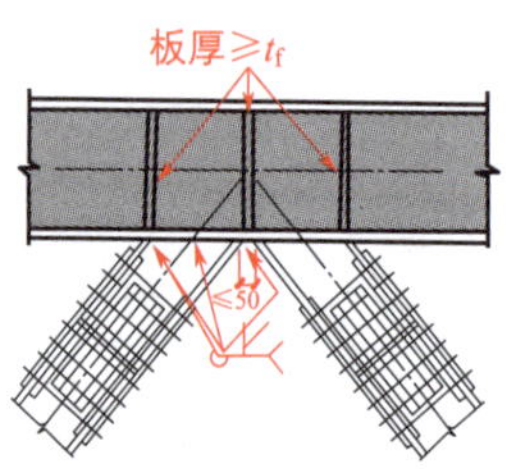

斜杆为H型钢在横梁伸臂上的连接(一)

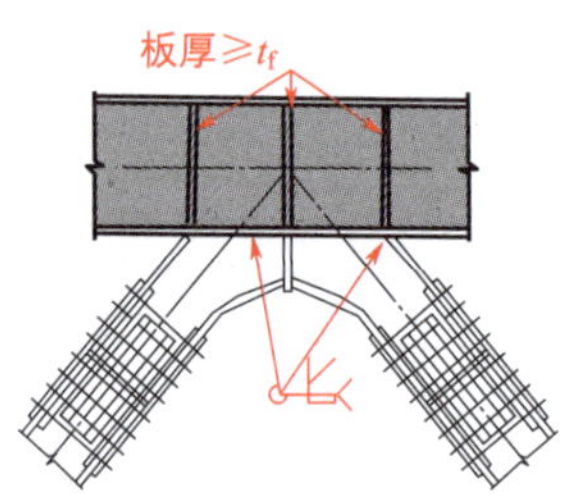

斜杆为H型钢在横梁伸臂上的连接(二)
斜杆中圆弧半径≥200mm

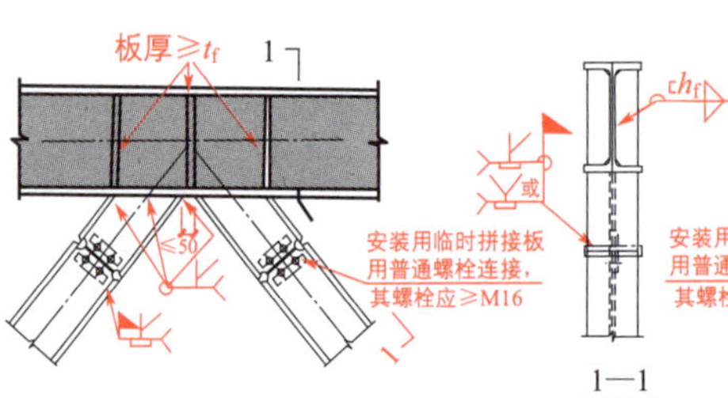

斜杆为H型钢在横梁伸臂上的连接(一)

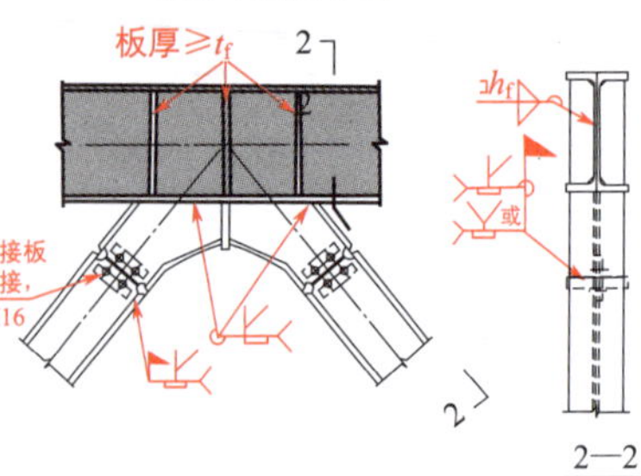

斜杆为H型钢在横梁伸臂上的连接(二)
(斜杆中圆弧半径≥200mm)

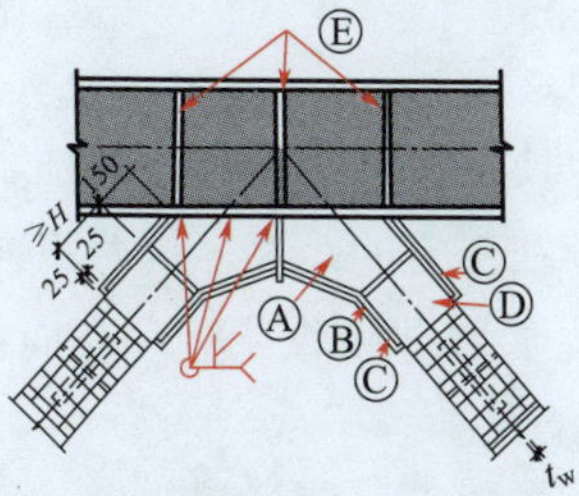

斜杆为H型悬臂杆的转换连接

(板号Ⓐ~Ⓒ及Ⓔ板厚≥t_f;
零件号Ⓓ为H型钢，同斜杆截面)

人字形支撑与框架横梁的连接节点

图3-29 钢框架结构支撑连接

知识技能小贴士

屈曲约束支撑包括灌浆型、纯钢型等类型。灌浆型是指约束材料为混凝土材料。纯钢型是指整个产品仅使用钢材。

3.2.7 十字形交叉支撑中间连接节点类型

十字节点是一种常见的钢结构节点，其四个分支呈十字形交叉。十字节点能够提供较大的连接面积，从而确保钢结构在承受载荷时具有足够的稳定性和强度。

十字形交叉支撑中间连接节点类型如图3-30所示。

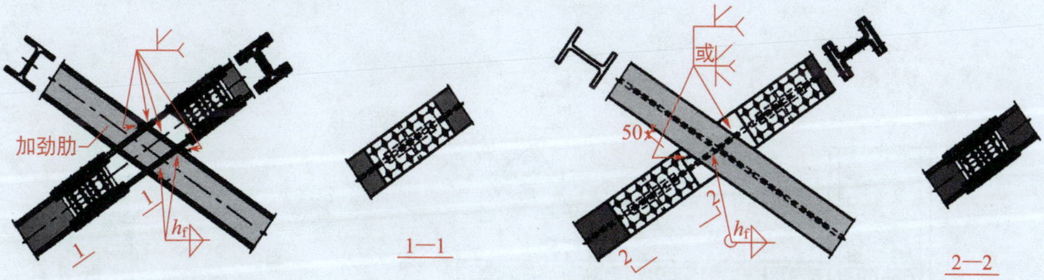

支撑斜杆为H型钢与相同截面伸臂杆的连接(一)

支撑斜杆为H型钢与相同截面伸臂杆的连接(二)

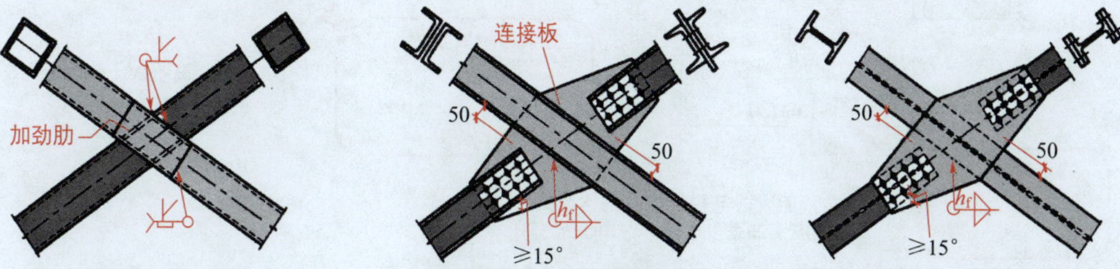

支撑斜杆为箱形截面与箱形截面的连接

支撑斜杆件为双槽钢组合截面与单节点的连接

支撑斜杆为H型钢与双节点板的连接

图3-30 十字形交叉支撑中间连接节点类型

3.2.8 偏心支撑类型

钢结构偏心支撑是指在构造上使支撑轴线偏离梁和柱轴线的支撑结构。偏心支撑的支撑斜杆与梁轴线交点和梁柱交点间存在一定的距离，这两点间的梁段就是耗能梁段。在地震或强风等外力作用下，耗能梁段首先屈服并吸收能量，从而保护支撑斜杆不屈曲或屈曲在后，从而确保整个结构的稳定性。

偏心支撑类型如图 3-31 所示。

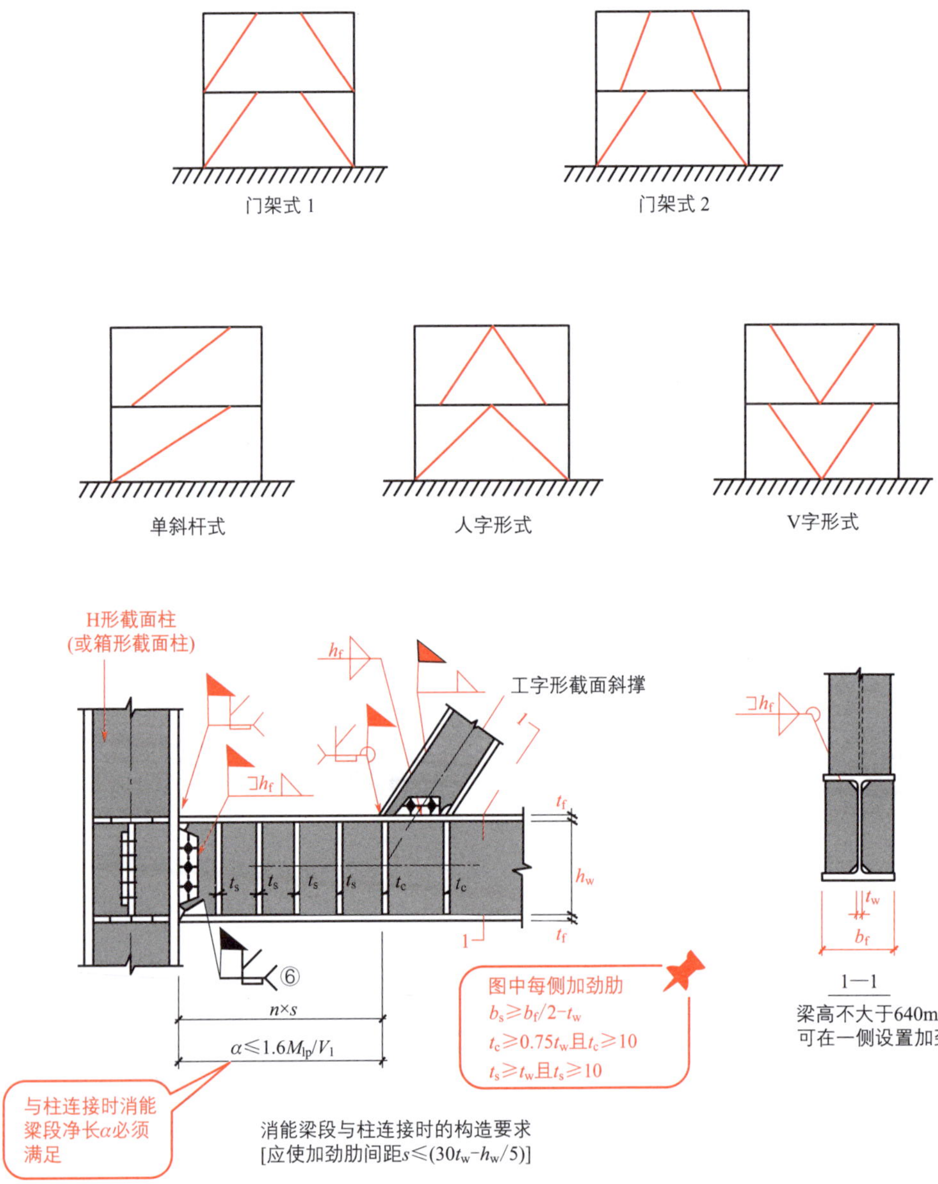

图3-31 偏心支撑类型

偏心支撑的应用如图 3-32 所示。

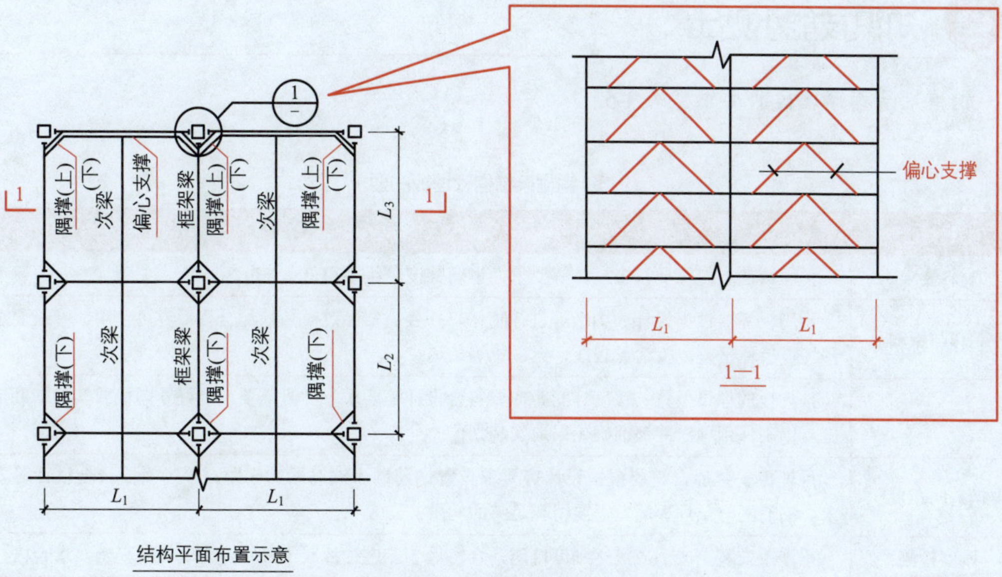

图3-32 偏心支撑的应用

3.2.9 框架结构梁与预埋板连接

框架结构梁与预埋板连接包括钢梁预埋铁件连接、钢梁预埋钢板连接、钢梁铰接、刚接等。钢梁预埋钢板连接涉及定位马板、锚筋、箍筋等安装，为此，应进行现场穿孔塞焊、现场焊接等操作。钢梁铰接主要是通过高强螺栓与连接板实现的连接。

刚接主要是通过高强螺栓与连接板，以及现场焊接实现的连接，如图3-33所示。

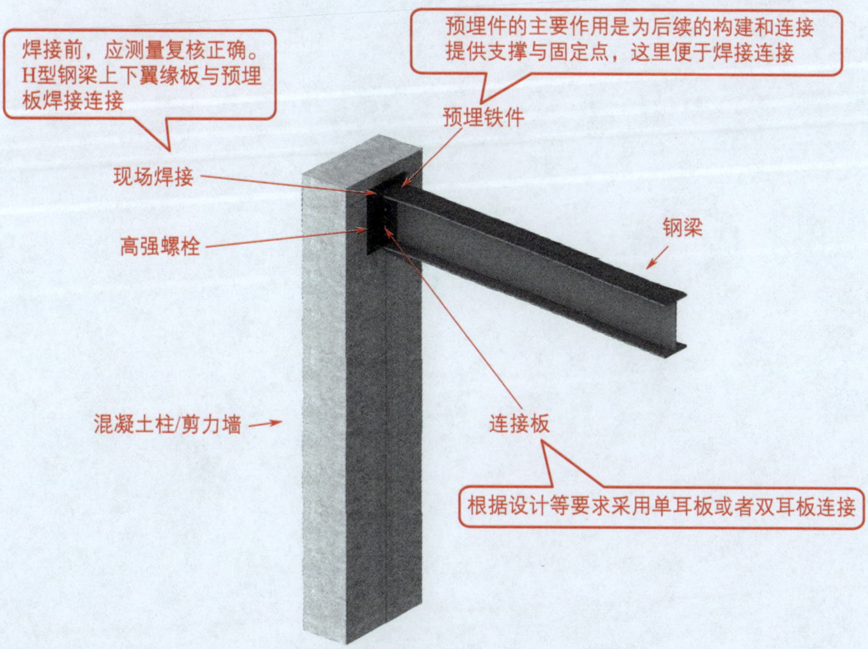

图3-33 框架结构梁与预埋板刚接连接

知识技能小贴士

钢框架结构预埋板的要求见表3-5。

表3-5 钢框架结构预埋板的要求

项目	解释
材料要求	预埋板的材料需要符合设计等要求，钢筋强度等级不得低于HPB300
制作与检测	预埋板需要根据设计、图纸等进行制作，并且需要经过质量检测合格后方可使用。一般要求预埋板板体平整，板边无裂纹、无鼓包等缺陷
埋设要求	预埋板的埋设位置、深度、间距需要符合设计等要求，并且需要设置好导向板或其他辅助措施，以确保预埋板能够准确无误地安装到位
钢筋网布置	预埋板安装后，需要根据设计等要求布置钢筋网。钢筋网的间距、厚度需要符合设计等要求。钢筋网与预埋板间，需要留有足够的间隙
刚度检测	预埋板安装完成后应进行刚度检测，合格后才能进行混凝土浇筑。浇筑的混凝土要求合格
连接方式	预埋件的直锚筋与锚板，有的可以采用“T”形焊接，不得将锚筋弯成“U”形或“L”形后用角焊缝与锚板连接
锚筋长度	预埋件锚筋的长度需要满足相关要求。有抗震要求时，应根据抗震锚固修正系数进行调整
特殊情况	混凝土梁、墙宽度或厚度小于预埋件锚筋长度时，可以采用弯钩或机械锚固措施，或采用双夹板埋件等方式进行处理

第 4 章 桁架结构、网架结构与劲性结构

扫码看视频

桁架结构

4.1 桁架结构

4.1.1 桁架结构综述

桁架是由一些用直杆组成的一定形框所构成的几何形状不变的结构物。根据组成桁架杆件的轴线与所受外力的分布情况，桁架可以分为平面桁架、空间桁架等类型。根据外形，桁架可以分为平行弦桁架、折弦桁架、三角形桁架等。根据几何组成，桁架可以分为简单桁架、联合桁架、复杂桁架等。根据是否受水平推力，桁架可以分为无推力梁式桁架、有推力拱式桁架等。

钢桁架是一种由钢材组成的桁架结构，通常由上弦杆、下弦杆、腹杆等构件通过节点连接而成。常见桁架结构类型如图 4-1 所示。

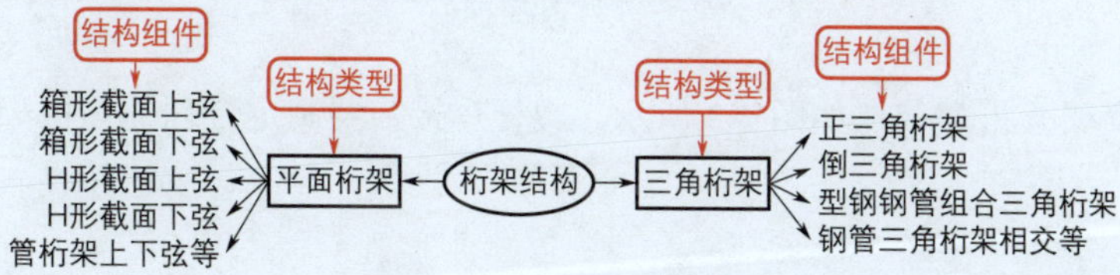

图4-1 常见桁架结构类型

4.1.2 平面桁架

平面桁架是由直杆（上弦杆、下弦杆、腹杆）组成的二维几何不变体系，所有杆件轴线都位于同一平面内，节点为铰接或刚接，主要承受平面内的轴向力（拉力或压力）。

桁架结构平面桁架有箱形截面上弦、箱形截面下弦、H 形截面下弦、H 形截面上弦、管桁架、交叉管桁架等。

箱形截面一般由两块竖板与两块水平板焊接而成，其抗扭刚度大，并且对两个主轴的回转半径相近，使得其在承受压力方面优于其他截面形式。

桁架结构平面桁架 H 形截面上下弦如图 4-2 所示。

4.1.3 交叉管桁架

桁架结构交叉管桁架是一种由杆件在端部相互连接而成的格子式结构，其中杆件主要为圆管。

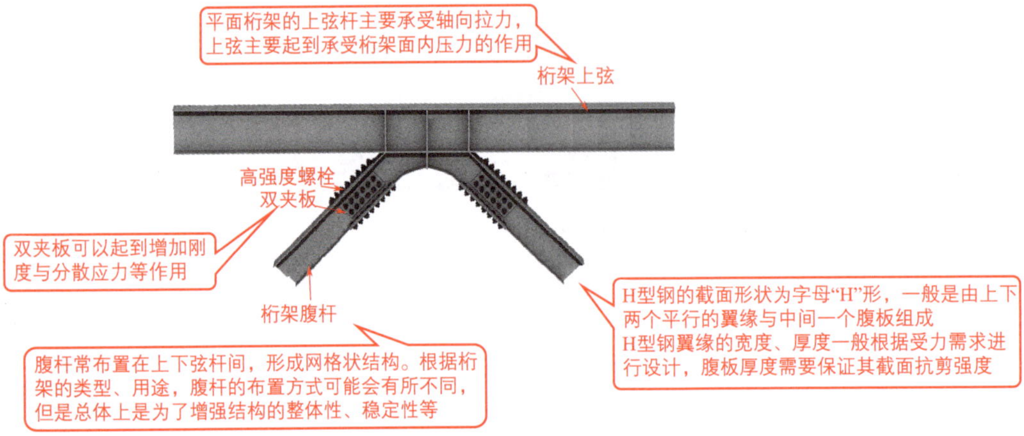

(a) H形截面上弦节点

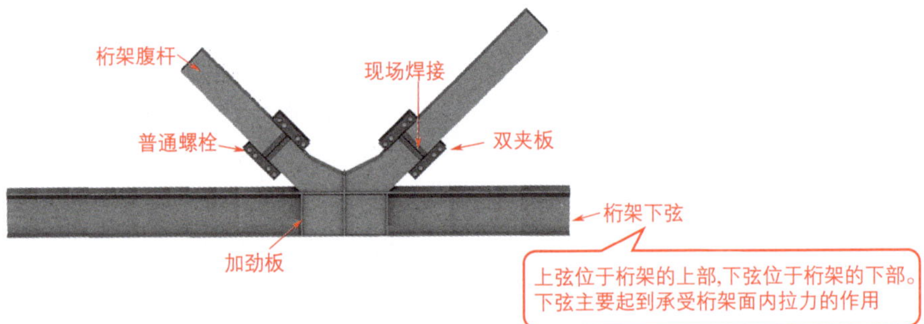

(b) H形截面下弦节点

图4-2 桁架结构平面桁架H形截面上下弦

桁架结构交叉管桁架节点如图 4-3 所示。腹杆焊接需要制定合理的焊接顺序，以确保不漏焊。

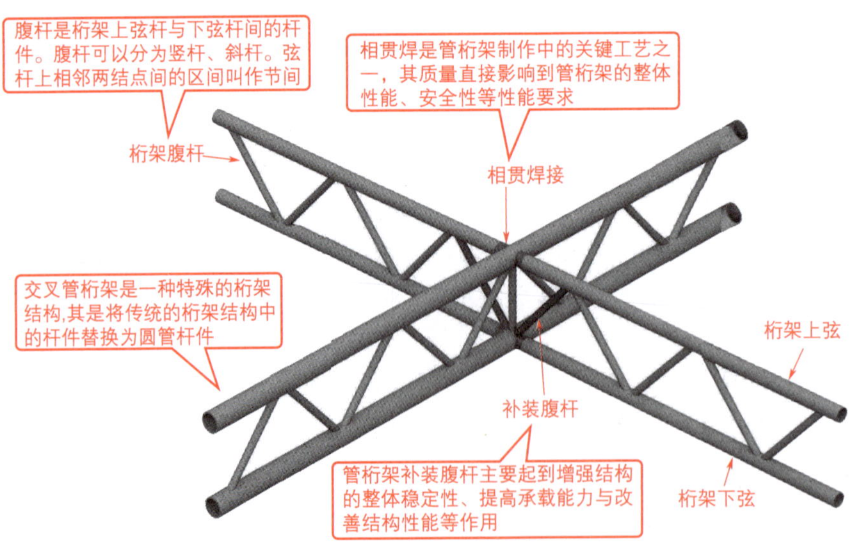

图4-3 桁架结构交叉管桁架节点

4.1.4 三角桁架

4.1.4.1 三角桁架的类型

三角形是最稳定的几何形状之一，因此三角桁架形式具有出色的稳定性。

三角桁架有正三角桁架、倒三角桁架、型钢钢管组合三角桁架、钢管三角桁架相交等类型。钢管三角桁架相交如图 4-4 所示。

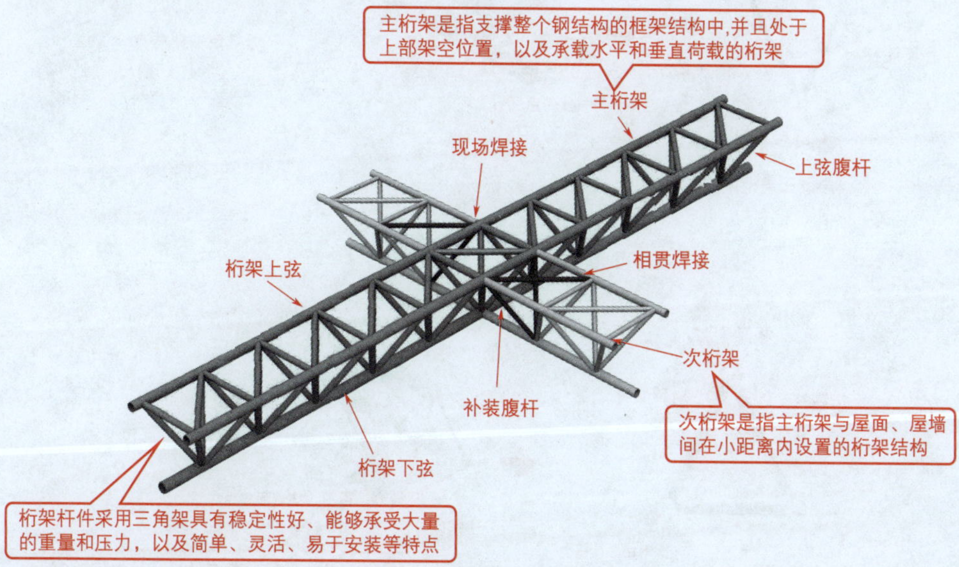

图4-4 钢管三角桁架相交

4.1.4.2 倒三角桁架节点

倒三角桁架结构的特点是顶部较宽，底部较窄，形似一个倒置的三角形。倒三角桁架结构通过立柱、斜杆的组合，形成了稳定的三角形结构。倒三角桁架节点如图 4-5 所示。

正三角桁架结构的特点是顶部较窄，底部较宽，形似一个正三角形。正三角桁架节点如图 4-6 所示。

型钢钢管组合三角桁架，就是桁架上弦是圆钢，桁架下弦是型钢钢管。

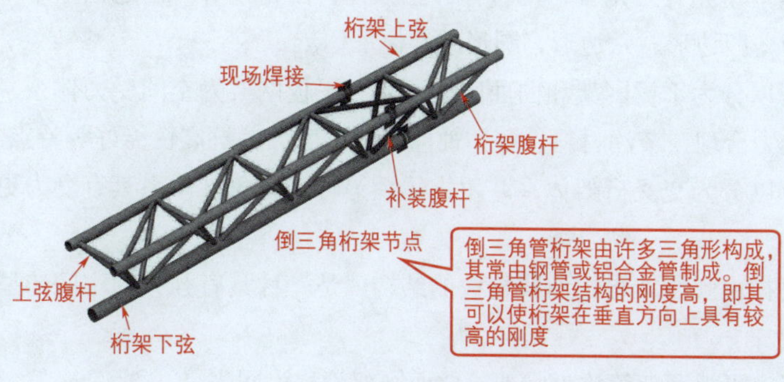

图4-5

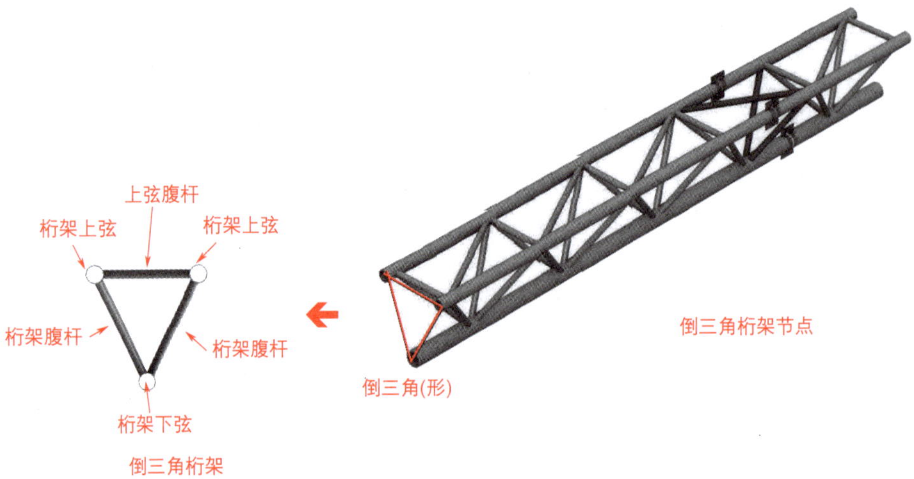

图4-5 倒三角桁架节点

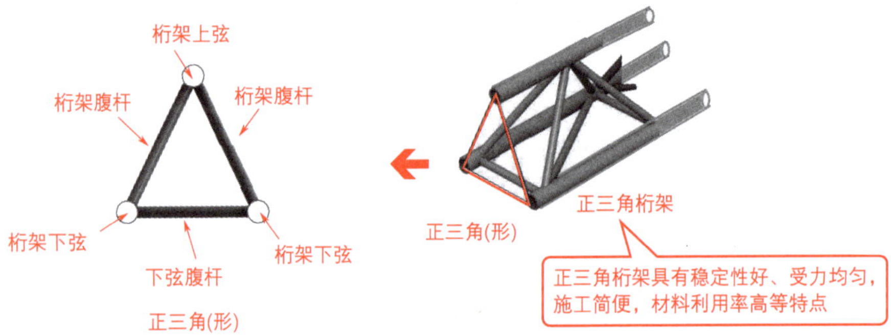

图4-6 正三角桁架节点

4.2 网架结构

4.2.1 网架结构综述

钢结构网架结构是由多根杆件根据一定的网格形式通过节点连接而成的钢空间杆系结构。构成钢网架的基本单元有三角锥、三棱体、正方体、四角锥等，由这些基本单元可组合成平面形状的三角形、四边形、六边形、圆形或其他形体。

网架结构可以分为平板网架和曲面网架两种。平板网架为空间受力体系，具有杆件主要承受轴向力，受力合理，节约材料，整体性能好，刚度大，抗震性能好等特点。

平板网架可以分为交叉桁架体系、角锥体系等种类。角锥体系具有受力更为合理、刚度更大等特点。

曲面网架是指由弧线或自由曲线构成的结构，是一种具有强大的空间造型能力与优美的造型特点的结构。

通常情况下，平板网架简称为网架。曲面网架简称为网壳。

网架结构常包括的施工如图 4-7 所示。

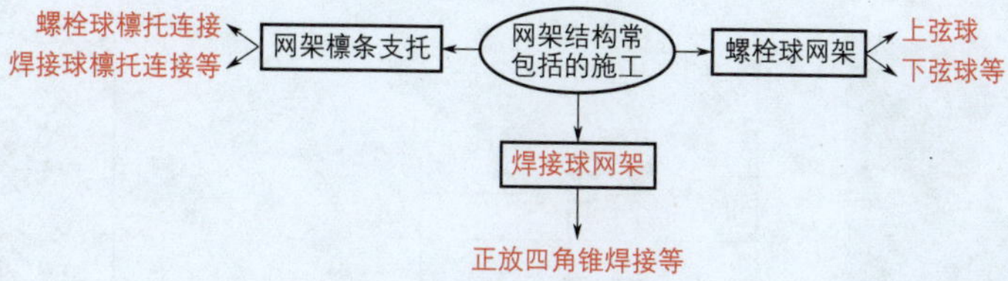

图4-7 网架结构常包括的施工

4.2.2 螺栓球网架

螺栓球网架是一种使用螺栓连接的空间网格状结构，其主要用于支撑网状物。螺栓球网架常由一系列的柱子、横梁、斜撑等构件组成，并且这些构件通过螺栓连接形成一个整体，具有一定的整体性与刚度。

螺栓球网架常见的节点有上弦球节点、下弦球节点等。网架结构下弦球的主要特点是承受拉力，柔韧性与延展性要求高。在螺栓球网架结构中，下弦球位于结构的底部，主要承受拉力。

扫码看视频

螺栓球网架

螺栓球网架上弦球节点如图4-8所示。

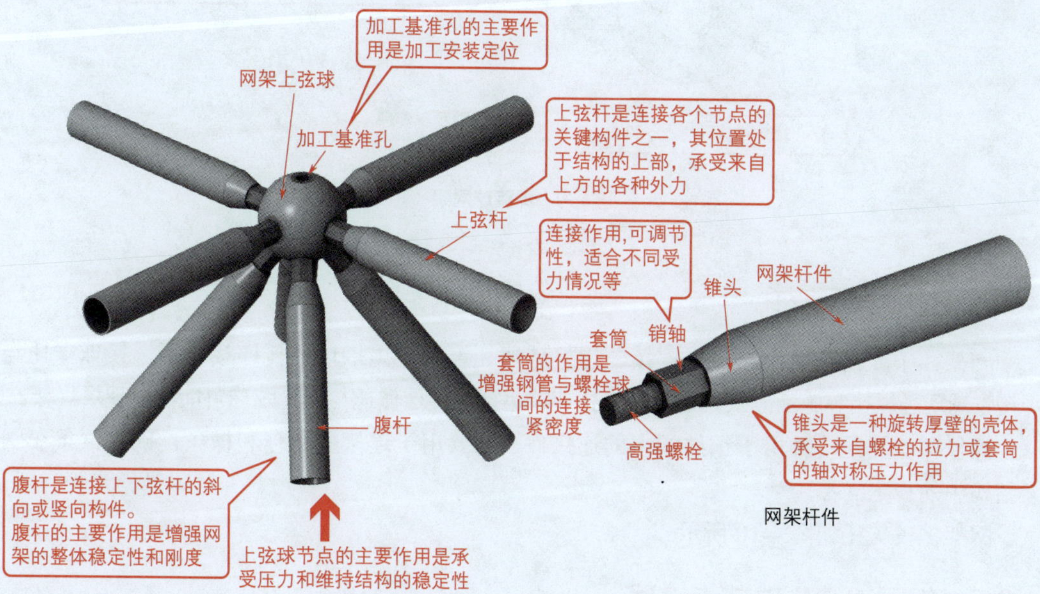

图4-8 螺栓球网架上弦球节点

4.2.3 焊接球网架

焊接球网架是一种具有球形节点连接的网架结构，这种结构常由钢材通过焊接连接而成。焊接球网架多在施工现场进行焊接拼装，需要焊接工人进行操作，安装时间较长。一旦焊接完成，整体结构将更加稳定，不易松动。

焊接球网架如图4-9所示。

焊接球网架多用于跨度较小、对稳定性要求较高的场合

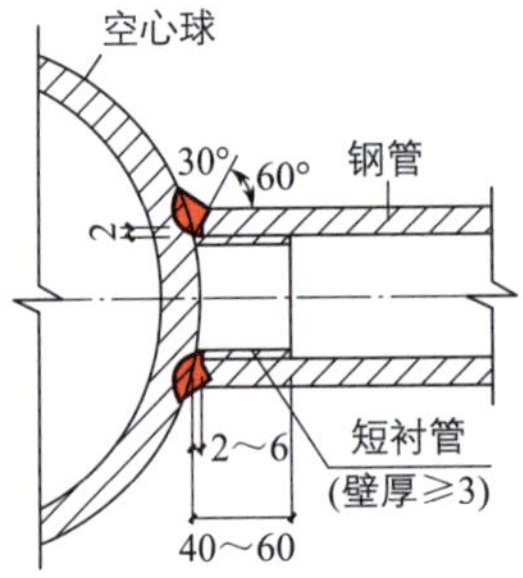

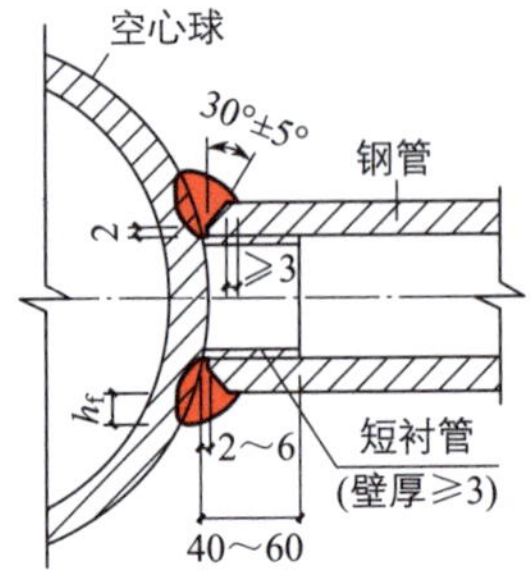

钢管杆件与空心球连接，钢管应开坡口，在钢管与空心球之间应留有一定缝隙并予以焊透，以实现焊缝与钢管等强，否则应按角焊缝计算。为了保证焊缝质量，钢管端头可加套管与空心球焊接。套管壁厚不小于3mm，长度不小于40mm。角焊缝的焊脚尺寸h_f应符合下列要求：当钢管壁厚t_c≤4mm时，$h_f \leqslant 1.5t_c$；当t_c>4mm时，$h_f \leqslant 1.2t_c$

所有汇交杆件的轴线必须通过球中心线

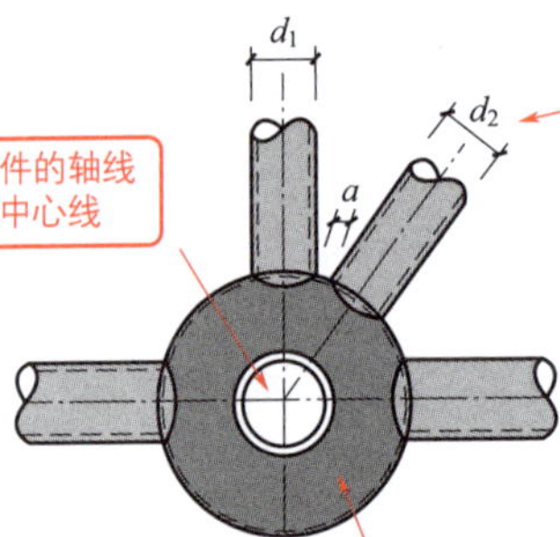

确定空心球外径时，球面上相邻杆件之间的净距a不宜小于10mm 。空心球直径初步估算

$$D=\frac{d_1+2a+d_2}{\theta}$$

式中 θ——汇集球节点任意两相邻钢管杆件间的夹角，rad；

d_1,d_2——组成θ角的两钢管外径，mm

空心球外径大于等于500mm时，应在球内加肋

图4-9 焊接球网架

4.2.4 网架檩条支托

网架檩条支托有螺栓球檩托连接、焊接球檩托连接。焊接球檩托连接包括焊接球檩托与焊接弦球现场焊接等施工方式。螺栓球檩托连接包括焊接球檩托与螺栓弦球可能需要现场焊接。

螺栓球檩托是一种用于钢结构中的连接件，主要用于连接螺栓球和檩条，确保檩条在网架结构中的稳定支撑。

网架檩条支托如图 4-10 所示。

4.2.5 钢网架螺栓球节点综述

钢网架螺栓球节点如图 4-11 所示。钢网架螺栓球及其节点的要求如下。

① 对于受压杆件的套筒，需要根据其承受的最大压力值验算端部有效承压面积。

② 螺栓球宜采用相关标准规定的 45 号圆钢锻造成形，螺栓球不得有裂纹等缺陷。

③ 高强度螺栓不应存在任何淬火裂纹。

④ 套筒材料宜采用 Q235、Q345 或 45 号钢。

⑤ 套筒长度的允许偏差为 ±0.2mm。套筒内孔中心到侧面距离的允许偏差为 ±0.5mm。

⑥ 封板与锥头宜选用与钢管一致的材料。锥头宜采用模锻成形。

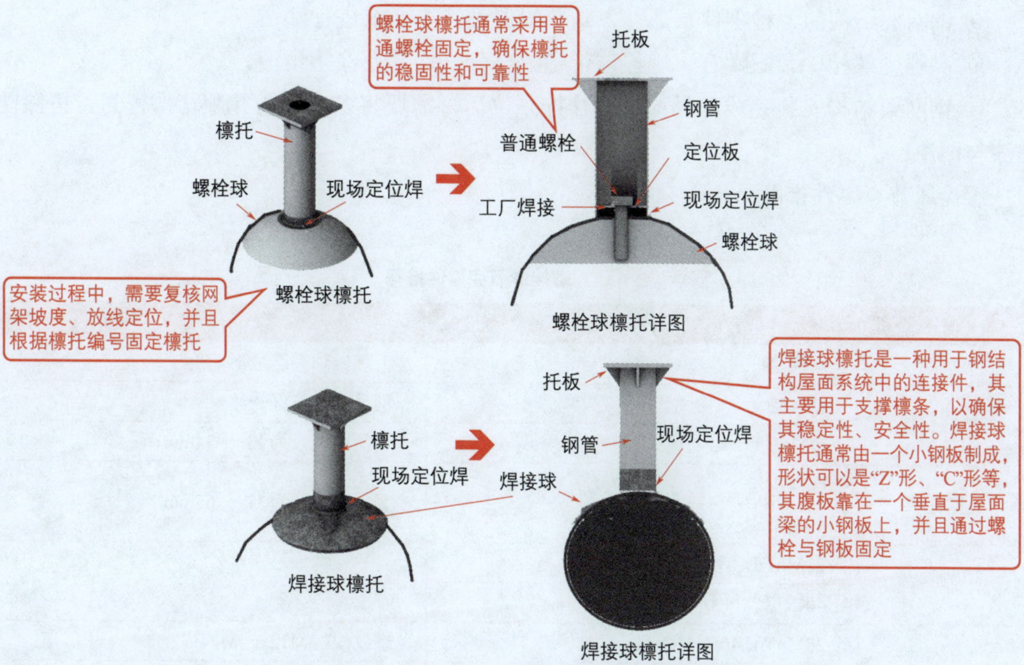

图4-10 网架檩条支托

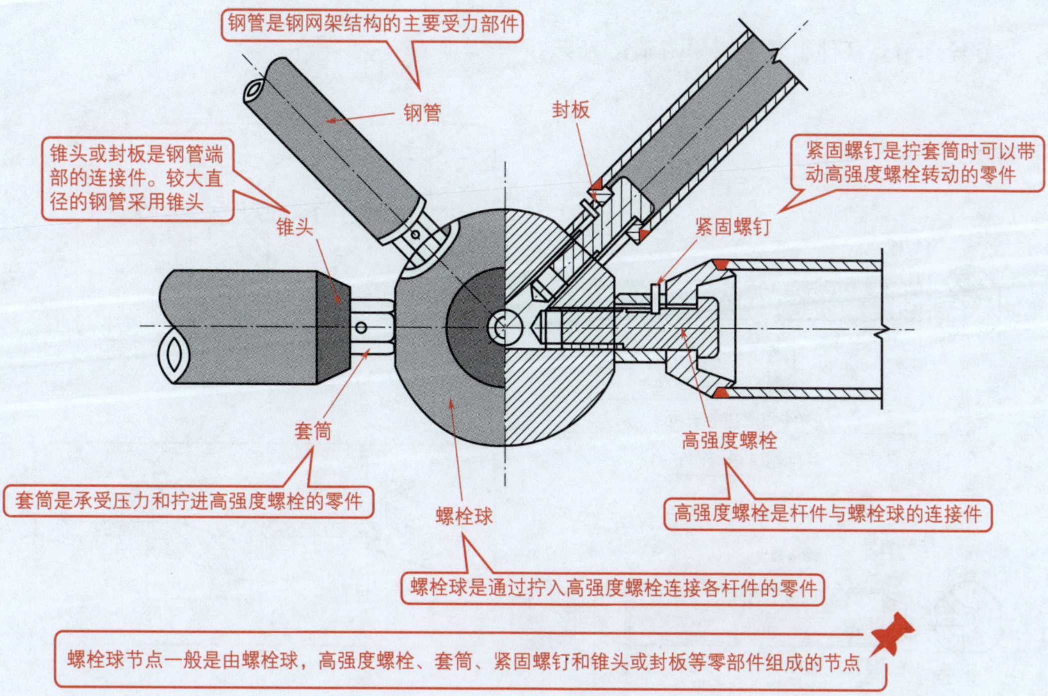

图4-11 钢网架螺栓球节点

⑦ 紧固螺钉热处理后的硬度应为 36 ～ 42HRC。

⑧ 工程有要求时，宜进行试拼装，并且需要核对相关几何参数的准确性。

⑨ 钢网架结构的各种零件、部件，需要根据设计等要求进行除锈。

⑩ 高强度螺栓、紧固螺钉、螺栓球带螺纹部分，均需要涂防锈油。

⑪ 钢网架结构安装完成并且检查螺栓拧到位后，需要将多余孔与孔隙堵塞密封，再涂防锈漆与面漆。

螺栓球节点零件推荐见表4-1。

表4-1 螺栓球节点零件推荐

零件名称	推荐材料	备注
钢球	45号钢	毛坯钢球锻造成形
锥头或封板	Q345B	钢号宜与杆件一致
	Q235B	套筒内孔径为13～34mm
套筒	Q345B	套筒内孔径为37～65mm
	45号钢	
紧固螺钉	20MnTiB	—
	40Cr	
高强度螺栓	20MnTiB,40Cr,35CrMo	螺纹规格M12～M24
	35VB,40Cr,35CrMo	螺纹规格M27～M36
	35CrMo,40Cr	螺纹规格M39～M64

螺栓球节点杆件组装图解如图4-12所示。

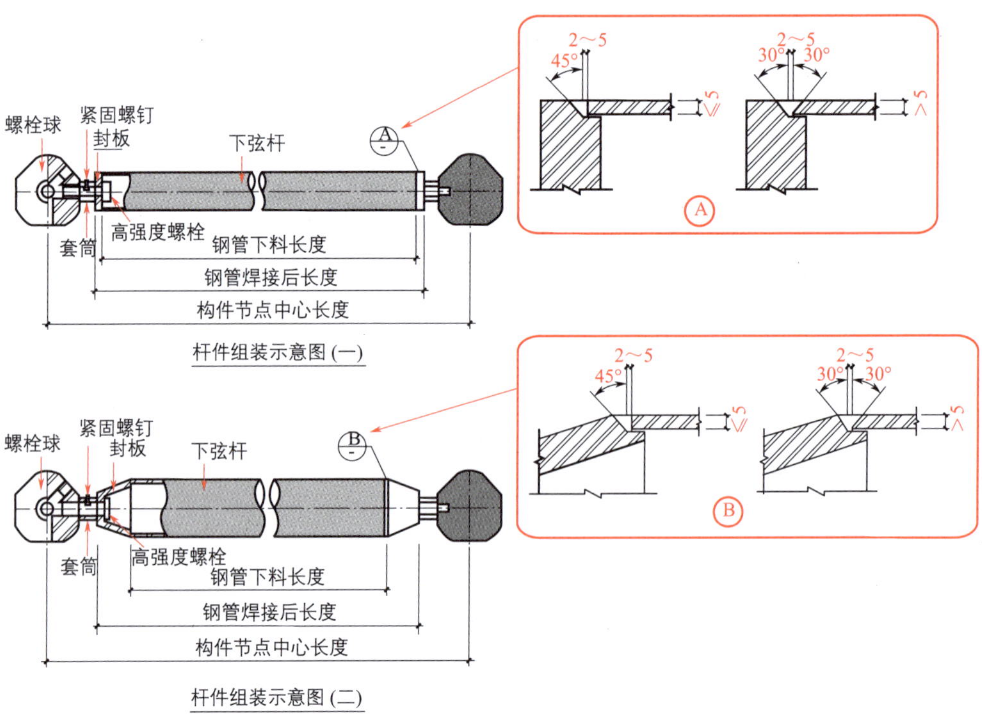

图4-12 螺栓球节点杆件组装图解

4.2.6 钢网架螺栓球标记方法与规格

钢网架螺栓球标记方法如图 4-13 所示。

例如：BS280 表示外径为 280mm 的螺栓球。

螺栓球的主要规格见表 4-2。

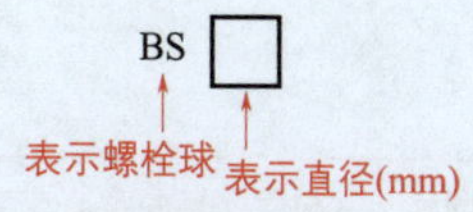

图4-13 钢网架螺栓球标记方法

表4-2 螺栓球的主要规格

螺栓球标记	螺栓球直径 D/mm	螺栓球标记	螺栓球直径 D/mm
BS100	100	BS200	200
BS110	110	BS210	210
BS120	120	BS220	220
BS130	130	BS230	230
BS140	140	BS240	240
BS150	150	BS250	250
BS160	160	BS260	260
BS170	170	BS270	270
BS180	180	BS280	280
BS190	190	BS300	300

4.2.7 钢网架焊接空心球节点

钢网架焊接空心球节点如图 4-14 所示。

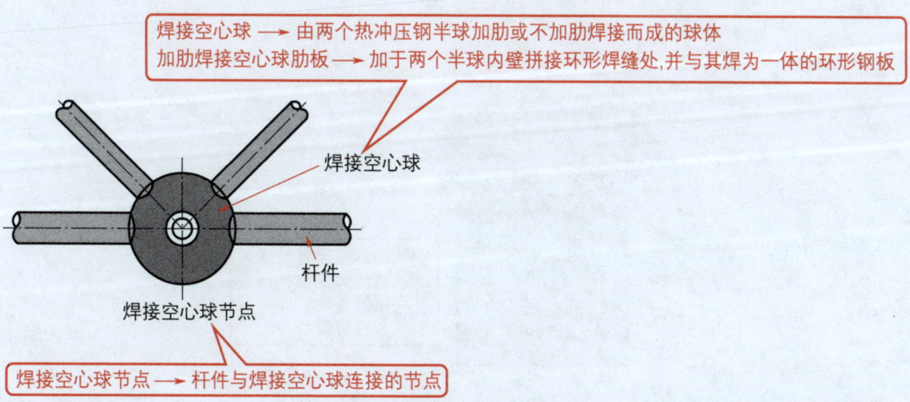

图4-14 钢网架焊接空心球节点

4.2.8 钢网格尺寸与跨度

钢网格尺寸与跨度的关系如图 4-15 所示。网架结构中的跨度是指建筑物中梁、拱两端的承重结构间的距离，也就是两支点中心间的距离。网架短向跨度的网格数不宜小于 5，相邻杆件的夹角应大于 45°，并且不应小于 30°。

网格尺寸与网架短向跨度有关。常用网格尺寸与短向跨度的关系

网格尺寸与跨度的关系

网架短向跨度L_2/m	网格尺寸
<30	$(1/12\sim1/6)L_2$
30～60	$(1/16\sim1/10)L_2$
>60	$(1/20\sim1/12)L_2$

不同材料的屋面体系的网格数(即网格尺寸)及跨高比可按表选用

网架的上弦网格数和跨高比

网架形式	钢筋混凝土屋面体系		钢檩条屋面体系	
	网格数	跨高比	网格数	跨高比
两向正交正放网架、正放四角锥网架、正放抽空四角锥网架	$(2\sim4)+0.2L_2$	10～14	$(6\sim8)+0.07L_2$	$(13\sim17)-0.03L_2$
两向正交斜放网架、棋盘形四角锥网架、斜放四角锥网架、星形四角锥网架	$(6\sim8)+0.08L_2$			

图4-15 钢网格尺寸与跨度的关系

知识技能小贴士

网架的高度（矢高）常为跨度的1/20 ～ 1/15。

4.2.9 钢网架平板支座

钢网架支座是指在钢结构工程中用于支撑与固定钢网架结构的部件，相当于网架的“脚”。钢网架支座即钢支座，是支座面板与网架支座等钢结构支座通过焊接等方式连接而成的，如图 4-16 所示。

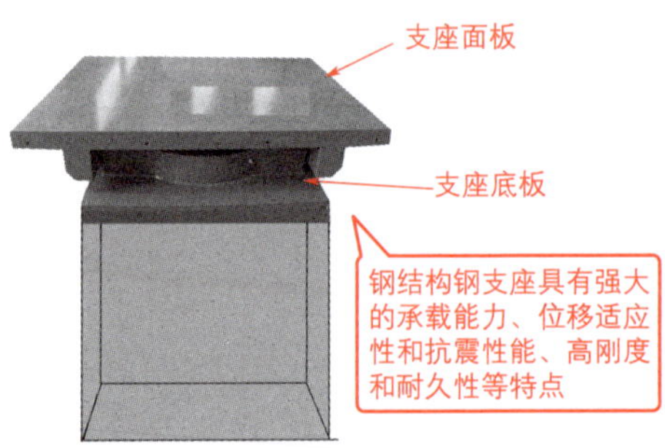

图4-16 钢网架支座

钢网架平板支座如图 4-17 所示。平板支座构造简单，常用于小型网架结构。

知识技能小贴士

钢网架支座类型如图 4-18 所示。

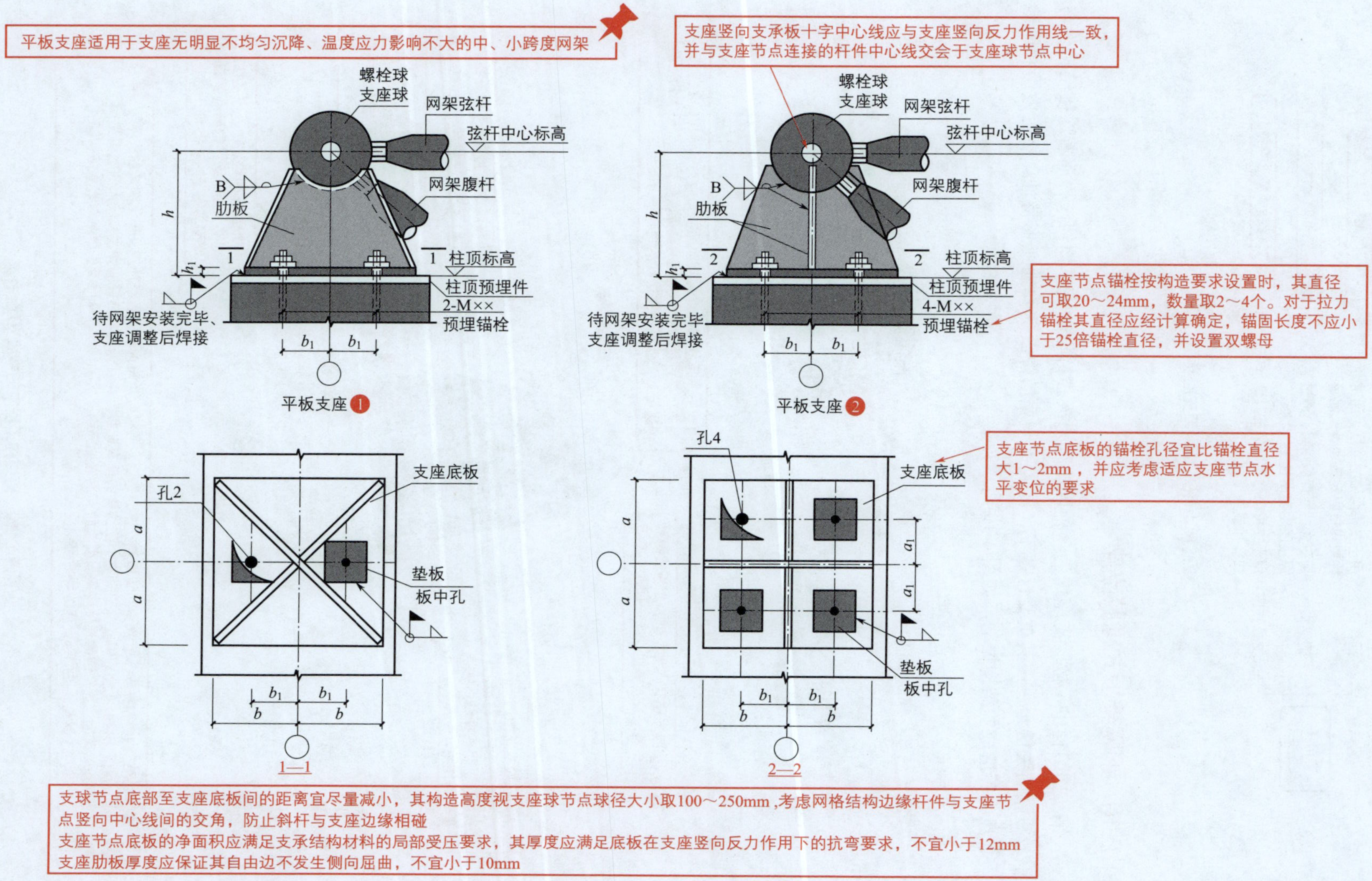

图4-17 钢网架平板支座

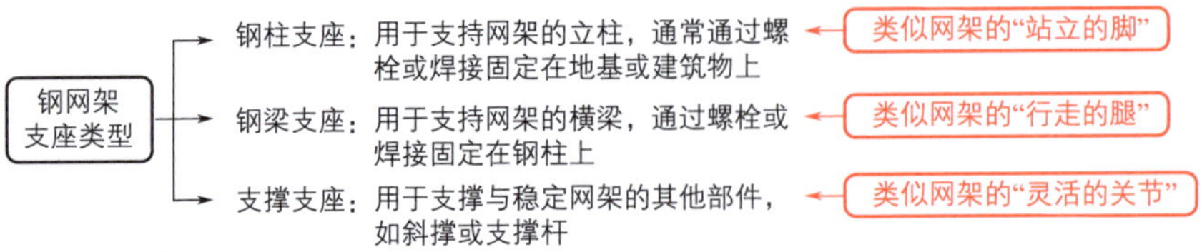

图4-18　钢网架支座类型

4.2.10　钢网架板式橡胶支座

钢结构工程中，橡胶支座作为一种以橡胶为核心材料的支撑构件，扮演着连接结构件与承载重量的关键角色。其重要性在于，橡胶支座凭借橡胶的弹性变形特性，能有效缓和因地震、风力等造成的结构振动，如图 4-19 所示。

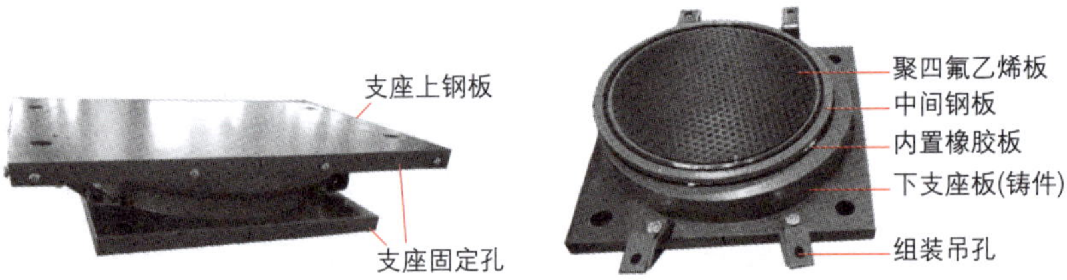

盆式橡胶支座

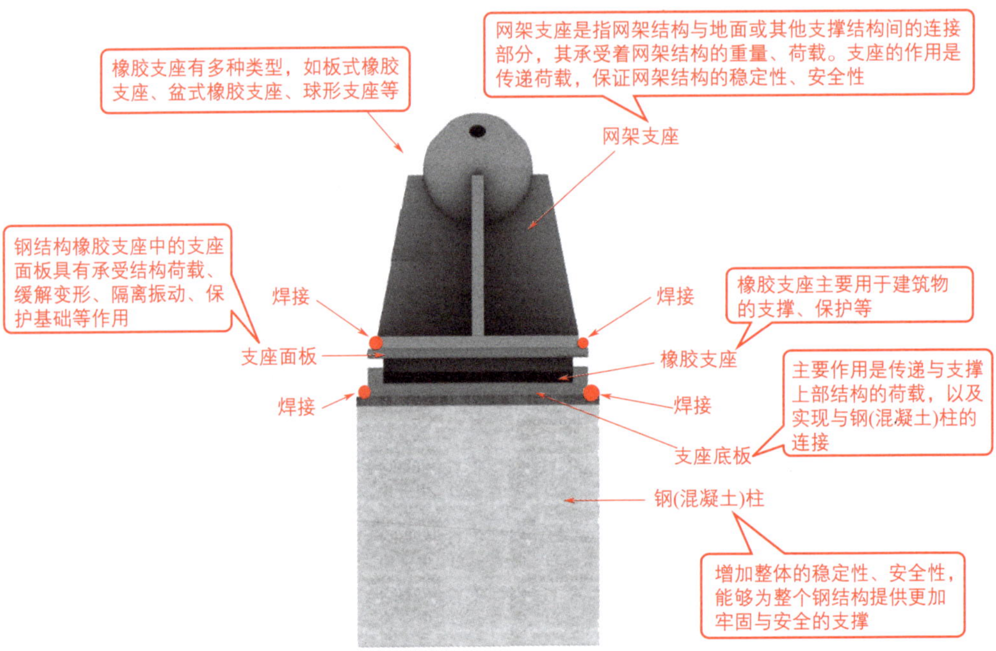

钢结构橡胶支座，也称为网架橡胶支座，是由多层橡胶片与内嵌钢板经加压、硫化制成的支座钢结构橡胶支座能够支撑建筑物上部结构的垂直荷载，并且通过其良好的弹性和较大的剪切变形来满足上部构造因温度变化而引起的支承端的转动和水平移动，从而减少屋盖对支承结构的推力，以及通过局部支座的耗能起到减震、隔震等作用

图4-19　钢结构工程中的橡胶支座

网架橡胶支座是一种用于支撑钢架结构体系的支座，可以解决大跨度结构因温度变化而产生的水平位移问题和建筑结构间的隔震、减震问题。钢网架板式橡胶支座如图 4-20 所示。

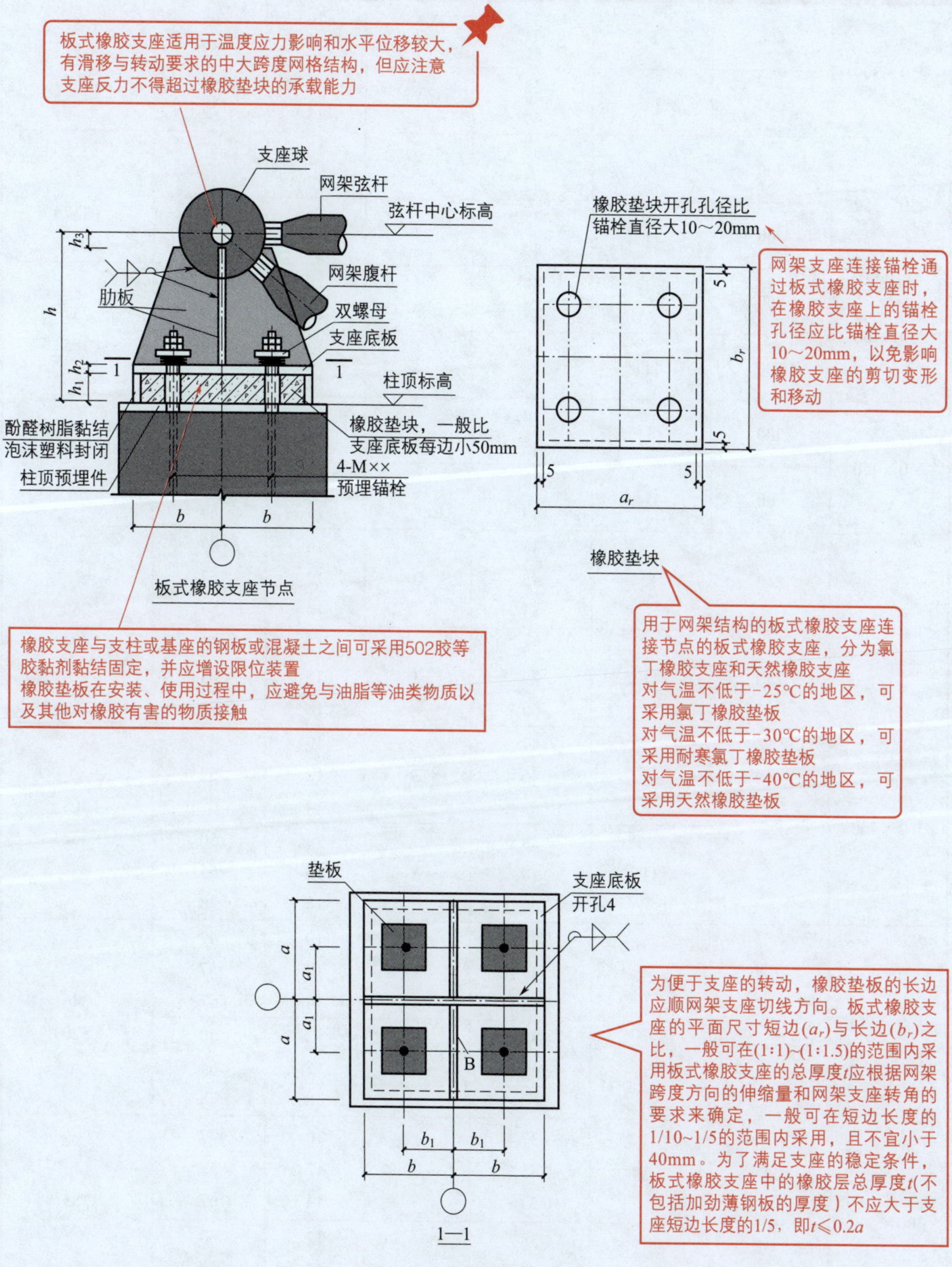

图4-20 钢网架板式橡胶支座

钢网架板式橡胶支座的参考选择见表 4-3。

表4-3 钢网架板式橡胶支座的参考选择

支座平面尺寸$a_r \times b_r$/mm	支座竖向承载力F/kN	中间层橡胶片厚度t_{RS}/mm	橡胶层总厚度t_R/mm	单层钢板厚度l_S/mm	钢板总厚度l_S/mm	支座总厚度t_{RS}/mm	支座抗滑最小水平承载力F_{min}/kN
250×300	600	8	37 45	2	10 12	47 57	192 (289)
	600	11	38 49	3	12 15	50 64	
250×350	700	8	37 45	2	10 12	47 57	225 (337)
	700	11	38 49	3	12 15	50 64	
250×400	800	8	37 45	2	10 12	47 57	257 (385)
	800	11	38 49	3	12 15	50 64	
250×450	900	8	37 45	2	10 12	47 57	289 (433)
	900	11	38 49	3	12 15	50 64	
300×350	840	8	37 45 53	2	10 12 14	47 57 67	269 (404)
	840	11	38 49 60	3	12 15 18	50 64 78	
300×400	960	8	37 45 53	2	10 12 14	47 57 67	308 (462)
	960	11	38 49 60	3	12 15 18	50 64 78	
300×450	1080	8	37 45 53	2	10 12 14	47 57 67	346 (520)
	1080	11	38 49 60	3	12 15 18	50 64 78	
300×500	1200	8	37 45 53	2	10 12 14	47 57 67	385 (577)
	1200	11	38 49 60	3	12 15 18	50 64 78	

续表

支座平面尺寸 $a_r \times b_r$/mm	支座竖向承载力 F/kN	中间层橡胶片厚度 t_{RS}/mm	橡胶层总厚度 t_R/mm	单层钢板厚度 t_S/mm	钢板总厚度 t_S/mm	支座总厚度 t_{RS}/mm	支座抗滑最小水平承载力 F_{min}/kN
350×400	1120	8	37 45 53 61	2	10 12 14 16	47 57 67 77	359 (539)
	1120	11	38 49 60	3	12 15 18	50 64 78	
350×450	1260	8	37 45 53 61	2	10 12 14 16	47 57 67 77	404 (606)
	1260	11	38 49 60	3	12 15 18	50 64 78	
350×500	1400	8	45 53 61	2	12 14 16	57 67 77	385 (577)
	1400	11	38 49 60	3	12 15 18	50 64 78	
350×500	1540	11	38 49 60	3	12 15 18	50 64 78	494 (741)
400×450	1440	11	38 49 60	3	12 15 18	50 64 78	462 (693)
400×500	1600	11	38 49 60	3	12 15 18	50 64 78	513 (770)
400×550	1760	11	49 60	3	15 18	64 78	565 (847)
400×600	1920	11	49 60	3	15 18	64 78	616 (924)
450×500	1800	11	49 60	3	15 18	64 78	577 (866)
450×550	1980	11	49 60	3	15 18	64 78	635 (953)
450×600	2160	11	49 60	3	15 18	64 78	693 (1039)
450×650	2340	11	60	3	18	78	751 (1126)

注：支座抗滑最小承载力一栏中，括号外数值为橡胶支座与混凝土间抗滑最小承载力；括号内数值为橡胶支座与钢板间抗滑最小承载力。

4.2.11 钢网架球铰支座

钢网架通过球铰支座连接，能够实现多方向旋转与倾斜，以适应结构在不同工况下的变形和荷载变化。钢网架球铰支座如图 4-21 所示。

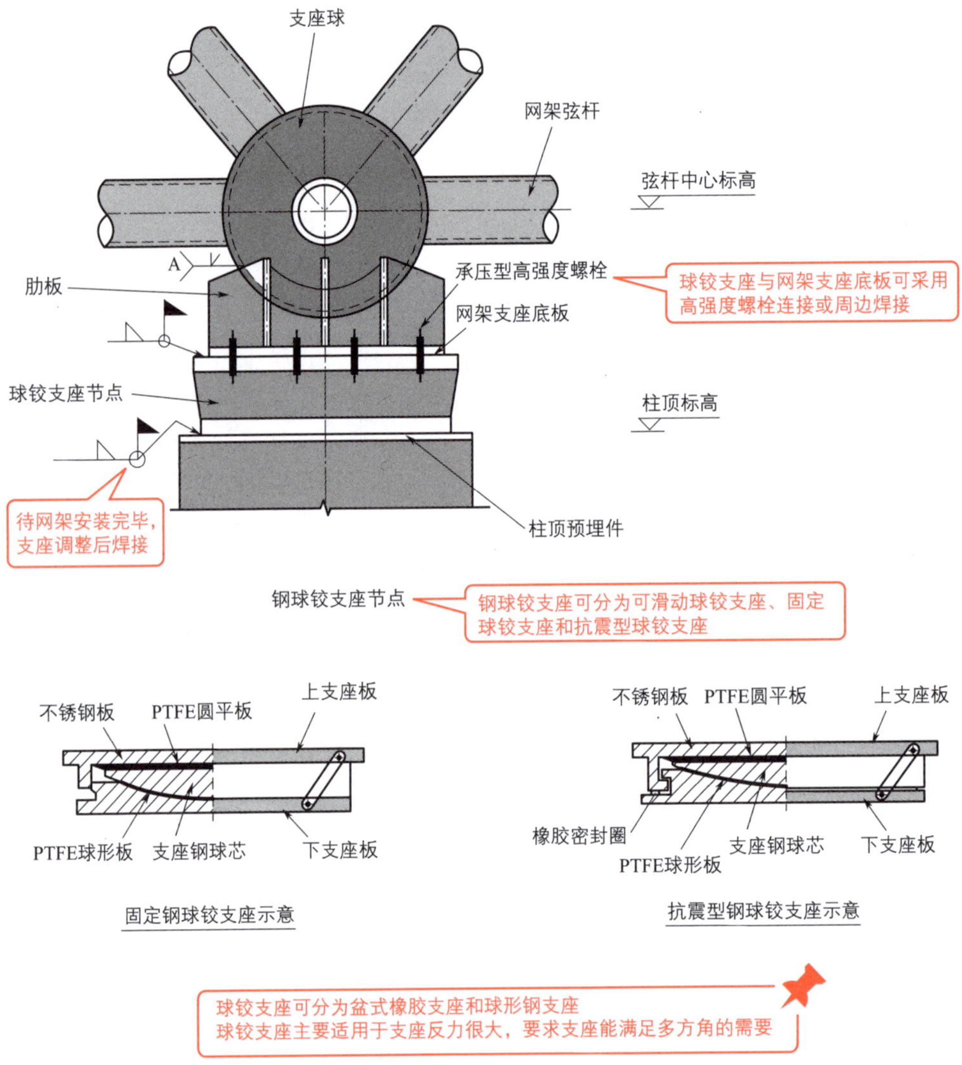

图4-21 钢网架球铰支座

4.3 劲性钢结构

4.3.1 劲性钢结构综述

劲性钢结构是由高强度钢材制成的建筑结构，其强度与刚度都很高。劲性钢结构，又叫作型钢混凝土组合结构，是把型钢埋入钢筋混凝土中的一种结构形式。

劲性钢结构施工常包括的项目如图 4-22 所示。

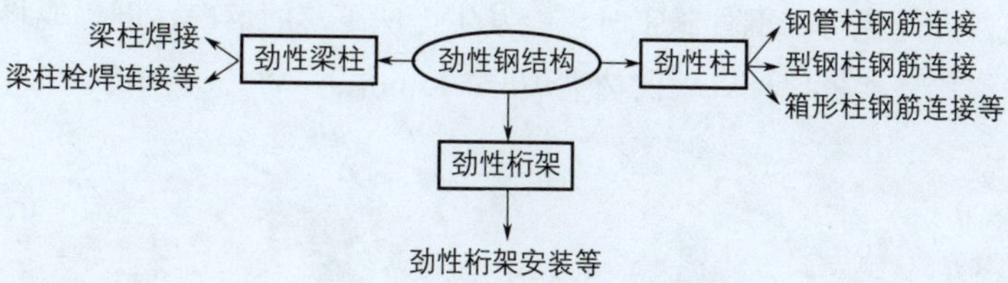

图4-22 劲性钢结构施工常包括的项目

4.3.2 劲性钢结构锚栓支架节点

劲性钢结构锚栓支架是指在劲性结构施工中用于固定柱脚锚栓的支撑结构。根据柱脚受力情况，常见的锚栓支架有钢板类、型钢类等类型。钢板类锚栓支架中，锚板主要起固定柱脚锚栓的作用。型钢类锚栓支架中，型钢主要为角钢，一些受力较大的支架可能会用到 H 型钢。

锚栓支架节点如图 4-23 所示。柱脚施工时，为避免由于锚栓车螺纹长度不够引起螺栓无法拧紧的问题，施工时需要复核锚栓顶部标高，并确保车螺纹长度足够。

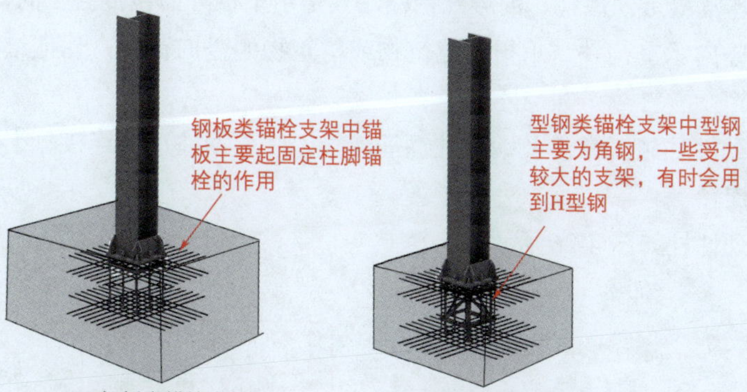

(a) 钢板类锚栓支架 (b) 型钢类锚栓支架

图4-23 锚栓支架节点

知识技能小贴士

安装劲性钢结构锚栓支架时，根据现场焊接的情况，需要对坡口位置、坡口两侧 100mm 范围内进行除锈处理。焊接完成后，切割收弧板、引弧板，并对焊缝进行打磨处理。

4.3.3 劲性钢结构钢梁－混凝土柱节点

钢梁与混凝土柱或核心筒墙主要采用各种形式的埋件、钢柱连接等，钢梁 - 混凝土柱节点如图 4-24 所示。

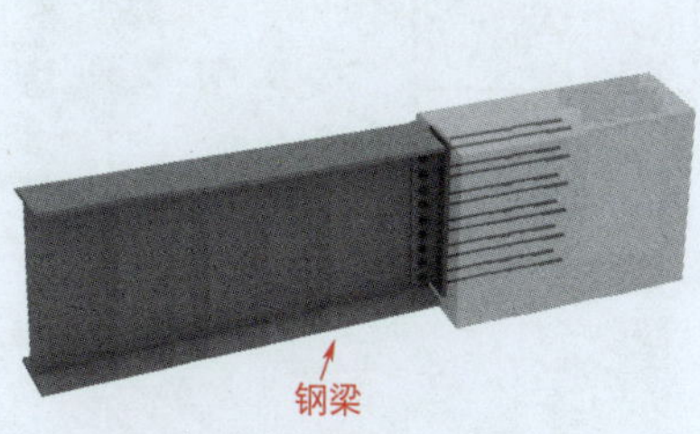

图4-24 钢梁－混凝土柱节点

4.3.4 劲性钢结构柱脚节点

劲性钢结构柱脚节点如图 4-25 所示。劲性钢结构柱脚有插入式柱脚、外包式柱脚等种类。柱脚施工时，先绑扎土建纵筋。为避免首节钢柱施工时可能发生无法下落的情况，则需要将柱脚底板挖槽，让柱纵筋通过，锚栓支架板比柱底板四边大 10 ～ 15mm。

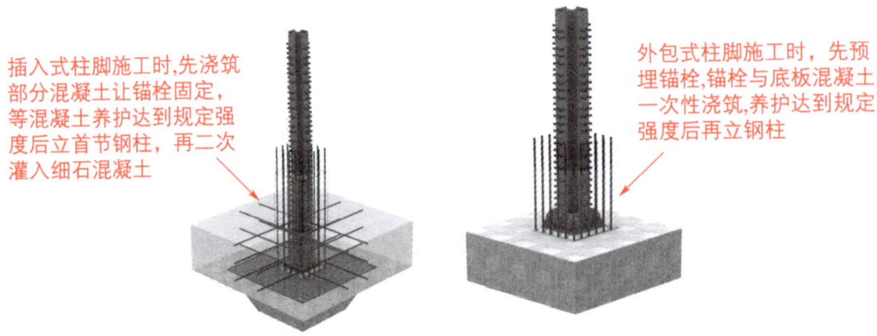

(a) 插入式柱脚　(b) 外包式柱脚

图4-25　劲性钢结构柱脚节点

4.3.5　劲性钢结构劲性柱

劲性柱又叫作混凝土劲性柱、混凝土钢柱，其是由型钢外面包混凝土的构件组成的结构。

劲性柱作为竖向承重构件，承担着建筑物或构筑物的竖向荷载，保证结构的稳定性、良好的抗震性能等。

劲性钢结构劲性柱施工常涉及钢管柱钢筋连接、H 型钢柱钢筋连接、十字形钢柱钢筋连接、箱形柱钢筋连接等。

劲性钢结构劲性柱如图 4-26 所示。

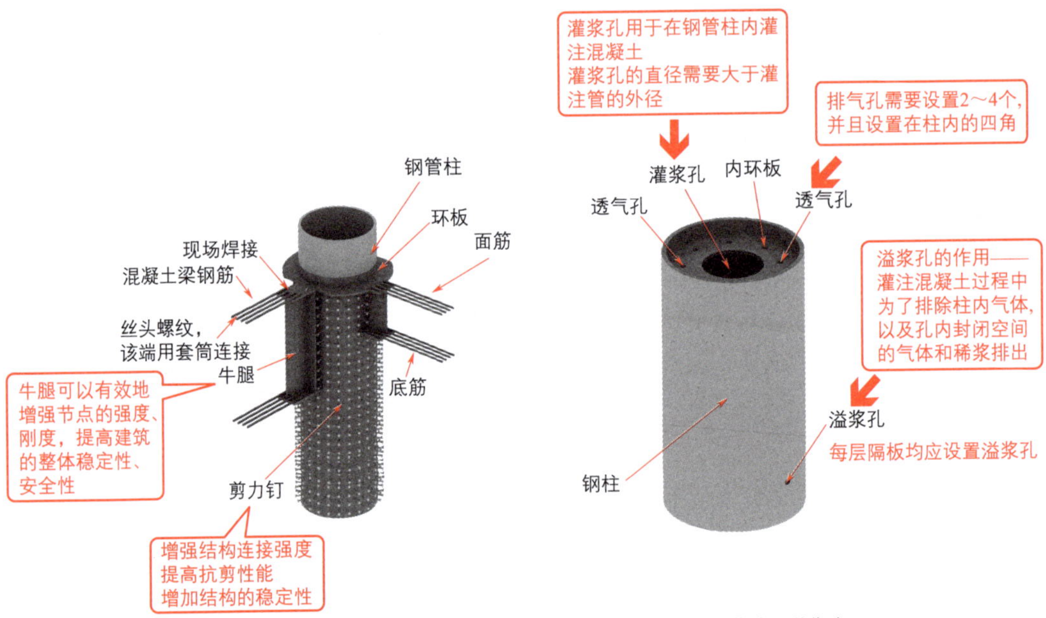

(a) 钢管柱钢筋连接节点　(b) 钢管柱灌浆孔、溢浆孔

图4-26　劲性钢结构劲性柱

第5章
钢结构楼板体系与围护体系

扫码看视频

钢结构楼板体系综述

5.1 钢结构楼板体系

5.1.1 钢结构楼板体系综述

钢结构楼板体系是指使用钢材作为主要承重结构的楼板系统。钢结构楼板体系常由钢梁、钢柱、连接件、楼板等组成。

常见的钢结构楼板体系有钢构配混凝土楼板、钢筋混凝土楼板、冷弯薄壁楼板、钢构地暖楼板、压型钢板组合楼板、自承式钢架楼板、叠合板体系等。

楼承板施工支撑分为可拆卸桁架楼承板桁架支撑做法、叠合板临时支撑做法等。

钢结构楼板材料的参考选择：钢材常选用Q235或Q345钢，混凝土选用C30～C40等级，钢筋选用HRB400或HRB500。钢结构楼板荷载计算常包括恒荷载、活荷载、组合荷载等荷载的计算。

5.1.2 钢结构叠合板

钢结构叠合板是由钢结构与混凝土两部分组成的复合板材，也就是钢结构包裹在混凝土之中，钢材与混凝土互相作用，起到了相互补充与增强的作用。钢结构叠合板如图5-1所示。

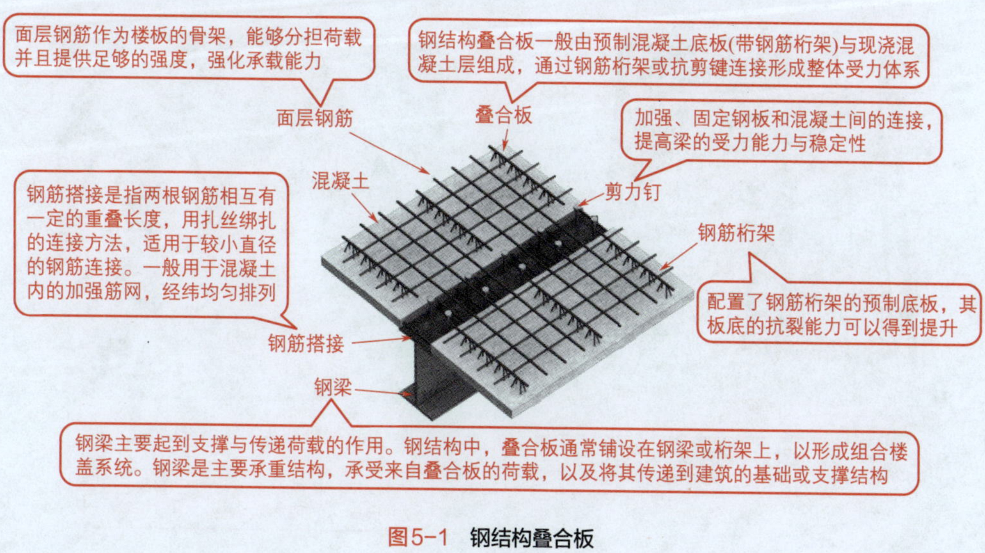

图5-1 钢结构叠合板

知识技能小贴士

钢结构叠合板的预制层（叠合板）应采用C30～C40混凝土，现浇层应采用C30～C40混凝土。钢梁与混凝土板间应设置抗剪连接件（例如栓钉、型钢抗剪键等）。叠合板跨度一般≤6m，钢梁间距常为2～4m。恒荷载应包括叠合板自重（预制+现浇层），装修层、设备荷载等。

5.1.3 钢筋桁架楼承板

钢筋桁架是以钢筋为上弦、下弦、腹杆，并通过电阻点焊连接而成的桁架。

钢筋桁架楼承板是钢筋桁架与底板通过电阻点焊连接成整体的组合承重板。

钢筋桁架楼承板可以分为不可拆卸钢筋桁架楼承板、可拆卸钢筋桁架楼承板等类型。

不可拆卸钢筋桁架楼承板：该种楼承板在浇筑混凝土后，底部的镀锌钢板成为结构的一部分，不可拆除。其结构特点是钢筋桁架与镀锌钢板焊接成一体，形成组合结构体系，能够承受楼板混凝土自重及施工荷载。

可拆卸钢筋桁架楼承板：这种楼承板的底模可以拆卸，施工完成后可以拆除重复使用。其结构特点是钢筋桁架与模板之间设有连接件，使得底模可以方便地拆卸和重复利用。

钢筋桁架楼承板节点常包括梁上搭接节点、与混凝土剪力墙连接节点、悬挑部位节点、洞口节点、降板节点、柱边支撑节点等。

可拆卸钢筋桁架楼承板节点常包括可拆卸钢筋桁架楼承板节点、梁上搭接节点、悬挑部位节点、降板节点、柱边支撑节点等。

钢筋桁架楼承板如图5-2所示。钢筋桁架楼承板施工过程中，需要注意楼承板平整度、焊缝质量、防锈处理等问题。

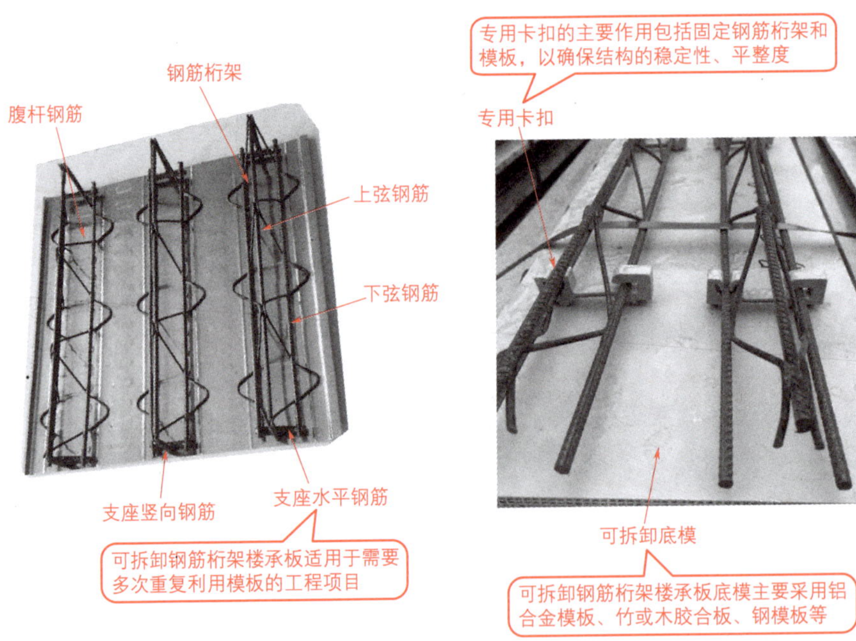

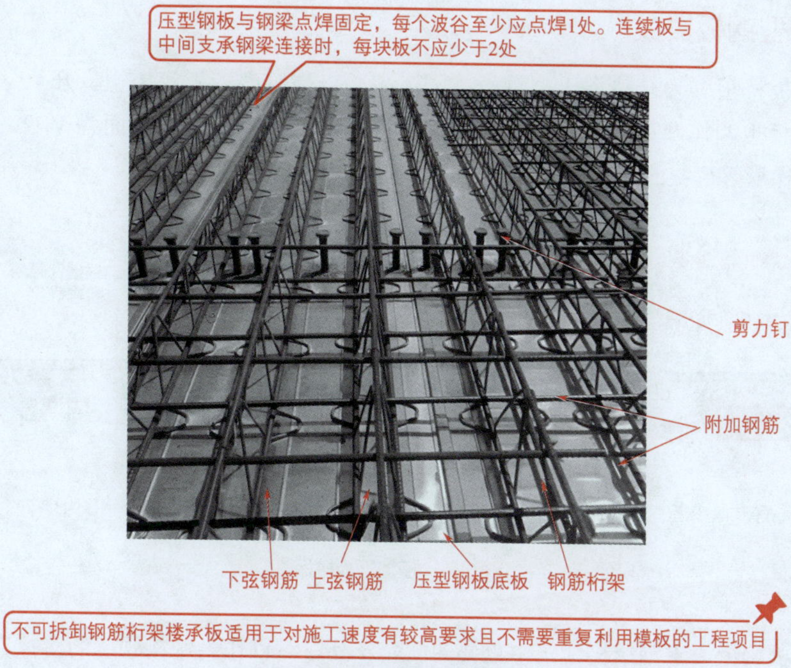

图5-2　钢筋桁架楼承板

钢筋桁架楼承板边缘节点如图 5-3 所示。

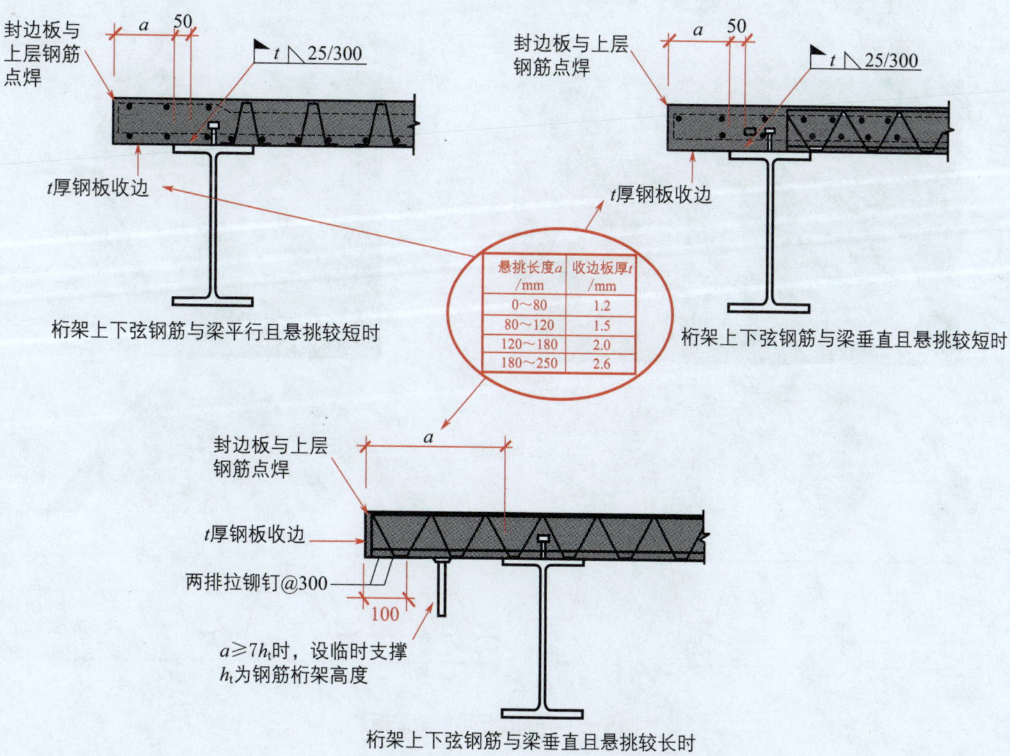

悬挑长度a/mm	收边板厚t/mm
0～80	1.2
80～120	1.5
120～180	2.0
180～250	2.6

图5-3　钢筋桁架楼承板边缘节点

5.1.4 压型钢板楼板

扫码看视频

压型钢板楼板

压型钢板楼板分为开口型压型钢板、闭（缩）口型压型钢板等类型。开口型压型钢板也叫作开口式楼承板，是镀锌钢板经过压板机压制成截面为V形、U形、梯形等形状的钢板的统称。压型钢板楼板如图5-4所示。

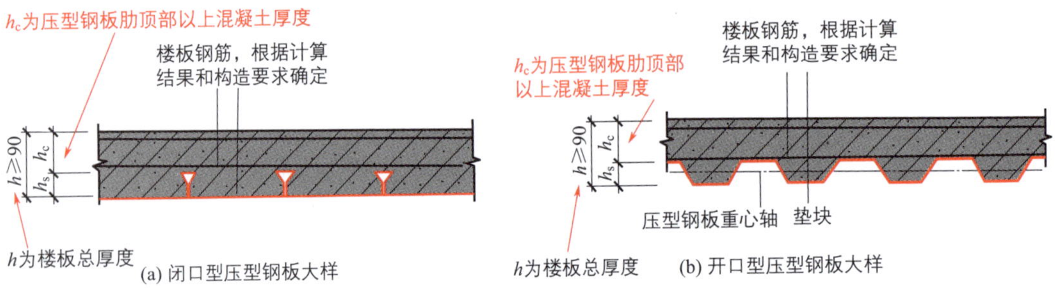

图5-4 压型钢板楼板

压型钢板楼板属于钢结构建筑中重要的配套产品，可以作为结构强度的支撑。

开口型压型钢板的主要用途包括作为结构强度的支撑、永久性模板等。开口型压型钢板的主要型号有600、678、688、690、720、750、915、1025等。

开口型压型板的端口位置应设置封堵板，以免浇筑混凝土从板底开口处漏浆。

开口型压型钢板底板如图5-5所示。

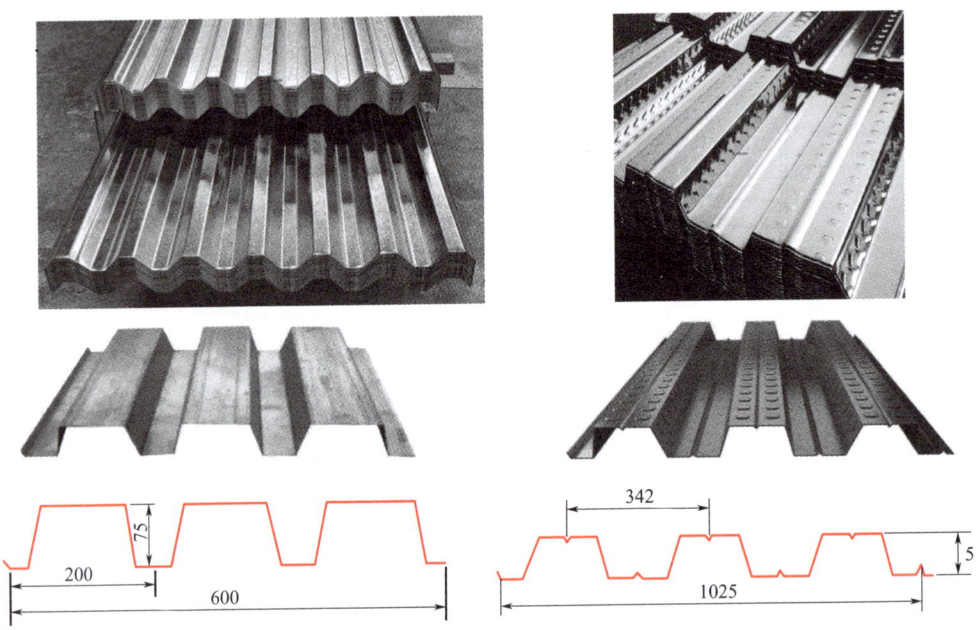

图5-5 开口型压型钢板底板

闭（缩）口型压型钢板主要型号有510、555、720、762等。闭（缩）口型压型钢板能完全替代下层钢筋，可以减少现场钢筋的制作量。

闭（缩）口型压型钢板如图 5-6 所示。压型钢板楼板支座位置结构如图 5-7 所示。

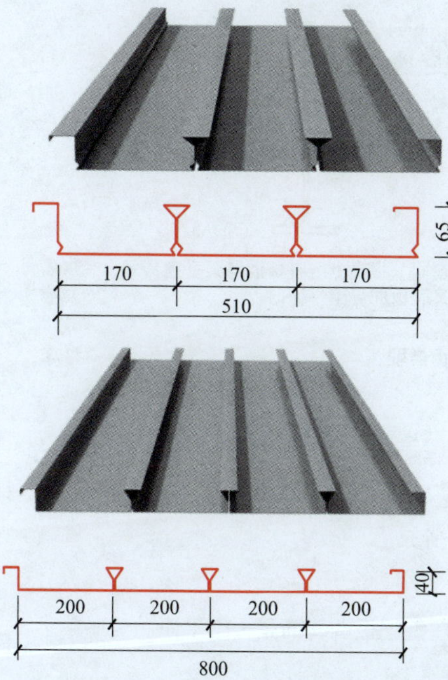

图5-6　闭（缩）口型压型钢板

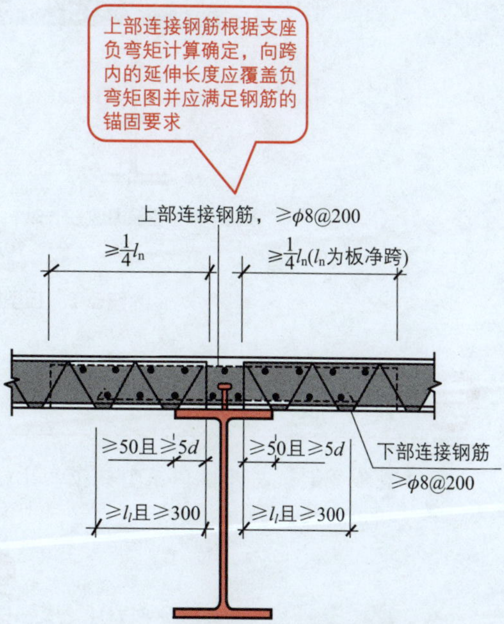

图5-7　压型钢板楼板支座位置结构

压型钢板边缘节点类型如图 5-8 所示。

悬挑长度a /mm	收边板厚t /mm
0～80	1.2
80～120	1.5
120～180	2.0
180～250	2.6

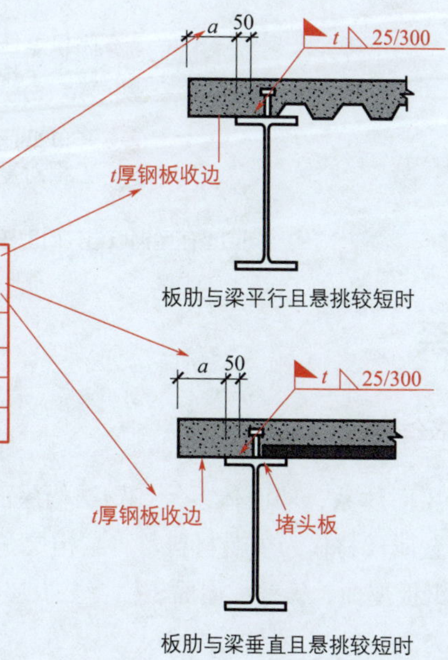

图5-8

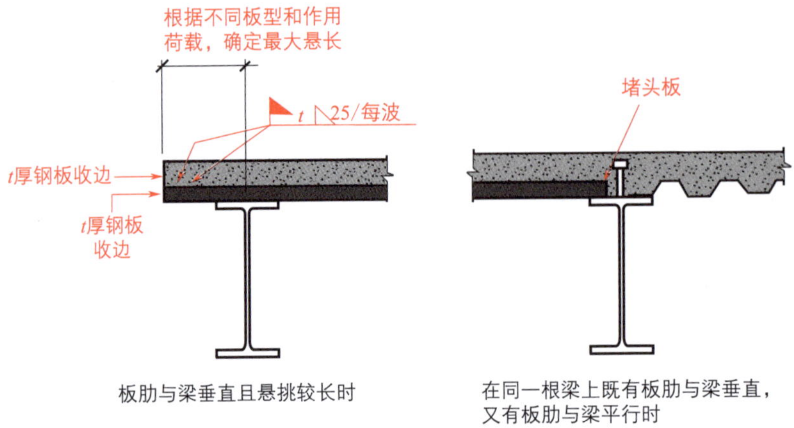

图5-8 压型钢板边缘节点类型

知识技能小贴士

闭口型压型钢板与开口型压型钢板的比较如图 5-9 所示。

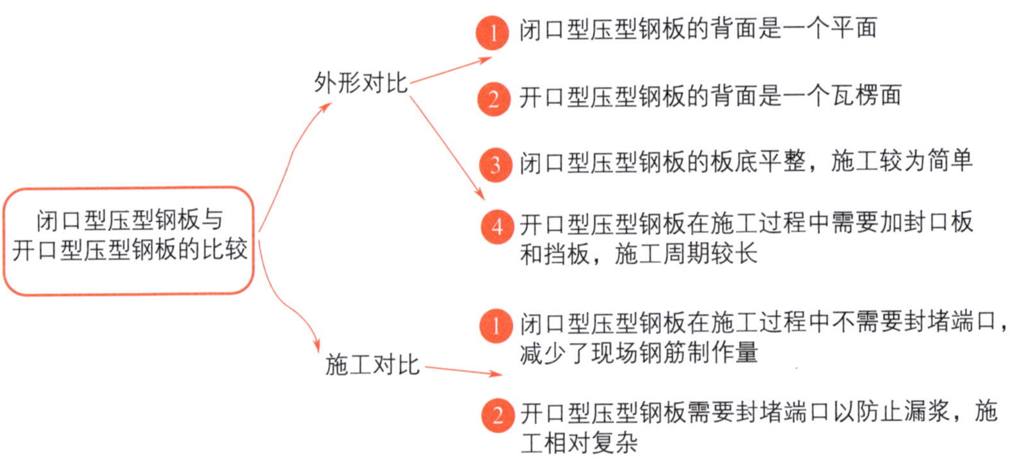

图5-9 闭口型压型钢板与开口型压型钢板的比较

5.2 屋面体系

5.2.1 屋面体系综述

围护体系包括屋面体系、墙面体系等。钢结构屋面体系有金属屋面、柔性屋面等种类。金属屋面是指采用金属板材作为屋盖材料，将结构层和防水层合二为一的屋盖形式。金属屋面有镀铝锌压型彩钢板屋面、镀锌板屋面、铝合金板屋面、铝镁合金板屋面、钛合金板屋面、不锈钢板屋面等种类。

镀铝锌压型彩钢板屋面如图 5-10 所示。金属屋面做法如图 5-11 所示。

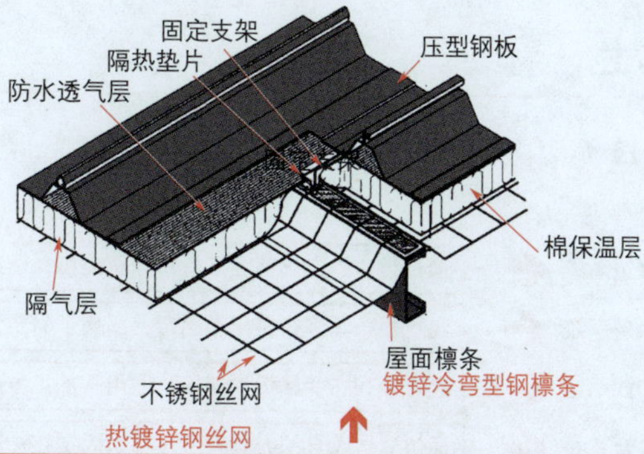

压型钢板安装的允许误差

项目		允许偏差/mm
屋面	檐口与屋脊的平行度	12.0
	压型钢板波纹对屋脊的垂直度	L/800，不大于25
	檐口相邻的两块钢板端头错位	6.0

注：L为屋面半坡或单坡长度。

图5-10　镀铝锌压型彩钢板屋面

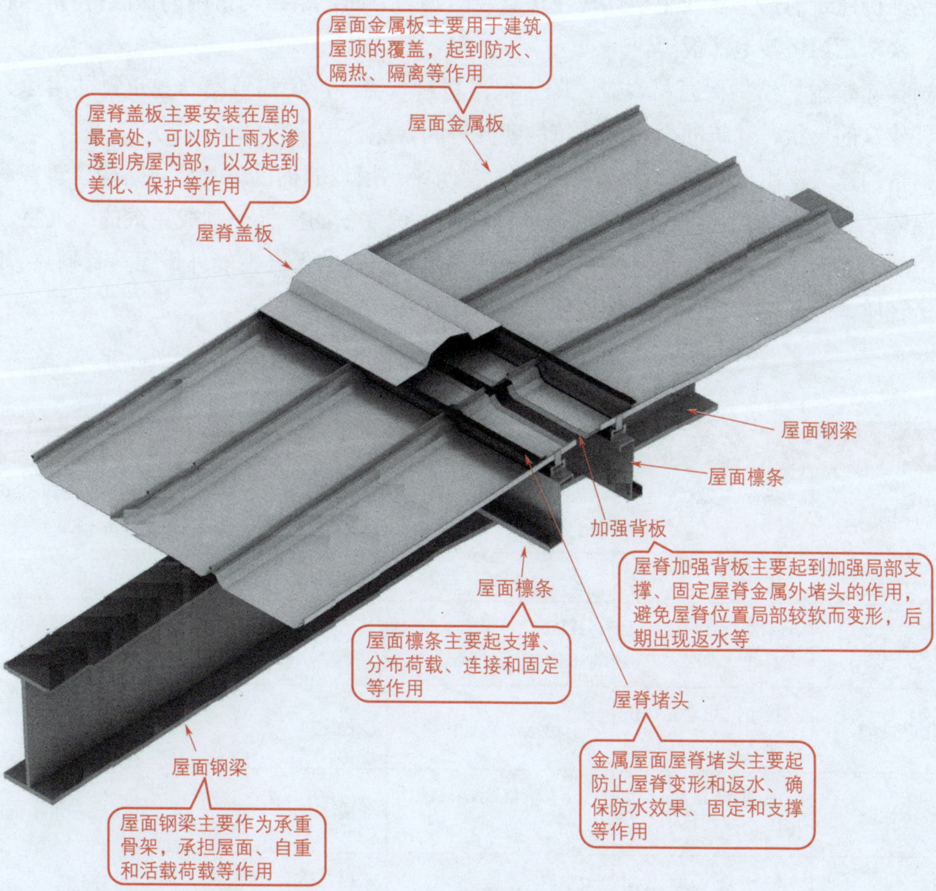

图5-11　金属屋面做法

知识技能小贴士

金属屋面的种类如图5-12所示。

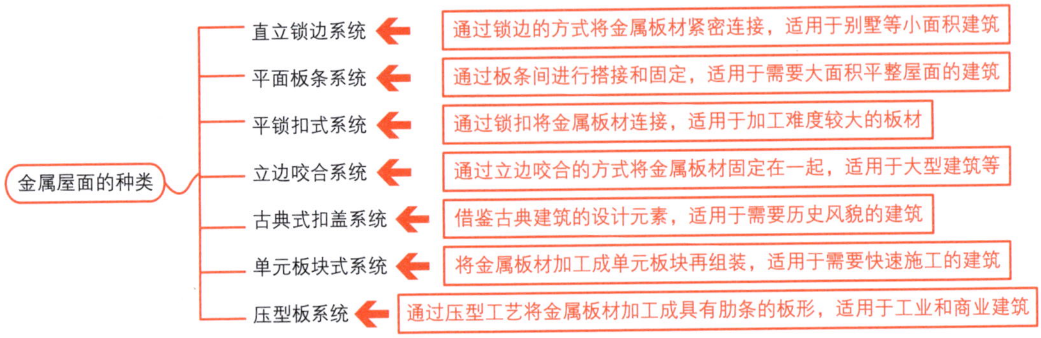

图5-12 金属屋面的种类

5.2.2 钢结构建筑常用保温材料与屋面保温

钢结构建筑的热工性能主要体现在保温、隔热等方面。钢结构常用的保温材料有玻璃棉、岩棉、聚苯乙烯挤塑泡沫板等。

选择建筑围护结构保温材料时，除了保温材料本身外，还需要结合建筑物的用途、地理位置、建筑的形状、建筑的大小、建筑的朝向等因素综合考虑。

钢结构建筑常用保温材料比较见表5-1。建筑绝热用玻璃棉已成为金属结构建筑普遍采用的保温隔热材料。其通过纵横交叉的玻璃纤维把单位体积的空气分割成无数的小气室，从而阻碍空气的对流以达到保温的目的。保温玻璃棉除了出众的保温性能外，还具有隔热、隔声、防潮、轻质、高弹性、抗压、安装方便、成本低等特点。

表5-1 钢结构建筑常用保温材料比较

性能	离心玻璃棉	发泡塑料	岩棉	聚氨酯
保温性能	热导率低0.045W/（m·K）	热导率一般0.042W/（m·K）	热导率一般，持久性不佳0.040W/（m·K）	热导率低0.024W/（m·K）
吸声降噪性	优	无	优	无
防火性	A级，不燃，无有毒烟气	B2级，可燃，产生有毒烟气	A级，不燃	B2级，可燃，产生有毒烟气
化学性能	稳定，耐老化，抗腐蚀	不稳定，易老化腐蚀	稳定	不稳定，易老化腐蚀
经济性能	成本价格低，性价比高	成本价格高，只能用于双层夹芯板	成本价格中等	成本价格很高
施工性能	轻质现场施工简单，手感舒适	无法现场施工	自重大，渣球多，易粉化，回弹差，块状施工慢	施工工艺繁复

钢结构保温屋面系统如图 5-13 所示。

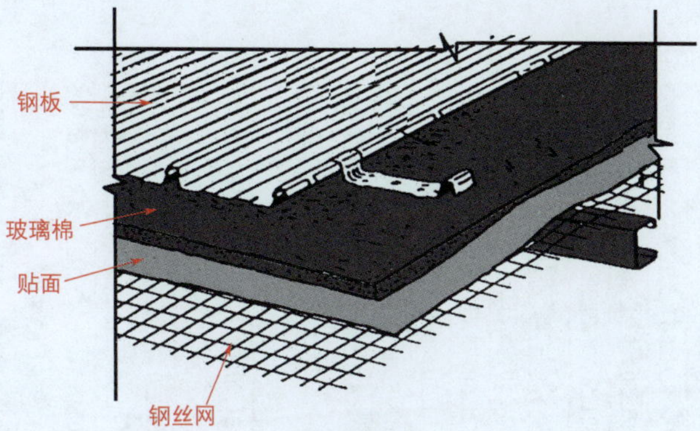

(a) 单层板屋面

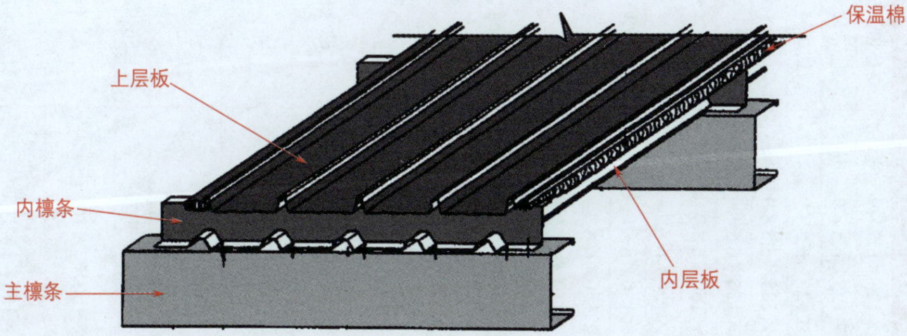

(b) 双层板屋面

图5-13 钢结构保温屋面系统

5.2.3 轻型屋面梯形钢屋架（剖分T型钢）

轻型屋面梯形钢屋架构件主要由屋面板、屋架、檩条、天窗架、托架、支撑等构件组成，如图 5-14 所示。

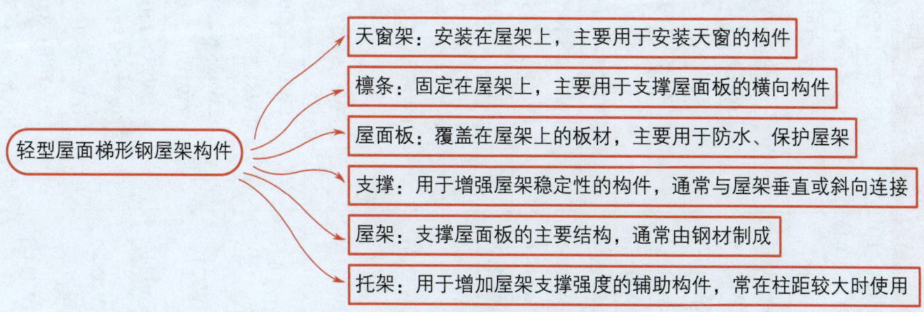

图5-14 轻型屋面梯形钢屋架构件

屋架主要杆件截面尺寸与用钢量见表 5-2。钢屋架的表示如图 5-15 所示。

表5-2 屋架主要杆件截面尺寸与用钢量

屋架跨度/m	屋架型号	截面规格/mm				用钢量/（kg/榀）
		上弦杆	下弦杆	端斜杆	其他腹杆	
15	GWJ15-1	TW62.5×125×6.5×9	TW62.5×125×6.5×9	2L50×5	2L50×5,2L56×5,2L63×5	758
	GWJ15-2（3）	TW75×150×7×10	TW62.5×125×6.5×9	2L63×5	2L50×5,2L56×5,2L63×5	830
	GWJ15-4	TW75×150×7×10	TW62.5×125×6.5×9	2L70×5	2L50×5,2L56×5,2L63×5,2L70×5	838
	GWJ15-5	TW75×150×7×10	TW62.5×125×6.5×9	2L70×5	2L50×5,2L56×5,2L63×5,2L70×5	857
	GWJ15-6	TW87.5×175×7.5×11	TW62.5×125×6.5×9	2L75×5	2L50×5,2L56×5,2L63×5,2L75×5	933
18	GWJ18-1	TW62.5×125×6.5×9	TM97×150×6×9	2L56×5	2L50×5,2L56×5,2L63×5	949
	GWJ18-2	TW75×150×7×10	TM97×150×6×9	2L63×5	2L50×5,2L56×5,2L63×5	993
	GWJ18-3	TW75×150×7×10	TM97×150×6×9	2L70×5	2L50×5,2L56×5,2L63×5,2L70×5	1000
	GWJ18-4	TW75×150×7×10	TM97×150×6×9	2L75×5	2L50×5,2L63×5,2L75×5	1059
	GWJ18-5	TW87.5×175×7.5×11	TM97×150×6×9	2L80×5	2L50×5,2L63×5,2L80×5	1108
	GWJ18-6	TW87.5×175×7.5×11	TM97×150×6×9	2L80×5	2L50×5,2L63×5,2L80×5	1127
21	GWJ21-1	TW62.5×125×6.5×9	TW62.5×125×6.5×9	2L56×5	2L50×5,2L56×5,2L63×5,2L70×5	1081
	GWJ21-2	TW75×150×7×10	TW62.5×125×6.5×9	2L56×8	2L50×5,2L56×5,2L63×5,2L70×5	1184
	GWJ21-3	TW87.5×175×7.5×11	TW75×150×7×10, TW62.5×125×6.5×9	2L63×8	2L50×5,2L56×5,2L56×8,2L63×5, 2L70×5	1372
	GWJ21-4	TW87.5×175×7.5×11	TW75×150×7×10	2L63×8	2L50×5,2L56×5,2L56×8, 2L63×5,2L70×5	1429
	GWJ21-5	TW100×200×8×12, TW87.5×175×7.5×11	TW87.5×175×7.5×11, TW75×150×7×10	2L70×8	2L50×5,2L56×5,2L56×8, 2L63×5,2L63×8,2L70×5	1545
	GWJ21-6	TW125×250×9×14, TW100×200×8×12	TW100×200×8×12, TW87.5×175×7.5×11	2L75×8	2L50×5,2L56×5,2L56×8,2L63×5, 2L63×8,2L70×5	1827
24	GWJ24-1	TW75×150×7×10	TW75×150×7×10	2L56×8	2L50×5,2L56×5,2L63×5,2L70×5	1433
	GWJ24-2	TW87.5×175×7.5×11, TW75×100×7×10	TW75×150×7×10	2L63×8	2L50×5,2L56×5,2L56×8,2L63×5, 2L70×5	1533
	GWJ24-3	TW100×200×8×12, TW87.5×175×7.5×11	TW75×150×7×10	2L70×8	2L50×5,2L56×5,2L56×8,2L63×5, 2L70×5	1731
	GWJ24-4	TW125×250×9×14, TW87.5×175×7.5×11	TW87.5×175×7.5×11, TW75×150×7×10	2L70×8	2L50×5,2L56×5,2L56×8,2L63×5, 2L63×8,2L70×5	1812

续表

屋架跨度/m	屋架型号	截面规格/mm				用钢量/（kg/榀）
		上弦杆	下弦杆	端斜杆	其他腹杆	
24	GWJ24-5	TW125×250×9×14, TW100×200×8×12	TW100×200×8×12, TW87.5×175×7.5×11	2L75×8	2L50×5,2L56×5,2L56×8,2L63×5, 2L63×10,2L70×5	2052
	GWJ24-6	TW125×250×9×14	TW100×200×8×12, TW87.5×175×7.5×11	2L75×10	2L50×5,2L56×5,2L56×8,2L63×5, 2L63×8,2L70×5	2448
27	GWJ27-1	TW87.5×175×7.5×11	TM97×150×6×9	2L63×5	2L50×5,2L56×5,2L63×5	1670
	GWJ27-2	TW100×200×8×12	TM97×150×6×9	2L75×5	2L50×5,2L56×5,2L63×5, 2L70×5	1877
	GWJ27-3	TW125×250×9×14, TW100×200×8×12	TM97×150×6×9	2L80×5	2L50×5,2L56×5,2L63×5, 2L70×5	2232
	GWJ27-4	TW125×250×9×14	TM122×175×7×11	2L90×6	2L50×5,2L56×5,2L63×5,2L75×5	2390
	GWJ27-5	TW125×250×9×14	TW100×200×8×12	2L90×6	2L50×5,2L56×5,2L63×5,2L75×5, 2L80×5	2390
	GWJ27-6	TW150×300×10×15, TW125×250×9×14	TM147×200×8×12	2L100×6	2L50×5,2L56×5,2L63×5,2L70×5, 2L80×5,2L90×6	2833
30	GWJ30-1	TW87.5×175×7.5×11, TW75×150×7×10	TM97×150×6×9	2L70×5	28L50×5,10L56×5,16L63×5,12L70×5	1895
	GWJ30-2	TW125×250×9×14, TW100×200×8×12	TM122×175×8×11	2L80×5	24L50×5,10L56×5,20L63×5,8L70×5, 4L80×5	2483
	GWJ30-3	TW125×250×9×14, TW100×200×8×12	TM147×200×8×12	2L90×6	20L50×5,14L56×5,16L63×5,8L70×5, 4L75×5,4L90×6	2708
	GWJ30-4	TW125×250×9×14	TM147×200×8×12	2L90×6	24L50×5,10L56×5,8L63×5,16L70×5, 4L80×5,4L90×6	2851
	GWJ30-5	TW150×300×10×15, TW125×250×9×14	TW125×250×9×14	2L100×6	24L50×5,10L56×5,8L63×5,8L70×5, 4L75×5,4L80×5,4L90×6,4L100×6	3316
	GWJ30-6	TW150×300×10×15, TW125×250×9×14	TM170×250×9×14	2L100×6	24L50×5,10L56×5,8L63×5, 8L70×5,4L80×5,8L90×6,4L100×6	3447

注：1. 中竖杆呈双角钢十字形放置，其他腹杆均为双角钢T形截面。
2. 表中用钢量指标为各种跨度下A屋架。6m柱距时的用钢量，不包括支撑和檩条用钢。

屋架与支撑连接分类

编号	连接情况			
	屋架上、下弦连有横向支撑和竖向支撑	屋架上弦在对应于横向支撑的节点处连有必要的系杆，下弦连有纵向支撑和必要的系杆	屋架上、下弦仅有必要的系杆或竖向支撑	屋架上弦连有必要系杆，下弦连有加密系杆
GWJL-××	A	B	C	D

G W J L - × ×

钢屋架

屋架与支撑连接分类代号A～D

跨度(15～30m)　屋架型号1～6

屋架GWJL-×基本型号

屋架基本型号	荷载等级	屋面荷载		屋架间距6m		屋架间距7.5m		屋架间距9m	
		面荷载/(kN/m^2)	线荷载/(kN/m)	无天窗	有天窗	无天窗	有天窗	无天窗	有天窗
GWJL-×	1	0.60 (0.78)	3.60 (4.68)	1	2	2	-	2	-
	2	1.00 (1.34)	6.00 (8.04)	2	3	3	-	4	-
	3	1.30 (1.70)	7.80 (10.20)	3	4	4	-	5	-
	4	1.60 (2.06)	9.60 (12.36)	4	5	5	-	-	-
	5	1.90 (2.46)	11.40 (14.76)	5	6	-	-	-	-
	6	2.20 (2.82)	13.20 (16.92)	6	-	-	-	-	-

注:1. 表中无括号的数值为标准值，括号内的数值为设计值。
2. 表中荷载不包括屋架和支撑重量,在屋架设计中已计入该重量。
3. 表中线荷载一栏等于面荷载乘以屋架的间距。
4. 表中屋架间距为6m时，可按面荷载或者线荷载选用；屋架间距为7.5m或9m时，则按面荷载乘以其屋架间距后的线荷载选用。

图5-15　钢屋架的表示

轻型屋面梯形钢屋架几何尺寸与内力图如图 5-16 所示。

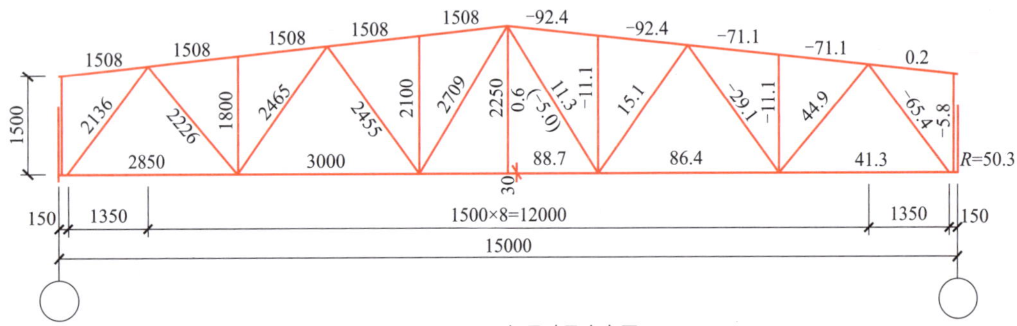

(a) GWJ15-1几何尺寸及内力图

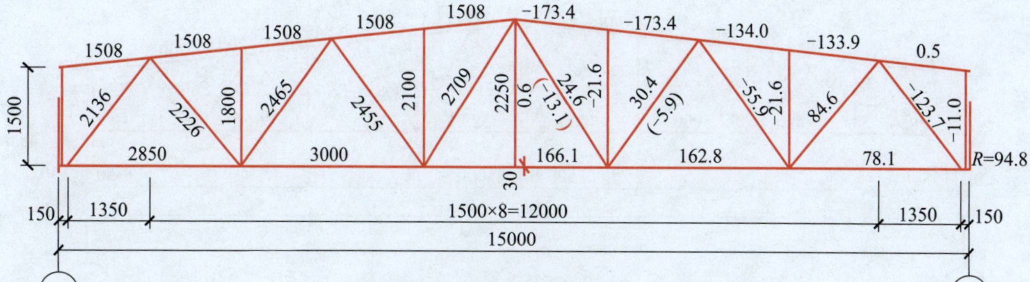

(b) GWJ15-3几何尺寸及内力图

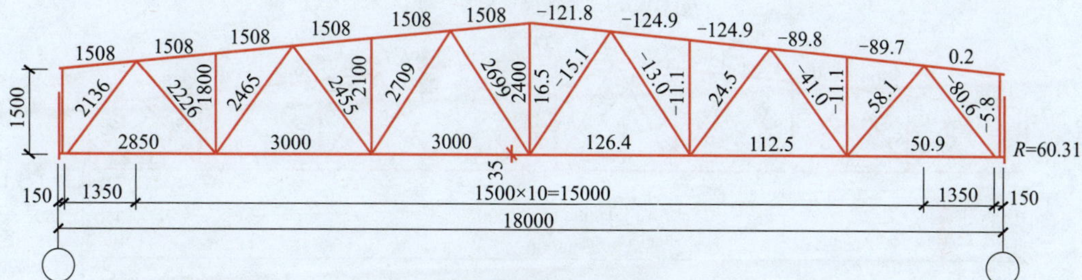

(c) GWJ18-1几何尺寸及内力图

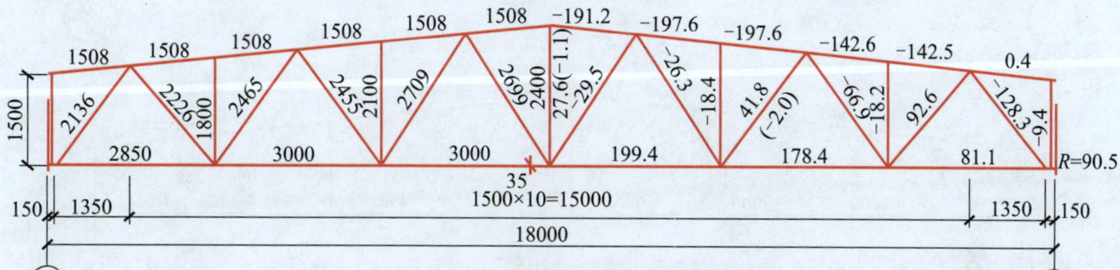

(d) GWJ18-2几何尺寸及内力图

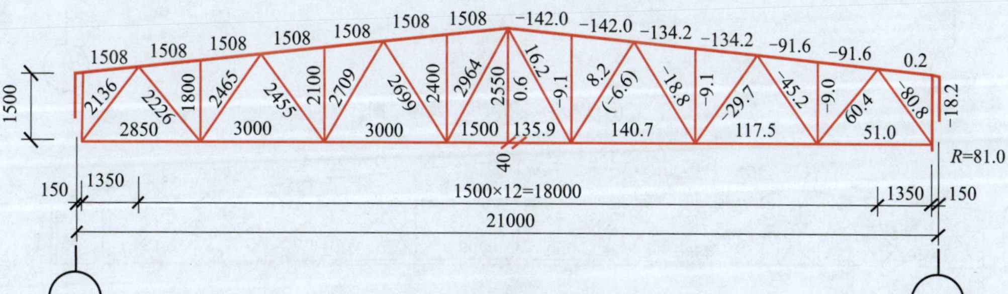

(e) GWJ21-1几何尺寸及内力图

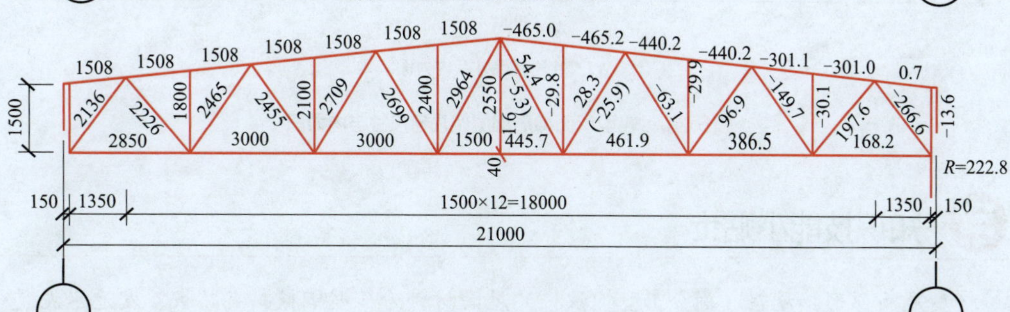

(f) GWJ21-6几何尺寸及内力图

图5-16

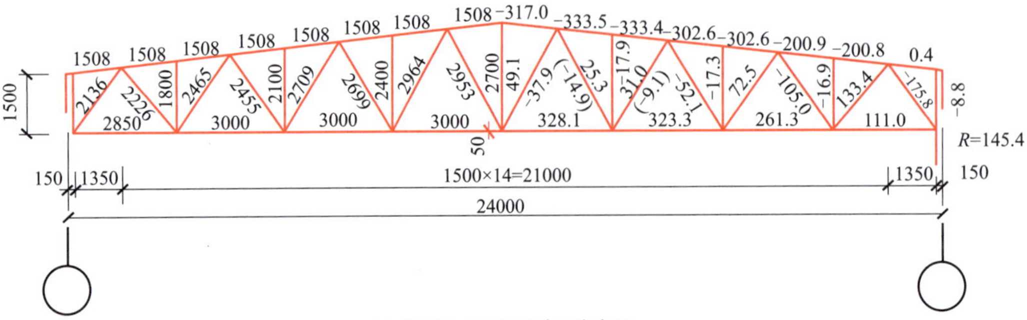

(g) GWJ24-3几何尺寸及内力图

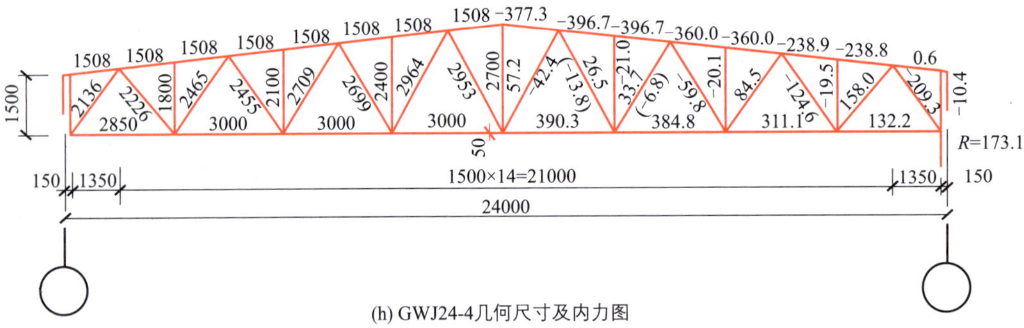

(h) GWJ24-4几何尺寸及内力图

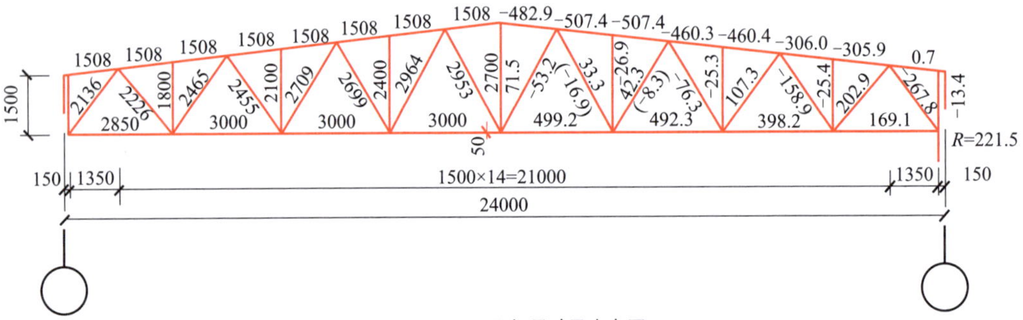

(i) GWJ24-5几何尺寸及内力图

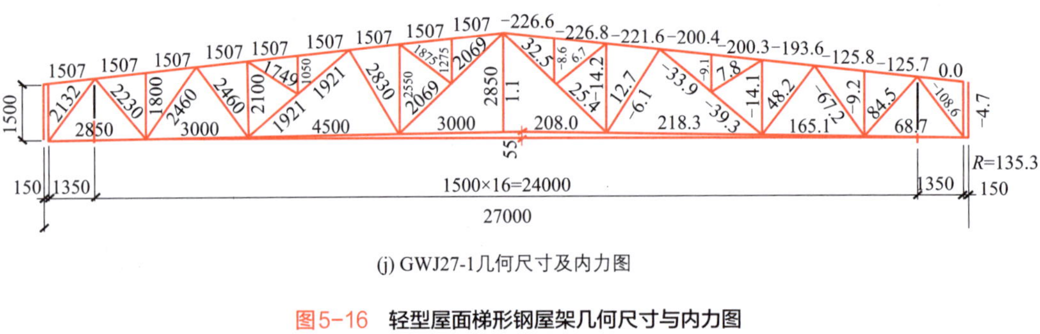

(j) GWJ27-1几何尺寸及内力图

图5-16 轻型屋面梯形钢屋架几何尺寸与内力图

知识技能小贴士

轻型屋面梯形钢屋架（剖分T型钢弦杆）屋面材料为压型钢板、夹芯板、发泡水泥复合大型屋面板（太空板）。

轻型层面梯形钢屋架（剖分T型钢弦杆）分为有檩体系和无檩体系。

5.2.4 轻型屋面梯形钢屋架（圆钢管、方钢管）

轻型屋面梯形钢屋架（圆钢管、方钢管）的表示如图 5-17 所示。轻型屋面梯形钢屋架（圆钢管、方钢管）几何尺寸与内力图如图 5-18 所示。

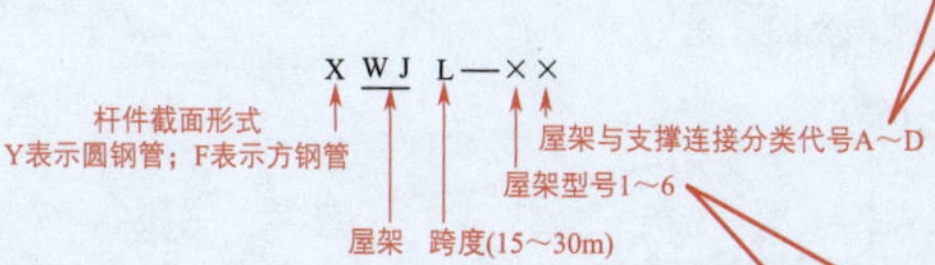

屋架与支撑连接分类

编号	连接情况			
	屋架上、下弦连有横向支撑和竖向支撑	屋架上弦在对应于横向支撑的节点处连有必要系杆，下弦连有纵向支撑和必要的系杆	屋架上、下弦仅有必要的系杆或竖向支撑	屋架上弦连有必要系杆，下弦连有加密系杆
XWJL-××	A	B	C	D

屋架XWJL-×基本型号

屋架基本型号	荷载等级	屋面竖向均布荷载		屋架间距		
		面荷载/(kN/m²)	线荷载/(kN/m)	6m	7.5m	9m
XWJL-×	1	0.60 (0.78)	3.60 (4.68)	1	2	2
	2	1.00(1.34)	6.00 (8.04)	2	3	4
	3	1.30 (1.70)	7.80 (10.20)	3	5	6
	4	1.60 (2.06)	9.60 (12.36)	4	6	—
	5	1.90 (2.46)	11.40 (14.76)	5	—	—
	6	2.20(2.86)	13.20(17.16)	6	—	—

注:1. 表中无括号的数字为标准值，括号内的数字为设计值。
2. 表中荷载不包括屋架和支撑重量，在屋架设计中已计入该重量。
3. 表中线荷载一栏等于面荷载乘以屋架间距6m。
4. 屋架间距为6m时，可直接按面荷载或线荷载设计值选用；屋架间距为7.5m或9m时，则应按面荷载设计值乘以其屋架间距后的线荷载选用。

图5-17 轻型屋面梯形钢屋架（圆钢管、方钢管）的表示

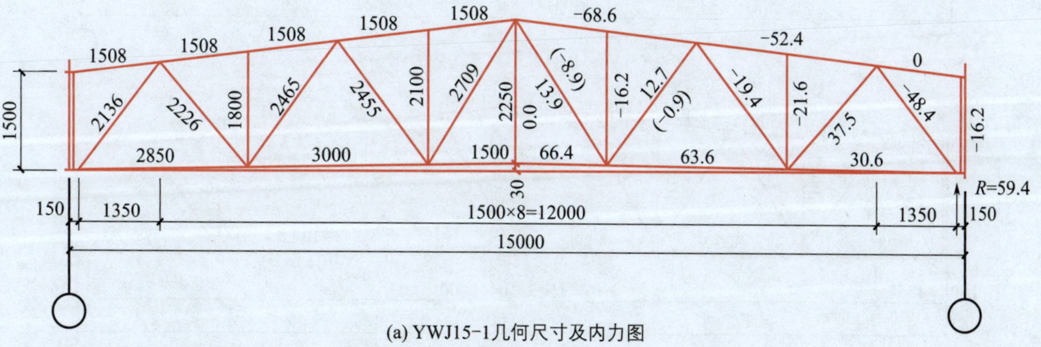

(a) YWJ15-1几何尺寸及内力图

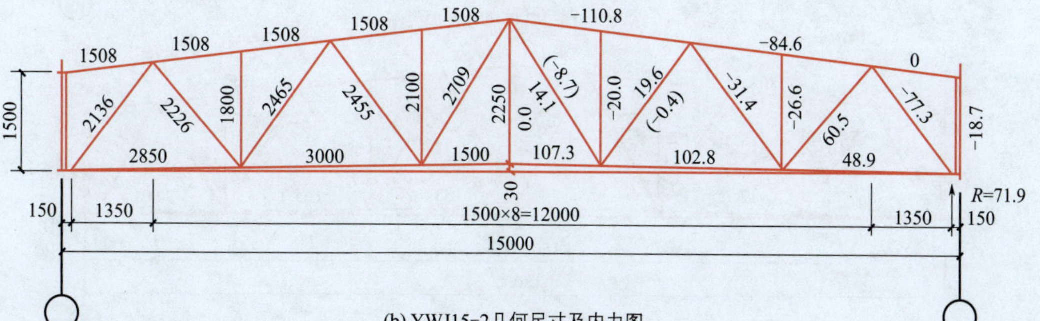

(b) YWJ15-2几何尺寸及内力图

图5-18

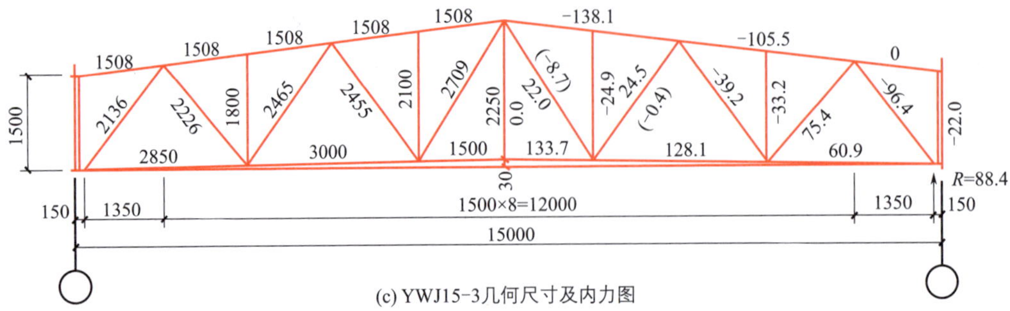

(c) YWJ15-3几何尺寸及内力图

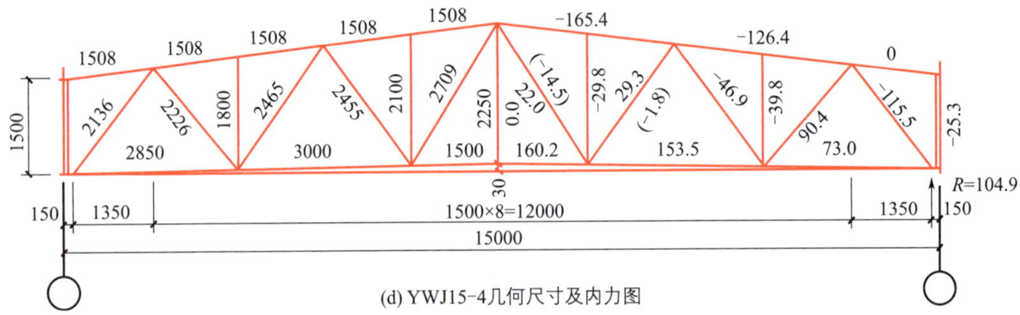

(d) YWJ15-4几何尺寸及内力图

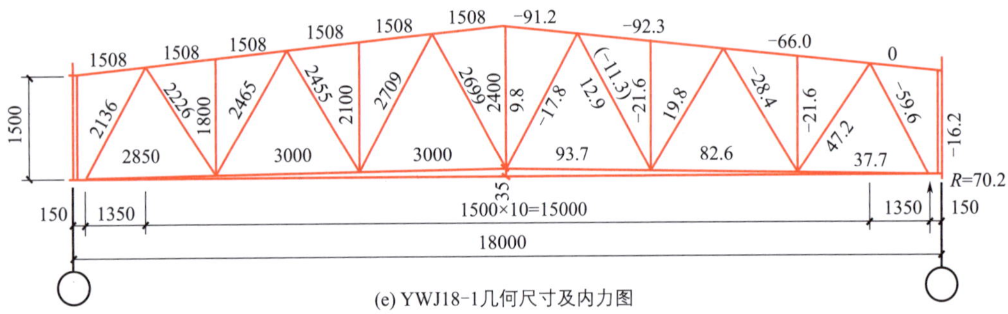

(e) YWJ18-1几何尺寸及内力图

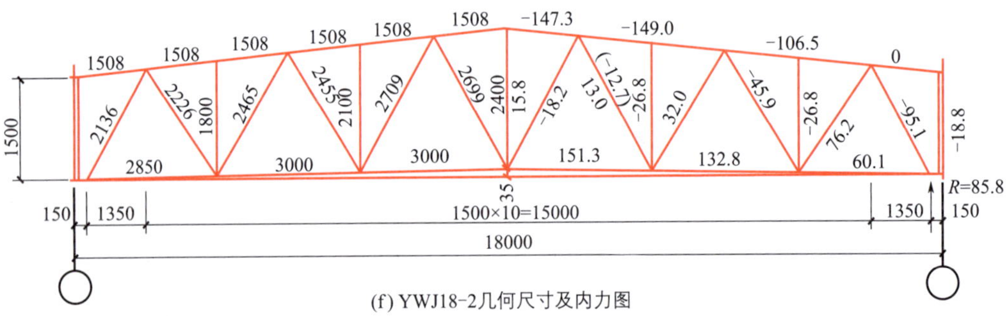

(f) YWJ18-2几何尺寸及内力图

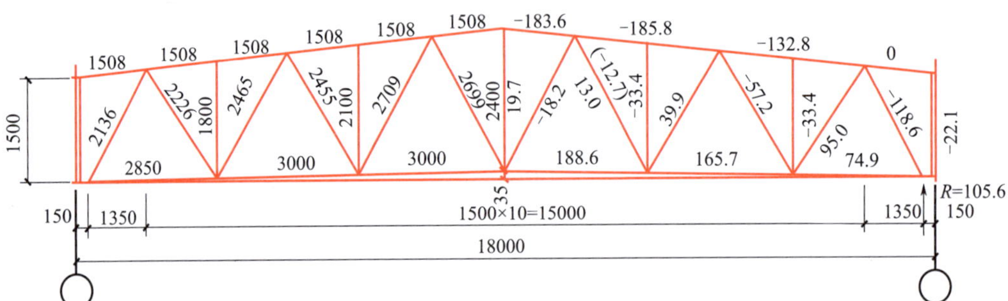

(g) YWJ18-3几何尺寸及内力图

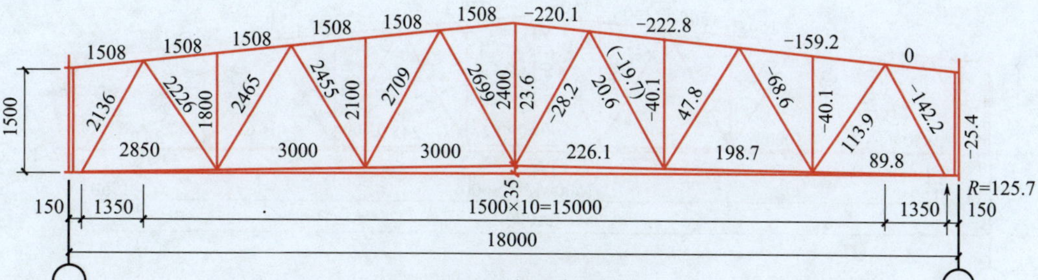

(h) YWJ18-4几何尺寸及内力图

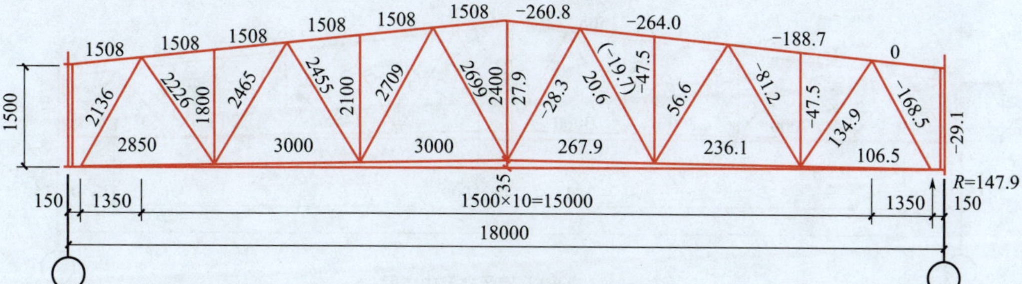

(i) YWJ18-5几何尺寸及内力图

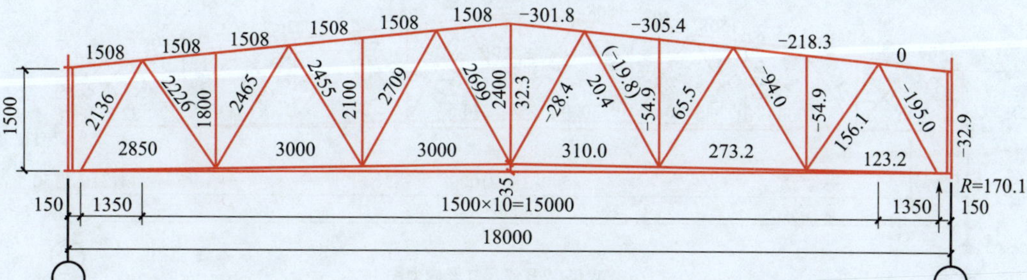

(j) YWJ18-6几何尺寸及内力图

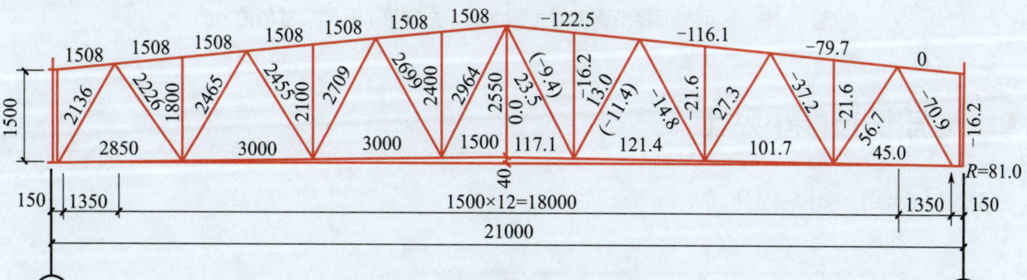

(k) YWJ21-1几何尺寸及内力图

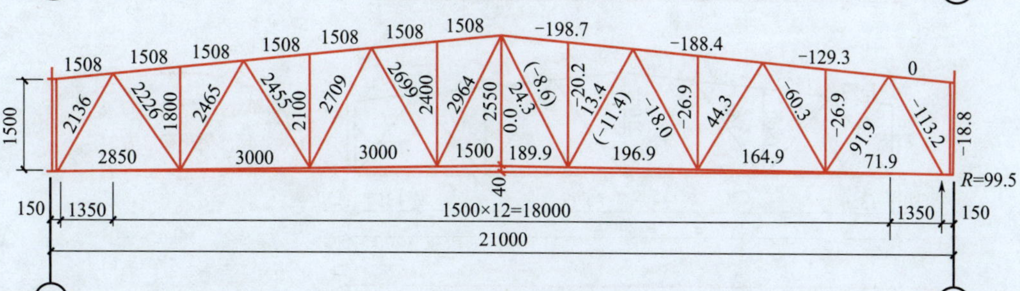

(l) YWJ21-2几何尺寸及内力图

图5-18

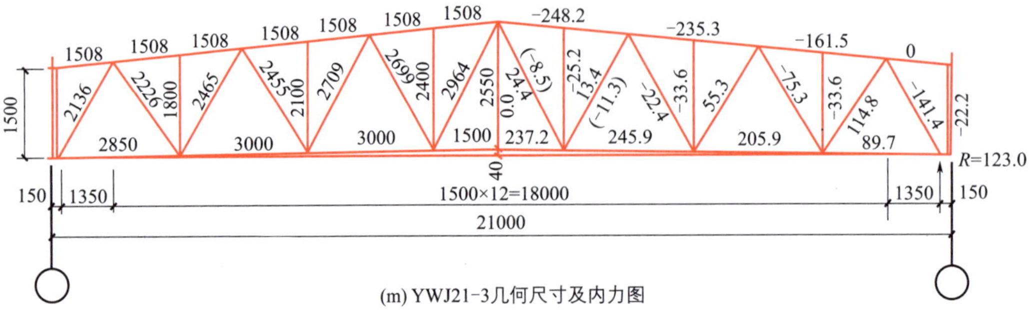

(m) YWJ21-3几何尺寸及内力图

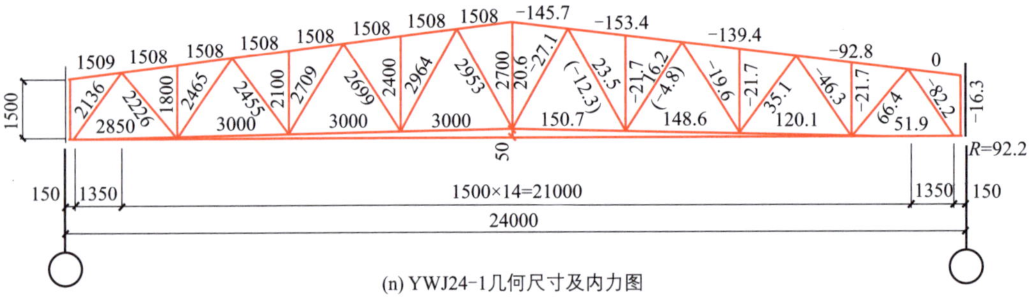

(n) YWJ24-1几何尺寸及内力图

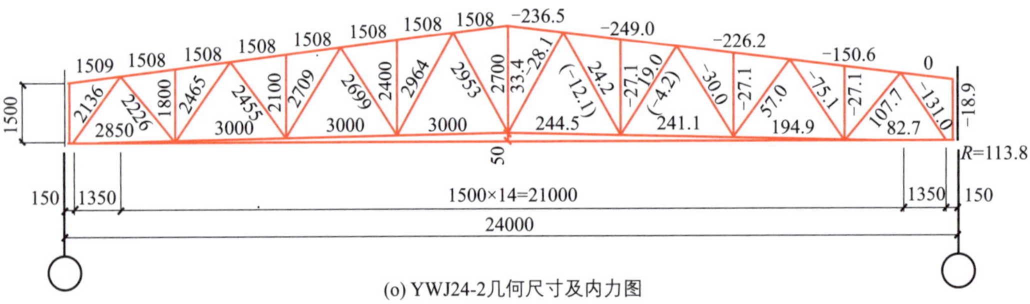

(o) YWJ24-2几何尺寸及内力图

图5-18 轻型屋面梯形钢屋架（圆钢管、方钢管）几何尺寸与内力图

知识技能小贴士

钢结构识图如图5-19所示。

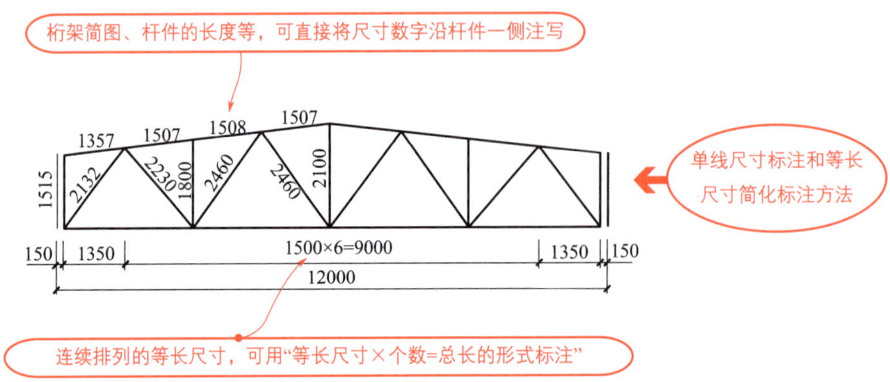

图5-19 钢结构识图

5.2.5 轻型屋面梯形钢屋架（圆钢管、方钢管）节点图

轻型屋面梯形钢屋架（圆钢管、方钢管）节点图如图5-20所示。

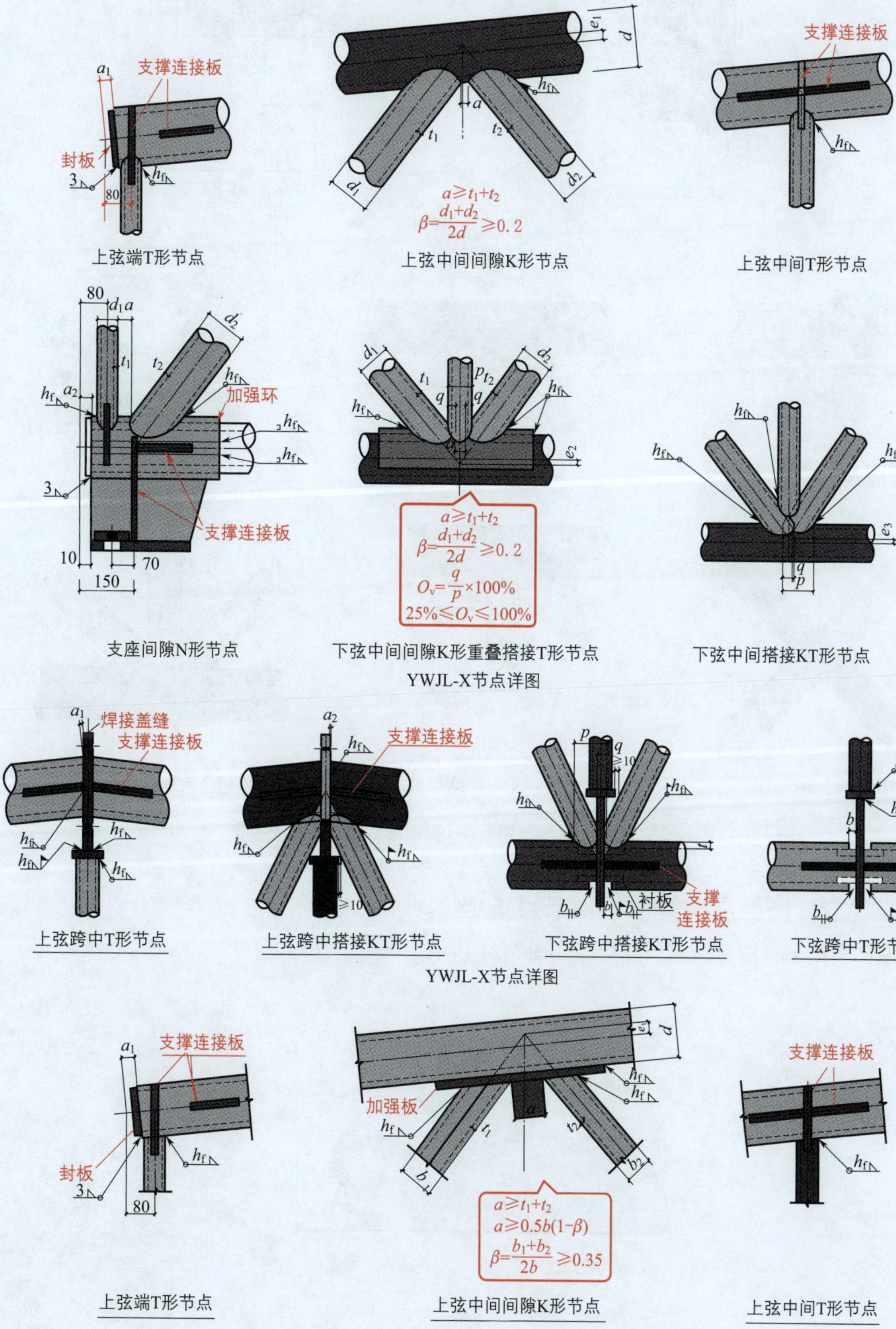

图5-20

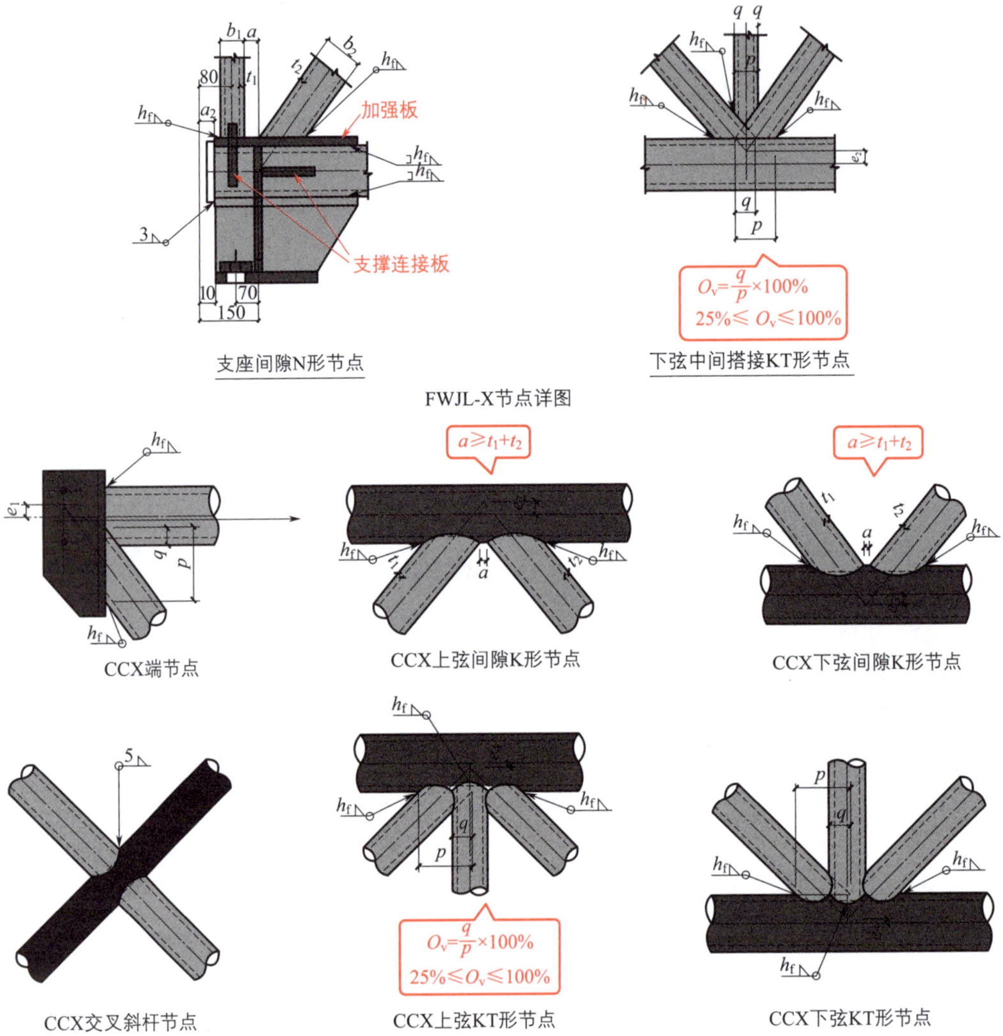

图5-20 轻型屋面梯形钢屋架（圆钢管、方钢管）节点图

5.2.6 立体桁架屋盖圆管相贯节点焊缝

立体桁架屋盖圆管相贯节点焊缝如图 5-21 所示。

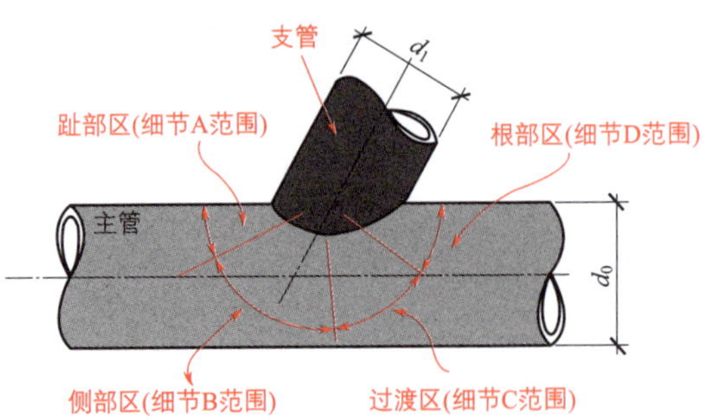

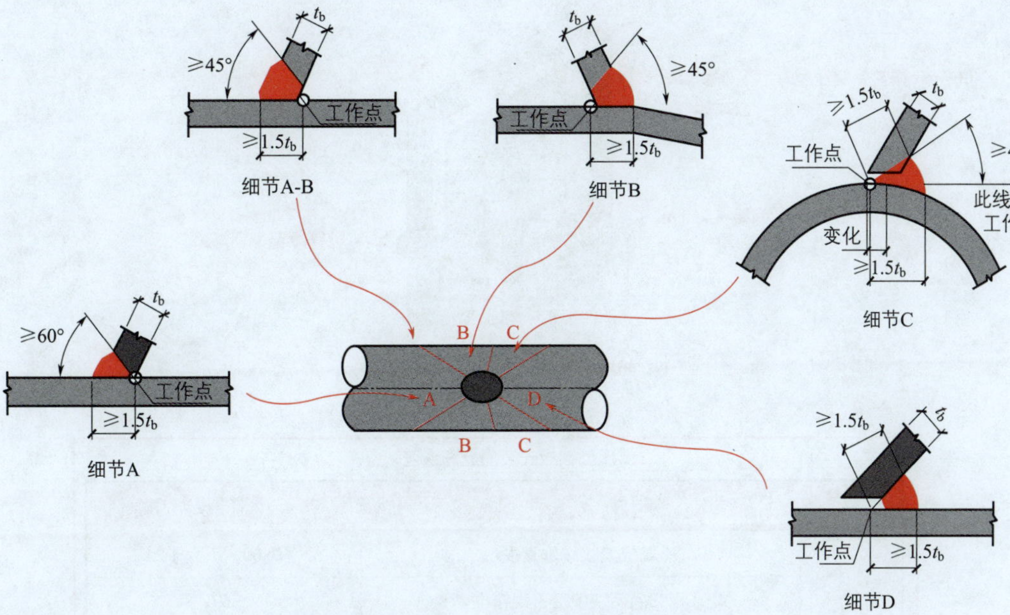

图5-21 立体桁架屋盖圆管相贯节点焊缝

t_b—支管壁厚度

5.3 墙面体系

5.3.1 镀铝锌压型彩钢板外侧墙板

有的采用墙面外板 + 墙面保温棉 + 墙面内板构成墙板。其中，墙面外板作为钢结构厂房的外层保护，能够有效抵御风雨、雪霜、日晒等自然因素的侵蚀，以及内部的设施与物品不受损坏。另外，起到隔热与保温的作用。

墙面内板主要起隔声、隔热、承重、隔断等作用。墙面保温棉主要起隔热、防火等作用。镀铝锌压型彩钢板外侧墙板如图 5-22 所示。

5.3.2 钢板剪力墙构造

钢板剪力墙的作用原理是利用钢板的剪切变形来吸收地震能量。钢结构剪力墙一般是由钢材制成的剪力墙结构，其通常由钢板或型钢组成，通过合理的连接与布置，形成能够抵抗水平荷载的结构体系。

钢板剪力墙构造钢梁的主要作用是增强建筑的结构稳定性等。

钢板剪力墙构造中鱼尾板的主要作用是连接、提高建筑的稳定性、承受各种力等。

钢板剪力墙加强肋的主要作用是提高剪力墙的受剪性能与传递集中力，避免墙体整体翻转和屈曲的发生等。

钢板剪力墙构造如图 5-23 所示。

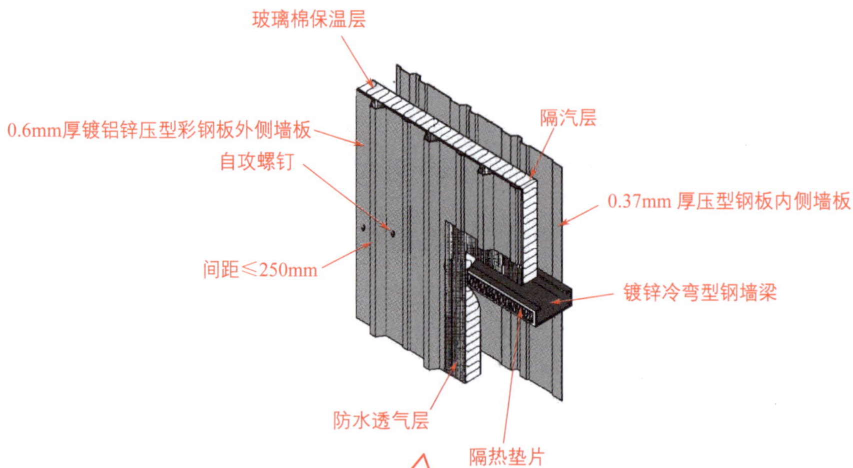

压型钢板安装的允许误差

项目		允许偏差/mm
墙面	墙板波纹线垂直度	$H/800$，不大于25
	相邻的两块钢板下端错位	6.0

注:H为墙面高度。

图5-22 镀铝锌压型彩钢板外侧墙板

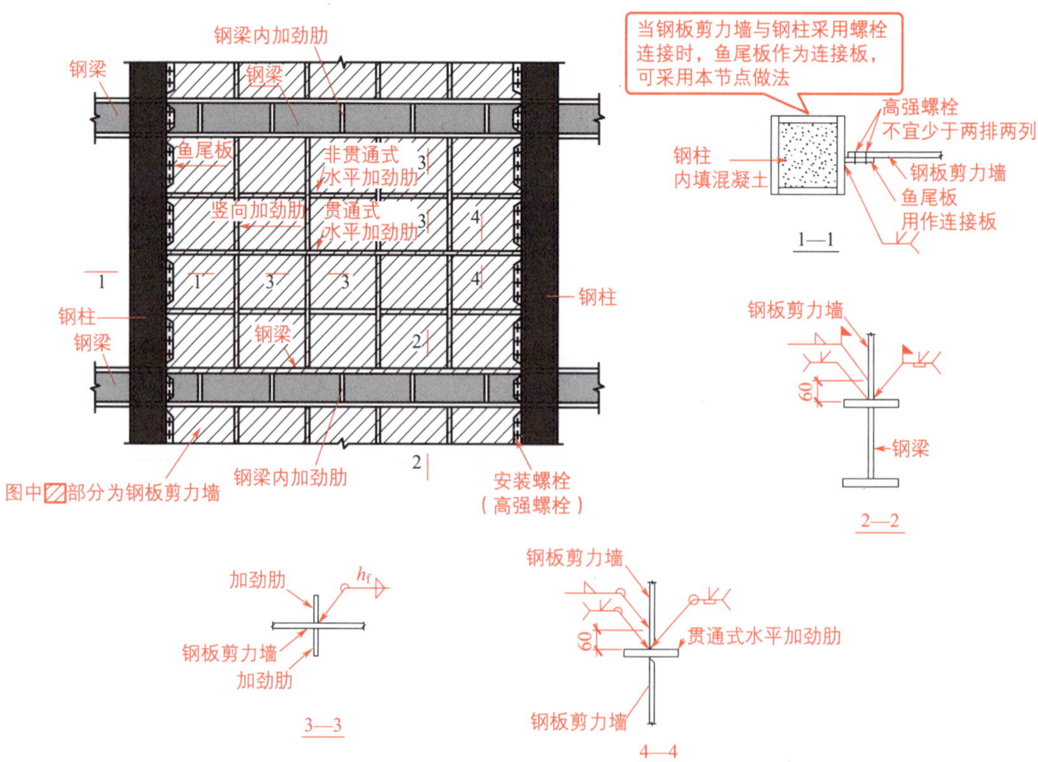

图5-23 钢板剪力墙构造

第3部分

钢构技术与应用全掌握

第 6 章
装配式钢结构技术与预应力钢结构技术

6.1 装配式钢结构技术

6.1.1 装配式钢结构综述

装配式钢结构是指建筑的结构系统由钢部（构）件构成的装配式建筑。装配式钢结构安装技术，常涉及系统集成、设备与管线系统、外围护系统、内装系统等。

装配式钢板框体系钢结构如图 6-1 所示。

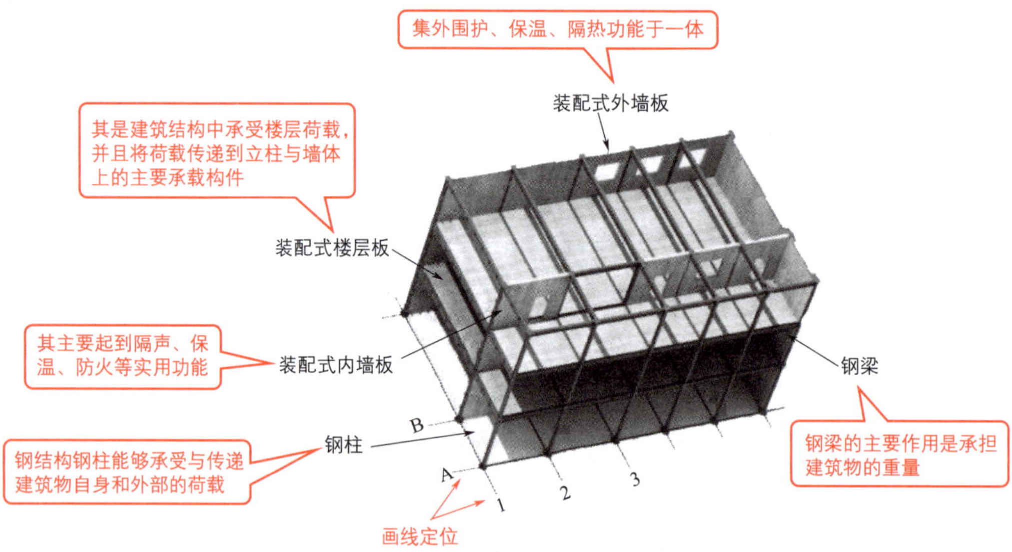

图6-1 装配式钢板框体系钢结构

知识技能小贴士

装配式钢结构安装技术术语与定义如图 6-2 所示。

6.1.2 装配式钢结构安装准备

装配式钢结构安装准备包括技术准备、现场准备、设备运输及存放等。大件设备运输前，

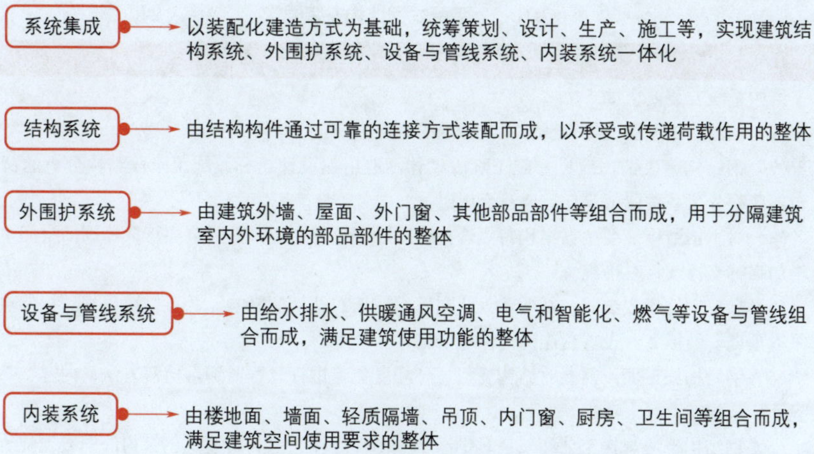

图6-2　装配式钢结构安装技术术语与定义

需要编制大件设备的装车与卸车作业专项技术方案，作业时需要由专人指挥与安全监护。大件设备运输前，需要根据设备防变形、防冲击、防腐蚀、防潮等要求，采用合理的方式进行防护、固定。

其他设备运输与存放要求见表6-1。

表6-1　其他设备运输及存放要求

项目	解释
选用的运输车辆需要满足部品部件的尺寸、重量等要求，以及装卸与运输时应符合的规定	（1）装卸时，需要采取保证车体平衡的措施 （2）需要采取防止构件移动、倾倒、变形等的固定措施 （3）运输时需要采取防止部品部件损坏的措施，并且对构件边角部或链锁接触位置宜设置保护衬垫
部品部件堆放需要符合的规定	（1）堆放场地需要平整、坚实，并且根据部品部件的保管技术要求，采用相应的防雨、防潮、防暴晒、防污染、排水等措施 （2）构件支垫需要坚实，垫块在构件下的位置宜与脱模、吊装时的起吊位置一致 （3）重叠堆放构件时，每层构件间的垫块都需要对齐，堆垛层数需要根据构件、垫块的承载力来确定，并且需要采取防止堆垛倾覆的措施
墙板运输与堆放需要符合的规定	（1）采用靠放架堆放或运输时，靠放架需要足够的承载力，并且与地面倾斜角度宜大于80°；墙板宜对称放置，并且外饰面朝外，墙板上部宜采用木垫块隔开。运输时，需要固定牢固 （2）采用插放架直立堆放或运输时，宜采取直立方式运输。插放架，需要有足够的承载力与刚度，支垫要稳固 （3）采用叠层平放的方式堆放或运输时，需要采取防止产生损坏的措施

6.1.3　装配式钢结构安装要求

装配式钢结构安装要求见表6-2。

表6-2 装配式钢结构安装要求

项目	解释
结构系统安装	结构系统安装要求如下 （1）钢结构施工需要符合现行有关标准的规定 （2）钢结构施工前，应进行施工阶段设计，选用的设计指标、施工阶段结构分析的荷载、效应组合、荷载分项系数取值等均需要符合规定 （3）对于钢结构需要根据结构特点选择合理顺序进行安装，并且需要形成稳固的空间单元，必要时增加临时支撑或临时措施 （4）高层钢结构安装时，需要计入竖向压缩变形对结构的影响，并且需要根据结构特点、影响程度采取预调安装标高、设置后连接构件等措施 （5）钢结构施工期，需要对结构变形、环境变化等进行过程监测，监测方法、内容、部位需要根据设计、结构特点等来考虑 （6）钢结构现场焊接工艺和质量、钢结构紧固件连接工艺和质量、钢管内的混凝土浇筑、压型钢板组合楼板和钢筋桁架楼承板组合楼板的施工等需要符合有关规定 （7）构件在运输、存放、安装过程中损坏的涂层，以及安装连接部位的涂层，需要进行现场补漆，并且符合要求。构件表面的涂装系统应相互兼容 （8）混凝土叠合板施工符合的规定如下 ① 施工荷载需要均匀布置，并且符合规定 ② 端部的搁置长度需要符合规定 ③ 需要根据设计要求、施工方案设置临时支撑 ④ 叠合层混凝土浇筑前，需要检查结合面的粗糙度、外露钢筋等情况 （9）钢结构安装前，需要设置施工控制网，并编制测量专项方案 （10）施工阶段的测量应包括平面控制、高程控制、细部测量
外围护系统安装	外围护系统安装要求如下 （1）外围护部品安装宜与主体结构同步进行，可以在安装部位的主体结构验收合格后进行 （2）预制外墙安装需要符合的规定如下 ① 墙板应设置临时固定和调整装置 ② 墙板在轴线、标高、垂直度调校合格后才可以永久固定 ③ 采用双层墙板安装时，内层、外层墙板的拼缝宜错开 （3）现场组合骨架外墙安装需要符合的规定如下 ① 竖向龙骨安装应平直，间距符合要求 ② 空腔内的保温材料应连续和密实 ③ 面板安装方向和拼缝位置需要符合要求，并且内外侧接缝不宜在同一根竖向龙骨上
设备与管线系统安装	设备与管线系统安装要求如下 （1）设备与管线施工前，需要根据设计文件核对设备与管线参数，并且对结构构件预埋套管、预留孔洞的尺寸、位置进行复核，合格后才能够施工 （2）设备与管线需要与钢结构构件连接时，宜采用预留埋件的连接方式。采用其他连接方法时，不得影响钢结构构件的完整性和结构的安全性 （3）按管道的标高、定位等绘制预留套管图 （4）在有防腐、防火保护层的钢结构上安装管道或设备支（吊）架时，宜采用非焊接方式固定。采用焊接时，则需要对被损坏的防腐、防火保护层进行修补 （5）管道波纹补偿器、法兰、焊接接口，不应设置在钢梁或钢柱的预留孔中 （6）在架空地板内敷设给水排水管道时，需要设置管道支（托）架，并且与结构可靠连接 （7）室内供暖管道敷设在墙板或地面架空层内时，阀门部位需要设检修口 （8）空调风管、冷热水管道与支（吊）架间需要有绝热衬垫，并且其厚度不应小于绝热层厚度，宽度不小于支（吊）架支承面的宽度 （9）设备与管线安装需要做好成品保护

续表

项目	解释
内装系统安装	内装系统安装要求如下 （1）装配式钢结构的内装系统安装，需要在主体结构工程质量验收合格后进行 （2）对钢梁、钢的防火板包覆施工需要符合的规定如下 ① 支撑件需要固定牢固，防火板安装需要牢固稳定，封闭需要良好 ② 防火板表面需要洁净平整 ③ 分层包覆时，需要分层固定，相互压缝 ④ 防火板接缝需要严密顺直，边缘需要整齐 ⑤ 采用复合防火保护时，填充的防火材料需要为不燃材料 （3）装配式隔墙部品安装需要符合的规定如下 ① 龙骨骨架与主体结构连接，需要采用柔性连接，并且需要竖直、平整、位置准确，龙骨的间距需要符合要求 ② 面板安装前，隔墙内管线和填充材料需要进行隐蔽工程验收 ③ 面板拼缝，需要错缝设置。如果采用双层面板安装，上下层板的接缝需要错开 （4）装配式吊顶部品安装需要符合的规定如下 ① 吊顶龙骨与主体结构需要固定牢靠 ② 超过3kg的灯具、电扇、其他设备，需要设置独立吊挂结构 ③ 饰面板安装前，需要完成吊顶内管道管线施工，以及经隐蔽验收合格 （5）架空地板部品安装需要符合的规定如下 ① 安装前，需要完成架空层内管线敷设，以及经隐蔽验收合格 ② 采用地板辐射供暖系统时，需要对地暖加热管进行水压试验，并且隐蔽验收合格后铺设面层 （6）集成式厨房部品安装需要符合的规定如下 ① 橱柜安装要牢固，地脚调整需要从地面水平最高点向最低点，或从转角向两侧调整 ② 采用油烟同层直排设备时，风帽需要安装牢固，并且与外墙间的缝隙要密封 （7）集成式卫生间部品安装前，需要先进行地面基层与墙面防水处理，以及做好闭水试验

知识技能小贴士

装配式钢结构节点连接方式如图6-3所示。装配式钢结构节点图示如图6-4所示。

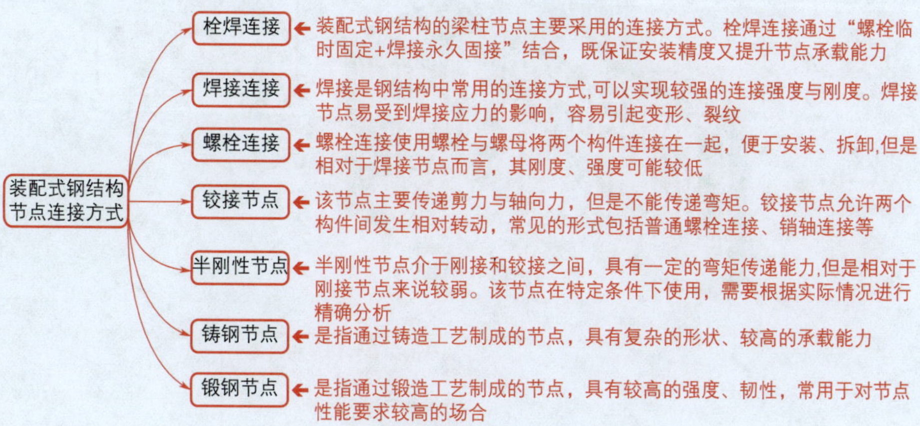

图6-3 装配式钢结构节点连接方式

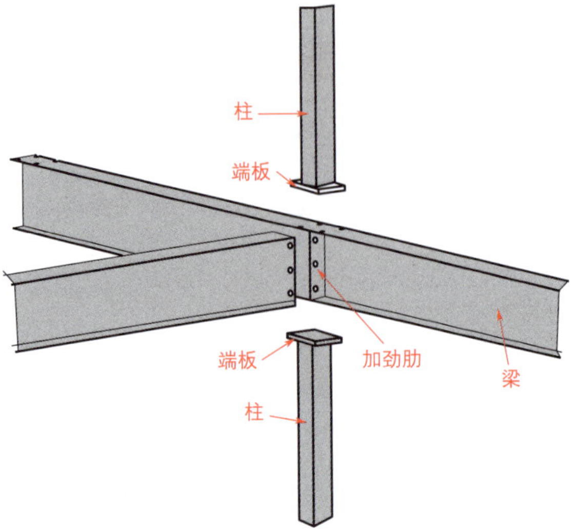

图6-4 装配式钢结构节点图示

6.1.4 装配式钢结构钢管束结构

装配式钢结构钢管束结构主要由钢管混凝土束剪力墙、H 型钢梁、装配式钢筋桁架楼承板、轻质隔墙等主体结构构成。钢管束是由钢管、轮廓钢、梁板等构件按照一定距离与角度组成的框架结构。

预埋件通常包括预埋板、预埋螺栓、预埋槽钢等。装配式钢结构钢管束结构预埋件如图 6-5 所示。

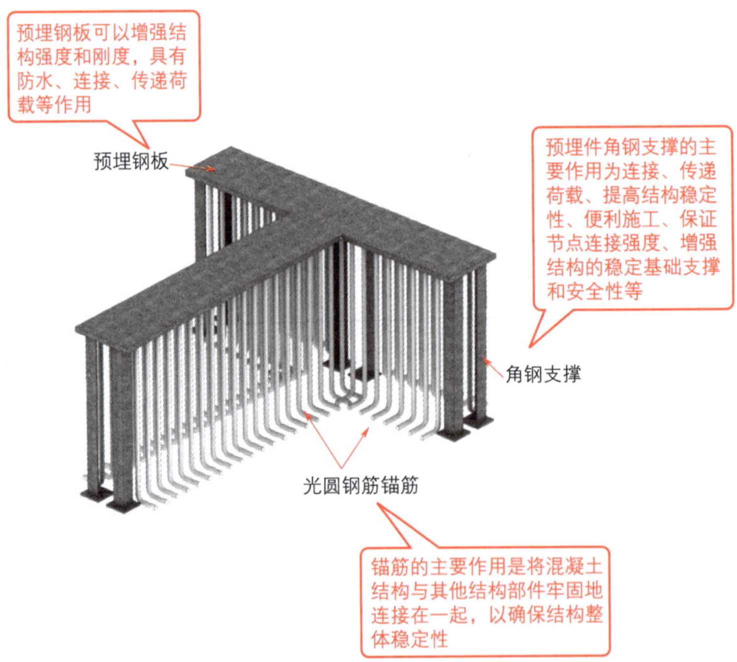

(a) 预埋件大样

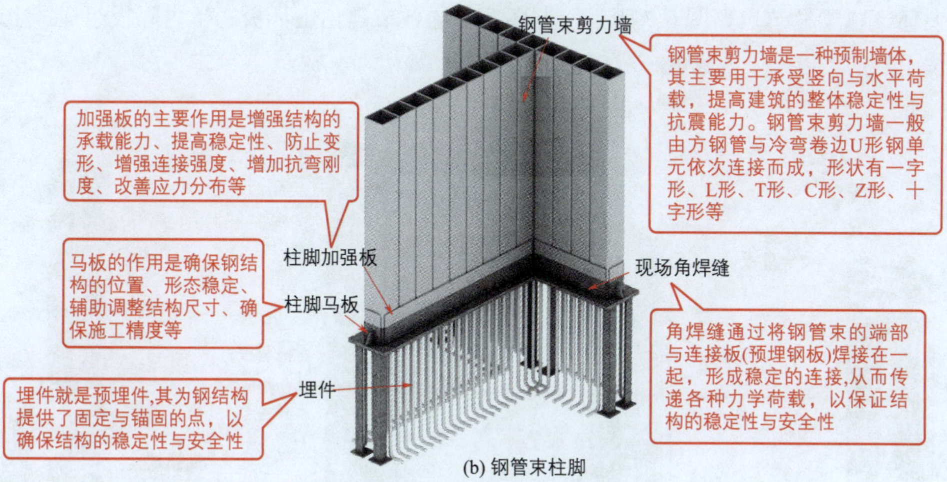

(b) 钢管束柱脚

图6-5　装配式钢结构钢管束结构预埋件

知识技能小贴士

预埋件可以为后续的钢结构安装提供便利，减少安装过程中的调整与修正工作。钢结构钢梁中的预埋件主要起到连接、传递荷载、提高结构稳定性、施工便利性等作用。

6.2　装配式异形束柱钢结构住宅技术

6.2.1　装配式异形束柱钢结构住宅技术综述

装配式异形束柱钢结构，是由异形束柱、H 型钢梁通过上环下隔梁柱节点连接，在现场装配而成的结构。

根据抗侧力构件的不同，分为装配式异形束柱钢框架结构、装配式异形束柱钢框架 - 支撑结构、装配式异形束柱钢框架 - 剪力墙结构等。

异形束柱是由钢管、C 形钢、拼接板通过焊接连接而成的截面形式，如图 6-6 所示。

异形束柱有一字形、L 形、T 形、十字形等截面形式。其中 L 形常用于角柱，T 形常用于边柱。一字形、十字形常用于中柱。

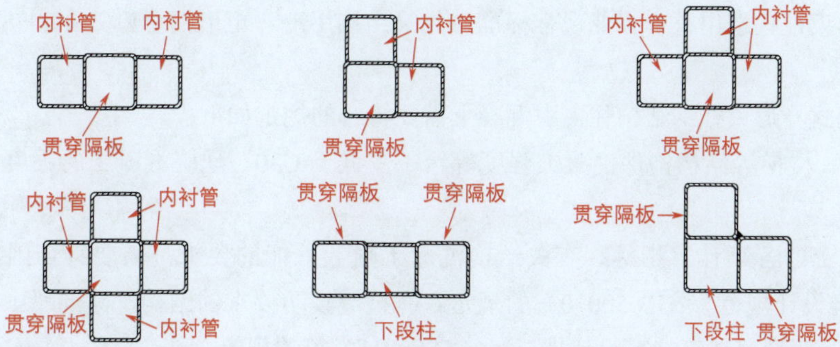

图6-6　钢结构异形束柱

上环下隔梁柱节点如图 6-7 所示。上环下隔梁柱节点由上环板、下内隔板组成。上环板一般位于梁的上方，下内隔板一般位于柱的下方。

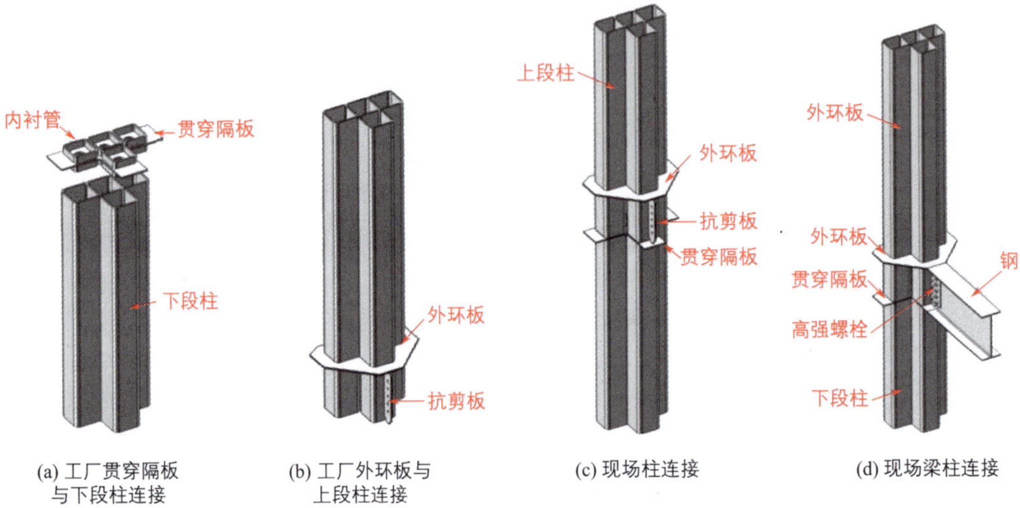

图6-7 上环下隔梁柱节点

6.2.2 装配式异形束柱钢结构住宅结构材料

装配式异形束柱钢结构住宅结构材料要求如下。

① 装配式异形束柱钢结构住宅中，主要承重构件所采用钢材的牌号宜选用 Q355 钢，一般构件可选用 Q235 钢。条件许可时，可以采用 Q390、Q420 等低合金高强度结构钢或高性能钢材。

② 装配式异形束柱钢结构住宅中，结构钢材质量需要符合国家现行标准《碳素结构钢》（GB/T 700）、《低合金高强度结构钢》（GB/T 1591）等相关规定。如果采用其他牌号的钢材，则需要符合相关的规定和要求。

③ 装配式异形束柱钢结构住宅中，承重构件所用钢材需要具有屈服强度、抗拉强度、伸长率等力学性能与冷弯试验的合格保证，以及具有碳、硫、磷等化学成分的合格保证。

④ 装配式异形束柱钢结构住宅中，承重构件焊接结构所用钢材，需要具有良好的焊接性，其碳当量或焊接裂纹敏感性指数需要符合设计和相关标准等要求。

⑤ 异形束柱宜选用符合行业现行标准《建筑结构用冷弯矩形钢管》（JG/T 178）规定的 I 级产品。

⑥ 装配式异形束柱钢结构住宅中混凝土需要符合的规定如下。

a. 楼板、楼梯等结构构件混凝土强度等级不宜低于 C30。现浇混凝土的强度等级不应低于 C25。

b. 混凝土的各项计算指标、有关结构混凝土耐久性能的要求，需要符合国家现行标准《混凝土结构设计规范》（GB 50010）的规定。有抗震设防要求的结构，其混凝土材料还需要符合国家现行标准《建筑抗震设计规范》（GB 50011）等的规定。

知识技能小贴士

装配式异形束柱钢结构住宅中，不低于7度的抗震设防的多层、高层住宅钢结构，当其框架、抗侧力支撑（剪力墙）等重要构件的截面设计由地震作用组合控制时，钢材需要附加保证的性能有：

① 钢材实物的实测屈强比不应大于0.85；

② 钢材抗拉性能需要具有明显的屈服台阶，并且断后伸长率不小于20%。

6.2.3 装配式异形束柱钢结构住宅连接材料

装配式异形束柱钢结构住宅连接材料的要求如下。

① 高强度螺栓，需要符合国家现行标准《钢结构用高强度大六角头螺栓》（GB/T 1228）、《钢结构用高强度大六角螺母》（GB/T 1229）、《钢结构用高强度大六角头螺栓、大六角螺母、垫圈技术条件》（GB/T 1231）、《钢结构用高强度垫圈》（GB/T 1230）、《钢结构用扭剪型高强度螺栓连接副》（GB/T 3632）等规定要求。

② 锚栓可采用现行国家标准《低合金高强度结构钢》（GB/T 1591）中规定的 Q355 钢、《碳素结构钢》（GB/T 700）中规定的 Q235 钢制成。

③ 螺栓、锚栓连接的强度设计值、高强度螺栓的预拉力值、高强度螺栓连接的钢材摩擦面抗滑移系数，应满足国家现行标准《钢结构设计标准》（GB 50017）等的规定。

④ 焊接螺柱应选取符合《电弧螺柱焊用焊接螺柱》（GB/T 902. 2）中规定的 PD 型焊接螺柱。

⑤ 预制混凝土墙板的密封材料需要符合的规定如下。

a. 密封胶需要与混凝土具有相容性，并且具有规定的抗剪切、伸缩变形能力。

b. 密封胶还需要具有防霉、防水、防火、耐候等性能。

c. 硅酮（聚硅氧烷）、聚氨酯、聚硫建筑密封胶，需要分别符合相应国家现行标准的相关规定。

知识技能小贴士

钢结构的焊接材料需要符合的要求如下。

① 手工焊接采用的焊条，需要符合国家现行标准等的规定，选择的焊条型号需要与主体金属力学性能相匹配。

② 焊丝的材质、性能需要符合国家现行标准等有关规定。

③ 埋弧焊用焊丝、焊剂的材质与性能，需要符合国家现行标准等有关规定。

④ 焊缝的强度设计值，需要符合国家现行标准《钢结构设计标准》（GB 50017）、《冷弯薄壁型钢结构技术规范》（GB 50018）等有关规定。

6.2.4 装配式异形束柱钢结构住宅模数协调

装配式异形束柱钢结构住宅模数协调要求如下。

① 装配式异形束柱钢结构住宅中的模数协调，需要符合国家现行标准《住宅建筑模数协调标准》（GB/T 50100）等的规定。

② 装配式异形束柱钢结构住宅，需要充分考虑构件、配件的模数化与标准化，以通用化的构配件与设备进行模数协调。

③ 厨房、卫生间，需要符合行业现行标准《住宅厨房模数协调标准》（JGJ/T 262）、《住宅卫生间模数协调标准》（JGJ/T 263）等规定。

④ 在保证装配式异形束柱钢结构住宅中的主要构件模数化与标准化的前提下，当部分构配件无法满足模数化要求时，则可以通过插入非模数化部件进行协调。

知识技能小贴士

建筑采用基本模数或扩大模数数列，需要符合的规定如下。

① 开间与柱距、进深与跨度、门窗洞口宽度等水平方向，宜采用水平扩大模数数列 $2n$M、$3n$M，其中，n 为自然数。

② 层高、门窗洞口高度等垂直方向，宜采用竖向扩大模数数列 nM。

③ 梁、柱等部件的截面尺寸，宜采用竖向扩大模数数列 nM。

④ 构造节点、部品部（构）件的接口尺寸等，宜采用分模数数列 nM/2、nM/5、nM/10。

6.2.5 钢结构的制作与安装

钢结构的制作与安装要求、特点如下。

① 钢构件、装配式楼板深化设计图，需要根据设计图、其他有关技术文件进行编制，其内容包括设计说明、构件清单、布置图、加工详图、安装节点详图等。

② 钢构件宜采用自动化生产线进行加工制作，减少手工作业。

③ 钢构件与墙板、内装部品的连接件，宜在工厂与钢构件一起加工制作。

④ 钢构件宜采用自动焊接或半自动焊接，并且根据评定合格的工艺进行焊接。焊缝质量符合规定。

⑤ 高强度螺栓孔宜采用数控钻床制孔与套模制孔，制孔质量应符合国家现行标准的规定。

⑥ 预制楼板生产需要符合的规定如下。

a. 压型钢板需要采用成型机加工，成型后基板不得有裂纹。

b. 钢筋桁架楼承板需要采用专用设备加工。

⑦ 钢构件防腐涂装需要符合的规定如下。

a. 钢构件宜在室内进行防腐涂装。

b. 防腐涂装需要根据设计文件的规定执行，当设计文件设有规定时，需要根据建筑不同部位对应环境要求进行防腐涂装系统设计。

⑧ 钢构件宜在出厂前进行预拼装，可采用实体预拼装或数字模拟预拼装。

⑨ 钢结构施工前，需要进行施工阶段设计验算，选用的设计验算指标需要符合设计文件、国家现行标准《钢结构设计标准》（GB 50017）等的规定。

⑩ 施工阶段结构分析的荷载效应组合、荷载分项系数取值，需要符合国家现行标准有关

荷载、钢结构工程施工规范等的规定。

⑪ 钢结构需要根据结构特点选择合理的顺序进行安装，并且形成稳固的空间单元，必要时应增加临时支撑或采取临时措施。

⑫ 如果在安装过程中构件间不能形成有效支撑，需要增加临时支撑或采取临时措施。

⑬ 钢结构施工期间，需要对结构变形、环境变化等进行过程监测。监测方法、内容、部位需要根据设计或结构特点来确定。

⑭ 钢结构现场焊接工艺、质量，需要符合国家现行标准有关钢结构焊接规范、钢结构工程施工质量验收标准的规定。

⑮ 钢结构现场涂装需要符合的规定如下。

a. 构件在运输、存放、安装过程中损坏的涂层，以及安装连接部位的涂层，需要进行现场补漆，补漆需要符合原涂装工艺要求。

b. 构件表面的涂装系统需要相互兼容，并且根据要求提供兼容性试验报告。

⑯ 异形束柱焊接加工时，需要制定必要措施防止钢柱变形。对超出规范允许的变形，需要设法矫正。

⑰ 异形束柱吊装作业时，全过程要平稳进行，不得碰撞歪扭，不得快起和急停，应控制吊装时的构件变形。在构件吊装就位后，宜同步进行校正，并采取临时加固措施。

⑱ 异形束柱拼接时，可以采用可拆卸式耳板临时固定。布置耳板时，需要保证异形束柱的每个方向至少布置一对耳板，并且总量不应少于两对耳板。

6.2.6 围护墙板的制作与安装

围护墙板的制作与安装要求、特点如下。

① 装配式异形束柱钢结构住宅体系建筑的施工图和设计文件应完整。

② 装配式异形束柱钢结构住宅体系建筑的预制构件加工图纸，需要全面准确地反映预制构件的规格、类型、加工尺寸、连接形式、预埋设备管线种类、定位尺寸等信息。

③ 围护墙板施工前需要做好的技术准备如图 6-8 所示。

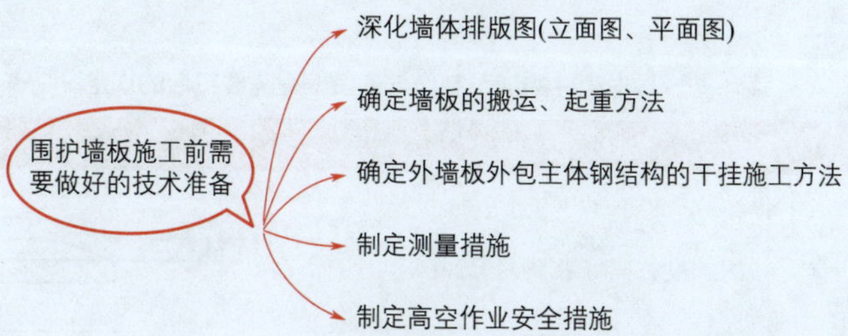

图6-8 围护墙板施工前需要做好的技术准备

④ 双层墙板施工需要符合的要求如下。

a. 双层墙板在安装完外侧墙板并且验收合格后才可以安装内侧墙板。

b. 双层外墙的内侧墙板需要内嵌在钢框架内，并且与外层墙板拼缝宜错开 200 ～ 300mm 排列，应根据内隔墙板安装方法进行施工。

⑤ 内围护墙板施工宜在墙板一侧设置临时支撑，以保持墙板稳定。已完成抹灰或刮完腻子的墙面，不得再进行任何剔凿。

⑥ 安装施工过程及工程验收前，需要对墙体采取保护措施，以防止污染或损坏。

⑦ 组合楼板与异形束柱连接时，应在异形束柱上焊接角钢或者采取其他支撑措施为组合楼板提供可靠的永久支撑，组合楼板的纵向钢筋应与异形束柱焊接。

⑧ 钢筋桁架混凝土叠合楼板施工需要符合的规定如图 6-9 所示。

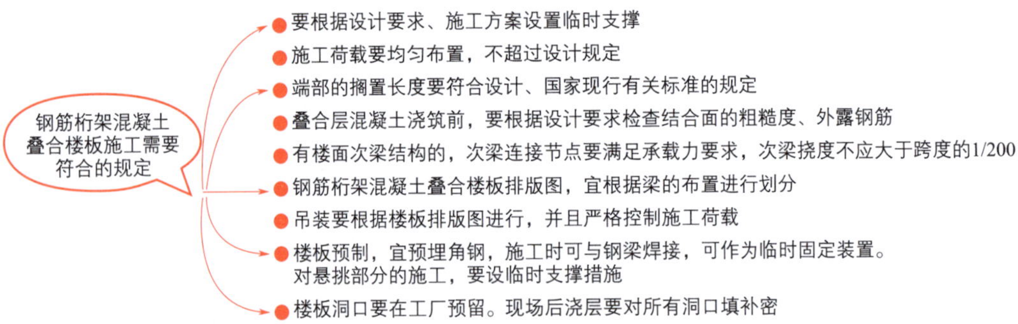

图6-9 钢筋桁架混凝土叠合楼板施工需要符合的规定

知识技能小贴士

钢结构工程测量应符合的规定如下。

① 钢结构安装前，要设置施工控制网。

② 钢结构施工测量前，要根据设计图和安装方案，编制测量专项方案。

③ 施工阶段的测量应包括平面控制、高程控制、细部测量。

6.2.7 异形束柱的加工制作与安装允许偏差

异形束柱的加工制作与安装偏差需要符合的规定见表 6-3。

表6-3 异形束柱的加工制作与安装偏差需要符合的规定

项目	允许偏差/mm	示例/mm
局部平面度	长度方向每米不大于2.0	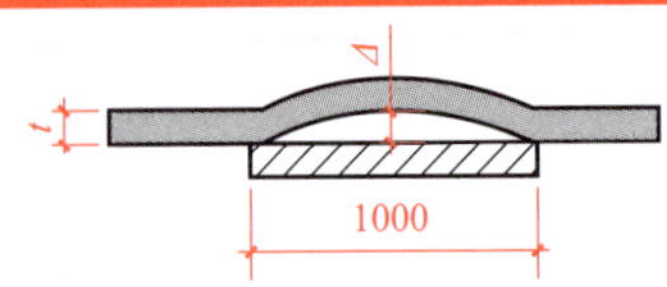
扭曲度	3.0	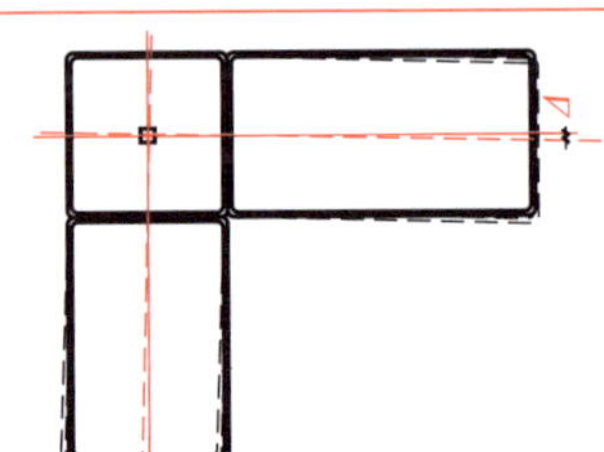

续表

项目	允许偏差/mm	示例/mm
焊接后侧弯	$L/1000$，且不大于5	
异形束柱定位轴线偏差	1.0	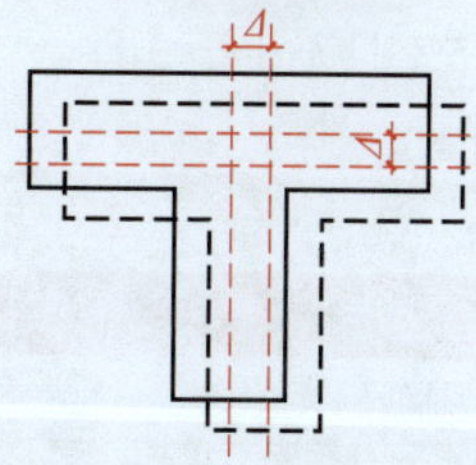
单节异形束柱的垂直度	$L/1000$，且不大于5	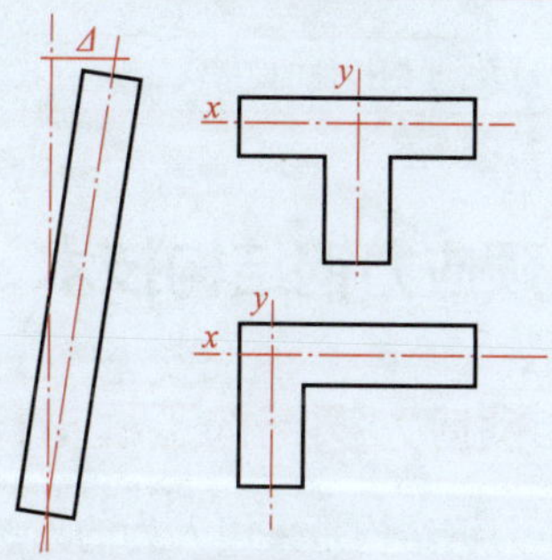

注：L为构件长度；Δ为允许偏差。

6.2.8 围护墙板的尺寸偏差与检验方法

围护墙板的尺寸偏差与检验方法见表6-4。

表6-4 围护墙板尺寸偏差与检验方法

项目		允许偏差/mm	检验方法
长度	墙板	±5	钢尺检查
宽度	墙板	±5	钢尺检查
侧向弯曲	墙板	$L/1000$且≤20	拉线、钢尺量最大侧向弯曲处
预埋件	中心线位置	10	钢尺检查
	螺栓位置	5	
	螺栓外露长度	±10	

续表

项目		允许偏差 /mm	检验方法
预埋管 预留孔	中心线位置	5	钢尺检查
对角线差	墙板	10	钢尺量两对角线
表面平整度	墙板	2	靠尺
翘曲	墙板	L/1000	调平尺在两端量测

注：L 为墙板长度。

6.2.9 围护墙板装配施工尺寸偏差与检验方法

围护墙板装配施工尺寸偏差与检验方法见表 6-5。检查数量：同一工作班装配的同类型构件，抽查 5% 且不少于 3 件。

表6-5 围护墙板装配施工尺寸偏差与检验方法

项目	允许偏差 /mm	检验方法
轴线位置	±5	钢尺检查
表面垂直度	±5	经纬仪或吊线、钢尺检查
墙板边缘与钢构件的距离	±5	吊线、钢尺

6.3 预应力钢结构技术

6.3.1 预应力钢结构工程材料

预应力钢结构是采用人为的方法引入预应力以提高结构承载力与刚度的各类钢结构。

预应力钢结构在结构上施加荷载前，对钢结构或构件用特定的方法预加初应力，其应力符号与荷载引起的应力符号相反。施加荷载时，应保证结构的安全、正常使用。

预应力钢结构工程需要根据性能匹配、强度协调、造价、便于施工等要求合理选材。

各类材料的材质、性能需要符合国家现行相关标准的规定。

预应力索杆可以分为拉索和拉杆。拉索主要由索体与锚具组成。索体可以分为钢丝绳索体、钢绞线索体、钢丝束索体。拉杆一般由杆体和锚具组成。

索杆两端的锚具形式需要根据钢结构形式、连接构造、索杆类型、施工安装方式、索力要求、换索措施等因素来确定。

钢拉杆杆体可以选用合金钢杆体、不锈钢杆体等。

知识技能小贴士

单次预应力是对结构只施加一次预应力。

多次预应力是对结构施加两次以上预应力。

6.3.2 钢丝绳索体的要求

钢丝绳是将力学性能和几何尺寸都符合要求的钢丝根据一定的规则捻制在一起的螺旋状钢丝束。钢丝绳一般由钢丝、绳芯、润滑脂等组成。

钢索一般由索体、护层、锚具等组成。索体可以分为钢绞线索体、钢丝绳索体等种类。

钢丝绳的表面镀层可以采用镀锌或镀锌 -5%铝 - 混合稀土合金。索体的抗拉强度标准值可为 1570MPa、1670MPa、1770MPa 等。

钢丝绳索体截面如图 6-10 所示。

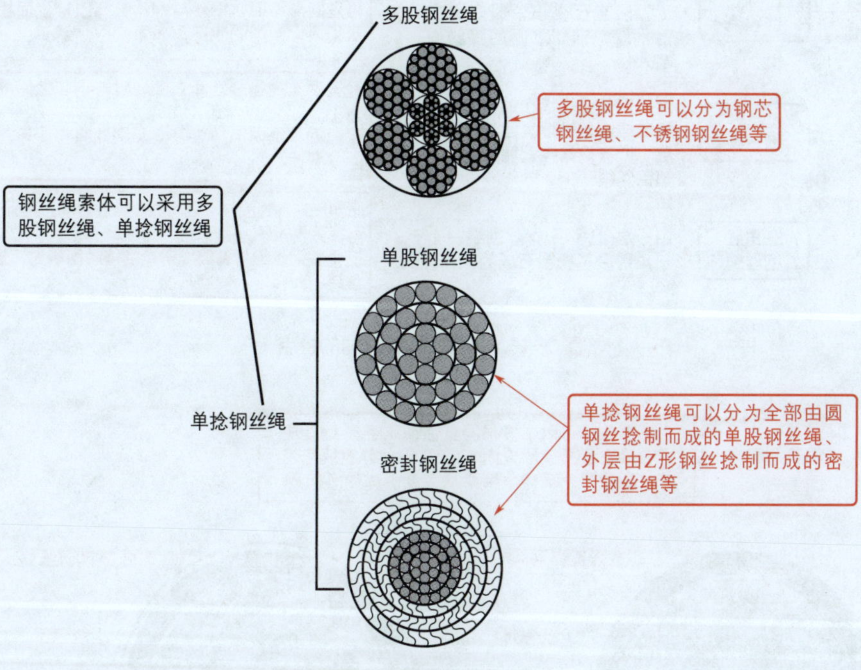

图6-10 钢丝绳索体截面

知识技能小贴士

钢丝绳截面可以分为圆股面和异形股面。圆股面钢丝绳，即各股钢丝围绕中心轴线呈圆形排列。异形股面钢丝绳具有复杂的截面形状。不同结构钢丝绳的特点如图 6-11 所示。

6.3.3 钢丝束索体的要求

钢丝束索体是一种耐腐蚀、抗氧化、抗疲劳且使用寿命长的材料，能够有效地解决传统钢丝索体易进水、易腐蚀的问题。

钢丝束索体中的钢丝可选择 $\phi5$、$\phi7$ 等高强度钢丝，钢丝镀层可采用热镀锌或热镀锌 -5%铝 - 稀土合金镀层。

钢丝束索体的抗拉强度标准值可为 1670MPa、1770MPa、1860MPa、1960MPa 等。

钢丝束索体截面如图 6-12 所示。

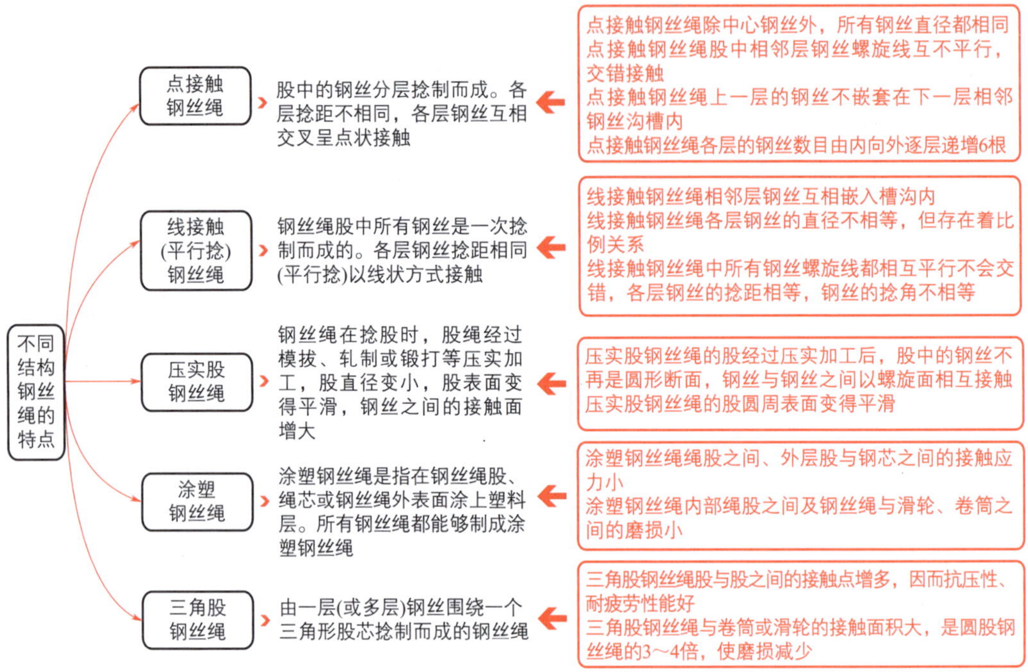

图6-11　不同结构钢丝绳的特点

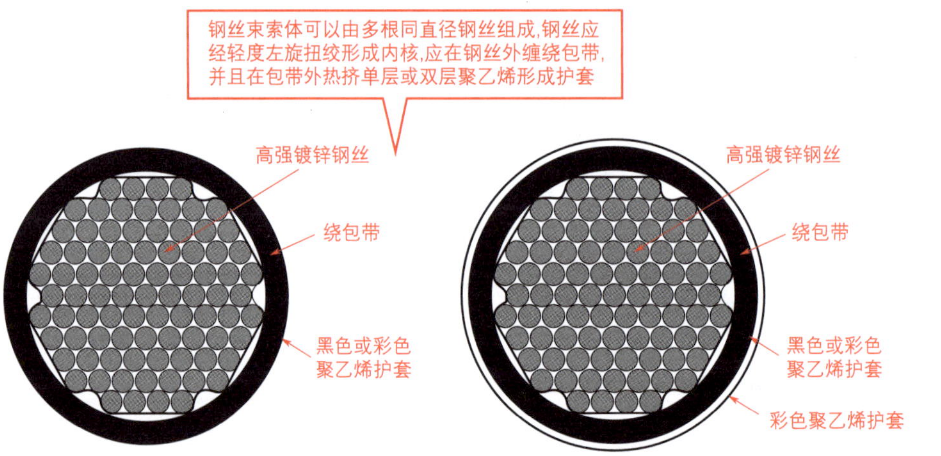

(a) 单层护套索体截面　　(b) 双层护套索体截面

图6-12　钢丝束索体截面

6.3.4　拉索锚具的结构形式与材料

拉索锚具是指在拉索结构中用于锚固、固定拉索的装置，以确保拉索能够承受各种荷载并且保持稳定。拉索锚具的主要作用是将拉索的预应力传递到结构上，以确保结构的稳定性和安全性。

锚具材料可以选用优质碳素结构钢、低合金高强度结构钢、合金结构钢、铸钢、不锈钢等材料。

拉索及拉杆的耳式接头和浇铸接头，可以采用锻钢件或铸钢件。销轴、螺纹杆、冷铸锚的锚杯、螺母的毛坯件，宜采用锻钢件。

锚具加工完毕后，其表面需要进行防腐处理，宜采用镀锌、热喷锌/铝、涂漆等处理方式。

钢丝绳拉索锚具可以分为挤压式锚具、压接式锚具、浇铸式锚具等，如图6-13所示。挤压式锚具通过特殊机器挤压锚钉，使挤压套管产生径向塑性变形，从而紧握索体。浇铸式锚具包括冷铸锚与热铸锚。冷铸锚使用环氧树脂等材料浇铸。热铸锚使用低熔点锌铜合金作为填料浇铸。压接式锚具类似挤压式锚具，是通过某种方式使锚具与索体紧密结合，从而达到锚定的目的。

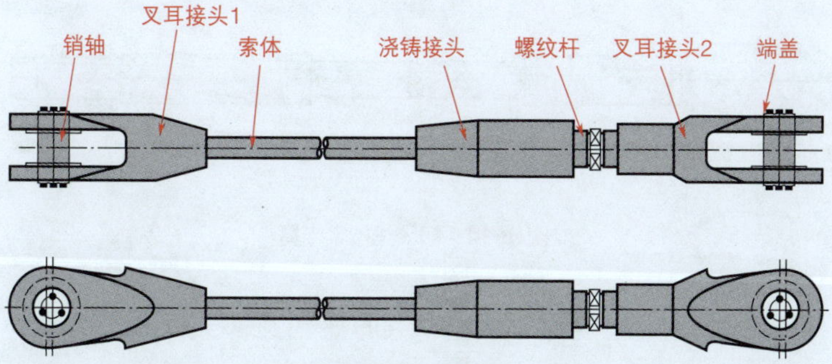

叉耳式热铸锚拉索

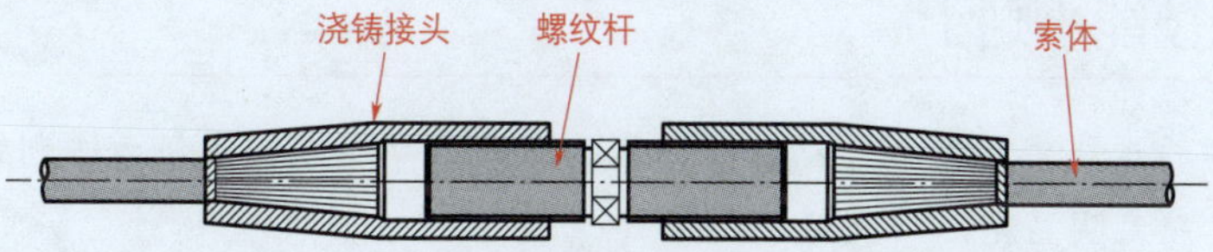

螺杆式热铸锚拉索

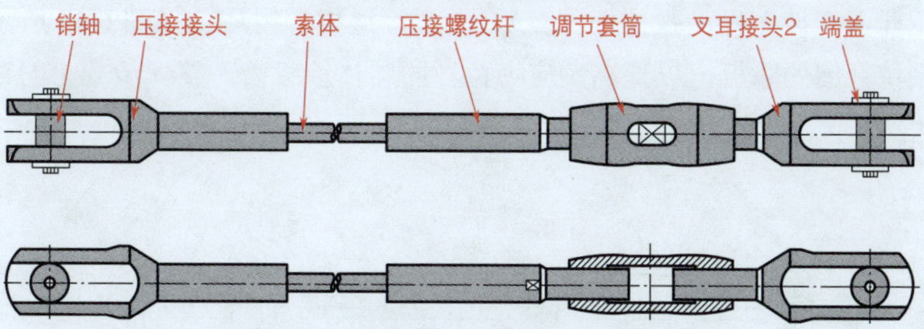

叉耳式压接锚拉索

图6-13 钢丝绳拉索锚具

钢绞线拉索锚具是指在预应力混凝土结构中，用于锚固、固定钢绞线拉索的装置。钢绞线拉索锚具可以分为整束挤压锚具、夹片锚具等，如图6-14所示。整束挤压锚具主要由挤压锚环与装插入其空腔内的挤压簧组成。夹片式锚具利用锚环与夹片的锥度，在张拉力的作用下使夹片对钢绞线产生很大的夹持力，从而锚固钢绞线。

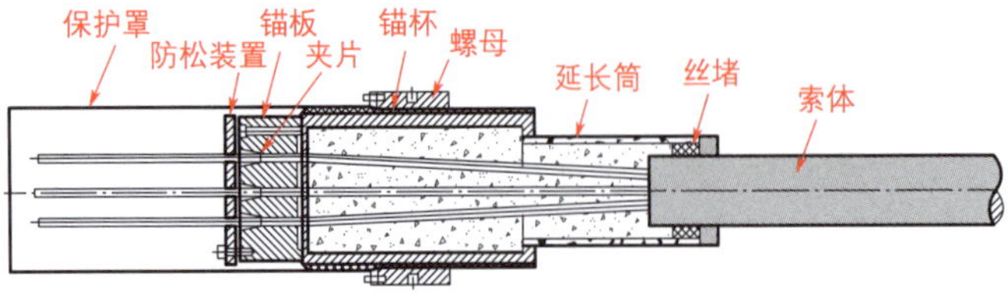

夹片锚拉索

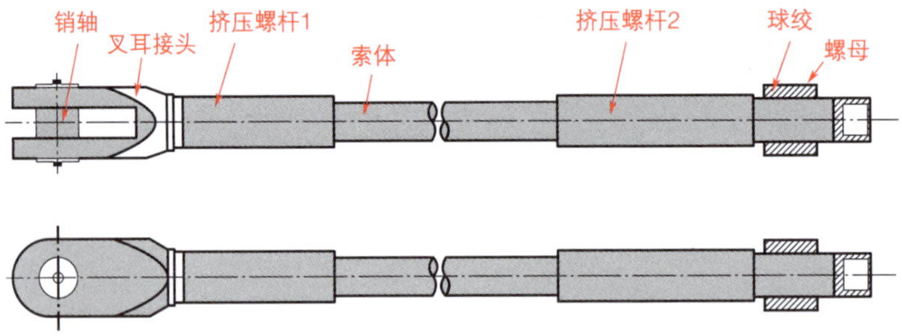

叉耳螺杆式整束挤压锚拉索

图6-14 钢绞线拉索锚具

另外，钢拉杆锚具还可以分为 UU 形锚具、OO 形锚具、OU 形锚具等种类。

知识技能小贴士

钢拉杆锚具的承载力不得低于钢拉杆杆体的承载力，即当杆体拉力达到钢拉杆的理论破断荷载时，锚具应无明显变形、裂纹等现象。

6.3.5 预应力拉杆

预应力拉杆由刚性主杆、张拉杆（索）、隔板、缀板等组成，如图 6-15 所示。设置连接刚性主杆与张拉杆间的隔板，以提高预应力拉杆的整体承载力。整体承载力的设计，宜以两杆材料同时达到各自强度设计值为原则。

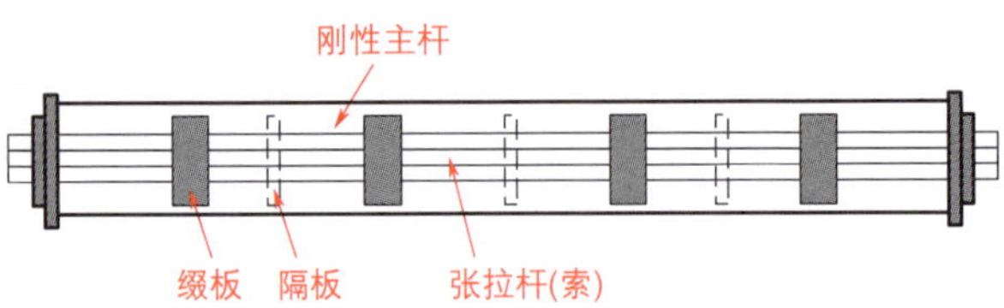

图6-15 预应力拉杆

6.3.6 预应力压杆

压杆的预应力索设置，应能够提高杆件的整体稳定性。拉索应能够为中心杆提供弹性支承，从而改善其边界条件。拉索体系可沿杆身全长或局部在杆件廓外或廓内布置。

预应力应保证索在受力的各阶段始终为拉力，预应力应提高杆件的承载力。

预应力压杆如图 6-16 所示。

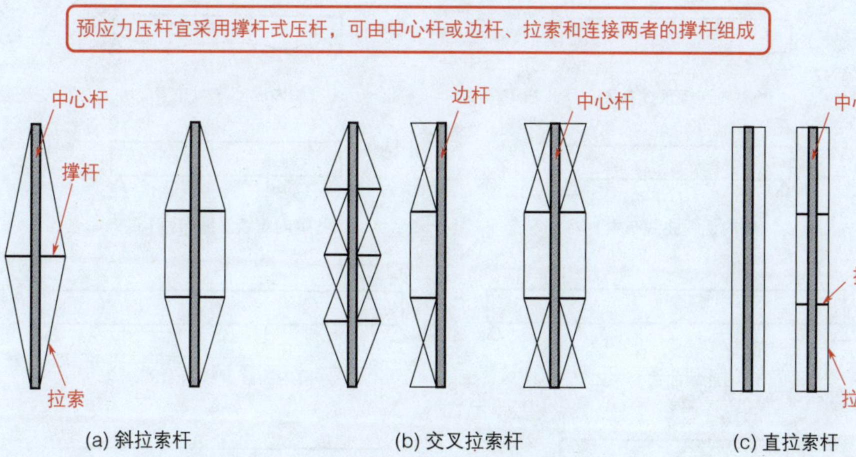

图6-16 预应力压杆

撑杆式压杆的截面如图 6-17 所示。

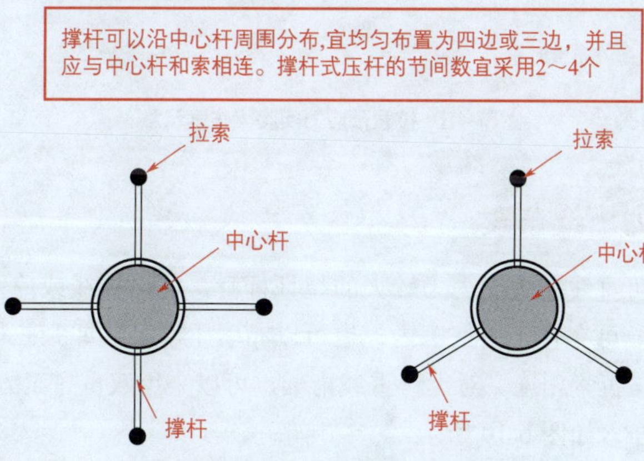

图6-17 撑杆式压杆的截面

6.3.7 预应力实腹梁

根据工艺，预应力实腹梁可以分为拉索预应力梁、支座位移梁、弹性变形梁等种类，其中拉索预应力梁可分为力度张拉、电热张拉等种类。

拉索预应力实腹梁布索，可以采用廓内布索、廓外布索（即张弦梁）等。

廓内布索拉索可布置成直线、曲线、折线形。断续索和连续索均应布置在弯矩峰值处以减小应力。

当建筑净空允许时，可采用廓外布索以增大卸载效应。

拉索预应力实腹梁布索示意如图 6-18 所示。

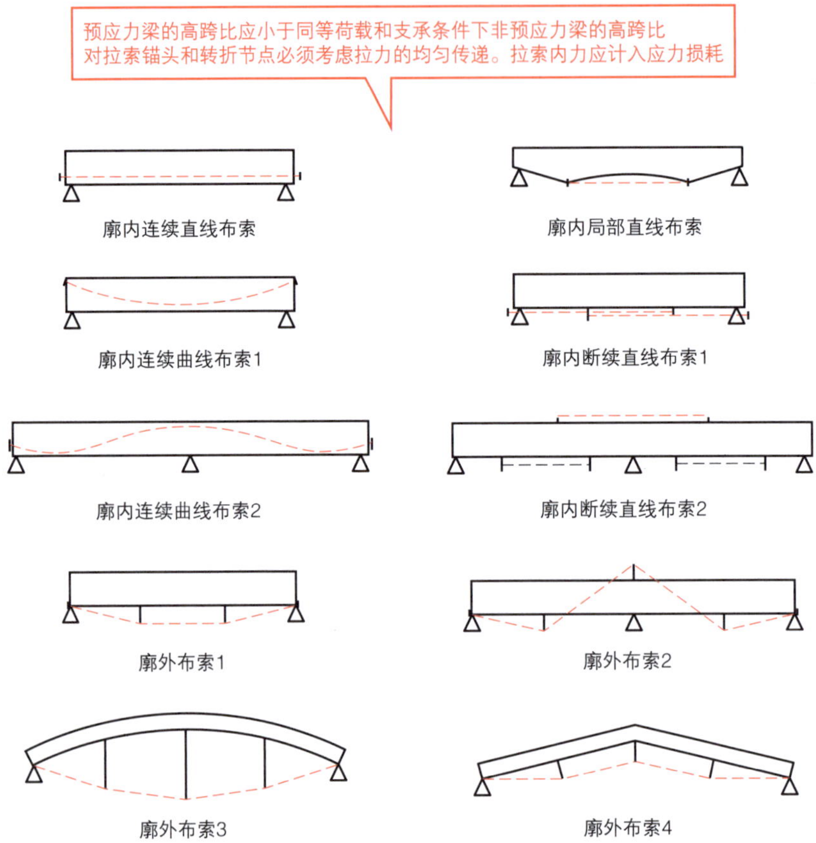

图6-18 **拉索预应力实腹梁布索示意**

6.3.8 拉索预应力桁架布索

拉索预应力桁架可直线布索于内力较大的拉杆杆身，可以折线或曲线形式连续布索于较大内力杆群处，拉索既可布置于桁架廓内，也可以布索于廓外（即张弦桁架）。廓外布索时，可以采用撑杆使桁架与拉索相连。对大跨重载桁架，可以采用双重布索方案。

拉索预应力桁架布索如图 6-19 所示。

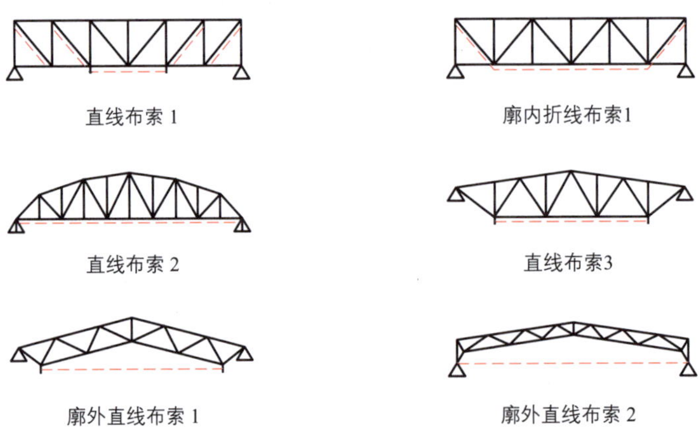

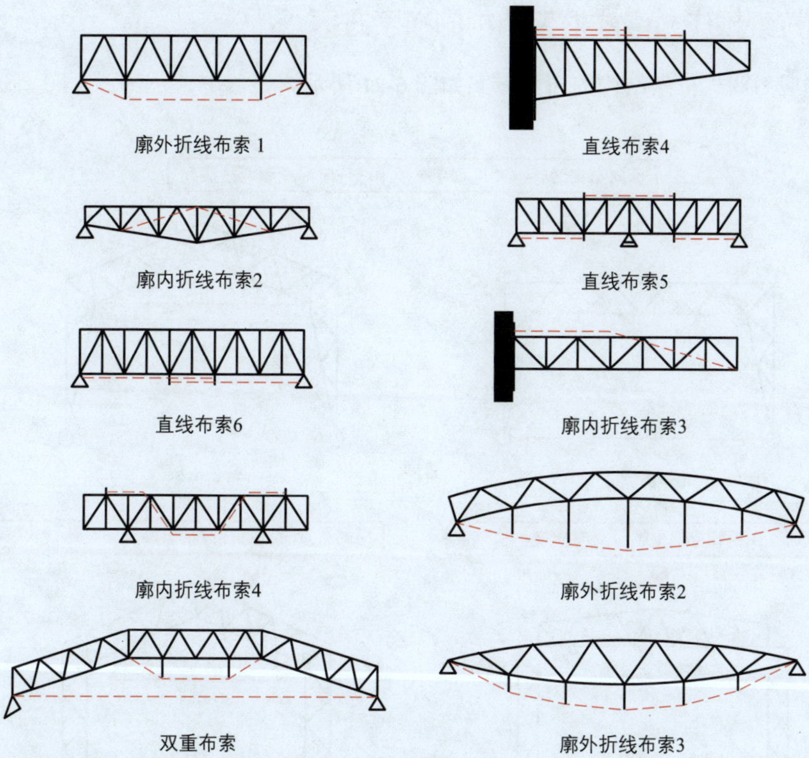

图6-19 拉索预应力桁架布索

6.3.9 预应力拱架

预应力拱架结构可采用拉索式、位移式，也可以采用两者混合式。

位移式预应力拱架，可以不设拉索，可以借助支座的水平位移，调整拱架截面内的荷载应力，并且应对场地地质条件提出要求，以保证支座的设计位置。

拉索式预应力拱架的布索方案如图6-20所示。

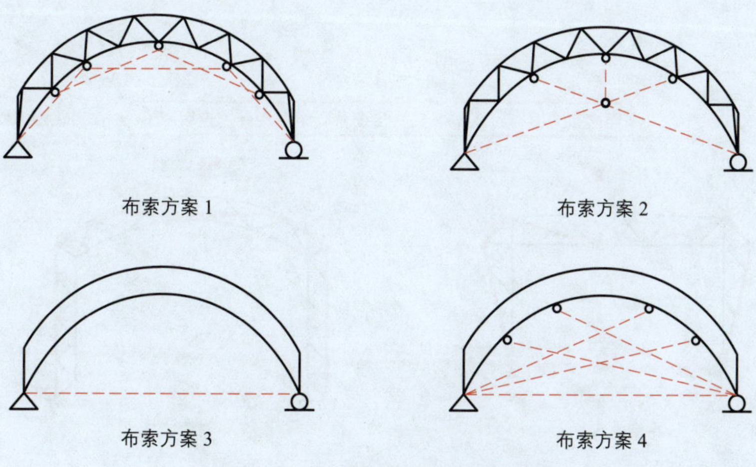

图6-20 拉索式预应力拱架的布索方案

6.3.10 拉索预应力门式框架结构的布索方案

拉索预应力门式框架结构的布索方案如图 6-21 所示。

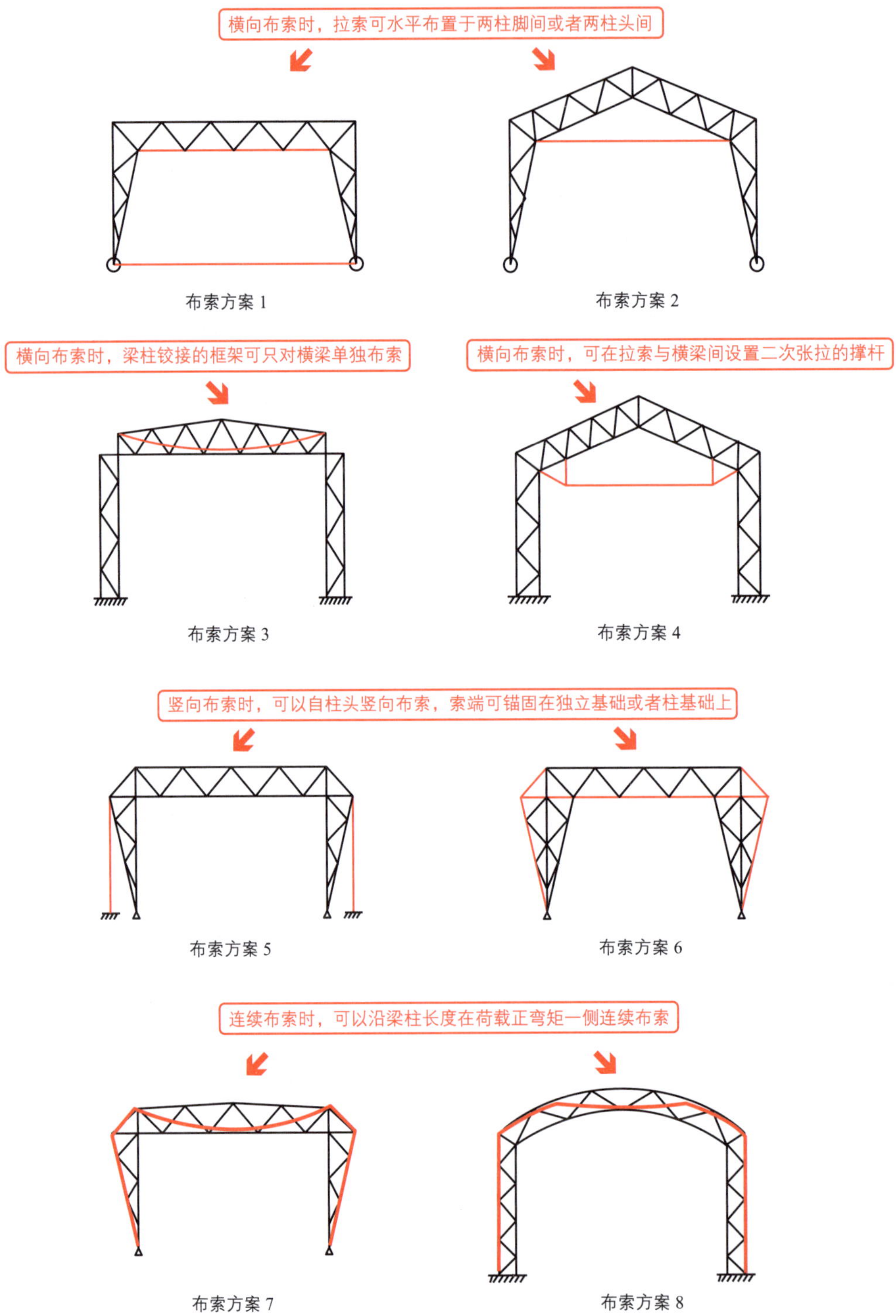

图6-21 拉索预应力门式框架结构的布索方案

6.3.11 预应力吊挂结构

预应力吊挂结构可以由支承结构、屋盖结构、吊索等组成。屋盖结构宜采用经济合理的轻型结构。布索方案需要遵循对称、均衡原则，形成均匀的屋盖吊点。吊索与屋盖平面的夹角可为 30° ～ 90° 。

预应力吊挂结构的结构体系类型如图 6-22 所示。相邻空间结构单元交界位置需要竖向连接，其构造应保证吊挂单元的横向自由胀缩。

预应力吊挂结构的结构体系，可以分为平面吊挂结构、空间吊挂结构等类型；根据吊索的几何形状，可以分为斜向吊挂结构、竖向吊挂结构

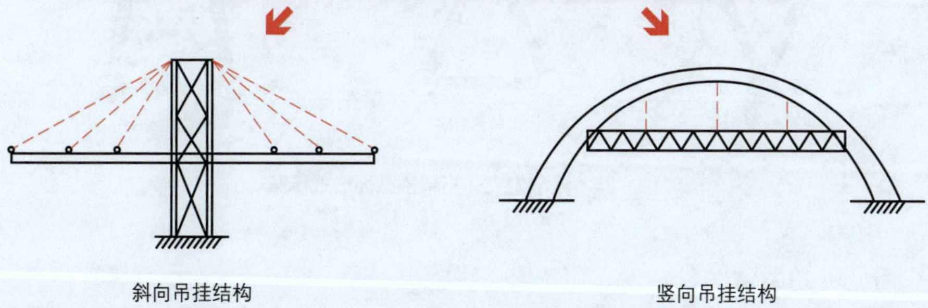

图6-22 预应力吊挂结构的结构体系类型

吊索的形式示意如图 6-23 所示。空间吊挂结构宜采用整体式，或者由单元式组拼成结构整体。吊挂的空间结构，可采用网架、网壳、空间桁架等形式，并且应保证平面吊挂结构间与空间结构单元间的体系有足够的纵向刚度。

吊索与屋面的夹角不宜小于25°。被吊挂的横向结构可采用实腹梁、蜂窝梁、桁架、立体桁架、拱架等类型

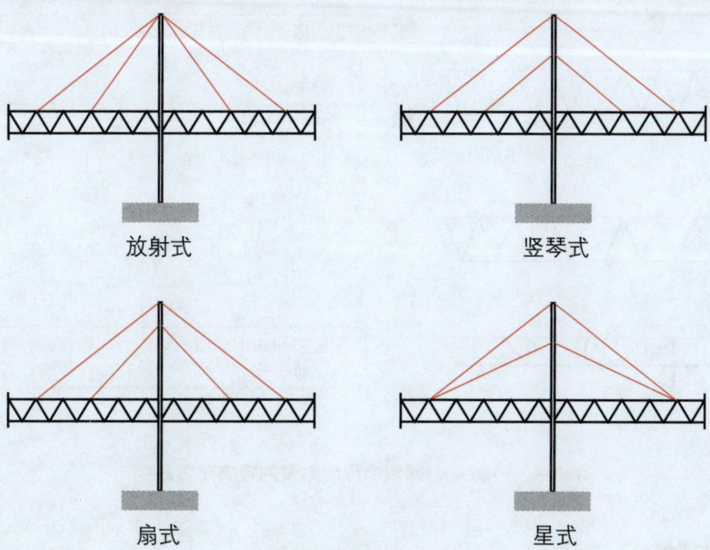

图6-23 吊索的形式示意

6.3.12 预应力立体桁架

预应力立体桁架横截面形式示意如图6-24所示。预应力立体桁架单独杆件局部施加预应力的桁架，其计算可与普通钢桁架计算相同，其中预应力杆件应根据单独预应力拉杆设计。整体张拉预应力的加载方案，可以分为先张法、中张法、多张法。

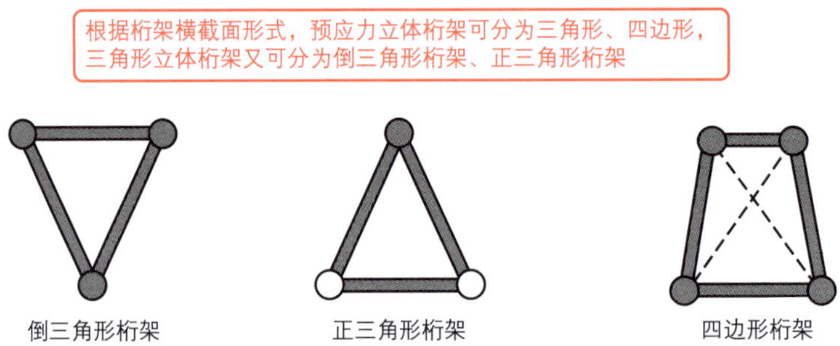

图6-24 预应力立体桁架横截面形式示意

6.3.13 预应力网架

预应力网架要求如下。

① 预应力网架宜采用多次预应力技术。

② 预应力网架中预应力索的竖向布置方式，可以采用在网架高度范围内布置下弦水平索或折线索的方式，也可以采用在下弦设置一个或多个支撑点布索的方式，如图6-25所示。

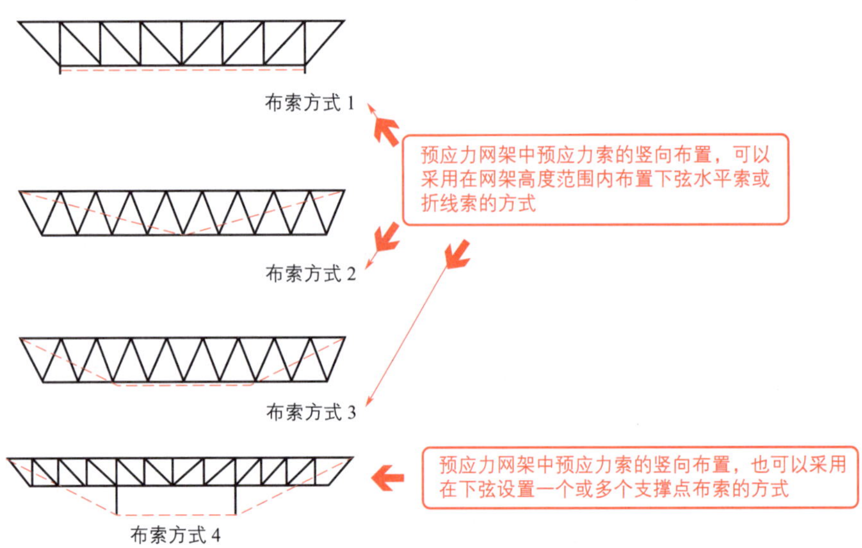

图6-25 预应力网架中预应力索的竖向布置方式

③ 预应力网架的预应力，可以采用下列两种施加方式。

a. 支座位移法——通过强行调整网架支座高差产生预应力。

b. 拉索法——在网架的下弦平面内（杆截面内布索）或下弦平面下方加撑杆布置预应力索，通过张拉预应力索使结构产生与外荷载反向的挠度和内力。

④ 在预应力施加和外荷载加载阶段，网架支座宜采用可侧移的构造措施，施工完成后需要根据设计等要求将支座与下部结构连接固定。

⑤ 对在网架施加预应力过程中内力变号的杆件，应专门验算其强度和稳定性。

⑥ 预应力网架中预应力索的水平布置方式，可以采用对角线布索、平行边布索、井字布索、多重井字布索、四角放射布索等方式，如图 6-26 所示。

方案估算与初步设计阶段，可以采用拟板法对预应力网架进行近似的静力分析与动力计算

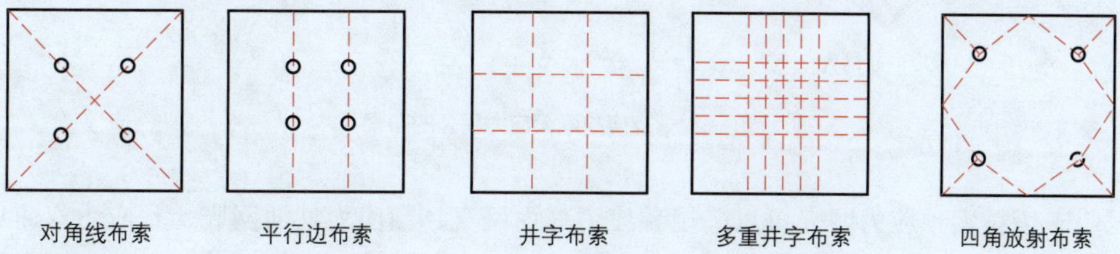

图6-26 预应力网架中预应力索的水平布置方式

6.3.14 预应力网壳

预应力网壳的要求如下。

① 单层网壳以及厚度小于跨度 1/50 的双层网壳，均需要进行整体稳定性计算。

② 对于预应力网壳，可以采用支座拉索预应力网壳、交叉梁系预应力网壳、弦支穹顶等结构形式。

③ 支座拉索预应力网壳的布索如图 6-27 所示。

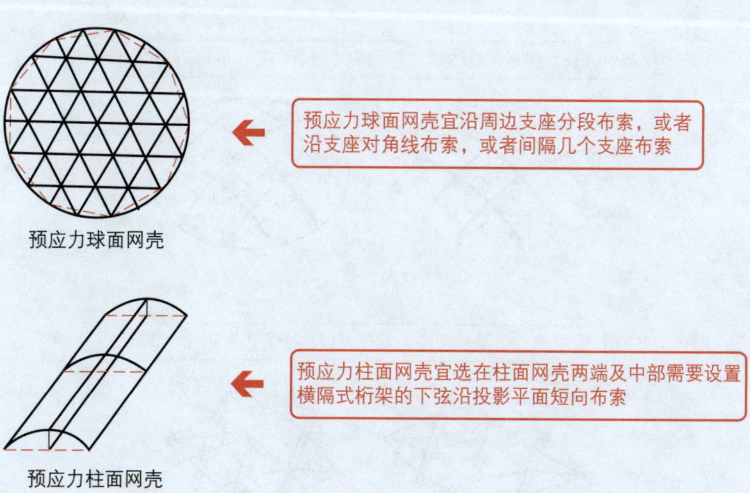

图6-27

预应力双曲扁网壳

预应力扭网壳

图6-27　支座拉索预应力网壳的布索

④ 支座拉索预应力网壳可以采用预应力球面网壳、预应力柱面网壳、预应力双曲扁网壳、预应力扭网壳等结构形式。

⑤ 支座拉索预应力网壳拉索的布置，需要满足建筑造型、使用功能等建筑要求，以及宜改善结构刚度与结构内力分布，使卸载杆多、增载杆少。

⑥ 采用拟壳法对支座拉索预应力网壳进行近似静力分析、动力计算时，可将预应力索的初始预应力作为外力考虑。在使用状态下，索可作为系杆考虑，可忽略索与普通钢管弹性模量差异的影响。

⑦ 交叉梁系预应力网壳的规定要求如图 6-28 所示。交叉梁系预应力网壳，可以采用双向式、多向式、肋环式等结构形式。交叉梁系预应力网壳，可以采用花篮螺栓调节法、张拉钢索法、支承卸除法等施加预拉力。

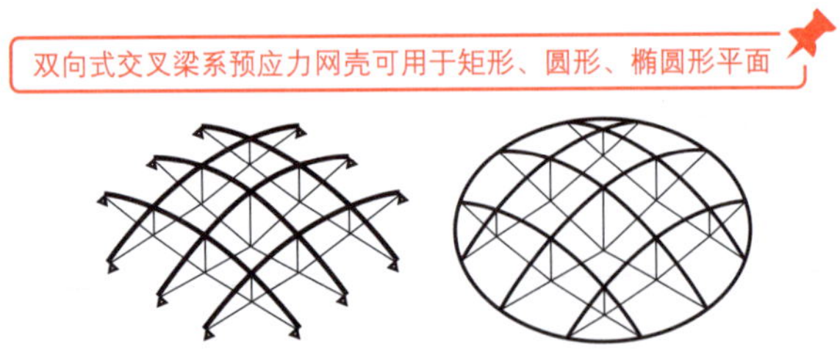

双向式结构

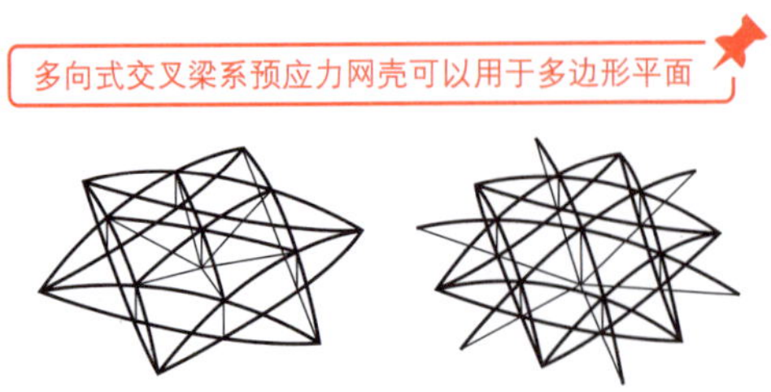

多向式结构

肋环式交叉梁系预应力网壳可以由中心辐射式放置拱，拱下设置撑杆，撑杆与环向索或斜索连接

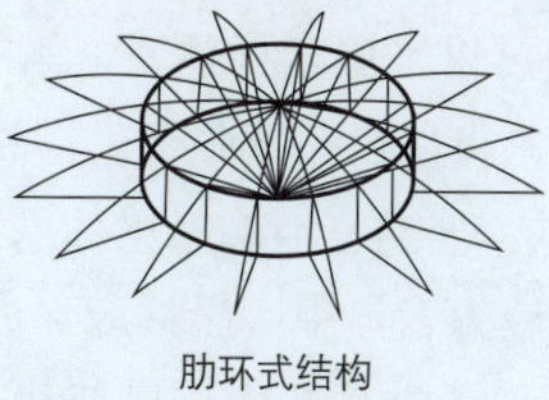

图6-28　交叉梁系预应力网壳的规定要求

⑧ 弦支穹顶的规定要求如图 6-29 所示。

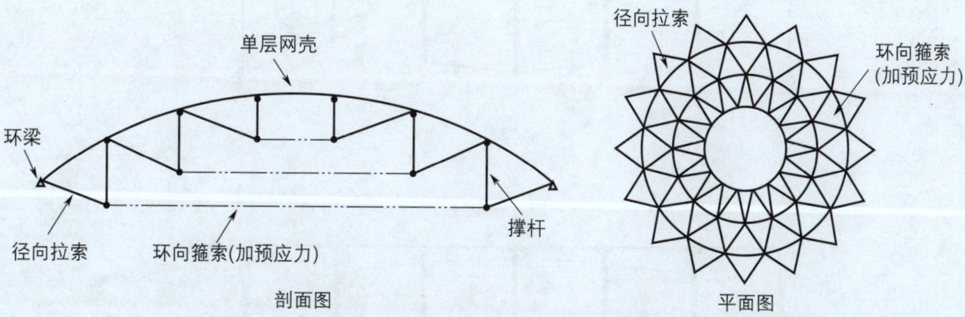

弦支穹顶的结构体系可以由单层网壳、撑杆、索或钢拉杆形成

图6-29　弦支穹顶的规定要求

知识技能小贴士

弦支穹顶的结构形式如图6-30所示。设定弦支穹顶拉索中施加的预应力值，应以抵抗单层网壳的等效节点荷载和减小最外环杆件对支承结构的水平推力为原则。弦支穹顶的单层网壳部分应采用刚接节点；撑杆与单层网壳、撑杆与拉索的连接宜采用铰接节点。

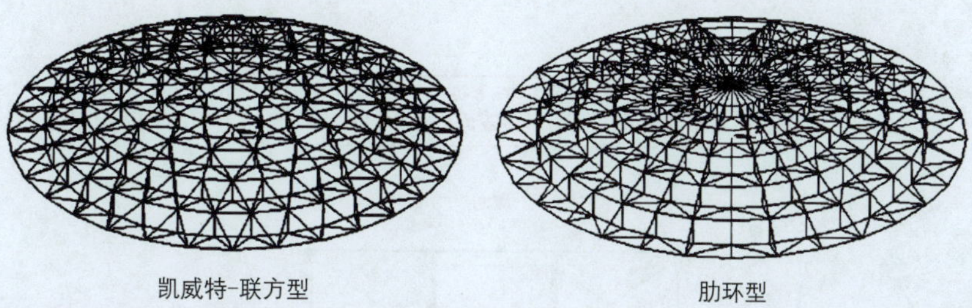

按上层单层网壳的形式，弦支穹顶可采用肋环型弦支穹顶、施威德勒型弦支穹顶、葵花型(联方型)弦支穹顶、凯威特型弦支穹顶、凯威特-联方型弦支穹顶、混合型弦支穹顶等形式

图6-30　弦支穹顶的结构形式

6.3.15 预应力玻璃幕墙结构

玻璃幕墙的预应力承重结构，可以采用索杆体系、索梁体系等种类。索杆体系可以由拉索弦杆、刚性撑杆等组成。索梁体系可以由拉索弦杆、撑杆、中心压杆等组成。

预应力索杆体系如图 6-31 所示。玻璃幕墙的索梁体系宜采用垂直或水平向布置，并且由对称的双索和中心受压杆组成，预应力索与中心压杆应形成自平衡体系。

玻璃幕墙支承结构的计算，需要考虑预应力、风荷载、恒荷载、活荷载、温度作用、地震作用等的组合。

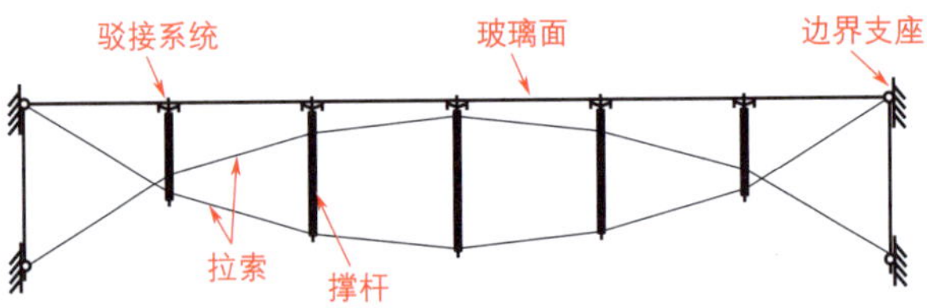

鱼腹形 1

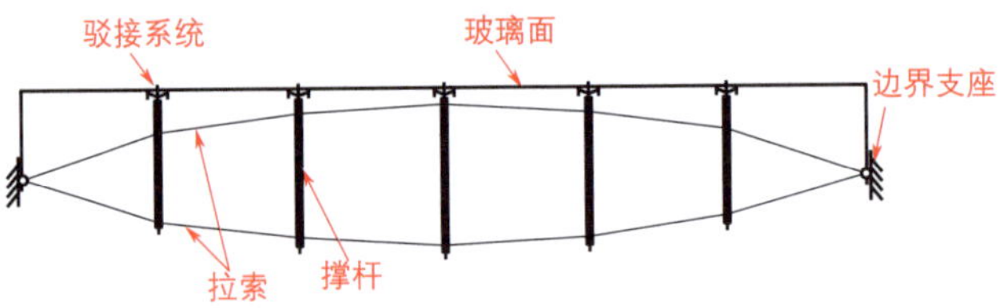

鱼腹形 2

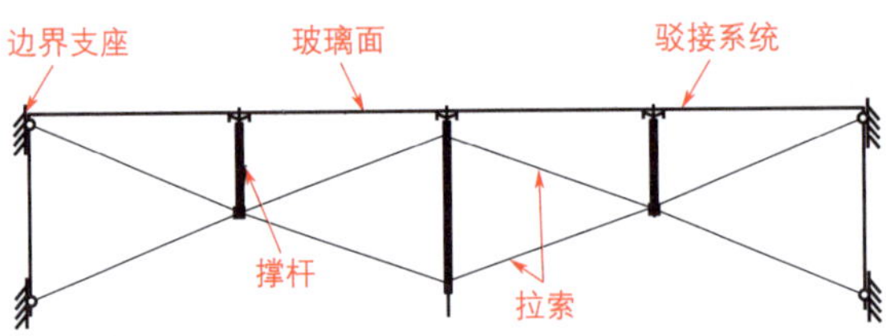

交叉杆式 1

玻璃幕墙的抗风预应力索杆体系宜采用垂直或水平向布置，由对称双索组成索杆体系

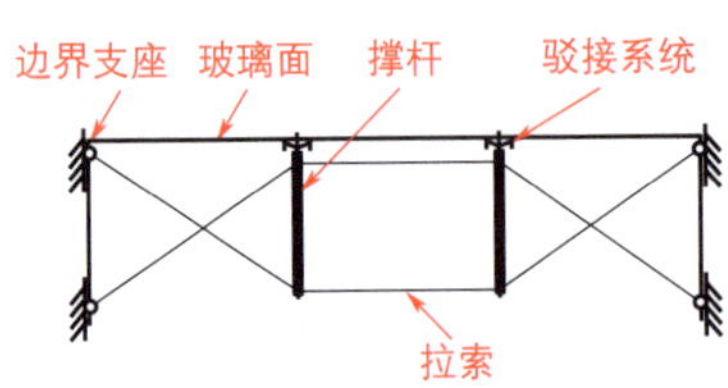

交叉杆式 2

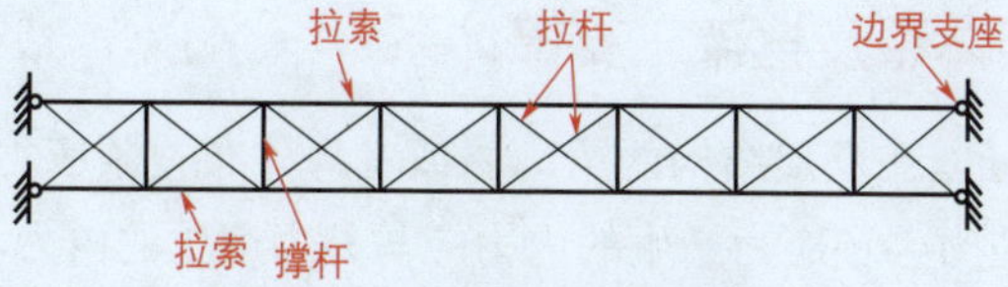

长方形预应力索杆体系

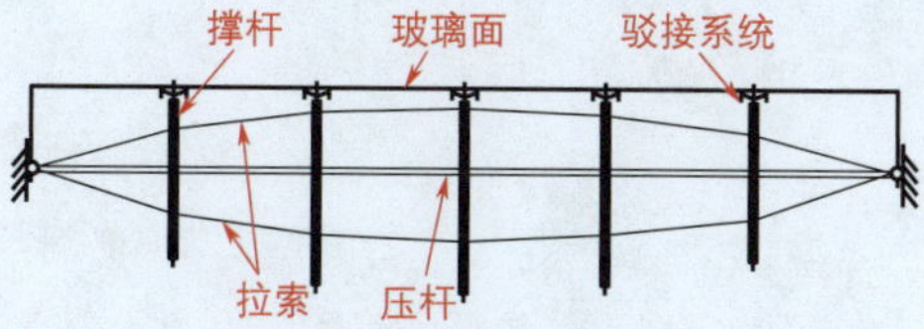

预应力索梁体系

图6-31　预应力索杆体系

6.3.16　索膜结构

设计索膜结构时，需要进行初始形态分析、荷载分析、裁剪分析等，并进行施工过程分析。

计算索膜结构时，需要考虑结构的几何非线性、膜材料的各向异性等。

索膜结构的初始形态分析可以采用非线性有限元法、动力松弛法、力密度法等方法。

索膜结构的荷载分析可以采用非线性有限元法、动力松弛法等。裁剪分析可以采用几何展开法、平面热应力有限元法等。

索膜结构如图 6-32 所示。结构中各膜单元内膜面的相对法向位移，不应大于单元名义尺寸的 1/15。在各种荷载标准组合下变形后，屋面坡度需要满足建筑排水的要求。

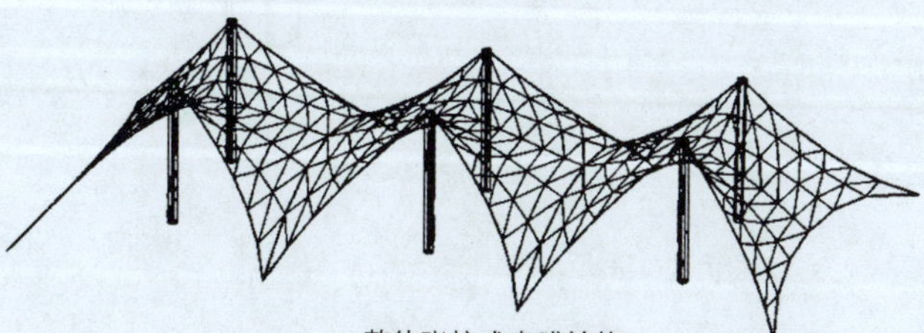

整体张拉式索膜结构

索膜结构，可以分为整体张拉式索膜结构和索系支承式索膜结构，也可以为两者组合成的结构体系

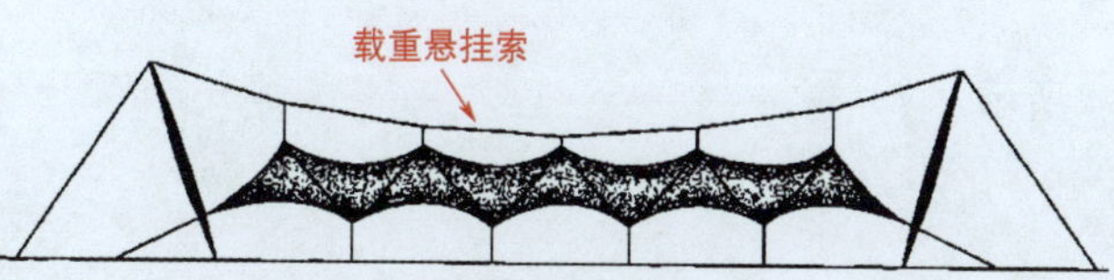

索系支撑式索膜结构

对于整体张拉式与索系支承式索膜结构，其最大整体位移在第一类荷载效应组合下不应大于跨度的1/250或悬挑长度的1/125；在第二类荷载效应组合下不宜大于跨度的1/200或悬挑长度的1/100

对于桅杆顶点，在第二类荷载效应组合下，其侧向位移值不宜大于桅杆长度的1/250

图6-32　索膜结构

6.3.17 预应力框架体系及框架-支撑体系

预应力框架体系，可以在框架结构的梁廓内或者廓外布置预应力索，也可以在钢梁、钢柱的加工成型中引入预应力。预应力产生的内力应与外力产生的内力相反。

预应力框架结构如图 6-33 所示。

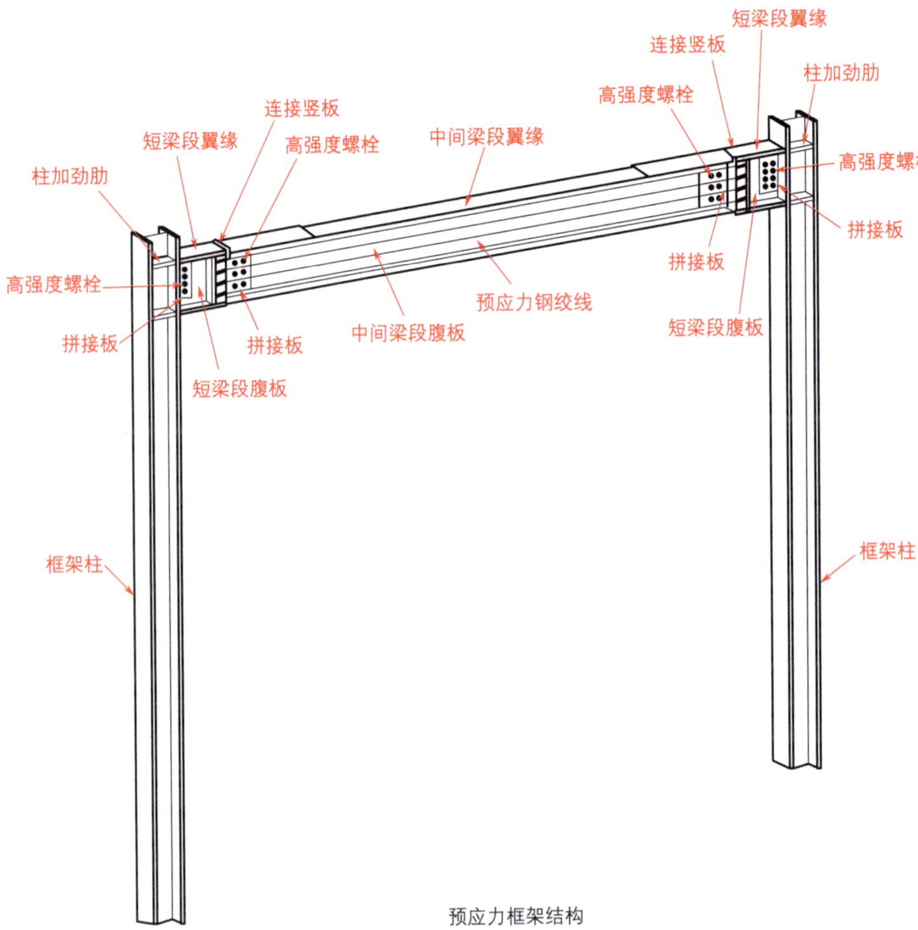

图6-33 预应力框架结构

预应力框架 - 支撑结构如图 6-34 所示。

6.3.18 索穹顶结构

根据布索方式不同，索穹顶结构形式可以分为葵花型（联方型）、肋环型、凯威特型、混合型、鸟巢型等。

索穹顶结构预应力的确定，可以采用可行预应力方法确定初始预应力分布，在此基础上通过迭代计算确定最终预应力。最终预应力需要满足结构形态与结构承载力及变形等要求。通过各索的控制应力比，确定索截面尺寸。

索穹顶结构如图 6-35 所示。

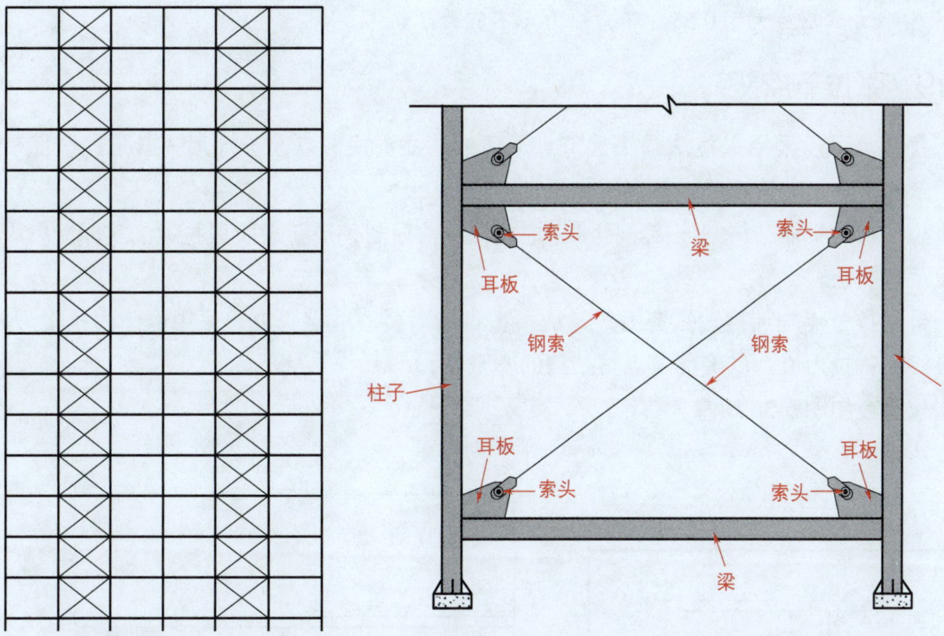

预应力框架-支撑体系可以采用高强度预应力索、钢拉杆代替传统支撑——钢框架中的斜支撑，也可以在预应力框架的基础上增加传统支撑、防屈曲支撑等。支撑可采用中心支撑、偏心支撑等布置形式

图6-34 预应力框架-支撑结构

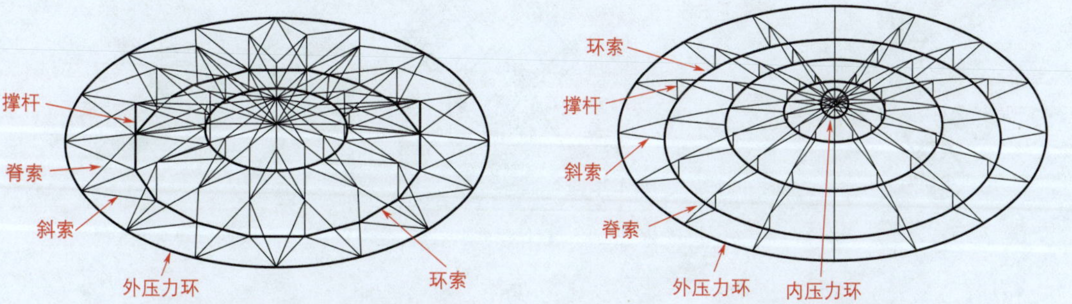

葵花型(联方型)索穹顶结构　　肋环型索穹顶结构

- 索穹顶结构由外压力环、斜索、环索、脊索、撑杆等组成。拉索材料宜采用高强度钢绞线、钢索、钢拉杆等。压杆可以采用钢管等
- 索穹顶结构跨度在90m以内宜布置2～3道环索，跨度在90m及以上可布置4～5道环索，径向索宜对称布置。环索索力较大时，每圈环索宜采用多根索平行布置。索穹顶结构厚跨比宜取1/10～1/12

图6-35 索穹顶结构

知识技能小贴士

索穹顶结构在竖向荷载作用下的最大挠度可扣除预应力反拱值后，与跨度之比不宜大于1/250；在竖向活荷载作用下的最大挠度不可扣除预应力反拱值，其与跨度之比不宜大于

1/400。索应力比不应大于0.55，环索应力比不宜大于0.5。

6.3.19 张拉节点

张拉节点可以采用张拉法锚头式节点、顶推法锚头式节点、千斤顶式节点、螺杆节点、螺杆调节式节点、花篮螺栓式节点等。

张拉节点与主体结构的连接，需要考虑超张拉阶段与使用荷载阶段拉索的实际受力大小，以确保连接安全。

通过张拉节点施加拉索预应力时，应根据设计需要与节点强度，采用专门的拉索测力装置监控实际张拉力值，以确保节点与结构的安全。

张拉节点如图 6-36 所示。

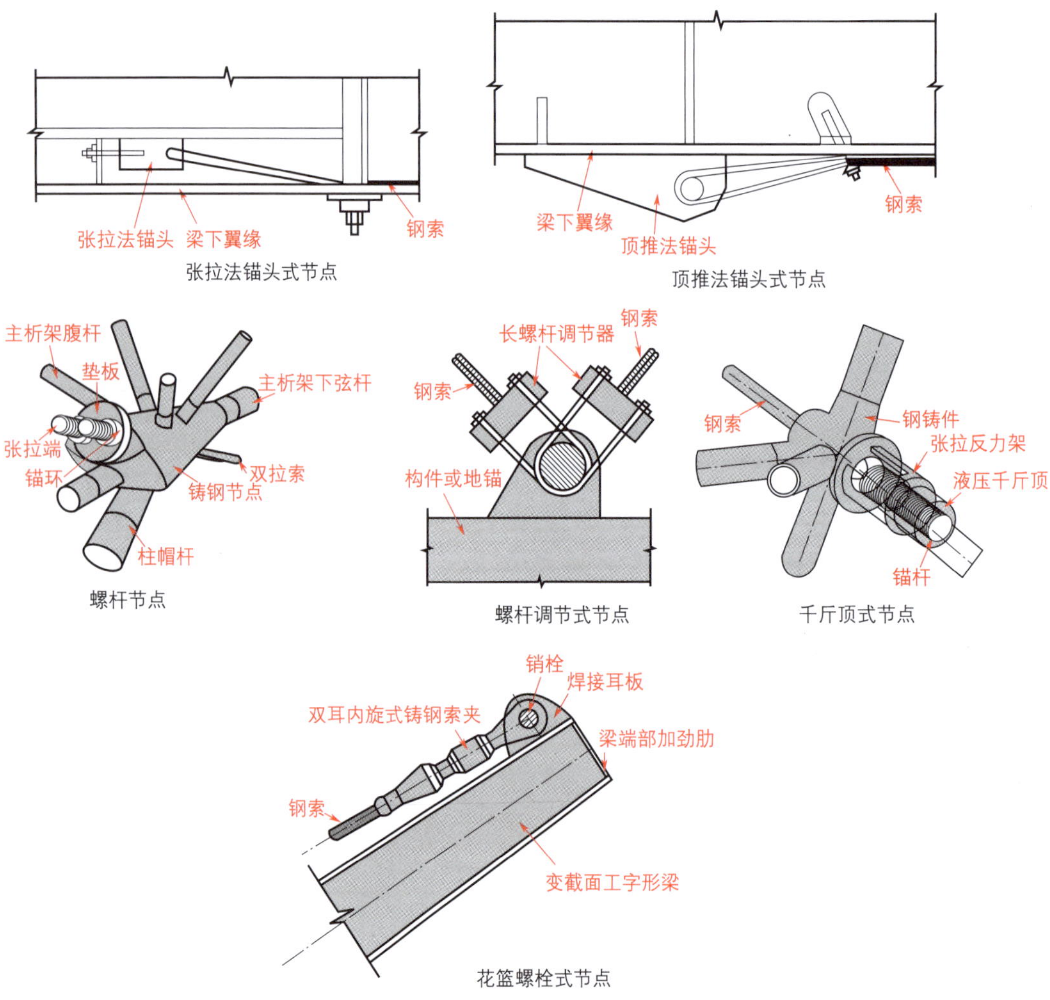

高强拉索的张拉节点需要保证节点张拉区有足够的施工空间，并且需要便于施工操作且锚固可靠。对于张拉力较大的拉索，可以采用液压张拉千斤顶或其他专用张拉设备进行张拉；对于张拉力较小的拉索，可以采用花篮调节螺栓或直接拧紧螺母等方法施加预应力

图6-36 张拉节点

6.3.20 锚固节点

对于锚固节点，可以采用传力可靠、预应力损失低并且施工便利的锚具，同时需要保证锚固区的局部承压强度、刚度。对于锚固节点，也可以设置加劲肋、加劲环、加劲构件等加强措施。

对锚固节点区域的主要受力杆件、板域，需要进行应力分析、连接计算，并且需要采取可靠、有效的构造措施。

对于锚固节点区，需要避免出现焊缝重叠、开孔等易导致严重残余应力与应力集中的情况。

锚固节点如图 6-37 所示。

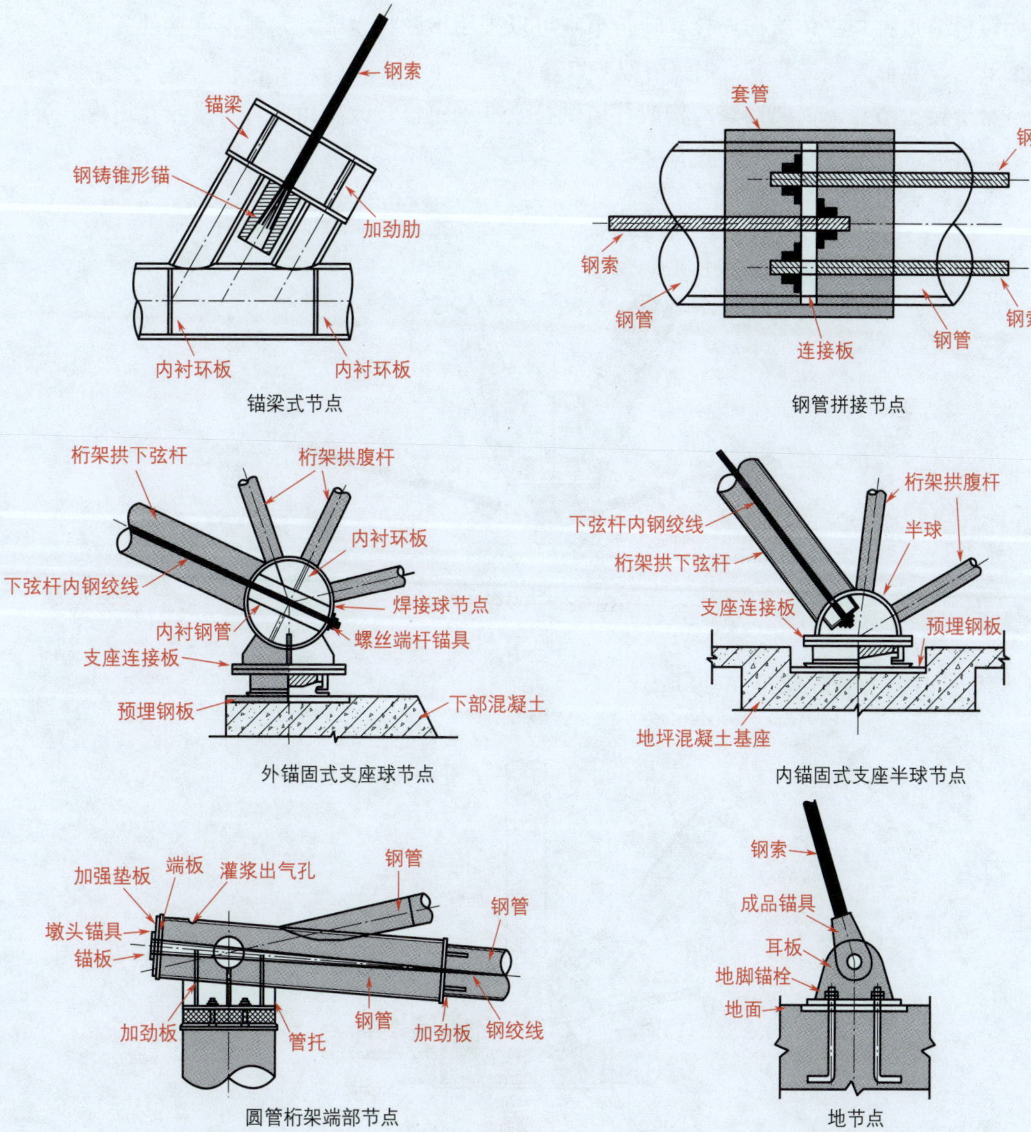

图6-37

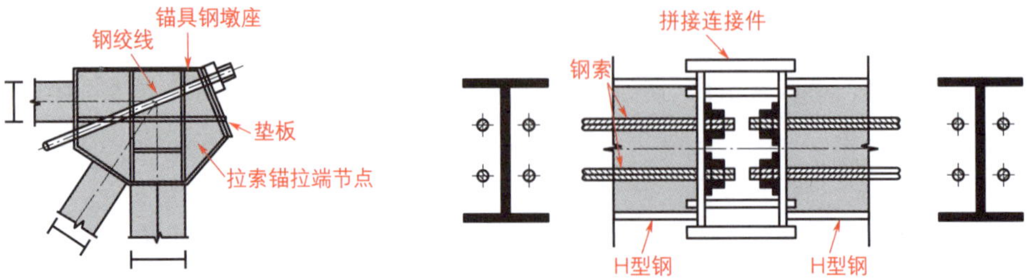

H型钢桁架结构端部节点　　H型钢梁拼接节点

图6-37　锚固节点

6.3.21　转折节点

转折节点宜与主体结构连接。转折节点可以采用下弦拉索节点、弧形连接件式节点、实腹梁节点、弧形夹具式节点、张弦桁架节点等。

对于转折节点，需要设置滑槽或孔道供拉索准确定位、改变角度。滑槽或孔道内，可以采用润滑剂或衬垫等摩擦系数低的材料。

下弦拉索节点如图 6-38 所示。

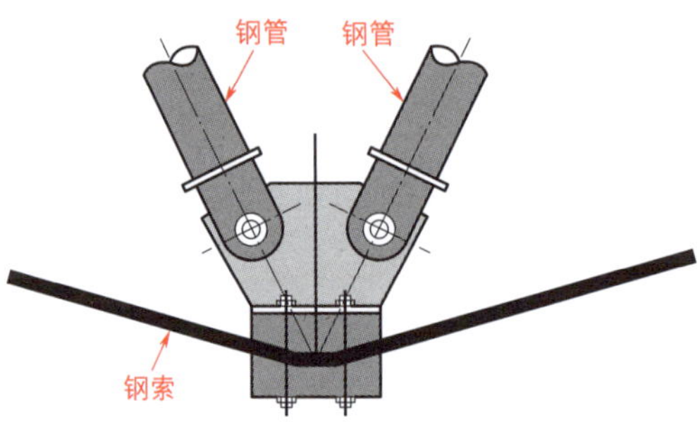

图6-38　下弦拉索节点

弧形连接件式节点如图 6-39 所示。

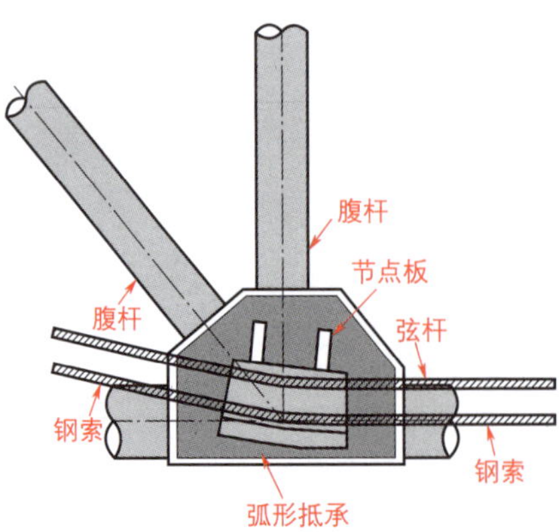

图6-39　弧形连接件式节点

弧形夹具式节点如图 6-40 所示。

实腹梁节点如图 6-41 所示。

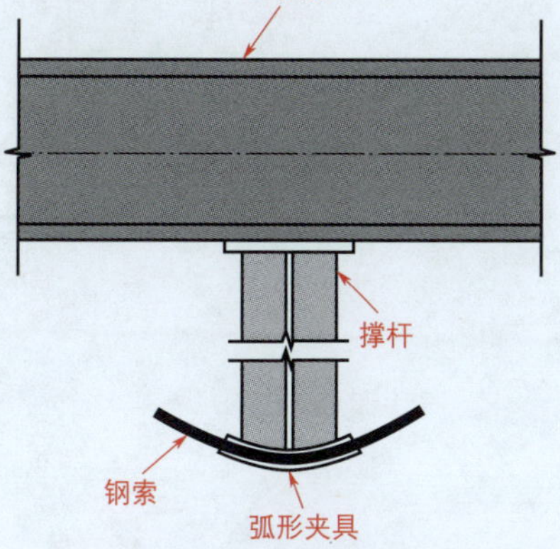

图6-40 弧形夹具式节点

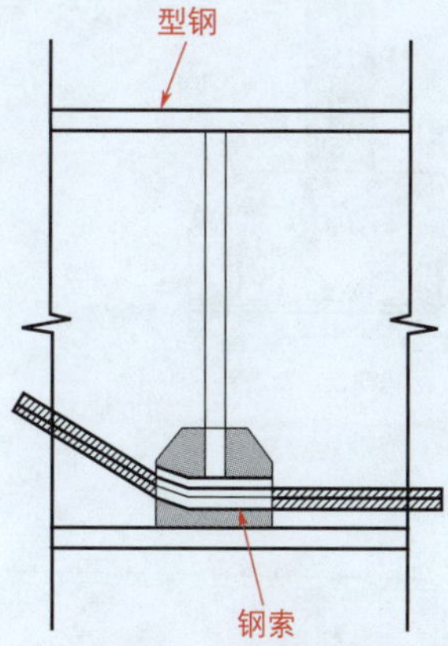

图6-41 实腹梁节点

6.3.22 索杆连接节点

对于索杆连接节点，需要保证其承载能力不低于杆件与拉索承载力的较小值。索杆连接节点需要传力可靠、连接方便，并且外形宜美观，以及符合建筑造型要求。

索杆连接节点可以采用铸钢式节点、销接节点板式空间节点、销接式平面节点、U 形夹具式钢板节点、滑动索撑节点、滑轮索撑节点、双向拉索索撑节点、滚轴环索索撑节点、插板式焊接相贯拉索节点、索撑节点等，如图 6-42 所示。

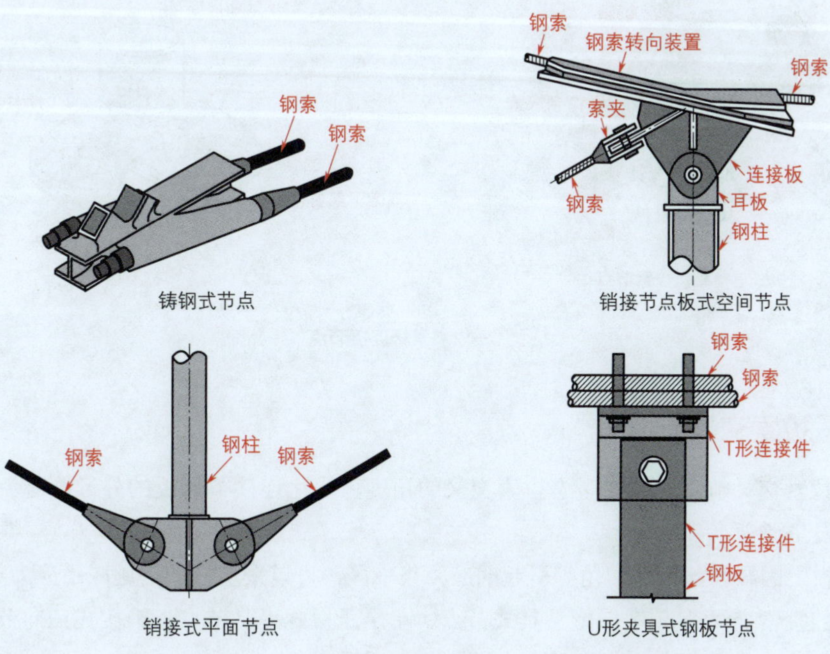

图6-42

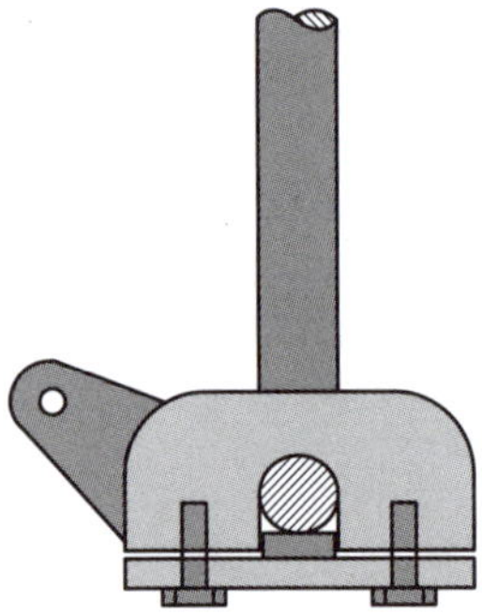

滑动索撑节点

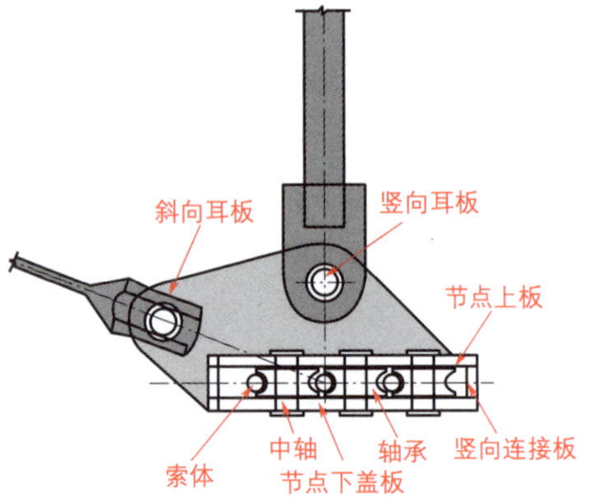

滑轮索撑节点

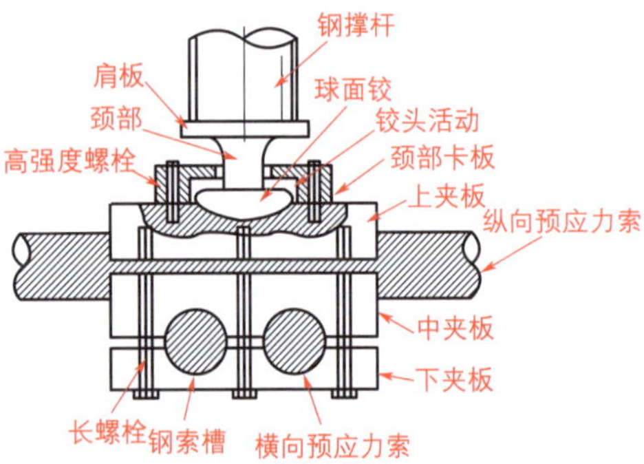

双向拉索索撑节点

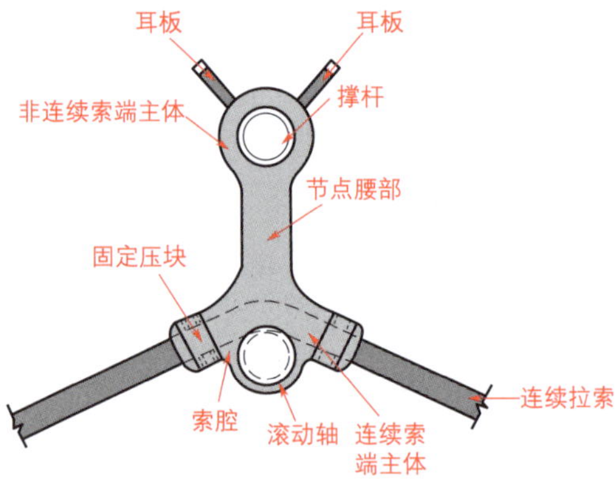

滚轴环索索撑节点

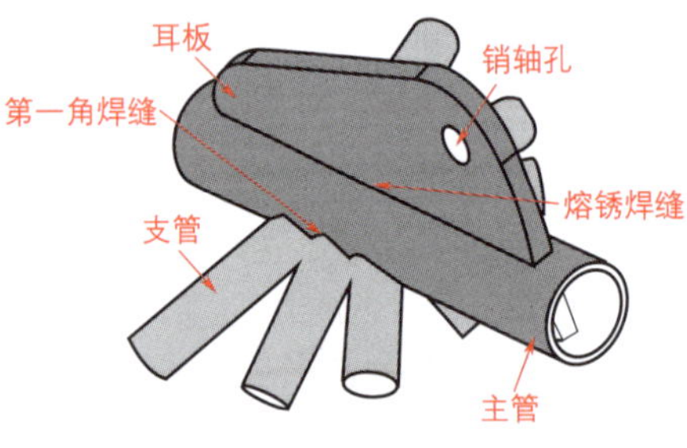

插板式焊接相贯拉索节点

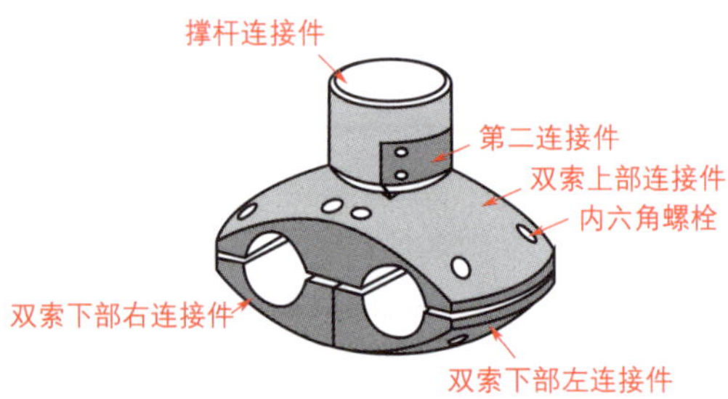

索撑节点

图6-42 索杆连接节点

6.3.23 拉索交叉节点

对于拉索交叉节点，需要考虑拉索交叉的角度，优化连接节点板的外形，避免因拉索夹角过小而发生碰撞。

节点板上因开孔、造型切角等引起的应力集中区，可以采取构造措施减小应力集中。

常见的拉索交叉节点有U形夹具式节点、单层压板式夹具节点、销接式三向节点、销接式四向节点、双层压板式夹具节点等，如图6-43所示。

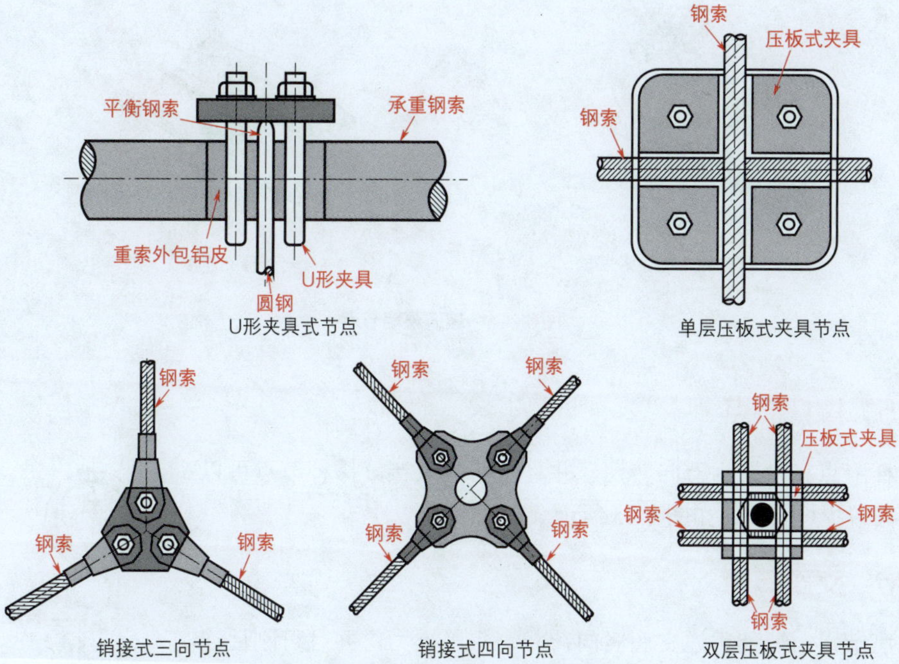

图6-43 拉索交叉节点

6.3.24 玻璃幕墙节点

用于玻璃幕墙的预应力索连接节点有：索（杆）端张拉节点、索（杆）端固定节点、转折节点、索杆连接节点、爪式夹连接交叉节点、矩形夹连接交叉节点等，如图6-44所示。

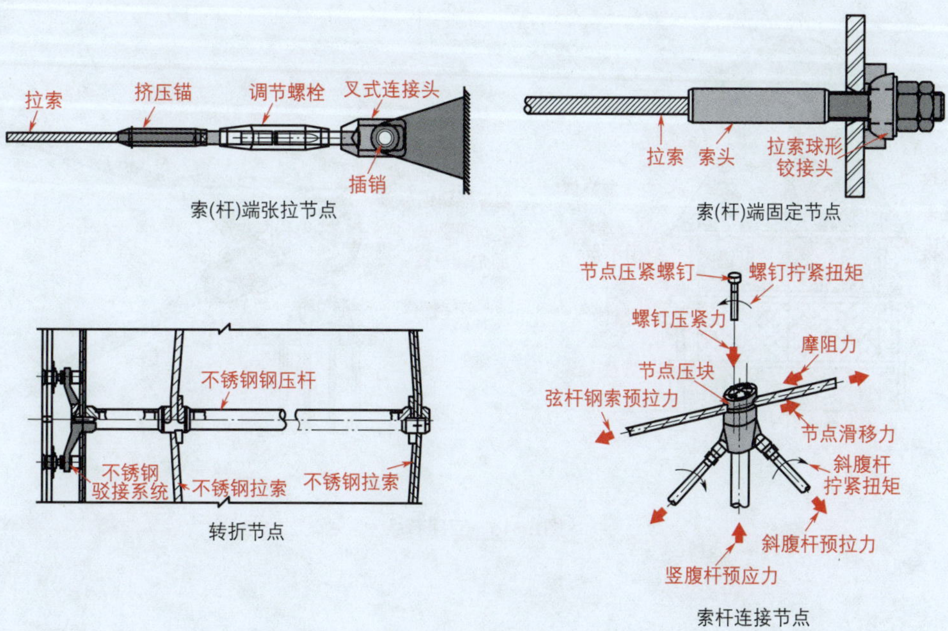

图6-44

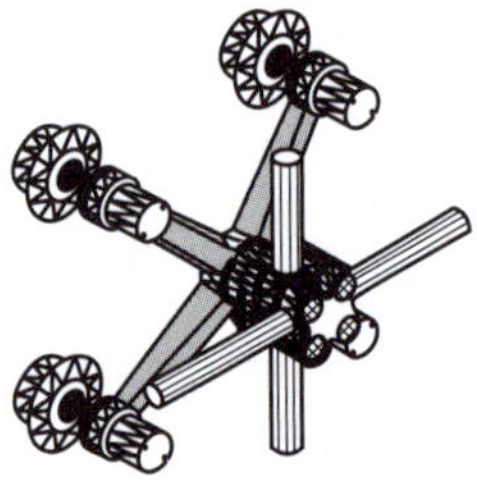

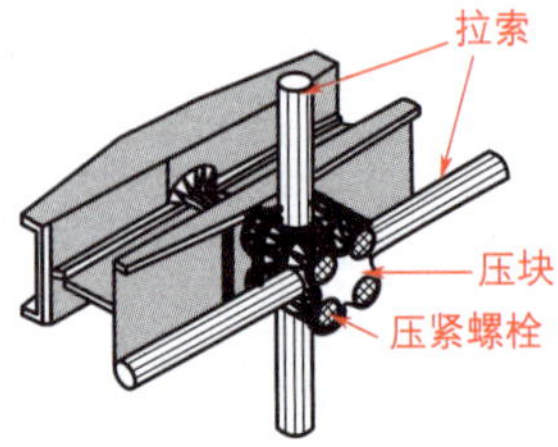

图6-44 玻璃幕墙节点

6.3.25 撑杆节点

撑杆节点宜设置为万向转动，并且宜两端铰接。撑杆节点可以采用万向铰撑杆节点，如图 6-45 所示。

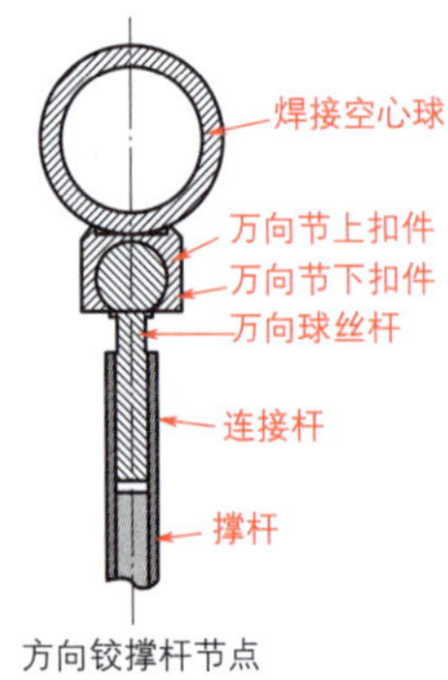

图6-45 撑杆节点

6.3.26 支座节点

支座节点需要能传递支座竖向荷载、水平推力，并且可刚性连接，也可铰接或者半刚性连接。

支座节点宜能够在预应力张拉阶段自由滑动，张拉后可固定或弹性连接。

支座节点可以采用适合多次预应力的钢结构支座、铰接支座等，如图 6-46 所示。

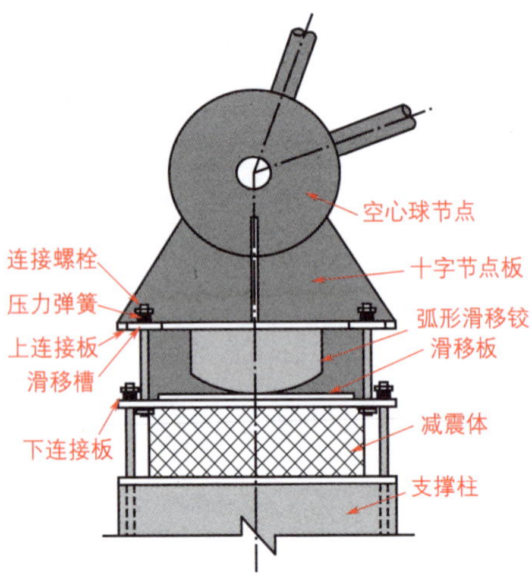

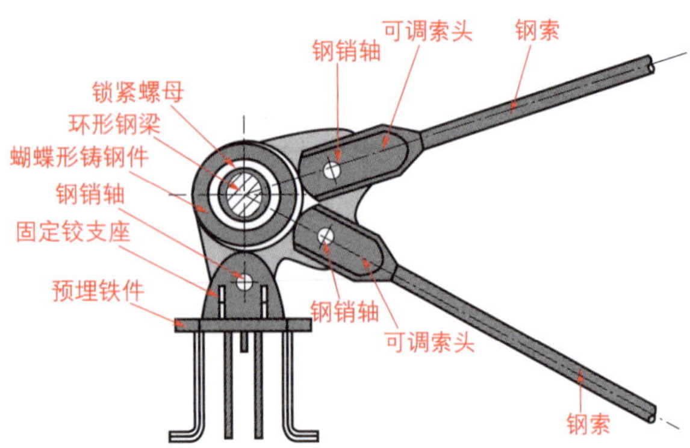

图6-46 支座节点

第 7 章
钢结构螺纹锚固单边螺栓连接技术

7.1 钢结构螺纹锚固单边螺栓连接技术的基础与要求

7.1.1 螺纹锚固单边螺栓的特点

螺纹锚固单边螺栓简称单边螺栓，是通过内螺纹螺栓孔锚固的高强度螺栓。单边螺栓需要采用等级为 8.8s、10.9s 的高强度螺栓。

螺纹锚固单边螺栓连接是指利用螺栓孔内的螺纹取代螺母，锚固螺杆的螺栓连接方式。

带有螺纹的螺栓孔，可以分为通孔、盲孔等形式。

内螺纹螺栓孔是指螺栓孔壁上具有内螺纹的螺栓孔。

单边螺栓连接副是由一个单边螺栓与一个高强度垫圈组成的一副连接紧固件，如图 7-1 所示。

单边螺栓连接副与高强度螺栓连接副不同，单边螺栓连接副不包含高强度螺母。

摩擦型连接是指依靠单边螺栓的紧固，在被连接件间产生摩擦阻力以传递剪力的连接。

承压型连接是依靠螺杆抗剪和螺杆与孔壁承压以传递剪力的连接方式。

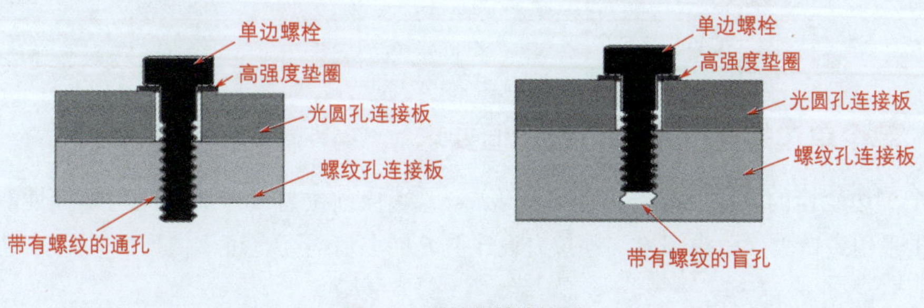

图7-1　单边螺栓连接副

知识技能小贴士

单边螺栓连接应符合连接强度不低于被连接构件强度的原则。同一连接部位中，单边螺栓连接不应与普通螺栓连接混用。单边螺栓承压型连接不应与焊接连接并用。

7.1.2 贴板的特点

为了提高开设有内螺纹螺栓孔连接板的刚度，或者增加螺纹锚固长度，应在连接板内侧设置加强板件。贴板是指设置在带有内螺纹螺栓孔连接板内侧的加强板件。

贴板示意如图 7-2 所示。

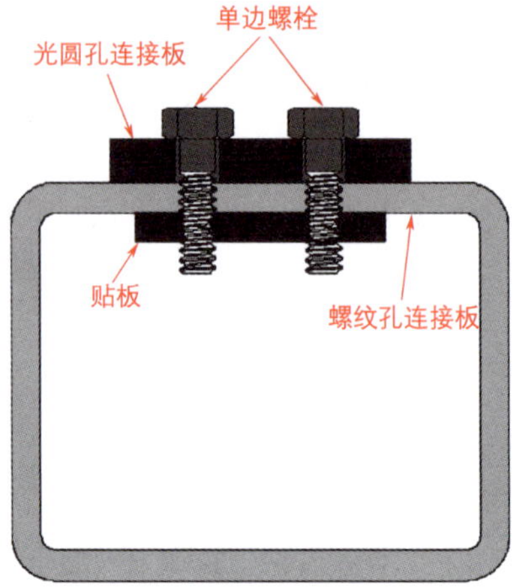

图7-2 贴板示意

知识技能小贴士

单边螺栓承压型连接允许接头滑移，并且有较大变形，故对承受动力荷载的结构以及接头变形会引起结构内力和结构刚度有较大变化的敏感构件，不应采用承压型连接。

7.1.3 单边螺栓承压型连接强度设计值要求

单边螺栓承压型连接的强度设计值的要求见表 7-1。如果采用其他钢号的连接材料，则承压强度取值需要有可靠依据。

表7-1 单边螺栓承压型连接的强度设计值的要求

螺栓的性能等级、构件钢材的牌号和连接类型			抗拉强度 f_t^b/（N/mm²）	抗剪强度 f_v^b/（N/mm²）	承压强度 f_c^b/（N/mm²）
承压型连接	单边螺栓	8.8s	400	250	—
		10.9s	500	310	—
	连接处构件	Q235	—	—	470
		Q355、Q345GJ	—	—	590
		Q390	—	—	615
		Q420	—	—	655
		Q460	—	—	695

7.1.4 单个单边螺栓的预拉力设计值要求

单个单边螺栓的预拉力设计值要求见表 7-2。螺栓预拉力设计值 P 只与螺栓性能等级有关。如果采用进口大六角头螺栓，预拉力设计值 P 的取值需要有可靠依据。

表7-2 单个单边螺栓的预拉力设计值要求　　单位：kN

螺栓的性能等级	螺栓规格						
	M12	M16	M20	M22	M24	M27	M30
8.8s	45	80	125	150	175	230	280
10.9s	55	100	155	190	225	290	355

7.1.5 钢结构螺纹锚固单边螺栓连接构造

螺纹锚固长度示意如图 7-3 所示。设有内螺纹孔的连接板厚度不宜小于 6mm。

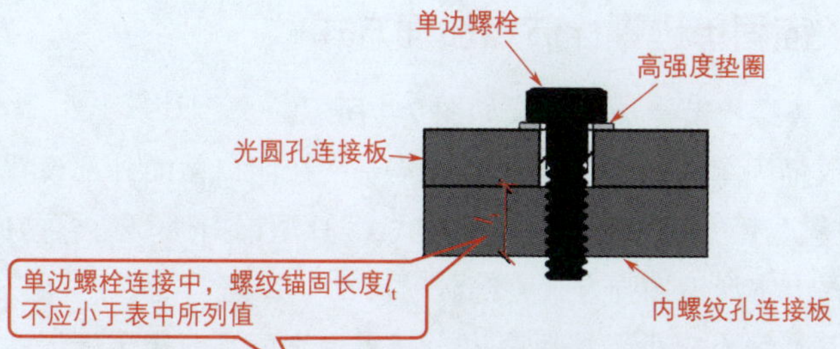

螺纹锚固长度l_t最小值

螺栓的性能等级	钢材牌号				
	Q235	Q355、Q345GJ	Q390	Q420	Q460
8.8s	1.5 d	1.0 d	0.9 d	0.9 d	0.8 d
10.9s	1.9 d	1.3 d	1.2 d	1.1 d	0.9 d

无加强措施螺纹锚固长度示意

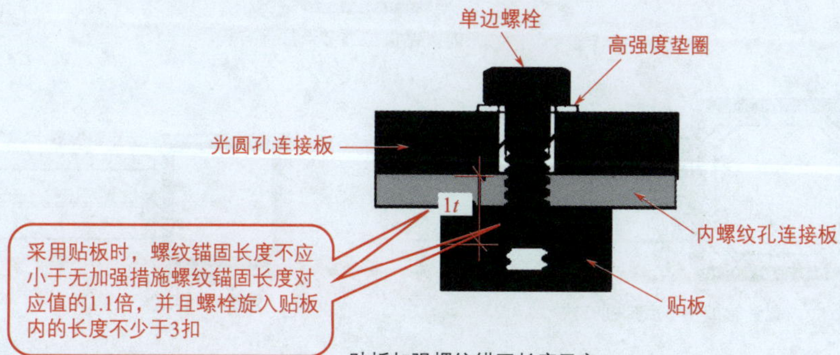

贴板加强螺纹锚固长度示意

图7-3 螺纹锚固长度示意

7.1.6 单边螺栓连接中贴板上螺栓孔孔距与边距要求

单边螺栓连接中贴板上螺栓孔孔距与边距要求见表7-3。钢板边缘与刚性构件相连的单边螺栓的最大间距，可根据表7-3中的中间排的数值确定。

表7-3 单边螺栓连接中贴板上螺栓孔孔距与边距要求

<table>
<tr><th>名称</th><th colspan="3">位置和方向</th><th>最大允许间距</th><th>最小允许间距</th></tr>
<tr><td rowspan="5">中心间距</td><td colspan="3">外排（垂直内力方向或顺内力方向）</td><td>$8d_0$或$12t$</td><td rowspan="5">$3d_0$</td></tr>
<tr><td rowspan="3">中间排</td><td colspan="2">垂直内力方向</td><td>$16d_0$或$24t$</td></tr>
<tr><td rowspan="2">顺内力方向</td><td>构件受压</td><td>$12d_0$或$18t$</td></tr>
<tr><td>构件受拉</td><td>$16d_0$或$24t$</td></tr>
<tr><td colspan="3">沿对角线方向</td><td>—</td></tr>
<tr><td rowspan="3">中心至构件边缘距离</td><td colspan="3">顺内力方向</td><td rowspan="3">$4d_0$或$8t$</td><td>$2d_0$</td></tr>
<tr><td rowspan="2">垂直内力方向</td><td colspan="2">剪切边或手工切割边</td><td rowspan="2">$1.5d_0$</td></tr>
<tr><td colspan="2">轧制边、自动气割或锯割边</td></tr>
</table>

注：d_0为单边螺栓连接光圆孔的孔径，对槽孔为短向尺寸；t为外层较薄板件的厚度。

7.1.7 钢结构螺纹锚固单边螺栓节点加强方式

钢结构螺纹锚固单边螺栓节点加强方式如图 7-4 所示。

常见的钢结构螺纹锚固单边螺栓节点加强方式有：在闭口截面外部设置套管（即外置套管加强方式）、内部设置套管（即内置套管加强方式）、H 型钢构件（即内置 H 型钢加强方式）、十字形钢构件（即内置十字形钢加强方式）等。

对于加劲构件，其高度不应小于端板高度，其翼缘宽度不应小于端板宽度，并且厚度不应小于 6mm。

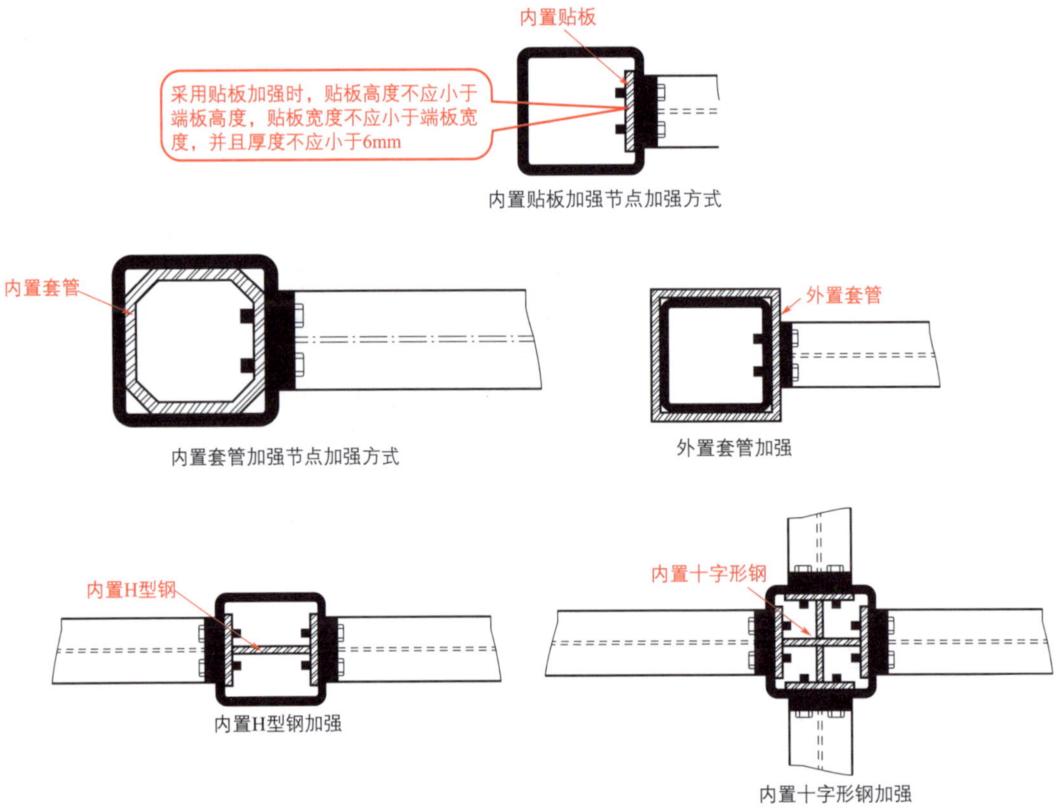

图 7-4 钢结构螺纹锚固单边螺栓节点加强方式

7.1.8 加强构件与闭口截面构件间的塞焊缝

加强构件与闭口截面构件间的塞焊缝如图 7-5 所示。

贴板或加劲构件与闭口截面构件间，宜通过塞焊缝连接，并且需要符合以下规定。

① 制作螺纹孔前，贴板或加劲构件与闭口截面构件间采用塞焊缝固定，并且根据实际情况采用不同的方式，例如内置贴板加强、内置套管加强、内置 H 型钢加强、内置十字形钢加强等。

② 塞焊孔直径不应小于闭口截面构件内螺孔直径。

③ 塞焊孔应避开螺栓孔。

④ 塞焊孔中心间距，不应大于 $12d_0$（d_0 表示螺栓孔径）或 $18t$（t 表示板件厚度），并且数量不少于 3 个（塞焊缝立面）。

⑤ 焊缝质量等级不应低于三级，焊后表面需要打磨平整。

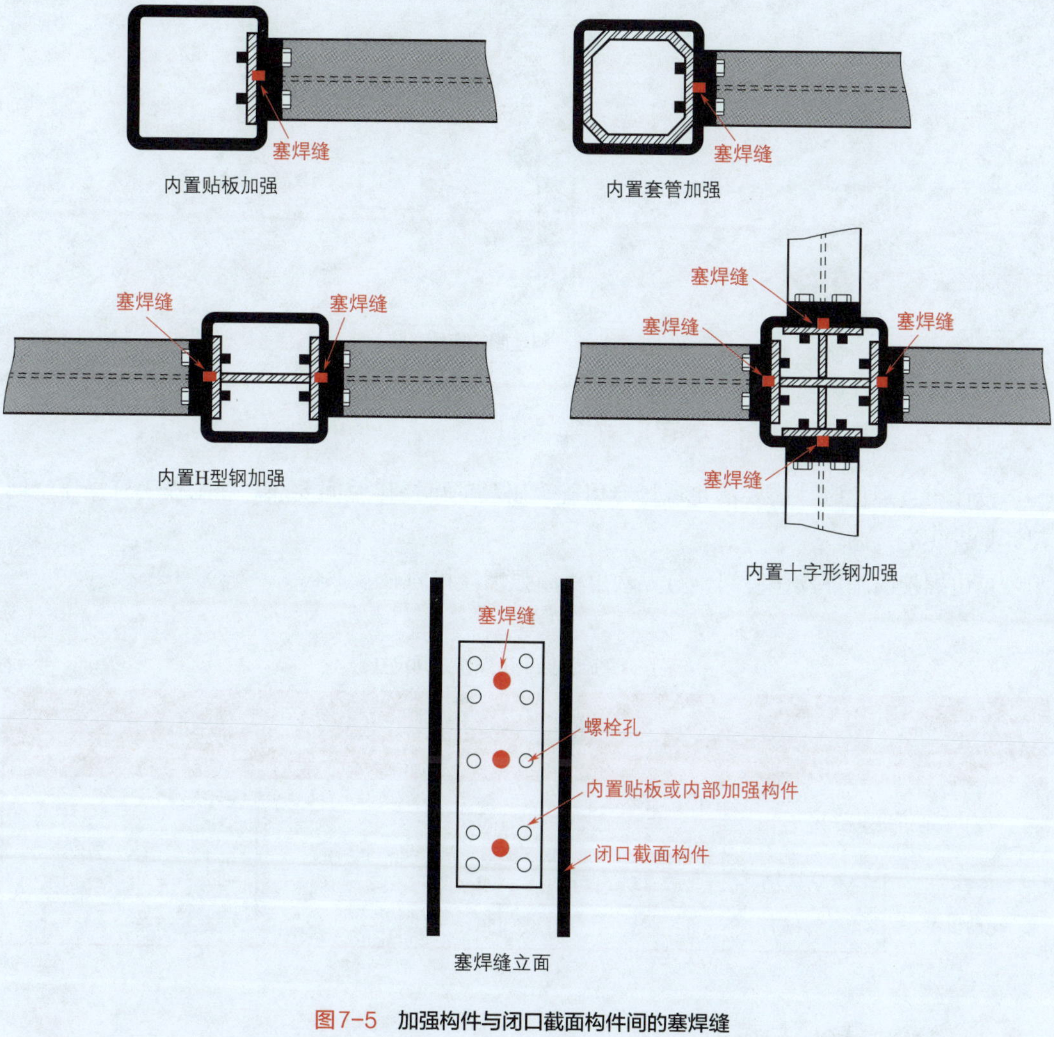

图7-5　加强构件与闭口截面构件间的塞焊缝

知识技能小贴士

端板连接节点与拼接节点一般均需要进行加强，在单边螺栓连接节点中，加强部件不仅对节点进行了加强，也对螺纹锚固长度进行了加长，进一步保证螺纹的承载力。每个杆件在单边螺栓连接节点与拼接接头的一端，其连接的螺栓数量不应少于2个。

7.1.9 斜垫圈的应用

对于钢结构螺纹锚固单边螺栓，当连接位置型钢斜面斜度大于 1/20 时，则需要采用斜垫圈，如图 7-6 所示。

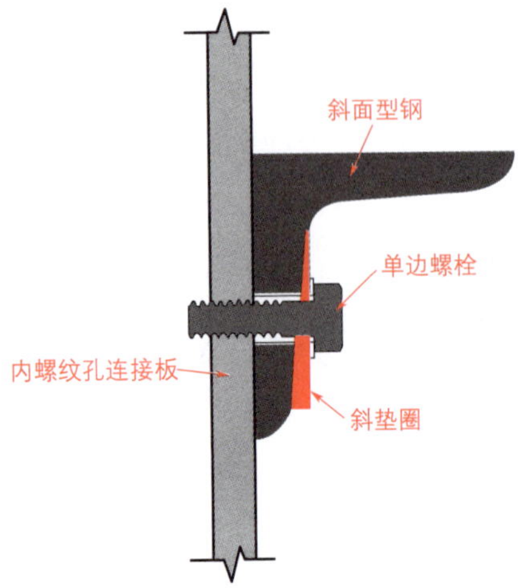

图7-6 斜垫圈的应用

7.1.10 施工扳手可操作空间尺寸

设计布置螺栓时，需要满足现场专用施工工具的可操作空间要求。施工扳手可操作空间尺寸见表7-4。

单边螺栓的施拧操作空间，与大六角头高强螺栓相同。

表7-4 施工扳手可操作空间尺寸

扳手种类		参考尺寸/mm		示意图
		a	b	
手动定扭矩扳手		$1.5d_0$且不小于45	$140+c$	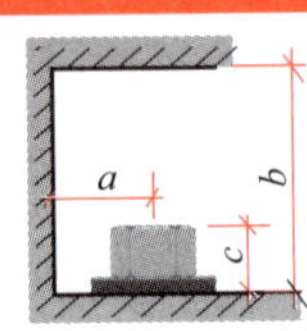
大六角电动扳手	M24及以下	45	$400+c$	
	M24以上	55	$450+c$	

知识技能小贴士

钢结构施工中，扳手可操作的空间尺寸主要取决于扳手的类型、操作环境，如图7-7所示。

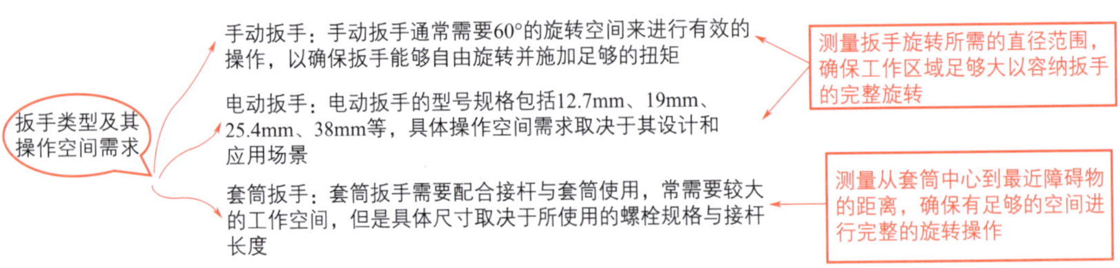

图7-7 扳手类型及其操作空间需求

7.1.11 螺栓数目应增加的情况

单边螺栓的防松，宜采用机械防松或永久防松，也可以采用摩擦防松等措施。

螺栓数目需要增加的连接情况如下。

① 构件借助板或其他中间板与另一个构件连接的螺栓数目，需要根据计算增加 10%。

② 采用搭接或拼接板的单面连接传递轴心力，因偏心引起连接部位发生弯曲时，螺栓数目需要根据计算增加 10%。

③ 构件的端部连接中，当利用短角钢连接型钢（角钢、槽钢等）的外伸肢以缩短连接长度时，在短角钢两肢中的一肢上，所用的螺栓数目需要根据计算增加 50%。

知识技能小贴士

单边螺栓常用的防松方法有机械防松、永久防松、摩擦防松。机械防松与摩擦防松，叫作可拆卸防松。永久防松也称为不可拆卸防松。永久防松措施有螺栓头点焊、螺纹黏合。采用永久防松措施的螺栓在拆卸时大多要破坏螺纹，导致螺栓无法重复使用。

摩擦防松措施有弹簧垫片防松。机械防松措施有开口销、止动垫片、串钢丝绳等。机械防松措施效果可靠，重要连接节点一般推荐使用机械防松措施。

7.1.12 连接节点的一般规定

连接节点的一般规定如下。

① 单边螺栓用于梁柱端板连接时，可以采用平齐式、外伸式、加劲外伸式。

② 梁柱端板连接中，柱壁板不应先于梁端节点破坏。

③ 端板连接接头螺栓宜成对布置，并且螺栓竖向最大间距不应大于 400mm。

④ 单边螺栓用于闭口截面构件拼接时，可以采用拼接板、外置套管、内置套管连接如图 7-8 所示。

⑤ 被连接板件为曲面时，端板、贴板、拼接板、内外套管需要与被连接板同曲率。

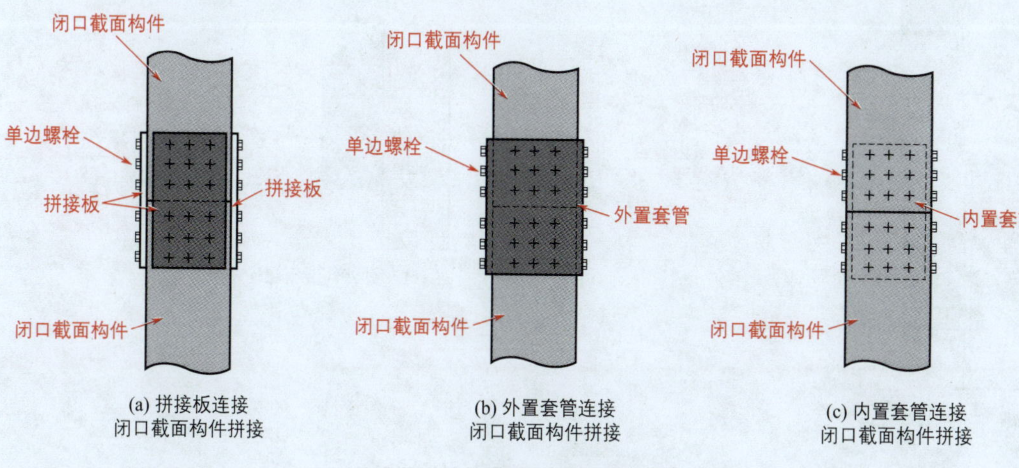

图7-8 闭口截面构件拼接节点

7.1.13 梁柱端板T形连接节点

梁柱端板 T 形连接节点要求与特点如图 7-9 所示。

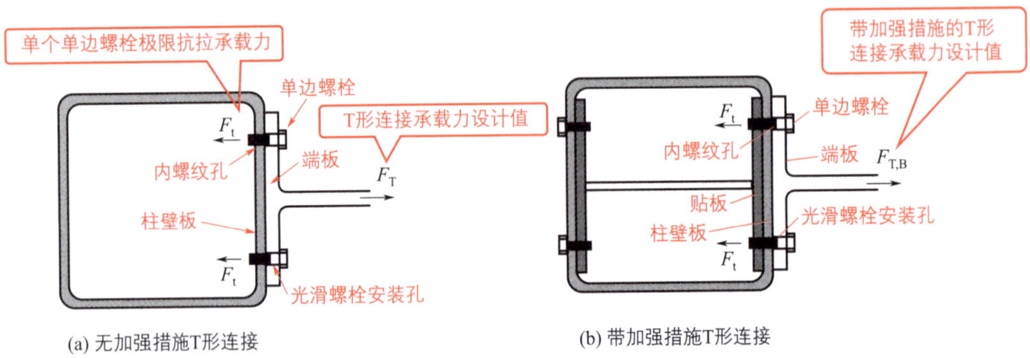

图7-9 梁柱端板T形连接节点要求与特点

梁柱端板连接节点可以采用弹塑性变形准则计算，也就是允许端板变形，并且螺栓拉力呈三角形分布，如图 7-10 所示。

① 对无端板加劲肋节点（外伸端板螺栓连接、平齐端板螺栓连接等），各排螺栓拉力与其到钢梁压翼缘中心的距离的比值，均不能超过拉翼缘下第一排螺栓拉力值与其到钢梁压翼缘中心的距离的比值。

② 对加劲外伸端板连接节点（加劲外伸端板螺栓连接等），各排螺栓拉力与其到钢梁压翼缘中心的距离的比值，均不能超过拉翼缘上排螺栓拉力值与其到钢梁压翼缘中心的距离的比值。

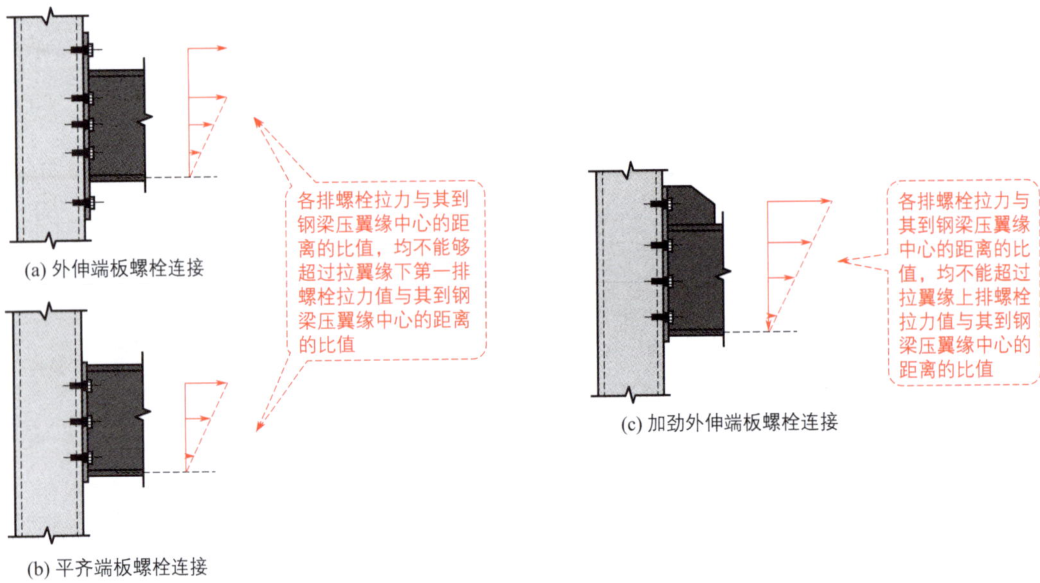

图7-10 螺栓拉力三角形分布准则

知识技能小贴士

要实现一排以上螺栓的全部抗拉强度，离节点旋转中心最远的螺栓排需要具有很好的延性。如果节点不具有优良的延性，则必须限制螺栓排的拉力，也就是任意排螺栓拉力取值与其到钢梁压翼缘中心的距离的比值均不能超过拉翼缘上排螺栓拉力值与其到钢梁压翼缘中心的距离的比值，这常被称为螺栓拉力的“三角形分布”。

7.1.14 单边螺栓拼接接头

单边螺栓拼接接头的特点与要求如下。

① 单边螺栓全栓拼接接头如图7-11所示。单边螺栓拼接接头应采用摩擦型连接，以保证连接接头的刚度。

② 单边螺栓拼接接头宜根据等强原则设计，也可根据使用要求按接头位置最大内力进行设计。

③ 对于单边螺栓拼接接头，当拼接接头设计内力明确且不变号时，可以根据使用要求按接头位置最大内力设计，其所需接头螺栓数量较少。当构件根据地震组合内力进行设计计算并控制截面选择时，需要根据现行国家标准《建筑抗震设计规范》（GB 50011）等的规定进行连接螺栓极限承载力的验算。

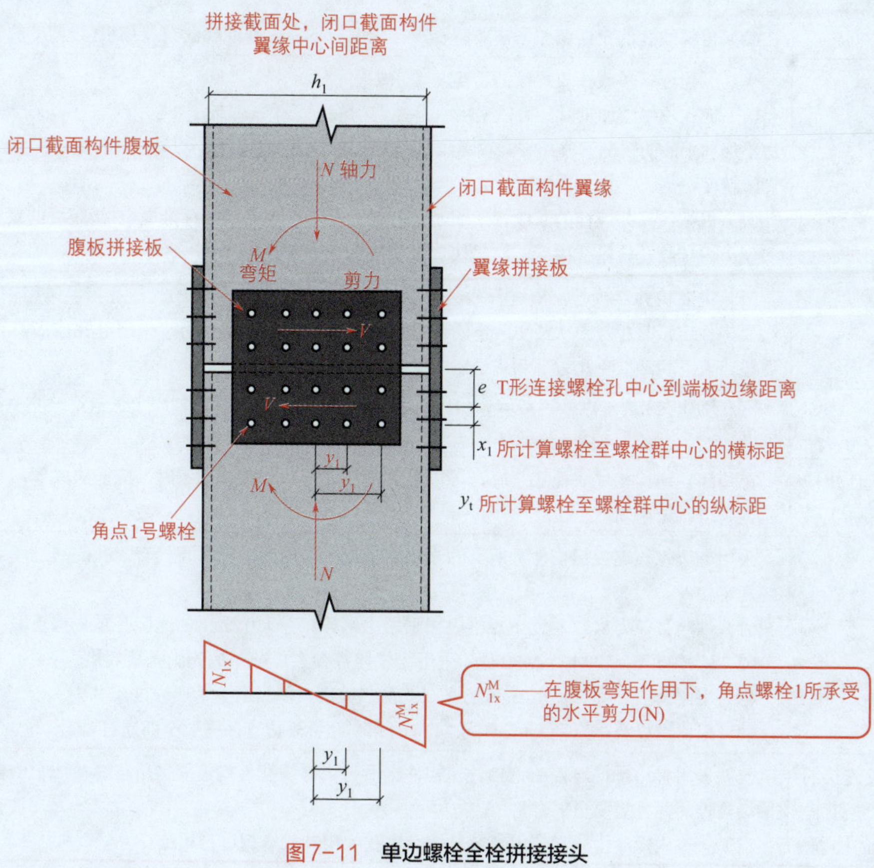

图7-11 单边螺栓全栓拼接接头

知识技能小贴士

单边螺栓闭口截面拼接接头的计算需要符合的原则如下。

① 闭口截面翼缘拼接板与拼接缝每侧的单边螺栓，要能够承受按翼缘净截面面积计算的受拉承载力。

② 闭口截面腹板拼接板与拼接缝每侧的单边螺栓，要能够承受腹板截面的全部剪力与根据刚度分配到拼接板上的弯矩。

③ 单边螺栓在弯矩作用下的内力分布需要符合平面假定。

④ 根据等强原则计算腹板拼接时，需要根据腹板净截面承载力等强计算。

7.1.15 单边螺栓技术施工连接构件的制作特点与要求

单边螺栓技术施工连接构件的制作特点与要求见表 7-5。

表7-5 单边螺栓技术施工连接构件的制作特点与要求

项目	解释
单边螺栓连接构件的螺栓孔的特点与要求	螺纹是机械零件连接最常见的方法之一，螺纹孔加工有必要的要求 单边螺栓连接构件的螺栓孔的特点与要求如下 （1）光圆孔制孔允许偏差、孔距允许偏差，需要符合现行行业标准有关钢结构高强度螺栓的有关要求 （2）内螺纹孔的允许偏差，需要符合现行国家标准有关普通螺纹公差等6H级精度的要求
单边螺栓连接板底孔攻螺纹的特点与要求	单边螺栓连接板底孔攻螺纹的特点与要求如下 （1）底孔攻螺纹加工时，可以采用水溶性切削液。如果气温低于0℃，则应有防冻措施，不得在不加切削液的情况下攻螺纹。攻螺纹过程中注意切削液的使用，以防止丝锥磨损严重，影响攻螺纹精度 （2）内螺纹应与螺栓的螺纹相匹配，公差带需要符合现行国家标准中6H级精度的要求 （3）内螺纹孔检验合格后，应尽快旋入橡胶保护塞进行保护
主要构件、次要构件的冲孔	（1）主要构件连接与需要进行疲劳计算的构件，构件连接位置的光圆孔需要采用钻孔成形。次要构件连接且板厚不大于12mm的连接，连接位置的光圆孔，可以采用冲孔成形，孔边要无飞边、无毛刺，以免孔边毛刺飞边影响摩擦面板层密贴 （2）板件较厚时，冲孔工艺会使孔边产生微裂纹、变形，钢板表面的不平整会降低钢结构疲劳强度
单边螺栓连接构件底孔加工	单边螺栓连接构件底孔加工时，可以采用钻孔成形。攻螺纹加工时，应一次成形，并且孔边应无飞边、无毛刺
单边螺栓连接钢构件上所有的光圆孔的检查	采用单边螺栓连接钢构件上所有的光圆孔，均应采用光圆孔量规检查，孔的通过率需要符合的规定如下 （1）螺栓直径为M22及以下规格时，采用比螺栓直径大0.2mm的光圆孔量规检查 （2）螺栓直径为M24～M30时，采用比螺栓直径大0.3mm的光圆孔量规检查 （3）用比孔的公称直径小1mm的光圆孔量规检查，每组至少需要通过85% （4）用比螺栓公称直径大0.2～0.3mm的光圆孔量规检查，需要全部通过
单边螺栓连接的钢构件上所有内螺纹孔的检查	（1）采用单边螺栓连接的钢构件，构件上所有内螺纹孔，均需要采用与螺栓配套的标准螺纹量规检查，并且需要全部合格 （2）一般内螺纹检验常使用螺纹量规，底孔使用针式塞规进行检验

续表

项目	解释
单边螺栓连接的钢构件上所有内螺纹孔的检查	（3）使用螺纹量规，可以快速检验出螺纹孔是否滑丝、丝紧、漏攻螺纹等不良状况 （4）螺纹量规两端分别为通端、止端。使用螺纹量规检验螺纹孔时，通端需完全旋入螺纹孔内，止端旋入螺纹孔内不可超过2圈，方可判定该螺纹孔合格 （5）对于盲孔，螺纹量规还可以检验其攻螺纹深度，螺纹量规旋入盲孔内的圈数乘以螺距，即为相应盲孔的攻螺纹深度
光圆孔的扩钻或补焊	（1）凡光圆孔量规或螺纹量规不能通过的孔，则必须经施工图设计等单位同意后，才可以扩钻或补焊后重新钻孔或攻螺纹 （2）光圆孔扩钻后的孔径不应超过1.2倍螺栓直径，并且底孔应根据大一规格螺栓直径扩孔攻螺纹 （3）补焊时，需要用与母材相匹配的焊条补焊，严禁用钢块、钢筋、焊条等填塞。每组孔中经补焊重新钻孔的数量不得超过本组螺栓数量的20%，并且重新攻螺纹需要采用原有工艺
单边螺栓连接位置钢板的表面处理方法、除锈	（1）单边螺栓连接位置的钢板表面处理方法、除锈等级，需要符合设计等要求 （2）连接位置钢板表面需要平整、无焊接飞溅、无毛刺、无油污。如果钢板表面不平整，有焊接飞溅、毛刺等，会使板面不密贴，影响螺栓连接的受力性能。如果板面上有油污，会大幅度降低摩擦面的抗滑移系数 （3）经处理后的摩擦型单边螺栓连接的摩擦面抗滑移系数，需要符合设计等要求 （4）表面处理方法不同，会直接影响摩擦面的抗滑移系数的取值
单边螺栓连接副载荷检验	（1）单边螺栓连接副，需要进行扭矩系数、螺栓楔负载试验，并且试验检验方法和结果需要符合现行国家标准有关高强度大六角头螺栓、大六角螺母、垫圈等有关规定要求 （2）螺栓运到工地后，需要根据规定进行有关性能的复验。合格后才可以使用 （3）螺栓实物最小载荷检验，可以用专用卡具将螺栓实物置于拉力试验机上进行拉力试验 （4）单边螺栓连接副的扭矩系数实验取样要求：出厂检验按批进行 （5）同一性能等级、材料、炉号、螺纹规格、长度（螺栓长度≤100mm时，长度相差≤15mm；螺栓长度＞100mm时，长度相差≤20mm，则可视为同一长度）、机械加工、热处理工艺、表面处理工艺的螺栓为同批 （6）同一性能等级、材料、炉号、规格、机械加工、热处理工艺、表面处理工艺的垫圈为同批 （7）分别由同批螺栓、垫圈组成的连接副为同批连接副

知识技能小贴士

加工单边螺栓连接构件盲孔时，螺栓孔的总深度应比螺栓杆长度大3～5扣。经处理后的单边螺栓连接处摩擦面，需要采取保护措施，以防止沾染脏物与油污，并且严禁在螺栓连接位置摩擦面上做标记。单边螺栓连接位置钢板表面上，如果沾染脏物、油污，会大幅度降低板面的抗滑移系数，从而影响螺栓连接的承载能力。单边螺栓连接副扭矩系数复验是进场验收中的主控项目，需要重视。

7.1.16 单边螺栓连接技术储运与保管的相关要求

单边螺栓连接技术储运与保管的要求与规定如下。

① 单边螺栓连接副由一个高强螺栓、一个高强度垫圈等组成，使用组合时需要符合相关规定，见表7-6。

表7-6 单边螺栓连接副组合

螺栓	垫圈
8.8s	HRC 35 ～ 45
10.9s	HRC 35 ～ 45

② 单边螺栓连接副应根据批配套进场，并且附有出厂质量保证书。单边螺栓连接副应在同批内配套使用。单边螺栓连接副的质量是影响螺栓连接安全性的重要因素，必须达到螺栓标准中技术条件等要求。不符合技术条件的产品，不得使用。

③ 单边螺栓连接副在运输、保管过程中，需要轻装轻卸，以防止损伤螺纹。螺纹损伤后，会改变螺栓连接副的扭矩系数或紧固轴力。

④ 单边螺栓连接副需要根据包装箱上注明的批号、规格分类保管。室内存放和堆放时需要有防生锈、防潮湿、防沾染脏物等措施。

⑤ 单边螺栓连接副在安装使用前，严禁随意开箱，这样可确保螺栓连接副使用时同批。单边螺栓连接副在安装使用前，应尽可能保持出厂状态，以保证扭矩系数或紧固轴力不发生变化。

⑥ 单边螺栓连接副的保管时间不应超过 6 个月。如果保管时间超过 6 个月后使用时，则必须根据要求重新进行扭矩系数或紧固轴力试验，并且检验合格后，才可以使用。

7.1.17 单边螺栓连接技术的安装要求

单边螺栓连接技术的安装要求如下。

① 单边螺栓安装时，需要采取必要措施，以保证安装精度、结构构件的安全。

② 螺纹锚固单边螺栓长度，需要保证在终拧后，通孔外露丝扣为 2 ～ 3 扣，盲孔剩余丝扣为 3 ～ 5 扣。

③ 安装过程中，在拆除吊钩前每个节点上需要安装的单边螺栓数量，应能够承担安装时的荷载，并且符合如下规定。

a. 拆除吊钩前，安装的单边螺栓数量不宜少于螺栓孔总数的 20%。

b. 拆除吊钩前，安装的单边螺栓数量不得少于 2 个。

④ 安装过程中，不得使螺纹损伤，不得使用沾染脏物的单边螺栓连接副。螺纹损伤、沾染脏物的单边螺栓连接副其扭矩系数会大幅度变大，在同样的终拧扭矩下达不到螺栓设计预拉力，会直接影响连接的安全性。

⑤ 安装单边螺栓时，严禁强行拧入。如果不能自由拧入，则应用螺纹量规进行检验。检验通过后，更换单边螺栓连接副并重新拧入。如果强行拧入螺栓，则会损伤螺纹，影响扭矩系数，从而达不到设计预拉力的要求。

⑥ 安装单边螺栓时，构件的摩擦面需要保持干燥。

⑦ 对于单边螺栓，采用扭矩法施工时，影响施工预拉力的因素有扭矩系数、拧紧机具、扭矩值等。

⑧ 单边螺栓施工所用的扭矩扳手需要班前校正，扭矩扳手的扭矩相对误差为 ±5%，合格后才能够使用。校正用的扭矩扳手的扭矩相对误差应为 ±3%。

⑨ 单边螺栓连接副的拧紧分为初拧、终拧。对于大型节点，应分为初拧、复拧、终拧。

⑩ 单边螺栓连接副拧紧时，初拧扭矩、复拧扭矩应为终拧扭矩的 50% 左右。初拧、复拧后的单边螺栓，应用颜色在栓杆头上做标记。终拧后的单边螺栓，应用另一种颜色在栓杆头上做标记。

⑪ 单边螺栓连接副的初拧、复拧、终拧宜在一天内完成。

⑫ 由于连接处钢板不平整，致使先拧与后拧的螺栓预拉力有很大的差别。为了克服这种现象，应提高拧紧预拉力的精度，使各螺栓受力均匀。

⑬ 当单排（列）螺栓数量超过 15 个时，则可认为是大型接头，需要进行复拧。

⑭ 对于露天使用、接触腐蚀性气体的钢结构，在单边螺栓拧紧检查验收合格后，连接处板缝可以用腻子封闭。

⑮ 在工厂制造单边螺栓连接副时，虽经表面防锈处理，有一定的防锈能力，但是不能满足长期使用的防锈要求。因此，经检查合格后的单边螺栓连接位置，防腐、防火需要根据设计等要求涂装。

7.2 连接板、翼缘的有效长度、有效宽度

7.2.1 双螺栓连接端板与圆形屈服模式下的屈服参数

双螺栓连接端板示意如图 7-12 所示。圆形屈服模式如图 7-13 所示。圆形屈服模式是指在材料力学中，当材料受到均匀压力时，其屈服面呈现为圆形。

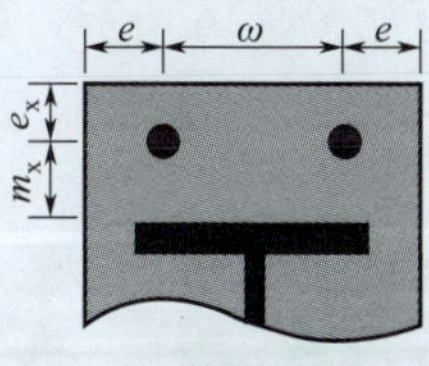

图7-12　双螺栓连接端板示意

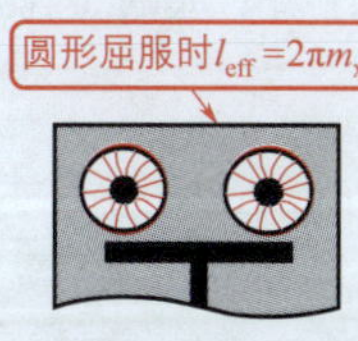

图7-13　圆形屈服模式

7.2.2 单排螺栓连接T形板屈服线有效长度

双螺栓连接等效 T 形板连接示意如图 7-14 所示。其中，e 表示偏心距。

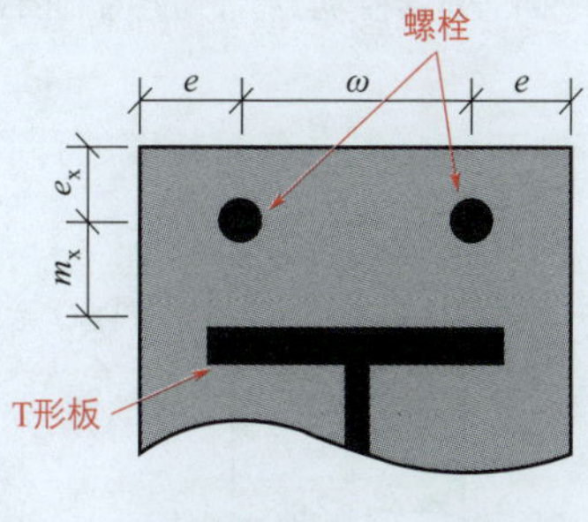

图7-14　双螺栓连接等效 T 形板连接示意

双螺栓连接无加劲肋 T 形板屈服线有效长度的计算如图 7-15 所示。

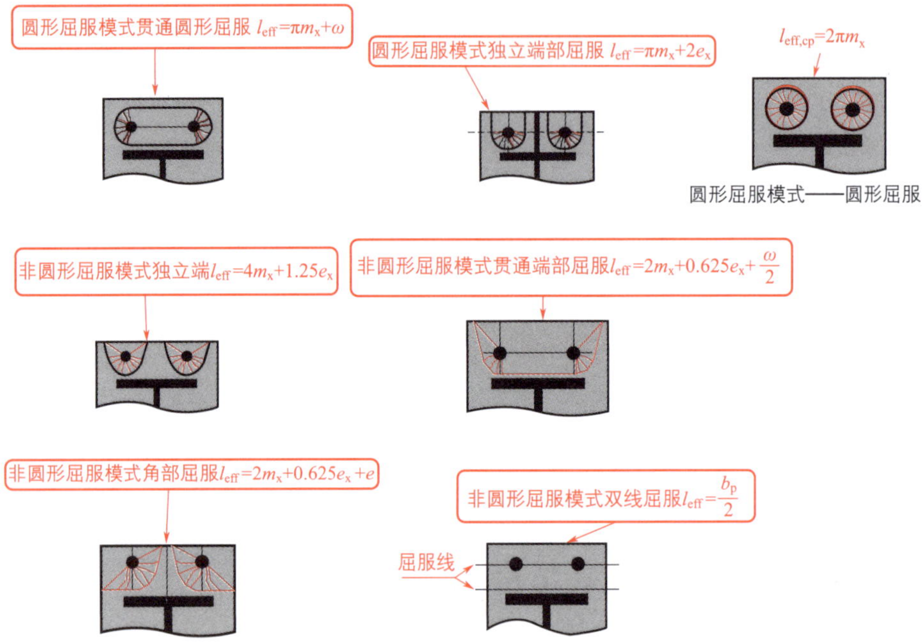

图7-15 双螺栓连接无加劲肋T形板屈服线有效长度的计算

l_{eff}—屈服线有效长度；m—T 形板螺栓孔至塑性铰的距离

7.2.3 双螺栓连接柱顶或有加劲板的T形板屈服线有效长度

双螺栓连接柱顶或有加劲板的 T 形板连接示意如图 7-16 所示。

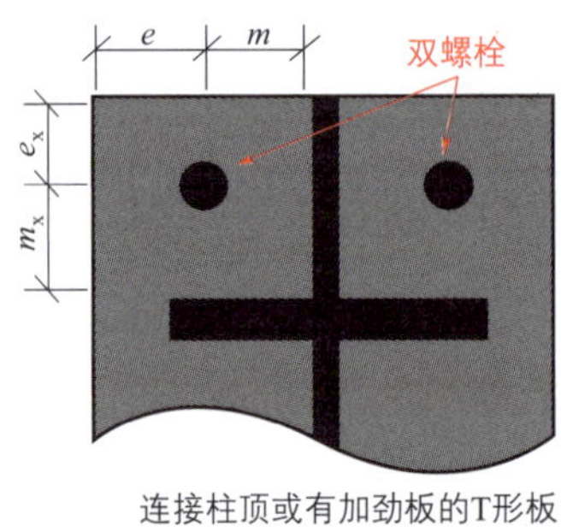

图7-16 双螺栓连接柱顶或有加劲板的T形板连接示意

双螺栓连接柱顶或有加劲板的 T 形板产生有效长度的计算如图 7-17 所示。

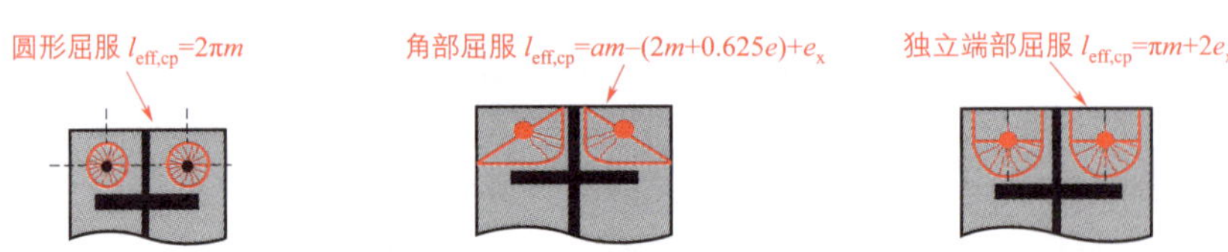

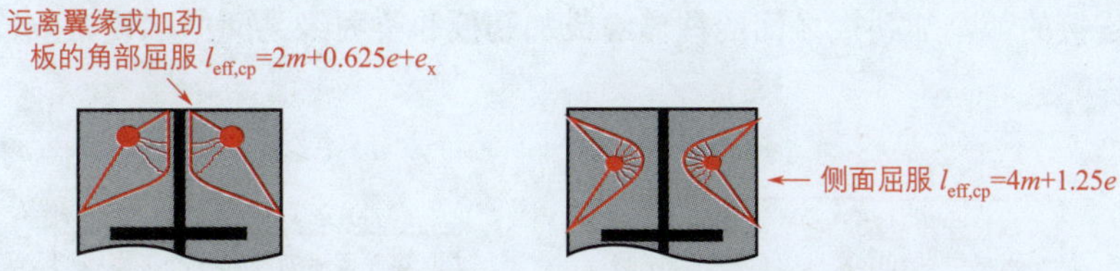

图7-17 双螺栓连接柱顶或有加劲板的T形板产生有效长度的计算

a—间距

7.2.4 双螺栓连接在加劲肋下柱翼缘或梁翼缘下端板屈服线有效长度

双螺栓连接在加劲肋下柱翼缘或梁翼缘下端板示意如图 7-18 所示。

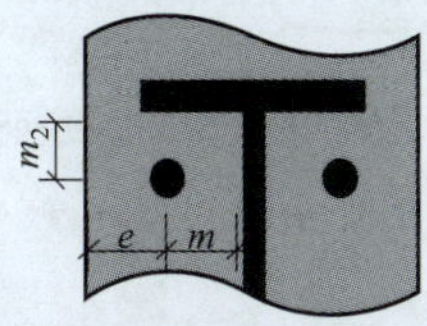

图7-18 双螺栓连接在加劲肋下柱翼缘或梁翼缘下端板示意

双螺栓连接在加劲肋下柱翼缘或梁翼缘下端板产生有效长度的计算如图 7-19 所示。

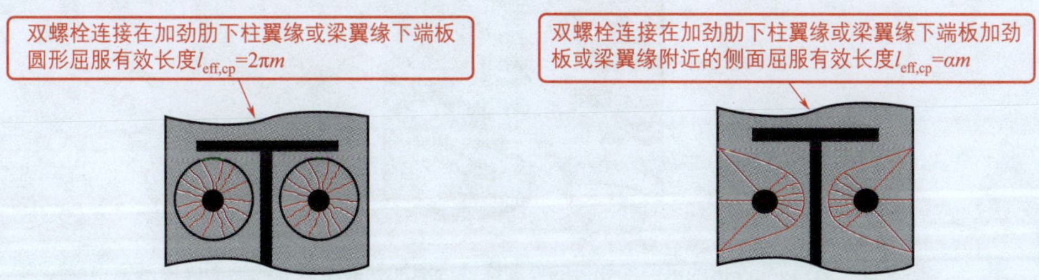

图7-19 双螺栓连接在加劲肋下柱翼缘或梁翼缘下端板产生有效长度的计算

7.2.5 双螺栓连接的两个加劲板之间的柱翼缘或加劲板和梁翼缘之间的端板

双螺栓连接的两个加劲板之间的柱翼缘或加劲板和梁翼缘之间的端板如图 7-20 所示。

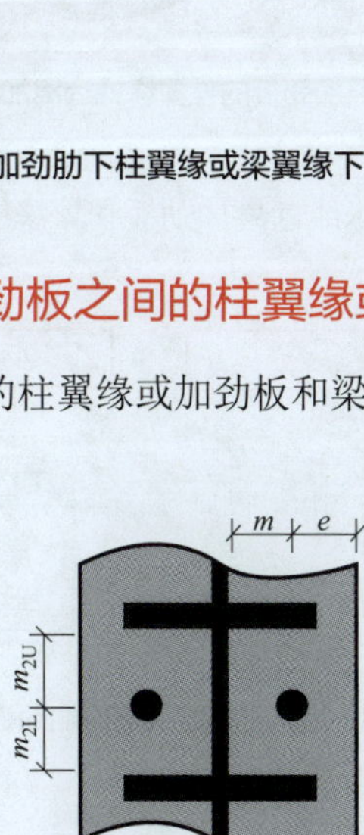

图7-20 双螺栓连接的两个加劲板之间的柱翼缘或加劲板和梁翼缘之间的端板

双螺栓连接的两个加劲板之间的柱翼缘或加劲板和梁翼缘之间的端板有效长度的计算如图 7-21 所示。

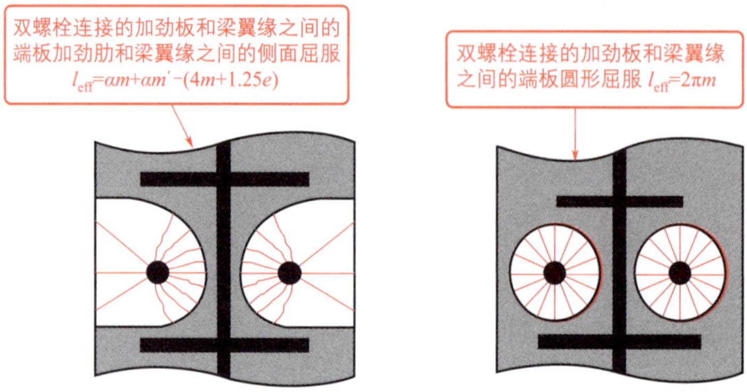

图7-21 双螺栓连接的两个加劲板之间的柱翼缘或加劲板和梁翼缘之间的端板有效长度的计算

7.2.6 双螺栓连接的远离加劲板的柱翼缘或远离加劲板和翼缘的端板

双螺栓连接的远离加劲板的柱翼缘或远离加劲板和翼缘的端板连接示意如图 7-22 所示。

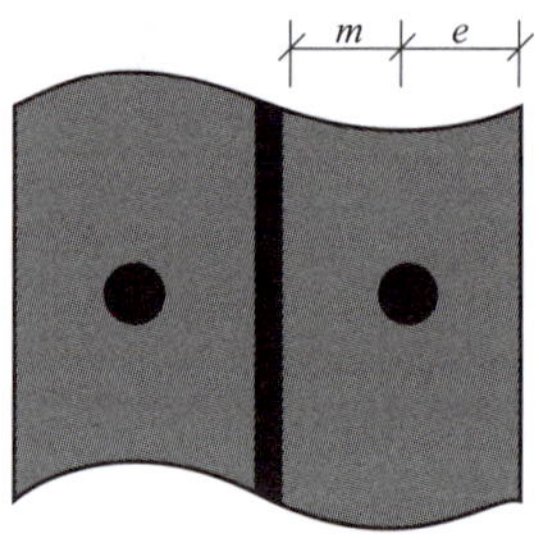

图7-22 双螺栓连接的远离加劲板的柱翼缘或远离加劲板和翼缘的端板连接示意

双螺栓连接的远离加劲板的柱翼缘或远离加劲板和翼缘的端板有效长度的计算如图 7-23 所示。

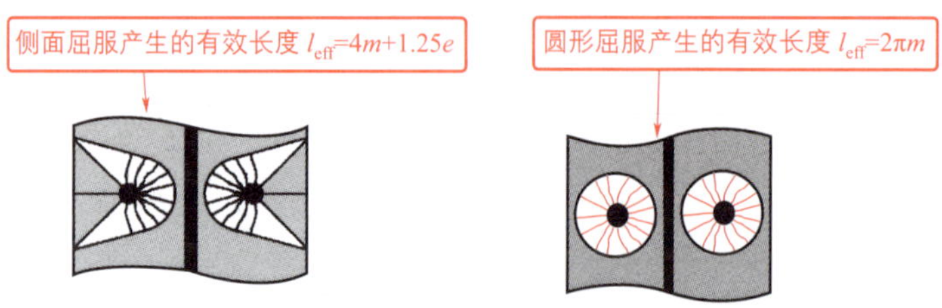

图7-23 双螺栓连接的远离加劲板的柱翼缘或远离加劲板和翼缘的端板有效长度的计算

7.2.7 顶部螺栓连接处翼缘示意

顶部螺栓连接处翼缘示意如图 7-24 所示。

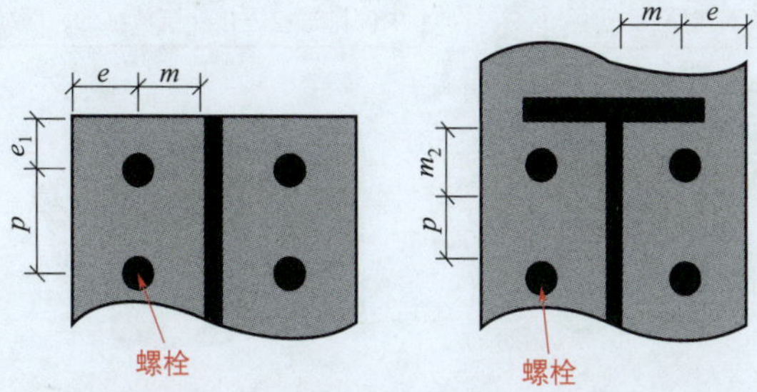

图7-24 顶部螺栓连接处翼缘示意

顶部螺栓连接处翼缘有效宽度的计算如图 7-25 所示。

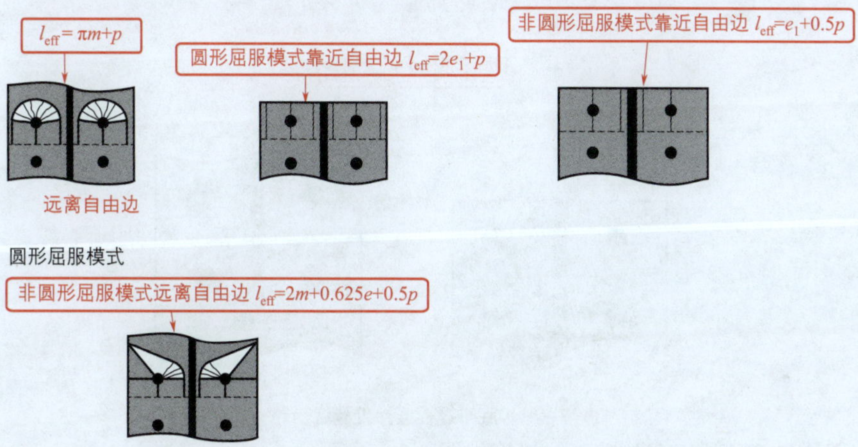

图7-25 顶部螺栓连接处翼缘有效宽度的计算

7.2.8 中间排螺栓连接处翼缘

中间排螺栓连接处翼缘示意如图 7-26 所示。

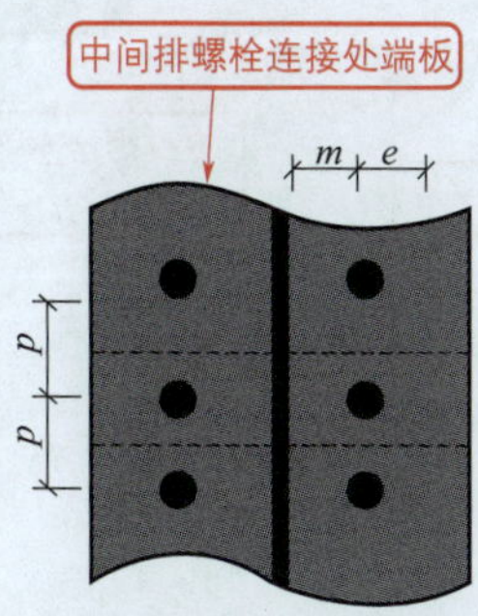

图7-26 中间排螺栓连接处翼缘示意

中间排螺栓连接处翼缘有效宽度的计算如图 7-27 所示。

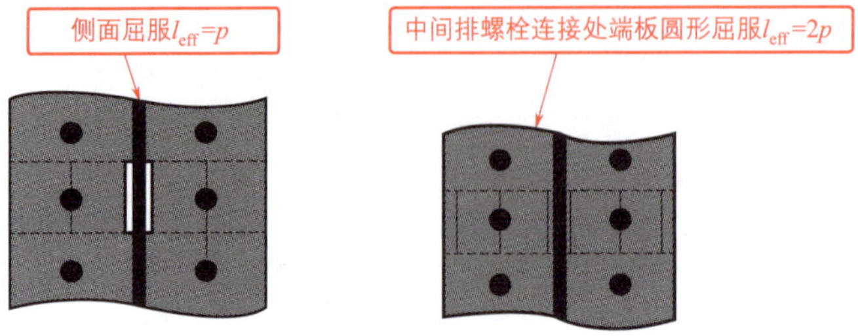

图7-27 中间排螺栓连接处翼缘有效宽度的计算

7.2.9 底排螺栓连接处翼缘

底排螺栓连接处翼缘示意如图 7-28 所示。

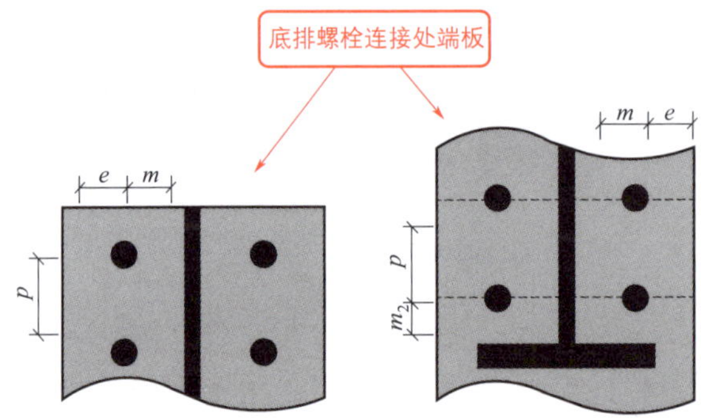

图7-28 底排螺栓连接处翼缘示意

底排螺栓连接处翼缘有效宽度的计算如图 7-29 所示。

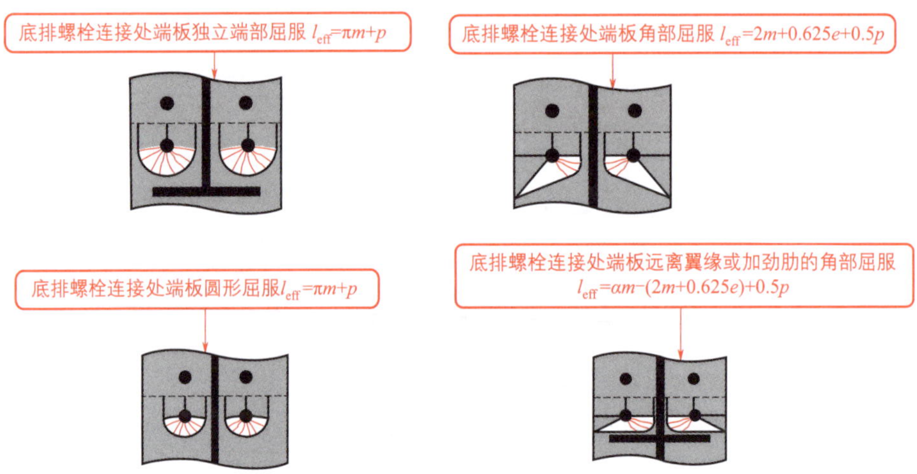

图7-29 底排螺栓连接处翼缘有效宽度的计算

第 8 章 拱形钢结构技术与大型钢结构件焊接技术

8.1 拱形钢结构技术

8.1.1 拱形钢结构技术有关术语与解说

拱形钢结构是以拱轴线为二维曲线（例如圆弧形、抛物线形、悬链线形、椭圆线形等），依靠拱脚推力来抵抗拱轴平面内荷载作用的实腹式截面或开孔截面的钢拱、钢管桁架拱、索拱、钢管混凝土拱的总称。拱形钢结构技术有关术语与解释见表 8-1。

表 8-1 拱形钢结构技术有关术语与解释

术语	解释
拆撑	拆撑是采用临时支撑进行安装的钢结构工程，构件安装完毕后按照一定顺序逐步拆除临时支撑的过程
城市人行桥	城市人行桥是跨越道路、供行人通行的桥梁结构，主要承受自重荷载、风雪荷载、行人荷载等
等代梁	等代梁是具有与拱形结构相同跨度、承受相同竖向荷载的简支梁
腹板开孔钢拱	腹板开孔钢拱是截面腹板有开孔（洞）的一种钢拱
钢管桁架拱	钢管桁架拱是采用圆管或方（矩）管构成的平面或立体桁架所形成的一种钢拱
钢管混凝土拱	钢管混凝土拱是由钢管混凝土构件组成的一种拱形结构
钢管混凝土桁架拱	钢管混凝土桁架拱是由钢管混凝土构件组成的桁架拱形结构
两铰拱	两铰拱是拱脚为铰接的拱形结构
三铰拱	三铰拱是拱脚为铰接且拱体有一个铰接节点（一般位于拱顶）的拱形结构
设计位形	设计位形是从设计图纸中确定的构件或节点的空间位置坐标，是结构施工完毕的目标位形
施工变形预调值	施工变形预调值是结构安装时构件或节点的位形与设计位形的坐标差值。按照施工变形预调值安装结构，其成型状态能满足设计位形的要求
实腹式截面拱	实腹式截面拱是截面腹板无开孔削弱的一种钢拱
矢高	矢高是拱形结构轴线顶点到两拱脚连线的距离
矢跨比	矢跨比是拱形结构轴线顶点到两拱脚连线的距离与拱脚间跨度的比值
索拱	索拱是将拉索根据一定规则布置，与拱体结合形成的结构体系
无铰拱	无铰拱是拱体无铰且拱脚固定的拱形结构
跃越屈曲	跃越屈曲是拱形结构在外荷载作用下由于拱轴线压缩变形，导致拱在平面内由上凸的位形突然失去稳定，转变为下凹的位形

8.1.2 拱形钢结构技术材料——钢材

拱形钢结构技术中钢材材料的特点与要求如下。

① 拱形钢结构宜采用Q345、Q390、Q420、Q460钢材，其质量与性能需要符合现行国家标准《碳素结构钢》（GB/T 700）、《低合金高强度结构钢》（GB/T 1591）等相关规定。

② 拱形钢结构处于侵蚀性介质的外露环境或对耐腐蚀有特别要求时，可以采用符合现行国家标准《耐候结构钢》（GB/T 4171）的焊接耐候钢。

③ 拱形钢结构所用钢材，需要具有抗拉强度、伸长率、屈服强度、硫磷含量合格保证，对焊接结构尚应有碳当量的合格保证。焊接承重结构、重要的非焊接承重结构采用的钢材，还需要具有冷弯试验的合格保证。对需要验算疲劳的结构所用钢材，还需要有冲击韧性的合格保证。

④ 承受地震作用并且可能进入弹塑性工作状态的拱形钢结构构件，其钢材性能还需要符合屈强比不大于0.85、伸长率不小于20%且具有良好的可焊性与合格的冲击韧性等附加性能要求。

⑤ 拱形钢结构中，厚度大于或等于40mm的钢板，因焊接约束力与工作拉应力作用，在沿板厚方向承受较大拉应力时，需要根据现行国家标准《厚度方向性能钢板》（GB 5313）等规定，附加保证厚度方向性能要求，并且其板厚方向的断面收缩率不应小于15%。

⑥ 拱形钢结构可采用焊接或轧制型材与管材。当采用钢管时，需要符合的规定如下。

a. 圆钢管宜选用符合质量合格的直缝电焊钢管，并且其规格宜符合要求。

b. 圆钢管选用热轧无缝钢管时，其材质、性能等需要符合现行国家标准有关结构用无缝钢管的规定。

c. 矩形钢管宜选用质量合格的焊接矩形钢管，并要为Ⅰ级产品。

⑦ 索拱结构中的锚具材料，需要符合现行国家标准《优质碳素结构钢》（GB/T 699）、《合金结构钢》（GB/T 3077）、《一般工程用铸造碳钢件》（GB/T 11352）等相关规定。

⑧ 拱形钢结构所用铸钢节点，其钢材牌号、质量、性能等技术条件，需要符合现行国家标准《焊接结构用铸钢件》（GB/T 7659）等相关规定。

知识技能小贴士

索拱结构中的索体，可以采用钢丝绳、钢绞线索、钢丝束索、钢拉杆等，其材料需要符合的规定如下。

① 钢丝绳——需要符合现行国家标准《重要用途钢丝绳》（GB 8918）等相关规定。

② 钢绞线索——需要符合现行行业标准《高强度低松弛预应力热镀锌钢绞线》（YB/T 152）、《镀锌钢绞线》（YB/T 5004）等相关规定。

③ 钢丝束索及其外防护层——需要符合国家现行标准《桥梁缆索用热镀锌钢丝》（GB/T 17101）、《建筑缆索用高密度聚乙烯套料》（CJ/T 297）等相关规定的要求。

④ 钢拉杆——需要符合现行国家标准《钢拉杆》（GB/T 20934）等相关规定。

8.1.3 拱形钢结构技术材料——连接材料

拱形钢结构技术连接材料的特点与要求见表8-2。

表8-2　拱形钢结构技术连接材料的特点与要求

名称	解释
拱形钢结构的焊接材料	（1）手工焊接采用的焊条型号，需要与主体金属力学性能相适应 （2）埋弧焊用焊丝和焊剂、熔化嘴电渣焊和非熔化嘴电渣焊采用的焊丝，均需要符合现行有关标准的规定 （3）焊材的强度与性能需要与母材相匹配。两种不同强度的钢材焊接时，宜采用与低强度钢材相适应的焊接材料
拱形钢结构螺栓连接的材料	普通螺栓、高强度螺栓，均需要符合现行有关标准的规定。例如，普通螺栓需要符合现行国家标准《六角头螺栓》（GB/T 5782）、《六角头螺栓C级》（GB/T 5780）等相关规定。高强度螺栓需要符合现行国家标准《钢结构用扭剪型高强度螺栓连接副》（GB/T 3632）、《钢结构用高强度大六角螺母》（GB/T 1229）等相关规定

8.1.4　拱形钢结构技术结构选型

拱形钢结构技术结构选型的要求与特点如下。

① 拱形钢结构可以采用实腹式截面拱、腹板开孔钢拱。实腹式截面拱可以采用工字形截面、箱形截面、圆管截面。腹板开孔钢拱可以采用工字形截面或组合截面。组合截面的翼缘可采用钢板、圆钢管、矩形钢管等材料。腹板上可以开圆形、椭圆形、方（矩）形、六边形孔等。腹板开孔钢拱如图 8-1 所示。

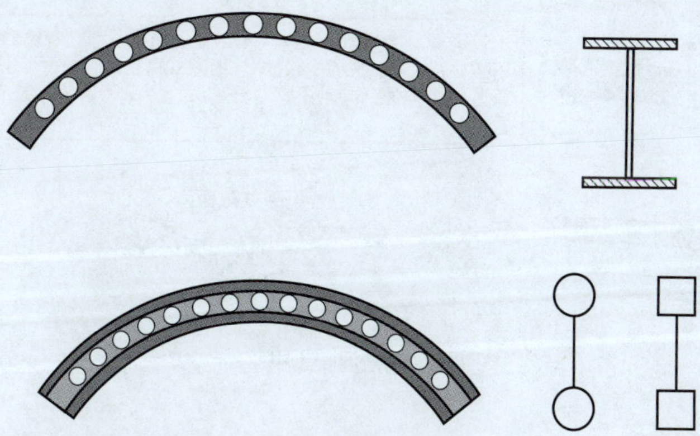

拱形钢结构，可以采用实腹式截面拱与腹板开孔钢拱。实腹式截面拱，可以采用工字形截面、箱形截面、圆管截面等
腹板开孔钢拱，可以采用工字形或组合截面，组合截面的翼缘可采用钢板、圆钢管、矩形钢管等形式，腹板上可开圆形、椭圆形、方(矩)形以及六边形孔等

图8-1　腹板开孔钢拱

② 钢管桁架拱可以采用平面桁架、立体桁架。立体桁架可以采用三角形、矩形、梯形截面等，其弦杆与腹杆可以采用圆钢管、矩形钢管、其他型钢等，斜腹杆与弦杆的夹角宜控制在 30°～60°。三角形截面的钢管桁架拱，宜优先选择正三角形截面。钢管桁架拱如图 8-2 所示。

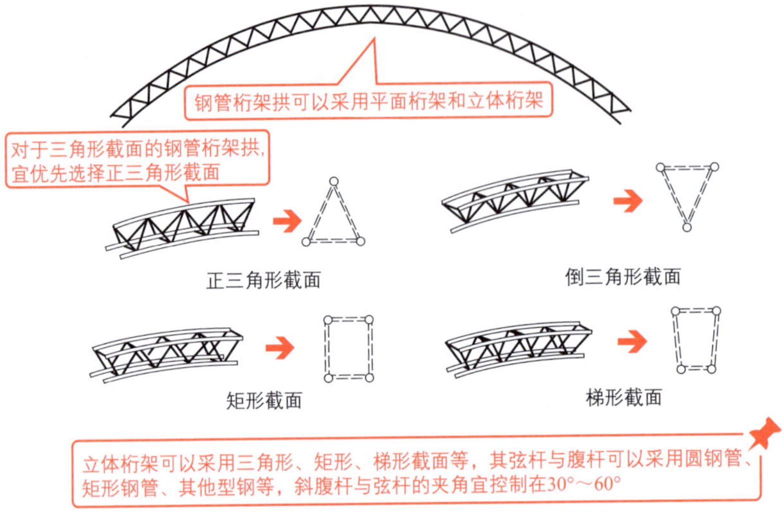

图8-2 钢管桁架拱

③ 钢管混凝土拱截面，可以选用哑铃形截面、单钢管混凝土截面、桁架式截面等。哑铃形截面与桁架式截面的弦杆可采用钢管混凝土构件，且不宜断开。腹杆可以采用圆钢管或者方矩管。钢管混凝土拱如图 8-3 所示。

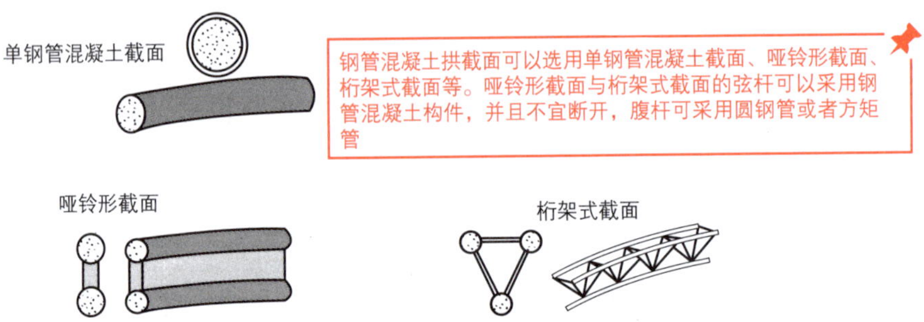

图8-3 钢管混凝土拱

④ 对于索拱结构，需要综合考虑拱轴线的形式、主要荷载类型、矢跨比、使用功能、支座条件、构造要求等因素，以确定合理的布索形式。一些索拱结构类型见表 8-3。

表8-3 一些索拱结构类型

名称	图示图解
弦张式索拱结构	由拉索与拱体组成的弦张式索拱结构如下 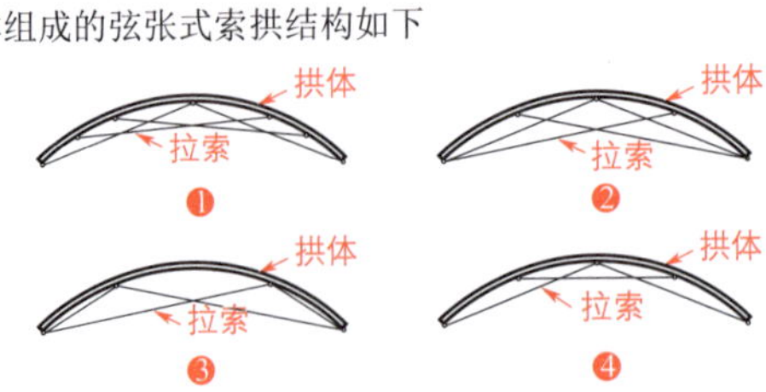

续表

名称	图示图解
弦撑式索拱结构	由拉索、撑杆、拱体组成的弦撑式索拱结构如下 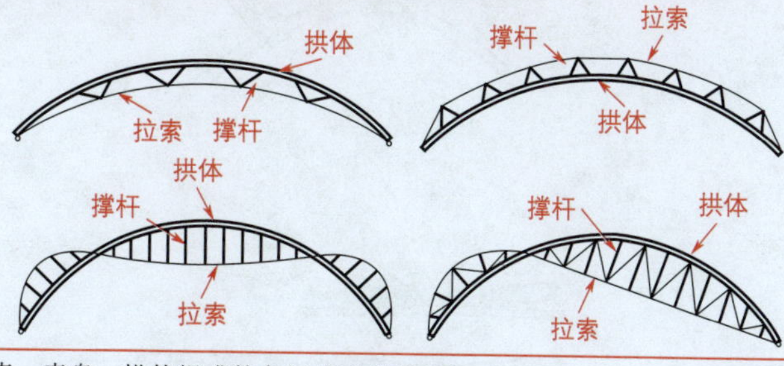
车辐式索拱结构	由拉索、索盘、拱体组成的车辐式索拱结构如下 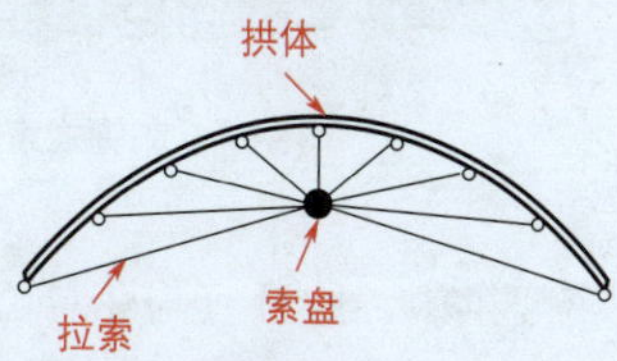
索拱桥结构	由拉索、桥面、拱体组成的索拱桥结构如下 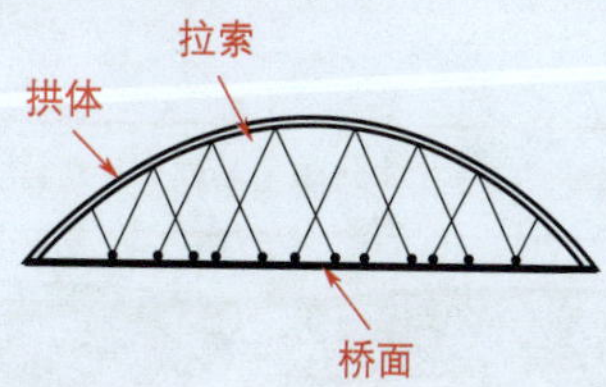

知识技能小贴士

车辐式索拱的矢跨比宜选择在0.3～0.5，索盘位置应控制在拱脚连线之上，宜位于拱矢高的一半附近。拱形钢结构宜根据荷载、荷载效应组合的控制工况，进行轴线形状的优化分析。沿轴线均布竖向荷载作用的控制工况，宜优先选用悬链线拱。全跨水平均布竖向荷载作用的控制工况，宜优先选用抛物线拱。

8.1.5 拱形钢结构技术节点选型

拱形钢结构技术节点选型的要求与特点如下。

① 拱形钢结构节点选型需要遵循构造简单、安全可靠、传力明确、整体刚度好、节约材料、施工方便等原则。

② 实腹式截面拱、腹板开孔钢拱的拼接节点，可以采用对接焊缝连接、端板连接、法兰连接等连接方式。钢管桁架拱的弦杆宜通长设置。腹杆与其连接，可采用直接相贯焊接，或者通过节点板连接。

③ 索拱结构中的钢索，可以穿过拱体截面锚固在上翼缘，也可以通过夹具或锚具连接于拱体或其连接板上。单撑杆与拱体的连接节点宜采用铰接连接。

④ 车辐式索拱结构的索盘，可以采用平板节点、铸造节点等形式，如图 8-4 所示。

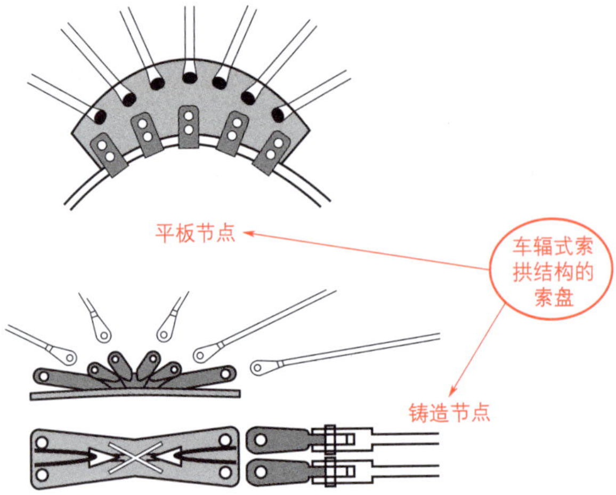

图8-4 车辐式索拱结构的索盘

⑤ 在钢管混凝土桁架拱中，腹杆宜与弦杆直接相贯焊接或通过节点板连接，可以采用的构造形式如图 8-5 所示。

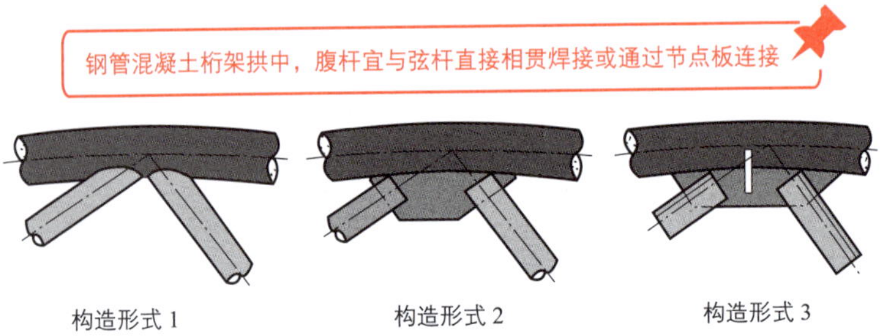

图8-5 钢管混凝土桁架拱中腹杆与弦杆的连接

⑥ 当钢管混凝土拱的跨度超过 30m 时，可以在跨中设置法兰拼接节点，如图 8-6 所示。

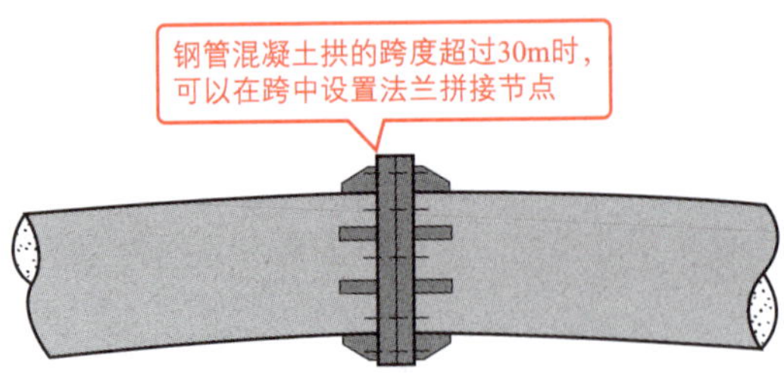

图8-6 钢管混凝土拱跨中法兰拼接节点

知识技能小贴士

撑杆与钢索间的连接，可以采用滑动节点或非滑动节点。当撑杆在索轴线平面内呈V

字形布置时，索与撑杆宜采用滑动节点，或者施工张拉成型后再与撑杆节点固定，形成非滑动节点。当撑杆为单杆且与拱体铰接连接时，其撑杆与拉索的连接节点应采用非滑动节点。

8.1.6 拱形钢结构技术拱脚选型

拱形钢结构技术拱脚选型的要求与特点如下。

① 拱脚支座需要采用传力可靠、连接简单的构造形式，并且需要符合计算假定。

② 对于拱形钢结构，需要考虑拱脚推力对基础（落地拱时）或下部结构（位于支承结构上时）的影响，并采取相应措施。如果拱脚推力较大且条件允许时，宜设置连接拱脚的钢绞线或型钢拉杆。

③ 实腹式截面拱采用铰接拱脚时，可以设置拱脚加劲肋，并且采用销轴连接。

④ 实腹式截面拱采用拱脚刚接时，拱脚部位的截面高度宜适当扩大，或者采取设置加劲肋或填充混凝土等加强措施。腹板开孔钢拱的拱脚附近，应避免开孔。

⑤ 钢管桁架拱采用铰接拱脚时，可以将各分肢在拱脚位置收于一点。

⑥ 钢管桁架拱采用刚接拱脚时，可以将每个弦杆分别与基础刚接。

8.1.7 拱形钢结构技术制作放样与号料

拱形钢结构技术制作放样与号料需要符合的规定如下。

① 拱形钢结构需要根据施工详图进行放样。放样、号料时需要预留焊接收缩量，以及切割、端铣等加工余量。

② 放样和样板（样杆）的允许偏差见表 8-4。

表 8-4 放样和样板（样杆）的允许偏差

项目	允许偏差
平行线距离和分段尺寸	±0.5mm
对角线	±1.0mm
长度	0 ～ 0.5mm
宽度	−0.5 ～ 0mm
孔距	±0.5mm
组孔中心线距离	±0.5mm
加工样板的角度	±20′

③ 需要弯曲的构件在号料时，应根据工艺规定的方向取料。弯曲构件受拉部位的钢材表面，不应有冲眼、划痕等缺陷。

知识技能小贴士

拱形钢结构技术中切割和边缘加工的规定如下。

① 钢材的切割，需要根据形状、厚度、加工工艺、设计等要求，选择适合的方法。

② 型钢，宜采用锯切方法。钢管相贯线宜采用数控相贯线切割机切割。

③ 需要边缘加工的构件，宜采用铣削、刨削、车削等方式进行加工。

8.1.8 拱形钢结构技术中矫正和弯曲成型加工的相关规定

拱形钢结构技术制作矫正和弯曲成型加工的规定如下。

① 对原材料变形、加工、焊接引起的变形，宜采用冷矫正或者热矫正方法进行矫正。

② 由钢板组装焊接而成的构件，宜采用直接下料成形。钢管、型材宜采用成品弯曲。弯曲加工可以采用冷弯曲或热弯曲。

③ 碳素结构钢在环境温度低于 −16℃、低合金高强度结构钢在环境温度低于 −12℃时，不应进行冷矫正、冷弯曲。冷弯曲加工可以采用压力机、折弯机、弯管机、弯角机等机械设备。钢管、型材的最小冷弯曲半径，需要根据设备能力、截面规格、工艺条件确定，必要时可以进行工艺试验。

④ 采用热弯曲加工成形时，加热温度宜控制在 900 ～ 1000℃。

⑤ 碳素结构钢、低合金结构钢在温度分别下降到 700℃和 800℃之前，应结束加工。低合金结构钢应自然冷却。不得在蓝脆温度区间进行弯曲加工。

⑥ 焊接钢管的纵向焊缝宜避开受拉区。钢管、型材弯曲部位的螺栓孔，宜在弯曲加工后再开孔。

⑦ 弯曲成型后的曲线应光滑，构件表面不应有明显褶皱，并且局部凹凸度不应大于 1mm。弯曲部位不应存在裂纹、过烧、分层等缺陷。

⑧ 弯曲加工精度的校核，可以采用中心规、弯曲加工样板。对于大型构件，可以采用数值方式表示弯曲量，如图 8-7 所示。

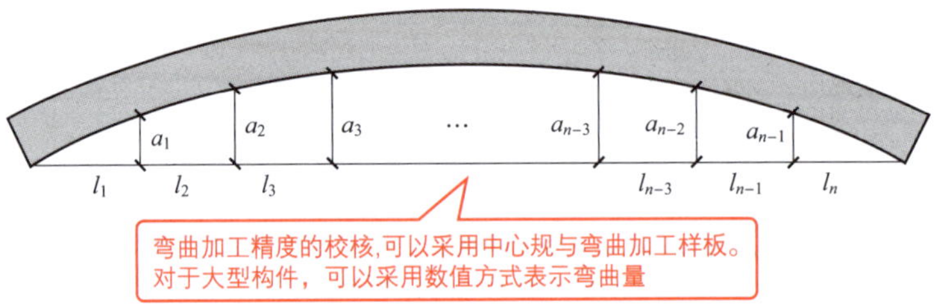

图8-7 弯曲量的数值表示法

知识技能小贴士

拱形钢结构制孔宜采用的方法如下。

① 使用数控钻床或多轴立式钻床等制孔。

② 同类孔径较多时，可以采用模板制孔。

③ 精度要求较高时，可以在构件成形后制孔。

④ 小批量制作的孔，可以采用样板画线制孔。

8.1.9 拱形钢结构技术制作与组装

拱形钢结构技术制作与组装需要符合如下规定。

① 拱形钢结构组装，需要在胎架上进行，并且胎架需要有足够的承载力、刚度以及稳定可靠。

② 拱形钢结构尺寸较大时，可以分段制作。采用分段制作时，需要在工厂内进行整榀预拼装。

③ 拱形钢结构组装前，需要对零部件进行检查，以及制作必要的工装。

④ 拱形钢结构组装，要根据制作工艺文件规定的顺序进行。构件的隐蔽部位需要在焊接完成以及经过检查合格后才可以封闭。

⑤ 拱形钢结构组装过程，需要避免零件、部件间的强制性装配，以避免装配过程造成较大的结构内力。

知识技能小贴士

拱形钢结构组装时，要根据焊接等收缩变形情况，预放收缩余量。对有预变形要求的构件，要在组装前根据要求做好预变形处理。

8.1.10 拱形钢结构焊接要求

拱形钢结构焊接需要符合的规定如下。

① 拱形钢结构施焊前，需要由焊接技术责任人根据焊接工艺评定结果编制焊接工艺文件，并且向操作人员进行技术交底，及时处理施工过程中出现的焊接技术问题。

② 拱形钢结构焊接焊工需要根据批准的焊接工艺文件中规定的焊接方法、工艺参数、施焊顺序等进行焊接。

③ 焊接材料与母材的匹配需要符合设计等要求。

④ 焊接材料在使用前，需要根据其说明书、焊接工艺文件等规定进行烘焙、存放。

⑤ 拱形钢结构焊接坡口的形状、尺寸需要符合设计等有关要求。

⑥ 拱形钢结构焊接时，需要采取工艺措施控制焊接变形，减小焊接应力。

⑦ 焊接钢管的纵向、环向焊缝质量等级，需要符合设计等有关要求。如果设计无要求，则应符合现行标准有关钢结构工程施工质量验收的二级质量等级要求。

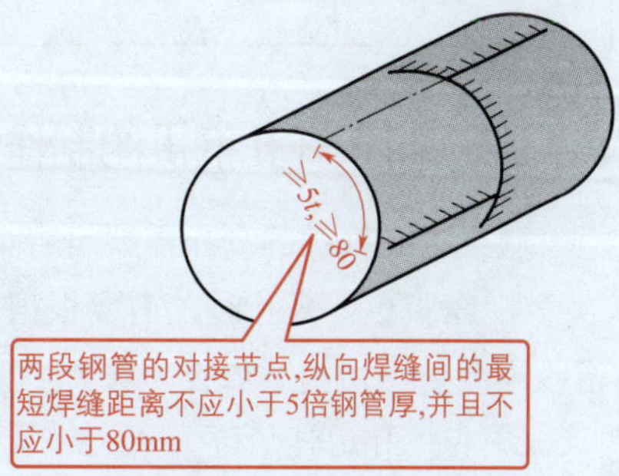

图8-8 两段钢管的对接节点

⑧ 两段钢管的对接节点，纵向焊缝间的最短焊缝距离不应小于5倍钢管壁厚，并且不应小于80mm，如图8-8所示。

知识技能小贴士

对两次、两次以上相贯的隐蔽焊缝，如果设计要求隐蔽焊缝需要焊接时，则应制定合理的焊接顺序，以确保隐蔽焊缝在被覆盖前焊接完成，并在焊缝检查合格后进行覆盖。

8.1.11 实腹式截面拱的制作

实腹式截面拱的制作需要符合的规定如下。

① 截面较大时，则宜采用钢板下料直接拼焊成拱。

② 截面较小并且起拱度不大时，则可以直接采用弯管机、液压机弯曲成形。

③ 实腹式截面拱制作允许偏差见表 8-5。

表8-5 实腹式截面拱制作允许偏差　　单位：mm

项目		允许偏差	检验方法	图例
拱段长度		±3.0	用钢尺检查	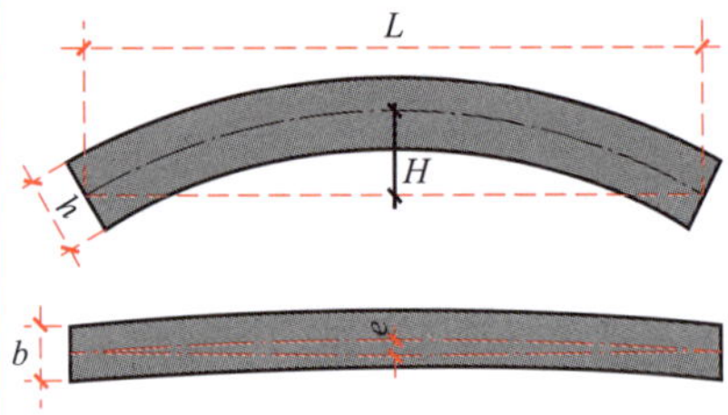
矢高 H		$L/2500$，且不大于 8.0	用拉线和钢尺检查	
侧弯 e		$L/3000$，且不大于 6.0		
截面尺寸	端部	±3.0	用钢尺检查	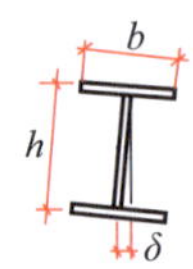
	其他处	±5.0		
扭曲 δ		$h/250$，且不大于 5.0	用吊线和钢尺检查	
端部垂直度 Δ		$h/500$，且不大于 3.0	用直角尺和钢尺检查	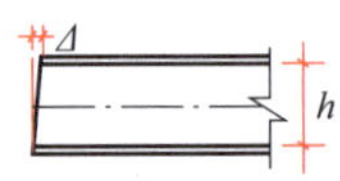

8.1.12 腹板开孔钢拱的制作

腹板开孔钢拱的制作需要符合如下规定。

① 在腹板上开孔时，需要根据施工详图在钢板上放出孔的大样。放样与号料时，需要预留收缩余量、切割等加工余量。

② 腹板孔口转角位置，应尽量避免尖角，并且宜用圆角过渡。

③ 腹板开孔截面钢拱的制作允许偏差见表 8-6。

表8-6 腹板开孔截面钢拱制作允许偏差　　单位：mm

项目	允许偏差	检验方法	图例
跨度 L	±3.0	用钢尺检查	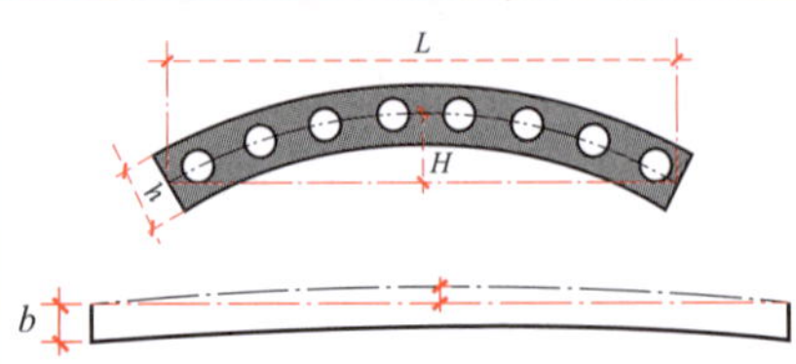
矢高 H	$L/2500$,且不大于 8.0	用拉线和钢尺检查	
侧弯 e	$L/3000$,且不大于 6.0		

续表

项目		允许偏差	检验方法	图例
截面尺寸	端部	±3.0	用钢尺检查	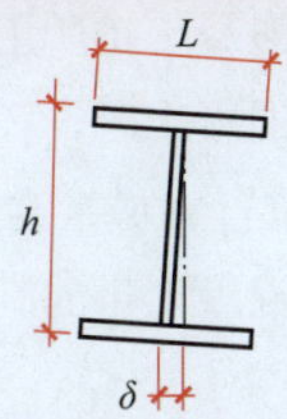
	其他处	±5.0		
扭曲δ		h/250,且不大于5.0	用吊线和钢尺检查	
端部垂直度Δ		h/500，且不大于3.0	用直角尺和钢尺检查	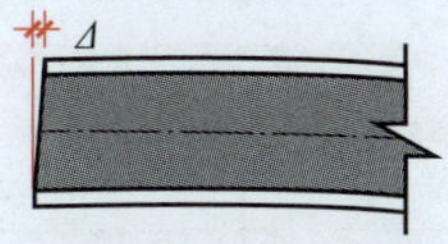
开孔直径d		±3.0	用钢尺检查	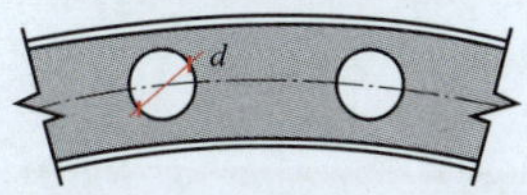
孔位偏差	中心弧长A	±5.0	用钢尺检查	
	孔中心至翼缘板外表面距离B	±3.0	用钢尺检查	

知识技能小贴士

采用腹板数控切割、翼缘板弯曲成形加工的组装工艺时，宜在钢板下料时直接切割开孔。采用型钢直接弯曲成形的拱形钢结构在腹板上开孔时，宜在构件弯曲成形后进行腹板开孔加工。

8.1.13 钢管桁架拱与索拱结构的制作要求

钢管桁架拱与索拱结构的制作要求见表8-7。

表8-7 钢管桁架拱与索拱结构的制作要求

名称	解释
钢管桁架拱制作	（1）钢管的弯曲成形加工，需要在直管验收合格后进行 （2）钢管的弯曲成形方法，需要根据设备条件、设计要求、钢管规格等来确定，并且宜采用冷弯曲成形。如果冷弯曲不能满足要求，则可以采用中频加热弯曲成形
索拱结构的制作	（1）索拱结构的拱，可以采用实腹截面钢拱、腹板开孔截面钢拱、钢管桁架拱 （2）索拱结构的钢索制作需要符合设计等要求 （3）索拱结构的锚具、索盘、夹具、连接节点的制作，宜采用机械加工成形，其允许偏差需要符合要求

8.1.14 钢管混凝土拱的制作

钢管混凝土拱的制作应符合如下规定。

① 钢管混凝土拱所用钢管，宜采用圆形截面、矩形截面。

② 浇筑混凝土时，在钢管上开的进料孔宜为圆孔，并且圆孔直径宜小于钢管直径或边长的 1/2, 开孔位置宜尽量避开受拉区。

③ 钢管混凝土拱的制作允许偏差见表 8-8。

表8-8 钢管混凝土拱的制作允许偏差 单位：mm

<table>
<tr><th colspan="2">项目</th><th>允许偏差</th><th>检验方法</th><th>图例</th></tr>
<tr><td colspan="2">跨度L</td><td>±3.0</td><td>用钢尺检查</td><td rowspan="3">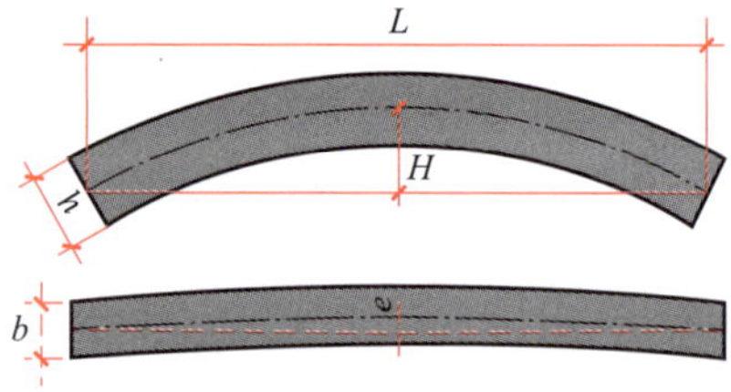
</td></tr>
<tr><td colspan="2">矢高H</td><td>L/2500, 且不大于8.0</td><td rowspan="2">用拉线和钢尺检查</td></tr>
<tr><td colspan="2">侧弯e</td><td>L/3000, 且不大于6.0</td></tr>
<tr><td colspan="2">管端面对管轴线的垂直度Δ</td><td>d（h）/500, 且不应大于3.0</td><td>用角尺、塞尺检查</td><td>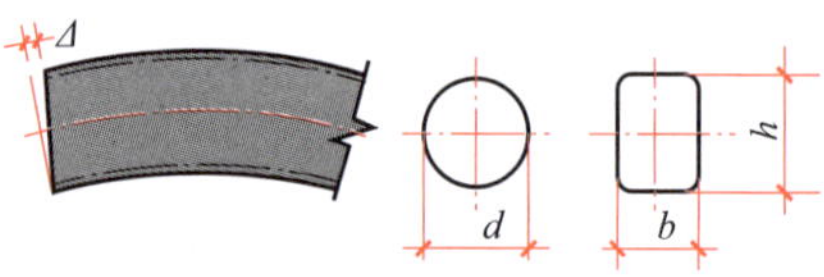
</td></tr>
<tr><td colspan="2">对口错边Δ</td><td>t/10, 且不应大于3.0</td><td>用钢尺检查</td><td rowspan="3">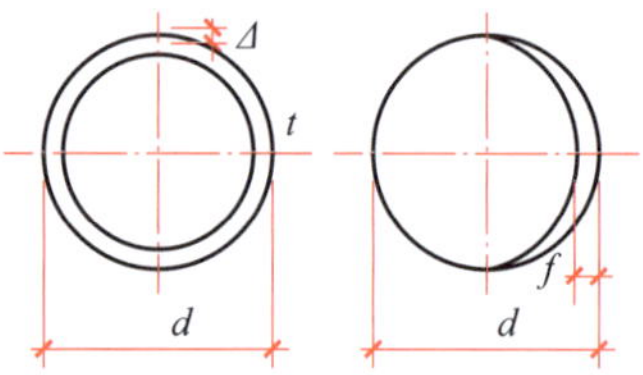
</td></tr>
<tr><td rowspan="2">弯曲后椭圆度f</td><td>端部</td><td>d≤250, ±1.0; d>250, d/250且不应大于±3.0</td><td rowspan="2">用卡尺和游标卡尺检查</td></tr>
<tr><td>其他处</td><td>d≤250, ±2.0; d>125, d/250且不应大于±5.0</td></tr>
<tr><td rowspan="2">截面尺寸d、b、h</td><td>端部</td><td>$d(b,h)$≤250, ±1.0; $d(b,h)$>250, $d(b,h)$/250且不应大于±3.0</td><td rowspan="2">用钢尺检查</td><td rowspan="3">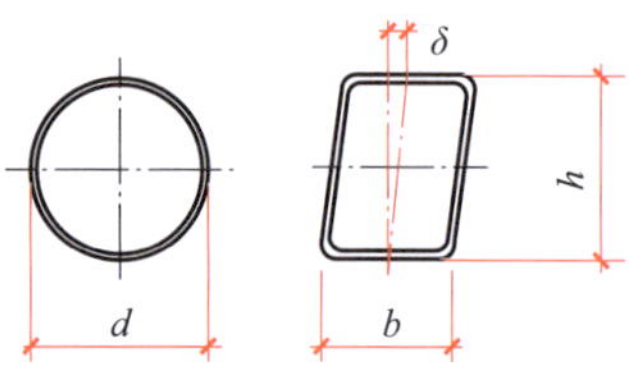
</td></tr>
<tr><td>其他处</td><td>$d(b,h)$≤250, ±2.0; $d(b,h)$>125, $d(b,h)$/250且不应大于±5.0</td></tr>
<tr><td colspan="2">扭曲δ</td><td>h/250, 且不应大于5.0</td><td>用吊线和钢尺检查</td></tr>
<tr><td colspan="2">相贯线切口</td><td>1.0</td><td>用套模和游标卡尺检查</td><td>—</td></tr>
</table>

8.1.15 拱形钢结构的安装要求

拱形钢结构的安装要求如下。

① 拱形钢结构安装前，需要设置标高、轴线基准点。基准点的设置，需要符合以下规定：标高基准点的设置，宜以拱脚底板支承面为基准，设在拱脚便于观测位置。其余标高观

测点，宜设置在拱顶、拱轴线形状变化位置、纵横拱交叉位置等处。

② 拱脚底板上表面的纵横方向两侧，宜各设一个轴线基准点，并且宜在标高观测点位置同步设置轴线观测点。

③ 拱形钢结构安装前，需要对基础、预埋件进行验收。

④ 钢拱构件吊装前，需要根据构件的重量、外形、安装现场条件等确定绑扎方法与绑扎点位置。必要时，应对构件进行吊装工况验算。

⑤ 拱形钢结构的安装顺序，宜从拱脚到拱顶方向两侧对称安装。在安装过程中，应采取临时措施可靠固定拱脚。

⑥ 复杂、特殊、新型的拱形钢结构，宜在施工阶段进行监测。

⑦ 拱形钢结构安装时，需要考虑温度、光照等因素。

⑧ 拱形钢结构的定位测量，宜在早晨、傍晚、阴天条件下进行。

⑨ 在拱形钢结构安装过程中，需要及时连接侧向稳定构件，或者采用缆风绳等临时施工措施，以确保结构、构件的稳定性。

⑩ 拱形钢结构在安装过程中，缆风绳等临时施工措施需要根据计算确定，并且缆风绳需要可靠锚固。

⑪ 拱形钢结构，可以采用分段吊装高空组对法、整体提升法、旋转起扳提升法、旋转起扳法、分段累积提升法、滑移法等方法安装。

⑫ 采用分段吊装高空组对法安装时，沿拱跨度方向宜设置满堂脚手架或点式临时支撑架。满堂脚手架或点式支撑架的设置，需要根据安装工况、拆撑卸载工况经计算分析来确定。

⑬ 旋转起扳法安装、整体提升或分段累积提升法的规定要求见表 8-9。

表8-9 旋转起扳法安装、整体提升或分段累积提升法的规定要求

名称	解释
旋转起扳法安装	（1）需要考虑拱形钢结构从卧式状态向设计位形转化时结构内力、变形、拱脚支座推力的变化 （2）采用液压起扳时，起扳动力应大于起扳荷载的1.5倍，起扳线速度不大于0.5m/min,缆风绳承载力应大于最大荷载的5倍 （3）采用卷扬机起扳时，起扳动力应大于起扳荷载的2倍，缆风绳承载力应大于最大荷载的8倍。缆风绳最大荷载需要考虑牵引角度变化、线速度不同步、伸长量不同等引起的内力增加 （4）采用卷扬机起扳时，卷扬机需要锚固牢靠 （5）起扳过程中，需要对拱形钢结构设置制动索装置，以避免发生倾覆 （6）起扳过程中，如果拱形钢结构跨度较大且侧向稳定性较差，则需要增设侧向稳定措施，并且宜进行侧向稳定验算 （7）起扳装置、制动装置与临时支撑等，均需要可靠锚接
整体提升或分段累积提升法	（1）提升点的设置，需要符合拱形钢结构的受力与变形要求。提升前，应对结构进行施工过程验算 （2）提升架底座设计、提升架的稳定性、承载力等，需要经计算确定，并且考虑因多点提升不同步或拆撑卸载不均匀产生的内力增加 （3）提升过程、提升就位后，需要有可靠的临时措施，以防止结构晃动 （4）分段累积提升时，需要在分段对接点位置设置安全操作平台并采取防护措施

知识技能小贴士

拱形钢结构临时支撑卸载时，宜遵循从拱脚到拱顶对称拆撑的顺序。拆撑方法的确定，需要保证结构受力体系的合理转化。拆撑过程会引起支撑内力增加，需要在支撑设计中考虑这一因素。

8.1.16 索拱结构的安装

索拱结构的安装要求如下。

① 索拱结构中的索张拉施工时，宜以张拉力控制为主、结构变形控制为辅的原则进行张拉。

② 索拱结构施工前，需要进行施工张拉过程分析。

③ 索拱结构安装时，需要考虑索力的变化，以避免因拉索退出工作导致结构破坏。

④ 索张拉力的监测，宜采用油压表读数、压力传感器、张拉伸长量、磁通量等方法。

⑤ 拱形钢结构安装允许偏差应符合的规定见表 8-10。

表8-10 拱形钢结构安装允许偏差应符合的规定　　单位：mm

<table>
<tr><th colspan="2">项目</th><th>允许偏差/mm</th><th>检查方法</th><th>图例</th></tr>
<tr><td colspan="2">拱脚底座中心对定位轴线的偏移Δ</td><td>5.0</td><td>用吊线和钢尺检查</td><td>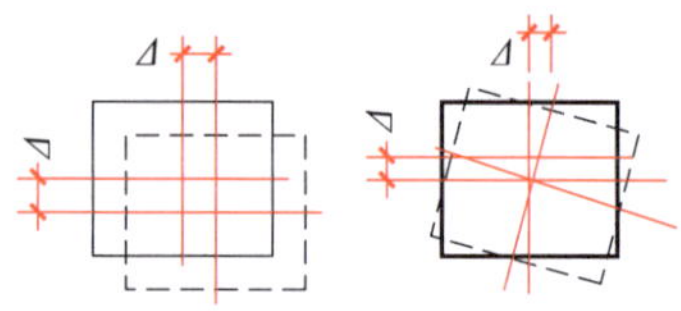</td></tr>
<tr><td colspan="2">跨度L</td><td>±L/2000，且不应大于±30.0</td><td>用经纬仪和光电测距仪测量</td><td rowspan="5">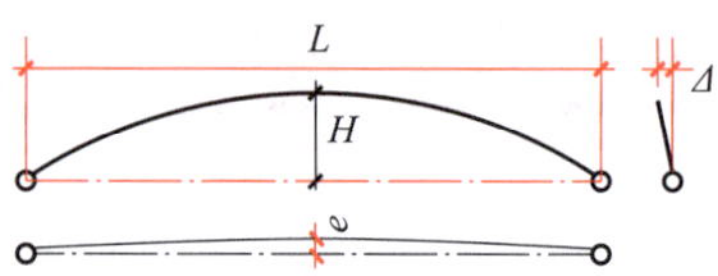</td></tr>
<tr><td colspan="2">跨中垂直度Δ</td><td>L/1500，且不应大于25.0</td><td>用吊线和钢尺检查</td></tr>
<tr><td rowspan="3">侧向弯曲矢高e</td><td>L≤60m</td><td>L/1000，且不应大于10.0</td><td rowspan="3">用拉线、吊线和钢尺检查</td></tr>
<tr><td>60m<L≤120m</td><td>L/2500，且不大于20.0</td></tr>
<tr><td>L＞120m</td><td>L/2500，且不大于40.0</td></tr>
<tr><td rowspan="2">相邻钢拱顶面高差</td><td>支座处</td><td>10.0</td><td rowspan="2">用水准仪和钢尺检查</td><td rowspan="2">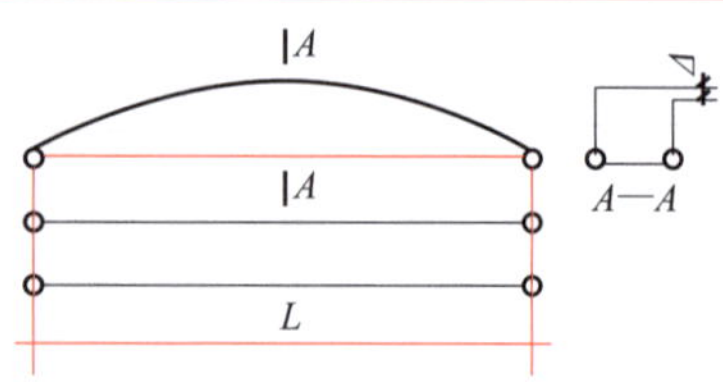</td></tr>
<tr><td>其他处</td><td>15.0</td></tr>
</table>

知识技能小贴士

索的张拉顺序、分级次数，宜通过计算分析来确定，并且宜经原设计人确认。如果发生索力损失，可以采用超张拉方法弥补。

8.2 大型钢结构件焊接技术

8.2.1 大型钢结构件焊接技术的特点

大型钢结构件是指用于工程机械、风电、轨道交通等设施设备的转台、臂架、车架、动臂等外形尺寸大与质量大的结构件。大型钢结构件的钢板厚度，一般不小于 6mm。

常用钢号推荐选用的焊接材料见表 8-11。

表 8-11 常用钢号推荐选用的焊接材料

<table>
<tr><th rowspan="2">钢号</th><th colspan="5">焊接材料（对应焊材标准号）</th></tr>
<tr><th>焊条电弧焊</th><th>实心焊丝气体保护焊</th><th>药心焊丝气体保护焊</th><th>埋弧焊</th><th>氩弧焊</th></tr>
<tr><td>Q215</td><td>E43XX
(GB/T 5117)</td><td>ER49-X
(GB/T 8110)</td><td>T43XTX-X
T43TX-X
(GB/T 10045)</td><td>S43XX-SU08A
S43SX-SU08
(GB/T 5293)</td><td>ER49-X
(GB/T 8110)</td></tr>
<tr><td rowspan="2">Q235
15Mn
Q275
Q235GJ
Q235q
Q235NH
Q265GNH
Q295NH
Q295GNH</td><td>E43XX
E50XX
(GB/T 5117)</td><td rowspan="2">ER49-X
ER50-X
(GB/T 8110)</td><td>T43XTX-X
T43TX-X
T49XTX-X
T49TX-X
(GB/T 10045)</td><td>S43XX-SU08A
S43SX-SU08A
(GB/T 5293)</td><td rowspan="2">ER49-X
ER50-X
(GB/T 8110)</td></tr>
<tr><td>E50XX-X
(GB/T 5118)</td><td>T49TX-X
(GB/T 17493)</td><td>S49XX-SU26
(GB/T 12470)</td></tr>
<tr><td rowspan="2">Q355
20Mn
25Mn
Q390
Q345GJ
Q390GJ
Q345q
Q370q
Q310GNH
Q355NH
Q355GNH</td><td>E50XX
(GB/T 5117)</td><td rowspan="2">ER50-X
ER55-X
(GB/T 8110)</td><td>T49XTX-X
T49TX-X
(GB/T 10045)</td><td>S49XX-SU26
S49SX-SU26
S49XX-SU34
S49SX-SU34
(GB/T 5293)</td><td rowspan="2">ER50-X
ER55-X
(GB/T 8110)</td></tr>
<tr><td>E5015、16-X
(GB/T 5118)</td><td>T49TX-X
(GB/T 17493)</td><td>S49XX-SU26
S49XX-SU34
S49XX-SU43
(GB/T 12470)</td></tr>
<tr><td rowspan="2">Q420
Q420GJ
Q420q
Q415NH</td><td>E5515
16-X
(GB/T 5118)</td><td rowspan="2">ER55-X
ER62-Xb
(GB/T 8110)</td><td rowspan="2">T55TX-X
(GB/T 17493)</td><td rowspan="2">S55XX-SU43
S55XX-SUM3
(GB/T 12470)</td><td rowspan="2">ER55-X
ER62-X
(GB/T 8110)</td></tr>
<tr><td>E6015
16-Xb
(GB/T 5118)</td></tr>
</table>

续表

钢号	焊接材料（对应焊材标准号）				
	焊条电弧焊	实心焊丝气体保护焊	药心焊丝气体保护焊	埋弧焊	氩弧焊
Q460 Q460GJ Q460NH	E5515 16-X (GB/T 5118)	ER55-X (GB/T 8110)	T55TX-X T62TX-X (GB/T 17493)	S55XX-SU43 S55XX-SUM3 (GB/T 12470)	ER55-X (GB/T 8110)
	E6015 16-X (GB/T 5118)				
Q500 Q500q Q500GJ Q500NH Q500q Q550GJ Q550NH	—	ER69-X (GB/T 8110)	T69TX-X (GB/T 17493)	—	—
Q620 Q620q Q620GJ Q690 Q690q Q690GJ	—	ER76-X (GB/T 8110)	—	—	—
其他牌号的钢	—				

注：表中X对应焊材标准中的相应规定。标注“a”的，表示仅适用于厚度不大于35mm的Q345q钢与厚度不大于16mm的Q370q钢。标注“b”的，表示仅适用于厚度不大于16mm的Q420q钢。

大型钢结构件焊前准备与要求见表8-12。

表8-12 大型钢结构件焊前准备与要求

项目	解释
下料	（1）需要根据图样、工艺文件等要求下料，并且下料未标注的公差需要符合要求 （2）所有切割面都需要去除毛刺，粗糙度不低于*Ra*25 （3）关键部件需要使用机加工的方式下料
坡口	（1）焊接坡口表面，需要保持平整，不应有分层、不应有裂纹、不应有夹杂等缺陷 （2）坡口表面及其附近区域，需要去除锈、水、油污、积渍等
焊接设施设备	（1）焊接设备、辅助设备、加热设备需要工作状态正常、安全可靠 （2）仪表需要定期校准或检定 （3）承放焊件平台需要牢固平整、支撑有效 （4）焊接场地需要具备焊件起吊、固定等相关工装、设备
焊接环境	（1）焊接环境需要符合工艺文件要求 （2）如果环境温度低于5℃，则需要实施焊前预热，并且焊后保温措施。预热温度需要通过工艺试验等来确认 （3）采用焊条电弧焊焊接时，风速应不大于8m/s （4）采用气体保护焊接时，风速应不大于2m/s （5）下雨或下雪时，需要停止室外焊接作业

8.2.2　大型钢结构件的焊接电流

大型钢结构件焊接技术的焊接电流推荐参数，应根据手工电弧焊、气体保护焊、埋弧焊不同的焊接方式进行选择。

（1）手工电弧焊

手工电弧焊焊件平焊时电流的选择与焊条直径的参考选择见表 8-13。

表 8-13　手工电弧焊焊件平焊时电流的选择与焊条直径的参考选择

焊条直径 /mm	1.6	2	2.5	3.2	4	5	6
焊件电流 /A	25 ～ 45	40 ～ 65	50 ～ 80	100 ～ 130	160 ～ 210	260 ～ 270	260 ～ 300

（2）气体保护焊

气体保护焊不同焊丝直径的焊接电流参考选择见表 8-14。

表 8-14　气体保护焊不同焊丝直径的焊接电流参考选择

焊丝直径 /mm	0.8	1	1.2	1.6
焊件电流 /A	50 ～ 100	50 ～ 220	80 ～ 350	170 ～ 550

（3）埋弧焊

埋弧焊不同焊丝直径的焊接电流参考选择见表 8-15。

表 8-15　埋弧焊不同焊丝直径的焊接电流参考选择

焊丝直径 /mm	3.2	焊丝直径 /mm	4.0
焊件电流 /A	300 ～ 500	焊件电流 /A	350 ～ 800

8.2.3　钢结构焊接坡口形式与尺寸

对于钢结构，不同的焊接，需要注意坡口形式与尺寸，例如焊条电弧焊全焊透的坡口形式与尺寸、气体保护焊全焊透的坡口形式与尺寸、埋弧焊全焊透的坡口形式与尺寸、焊条电弧焊部分焊透的坡口形式与尺寸、气体保护焊部分焊透的坡口形式尺寸、埋弧焊部分焊透的坡口形式与尺寸等。其中，焊条电弧焊部分焊透的坡口形式和尺寸见表 8-16。

表 8-16　焊条电弧焊部分焊透的坡口形式和尺寸

坡口形状示意	板厚 /mm	坡口尺寸 /mm
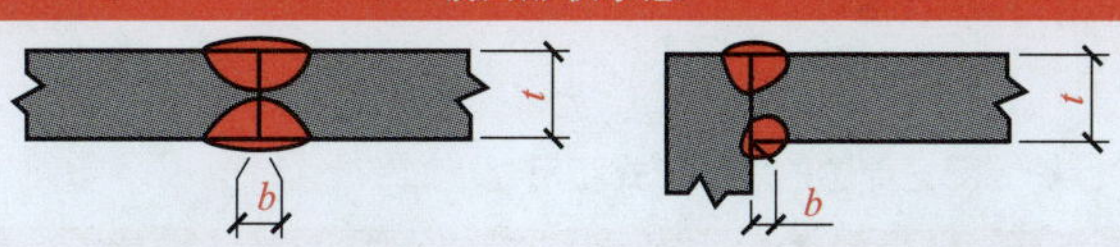	3 ～ 6	b=0
	6 ～ 10	
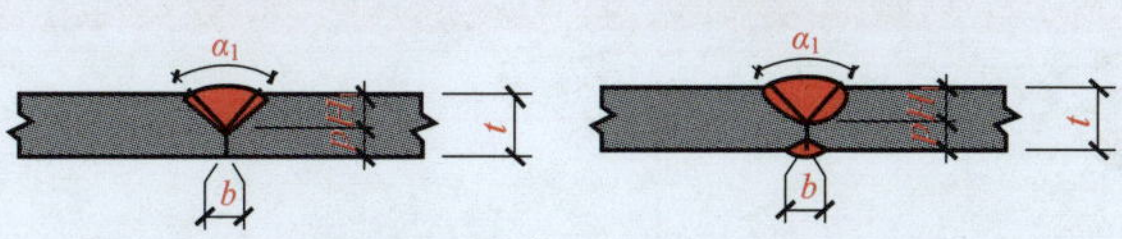	≥6	b=0 $H_1 \geqslant 2\sqrt{t}$ $p=t-H_1$ α_1=60°

续表

坡口形状示意	板厚/mm	坡口尺寸/mm
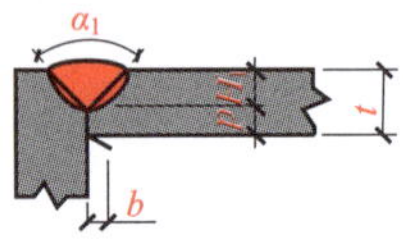 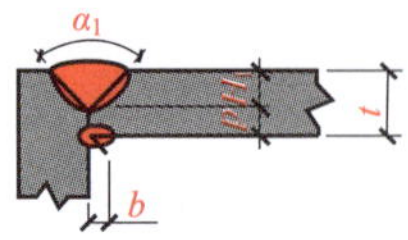	≥6	$b=0$ $H_1\geqslant 2\sqrt{t}$ $p=t-H_1$ $\alpha_1=60°$
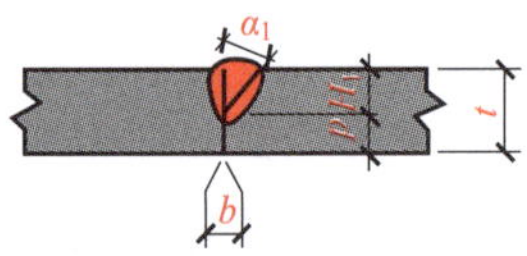 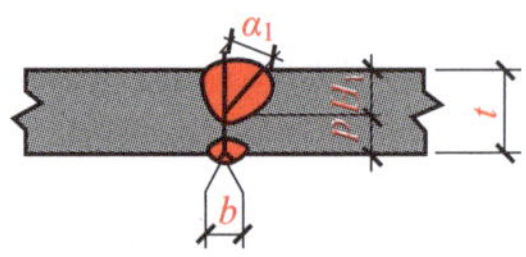 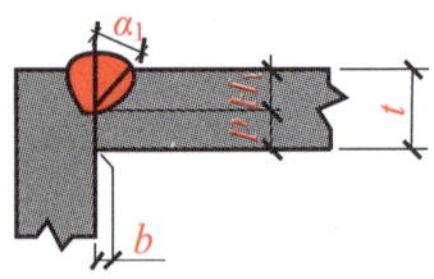 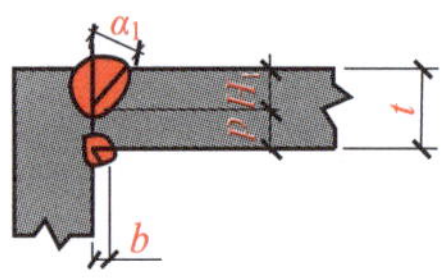	≥6	$b=0$ $H_1\geqslant 2\sqrt{t}$ $p=t-H_1$ $\alpha_1=45°$
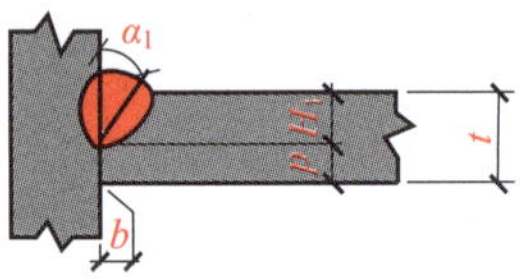 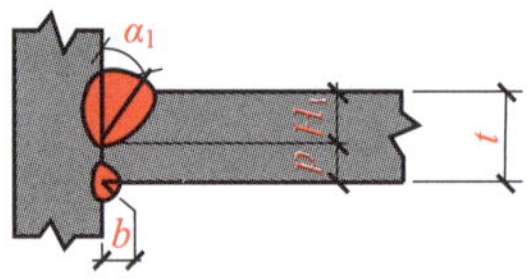	≥10	$b=0$ $H_1\geqslant 2\sqrt{t}$ $p=t-H_1$ $\alpha_1=45°$
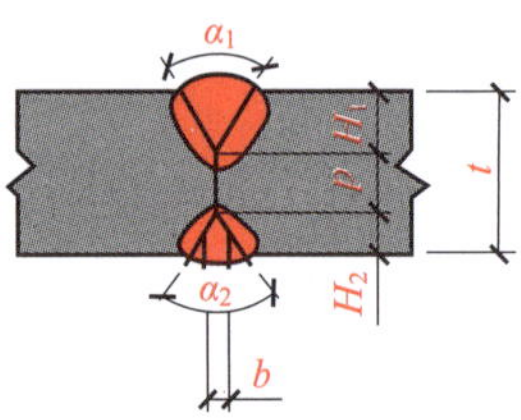	≥25	$b=0$ $H_1\geqslant 2\sqrt{t}$ $p=t-H_1-H_2$ $H_2\geqslant 2\sqrt{t}$ $\alpha_1=60°$ $\alpha_2=60°$
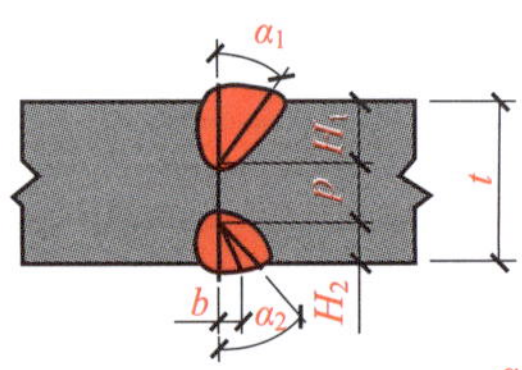 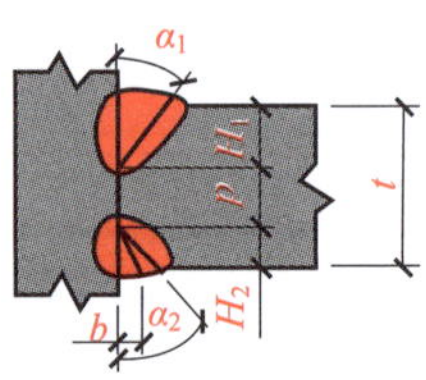 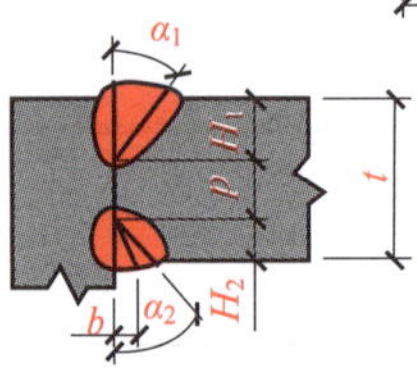	≥25	$b=0$ $H_1\geqslant 2\sqrt{t}$ $p=t-H_1-H_2$ $H_2\geqslant 2\sqrt{t}$ $\alpha_1=45°$ $\alpha_2=45°$

气体保护焊部分焊透的坡口形式和尺寸见表8-17。

表8-17　气体保护焊部分焊透的坡口形式和尺寸

坡口形状示意图	板厚/mm	坡口尺寸/mm
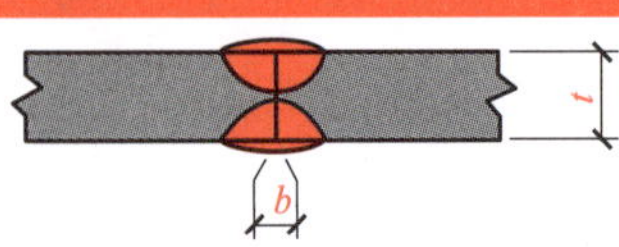 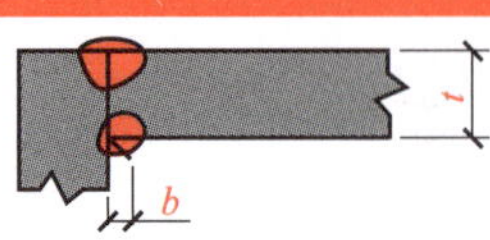	3～10	$b=0$
	10～12	

续表

<table>
<tr><th>坡口形状示意图</th><th>板厚/mm</th><th>坡口尺寸/mm</th></tr>
<tr><td>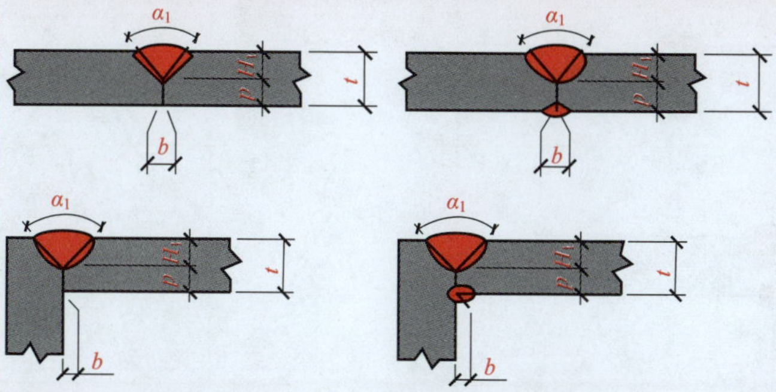</td><td>≥6</td><td>$b=0$
$H_1 \geqslant 2\sqrt{t}$
$p=t-H_1$
$\alpha_1=60°$</td></tr>
<tr><td rowspan="2">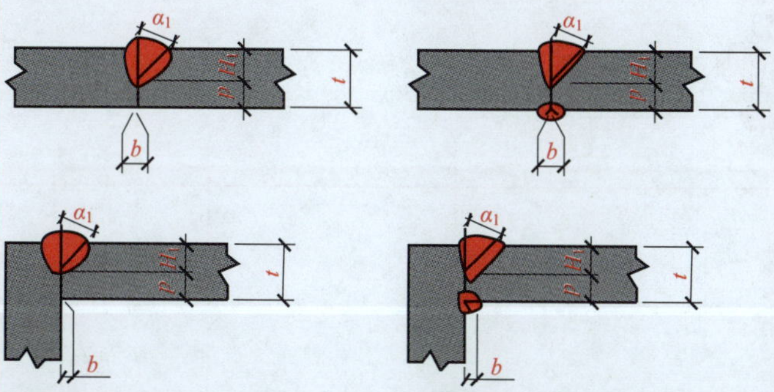</td><td>≥6</td><td rowspan="2">$b=0$
$H_1 \geqslant 2\sqrt{t}$
$p=t-H_1$
$\alpha_1=45°$</td></tr>
<tr><td>6～24</td></tr>
<tr><td>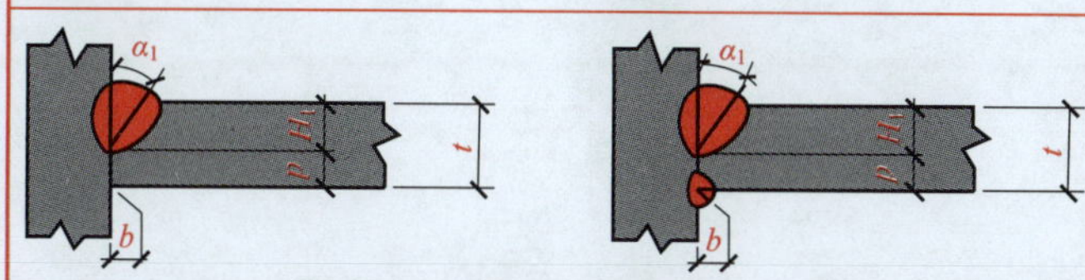</td><td>≥10</td><td>$b=0$
$H_1 \geqslant 2\sqrt{t}$
$p=t-H_1$
$\alpha_1=45°$</td></tr>
<tr><td>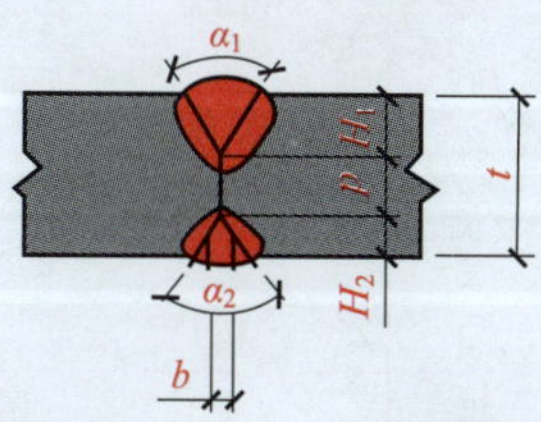</td><td>≥25</td><td>$b=0$
$H_1 \geqslant 2\sqrt{t}$
$p=t-H_1-H_2$
$H_2 \geqslant 2\sqrt{t}$
$\alpha_1=60°$
$\alpha_2=60°$</td></tr>
<tr><td>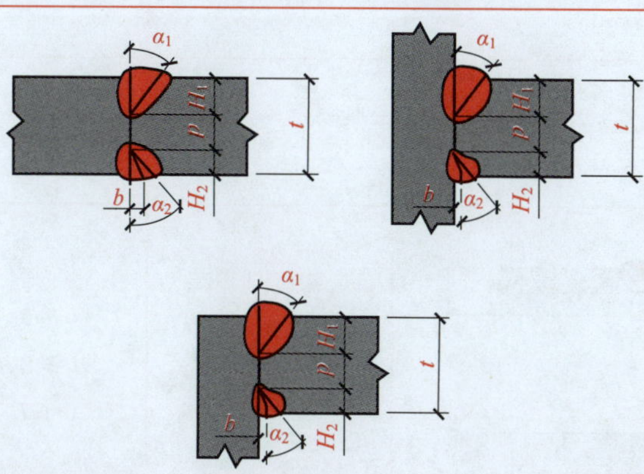</td><td>≥25</td><td>$b=0$
$H_1 \geqslant 2\sqrt{t}$
$p=t-H_1-H_2$
$H_2 \geqslant 2\sqrt{t}$
$\alpha_1=45°$
$\alpha_2=45°$</td></tr>
</table>

埋弧焊部分焊透的坡口形式与尺寸见表 8-18。

表8-18 埋弧焊部分焊透的坡口形式与尺寸

坡口形状示意图	板厚/mm	坡口尺寸/mm
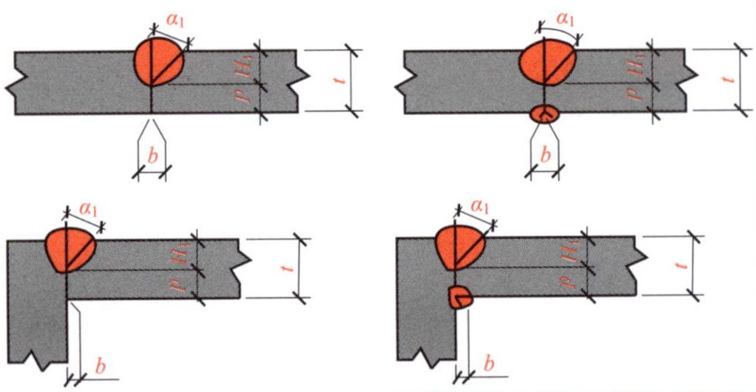	≥14	$b=0$ $H_1\geqslant 2\sqrt{t}$ $p=t-H_1$ $\alpha_1=60°$
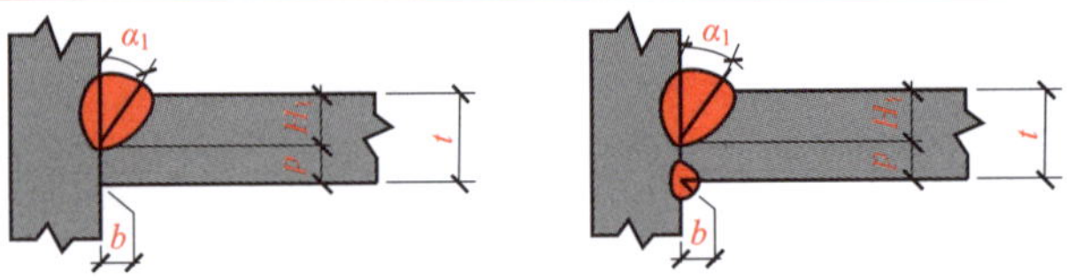	≥14	$b=0$ $H_1\geqslant 2\sqrt{t}$ $p=t-H_1$ $\alpha_1=60°$
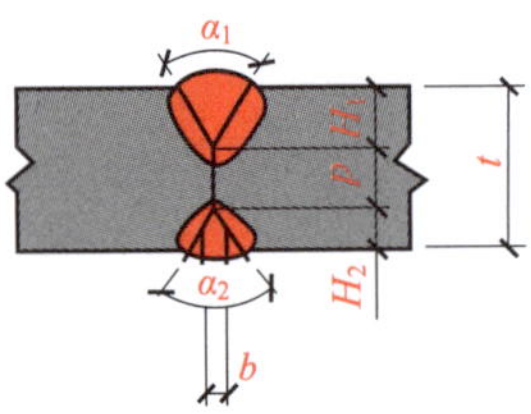	≥25	$b=0$ $H_1\geqslant 2\sqrt{t}$ $p=t-H_1-H_2$ $H_2\geqslant 2\sqrt{t}$ $\alpha_1=60°$ $\alpha_2=60°$
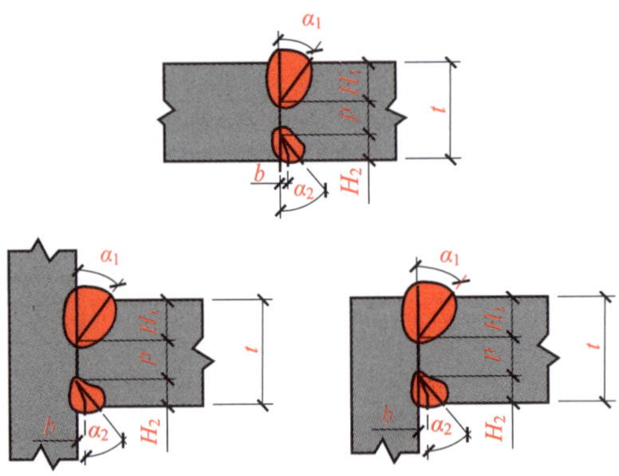	≥25	$b=0$ $H_1\geqslant 2\sqrt{t}$ $p=t-H_1-H_2$ $H_2\geqslant 2\sqrt{t}$ $\alpha_1=60°$ $\alpha_2=60°$
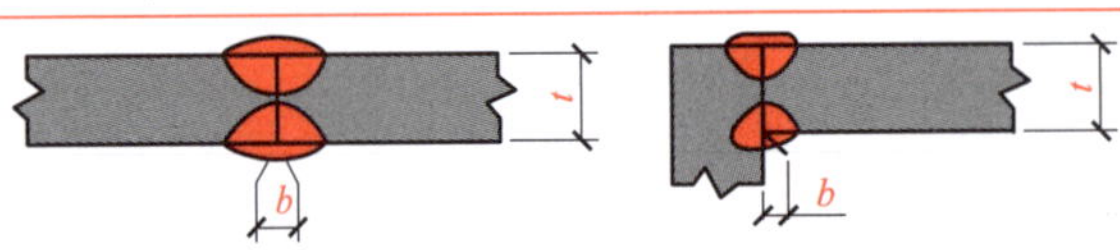	6～20	$b=0$
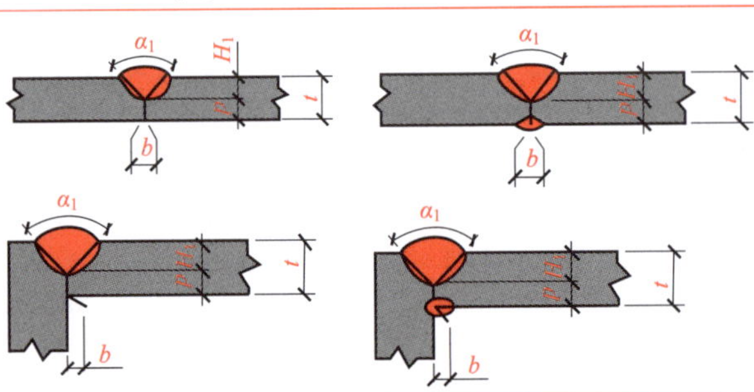	≥14	$b=0$ $H_1\geqslant 2\sqrt{t}$ $p=t-H_1$ $\alpha_1=60°$

8.2.4 大型钢结构构件焊接技术的预热

大型钢结构构件焊接过程，主要包括定位焊、预热、焊接、后热处理、焊后热处理、焊后检验、焊接返修、变形校正等项目。其中，预热的要求如下。

① 焊前预热、预热温度需要根据母材的化学成分、力学性能、焊接性能、交货状态、厚度、焊件的拘束程度等因素来确定。

② 当焊接母材厚度大于 25mm 时，则预热范围为焊缝两侧宽度各大于 100mm，测温点为距离焊缝 30 ～ 50mm 的范围内。常用钢材推荐的最低预热温度见表 8-19。

表 8-19 常用钢材推荐的最低预热温度

常用钢材牌号	接头最厚部件的板厚 t/mm				
	$6 \leq t \leq 20$	$20 < t \leq 40$	$40 < t \leq 60$	$60 < t \leq 80$	$t > 80$
Q235、Q295	—	—	40℃	50℃	80℃
Q345	—	20℃	60℃	80℃	100℃
Q390、Q420	20℃	60℃	80℃	100℃	120℃
Q460	20℃	80℃	100℃	120℃	150℃
Q550、Q690	60℃	100℃	110℃	150℃	165℃

注：1. 焊接热输入为 15 ～ 25kJ/cm。热输入每增加 5kJ/cm 时，预热温度可比表中温度降低 20℃。

2. 采用非低氢型焊接材料或焊接方法焊接时，预热温度应比表中规定的温度提高 20℃。

3. 母材施焊位置温度低于 0℃时，则需要根据焊接作业环境、母材牌号、板厚的具体情况将表中预热温度适当增加，并且需要在焊接过程中保持这个最低道间温度。

4. 焊接接头板厚不同时，需要根据接头中较厚板的板厚选择最低预热温度与道间温度。

5. 焊接接头材质不同时，需要根据接头中强度较高、碳当量较高的钢材选择最低预热温度。

6. 表中不适用于供货状态为调质处理的钢材。控轧控冷钢的最低预热温度可由试验来确定。

③ 在整个焊接过程中，预热的焊件接头温度应不低于预热温度。

④ 预热范围应大于测温点 A 所示区间，如图 8-9 所示。在该区间内任意点的温度均要满足规定的要求。当焊件焊缝处母材厚度不大于 50mm 时，A 区间的尺寸等于 4 倍母材厚度 t 且不大于 50mm。焊件焊缝处母材厚度大于 50mm 时，A 区间的尺寸不小于 75mm。

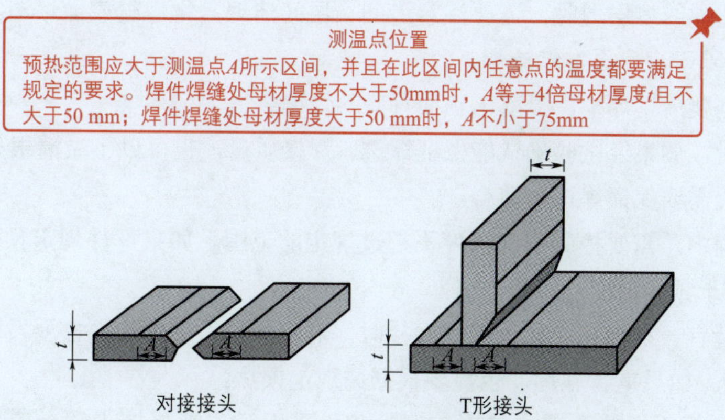

图 8-9 测温点 A 位置

知识技能小贴士

预热温度的测量，需要在加热面的背面进行。无法背面测量时，需要先移开加热源，等母材厚度方向上温度均匀后测定。温度均匀化的时间根据每25mm母材厚度需2min的比例来确定。

8.2.5 大型钢结构件焊接技术的定位焊

大型钢结构件焊接的定位焊要求如下。

① 组对定位后，坡口间隙、错边量、棱角等均要符合图样与工艺文件的要求。

② 各种构件校正好后，才能够施焊，不得随意移动垫铁、卡具，以防造成构件尺寸偏差。

③ 不应强力组对，定位焊缝长度、间距均需要符合工艺文件等的要求。

④ 定位焊不得有裂纹、气孔和夹渣。

⑤ 熔入永久焊缝的定位焊缝两端，需要便于接弧，其焊缝形状需要适合与最后焊缝的结合。

⑥ 定位焊缝的长度宜大于 50mm。当母材的厚度小于 12mm 时，则定位焊的最小长度需要为材料厚度的 4 倍。

8.2.6 大型钢结构件焊接技术的焊接要求

大型钢结构件焊接技术的焊接要求如下。

① 焊接设备电源、接线的选择，需要符合焊接设备的操作规程。

② 需要根据焊接工艺文件施焊。

③ 要在引弧板或坡口内引弧，不得在非焊接部位引弧。

④ 纵焊缝要在引出板上收弧，弧坑要填满。

⑤ 防止地线、电缆线、焊钳等与焊件打弧。

⑥ 电弧擦伤位置需要进行修磨，使其均匀过渡到母材表面，修磨的深度不大于该部位材厚度的 5%，并且不大于 2mm，否则需要进行补焊。

⑦ 对有冲击试验要求的焊件，需要控制线能量，每条焊道的线能量均不应超过评定合格的限值。

⑧ 多层焊时，各焊道的接头需要尽量错开。

⑨ 采用多道焊或多层焊时，需要注意道间、层间清理，将焊缝表面熔渣、油脂、有害氧化物、锈迹等清除干净后再继续施焊。

⑩ 双面焊需要清理焊根，显露出正面打底的焊缝金属。

⑪ 自动焊时，如果经试验确认能保证焊透、焊接质量，也可以不做清根处理。

⑫ 接弧位置需要保证焊透与熔合。

⑬ 施焊过程中，需要控制道间温度不超过规定的范围。如果焊件规定预热时，则需要控制道间温度不低于预热温度。

⑭ 每条焊缝宜一次焊完。如果中断焊接时，对冷裂纹敏感的焊件需要及时采取保温、后热、缓冷等措施。如果重新施焊，也需要根据原规定预热。

⑮ 可锤击的钢质焊缝金属与热影响区，如果采用锤击消除接头残余应力，则打底层焊缝、盖面层焊缝、焊缝坡口边缘的母材不宜锤击。

⑯ 引弧板、引出板不应锤击拆除。

⑰ 焊后不应撞砸接头，不应往刚焊完的焊缝、母材上浇水。

⑱ 低温焊接不应立即清渣，需要等焊缝降温后才能进行。

⑲ 焊缝需要美观牢固，不应有焊渣、不应有气孔、不应有裂纹、不应有未焊透等缺陷。

知识技能小贴士

后热处理的要求如下。

① 对裂纹敏感性较大的低合金钢、拘束度较大的焊件，需要采取后热处理措施，后热处理需要在焊后立即进行。

② 后热处理温度一般为200～350℃，保温时间与后热处理温度、焊缝金属厚度有关，一般不少于30min，达到保温时间后需要缓冷到常温。

③ 焊后立即进行热处理时，可不进行后热处理。

8.2.7 大型钢结构件焊接技术的焊后热处理、检验与返修

大型钢结构件焊接技术的焊后热处理、检验与返修要求见表8-20。

表8-20 大型钢结构构件焊接技术的焊后热处理、检验与返修要求

名称	要求
焊后热处理	采用电加热器对焊件进行局部热处理时，需要符合的要求如下 （1）使用配有温度自动控制仪的加热设备，其加热、测温、控温性能，均需要符合使用要求 （2）焊缝每侧面加热板的宽度，需要至少为钢板厚度的3倍，并且不应小于200mm （3）加热板以外焊件两侧，宜用保温材料适当覆盖 （4）对有再热裂纹倾向的钢号，在焊后热处理时，需要防止产生再热裂纹
焊后检验	（1）焊接成形后的结构，宜在12～24h后进行检测 （2）已经完成热处理、应力消除的焊缝，热处理后可立即进行检验
焊接返修	（1）对需要焊接返修的缺陷，需要分析产生原因，以提出改进措施，并且根据评定合格的焊接工艺编制焊接返修工艺文件 （2）返修前，需要将缺陷清除干净，必要时可采用无损检测确认的方法 （3）待返修部位，需要制备坡口，并且坡口形状与尺寸要防止产生焊接缺陷且便于焊工操作 （4）焊缝返修的预热温度，需要比相同条件下原焊缝预热温度提高30～50℃ （5）返修焊缝性能、质量要求需要与原焊缝相同 （6）如果变形，则可以使用火焰加热进行校正，加热区的温度需要采用适当方法测量，并且与材料说明、设计规范等相符 （7）如果变形，不允许在未进行火焰加热的情况下，直接使用锤击或其他机械方法校正

知识技能小贴士

同一部位焊缝应符合以下要求：

① 两次返修后仍不合格时，则需要重新制订返修方案，并且经技术负责人批准后实施；

② 同一部位返修次数应不超过3次。

8.2.8 大型钢结构件焊接技术的质量控制要求

大型钢结构件焊接技术的质量控制要求见表8-21。

表8-21 大型钢结构件焊接技术的质量控制要求

项目	要求
焊前的检查	焊前检查内容包括但不限于以下内容 （1）焊工资质、认可范围 （2）按设计文件、工艺规程的要求对母材、焊接材料的规格牌号、外观进行确认 （3）定位焊缝的尺寸、质量符合性 （4）焊接工艺规程已经评定合格 （5）焊接环境匹配性 （6）焊接坡口外观质量符合性 （7）焊接设备、工艺装备完好
焊接过程的检查	焊接过程的检查内容应包括但不限于以下内容 （1）焊接工艺参数：电流、电压、焊接速度、预热温度、层间温度、后热温度、时间等符合工艺文件的要求 （2）采用双面焊清根的焊缝，需要在清根后进行外观检查、规定的无损检测 （3）多层多道焊中焊层、焊道的布置、焊接顺序等，均需要符合工艺规程的要求
焊后检查内容	焊后检查内容应包括但不限于以下内容 （1）几何形状、尺寸，符合图样、相关技术文件等要求 （2）焊缝的内部缺陷检验、密封性检验、无损检测、力学性能，根据图样的规定进行相应检查 （3）焊工钢印代号或其他标记的正确性

8.2.9 大型钢结构件焊接技术的记录与保存

生产过程中的相关记录、资料宜包括但不限于以下内容。

① 材料检验报告。

② 尺寸检验报告。

③ 焊工或焊接操作者证书。

④ 焊接材料检验文件。

⑤ 焊接工艺规程。

⑥ 焊接工艺评定报告。

⑦ 热处理工艺规程及报告。

⑧ 无损检验及破坏性试验规程及报告。

⑨ 无损检测人员证书。

⑩ 修复记录及其他不符合项的报告。

⑪ 其他信息资料。

第 9 章
房屋建筑工程钢结构技术

9.1 钢结构住宅技术基础

9.1.1 钢结构住宅模数协调

钢结构住宅是以钢结构作为主要结构系统，集成围护系统、设备、管线系统、内装系统的居住建筑。

钢结构住宅的模数协调设计可在一个或若干个部位先期运用，先期运用部位需要留出后期安装的模数化空间，后期应用部位的边界条件需要服从先期应用部位。

部件定位宜采用中心线与界面定位混合使用的方法。

内装设计模数网格宜采用双线模数网格。

钢结构住宅开间或柱距、进深或跨度，隔墙、门窗洞口、固定家具等部件，需要采用水平基本模数、水平扩大模数数列，并且水平扩大模数数列需要优先采用 3*n*M，其中 *n* 为自然整数。如果难以采用 3*n*M 时，则可以将 2M 或 4M 作为协调尺寸配合使用。如果部分部件无法符合模数化要求，则可以通过插入非模数化的技术尺寸进行技术处理。

隔墙、门窗洞口、固定家具等部件的水平截面尺寸，需要保证主要构件的模数化、标准化的要求。如果部分部件无法符合模数化要求，则可以通过局部技术尺寸进行调整。

钢结构住宅的隔墙、固定家具等分部件的竖向分模数优先尺寸不应小于 M/2。

在处理钢结构部件周边的技术空间时，需要协调构件边缘尺寸。

内外墙厚度优先尺寸需要符合的规定如图 9-1 所示。

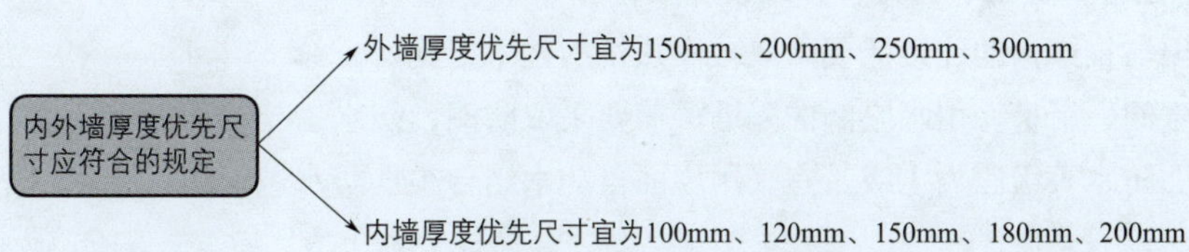

图9-1　内外墙厚度优先尺寸应符合的规定

对有关部位通过插入非模数化的调整空间进行技术处理的情况如图 9-2 所示。

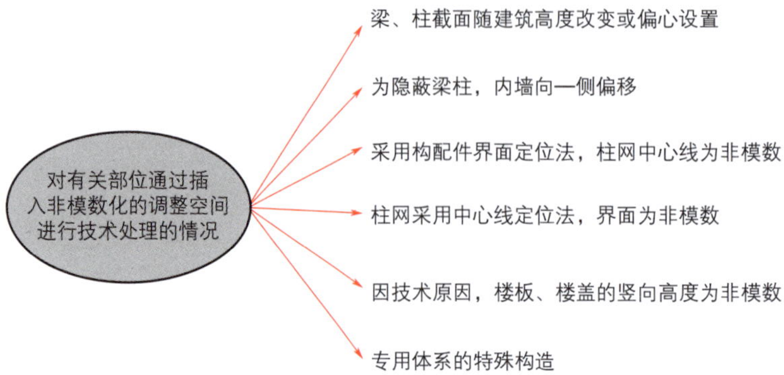

图9-2 对有关部位通过插入非模数化的调整空间进行技术处理的情况

知识技能小贴士

钢结构住宅的层高、净高、门窗洞口等，宜采用竖向扩大模数数列nM。如果部分部件无法符合模数化要求，则可以通过插入非模数化的技术尺寸进行技术处理。

9.1.2 钢结构住宅建筑要求

钢结构住宅建筑要求如下。

① 建筑平面布置需要在保证建筑基本功能的前提下，选用合理柱网。柱网需要规整，并且宜以连续柱跨为基础布置，柱网区格内不宜布置次梁。

② 户型设计需要在模数协调基础上提高模块组合以及结构部件排布的合理性、建筑平面的灵活性、设备管线的集成性，建筑平面布置需要减少凹凸，与结构部件的布置相协调。

③ 公共管井等公共部位，宜采用标准化的功能模块，并且构成与结构体系相适应的组合模块。

④ 电梯井道等竖向设备管井布置时，需要避免梁、柱、支撑、延性墙板等结构布置对楼电梯、设备管井尺寸的不利影响。

⑤ 钢结构住宅的竖向管线需要集中设置在公共管井、便于管理和维修的空间内。厨房、卫生间的平面位置宜紧邻公共管井或设施阳台。

⑥ 外墙与钢结构的连接需要采取减少热桥的技术措施。

⑦ 卫生间、厨房、用水空间的隔墙，需要采取防潮、防水措施。

⑧ 屋面防水等级应为Ⅰ级，宜采用屋面自防水结合柔性防水做法。

知识技能小贴士

外墙板间或墙板与不同材质墙体相接的板缝，需要采取可靠的弹性密封材料连接措施。外墙及其配件与主体结构的连接，宜采用加强构造。金属材料类连接配件、预埋件需要进行防腐蚀处理。

9.1.3 钢结构住宅的结构要求

钢结构住宅的结构要求如下。

① 钢结构住宅宜采用钢框架、钢框架 - 支撑、钢框架 - 延性墙板结构。

② 钢结构应优先采用通用化、标准化的构件与节点。

③ 钢结构住宅对钢材的选用要求如图 9-3 所示。

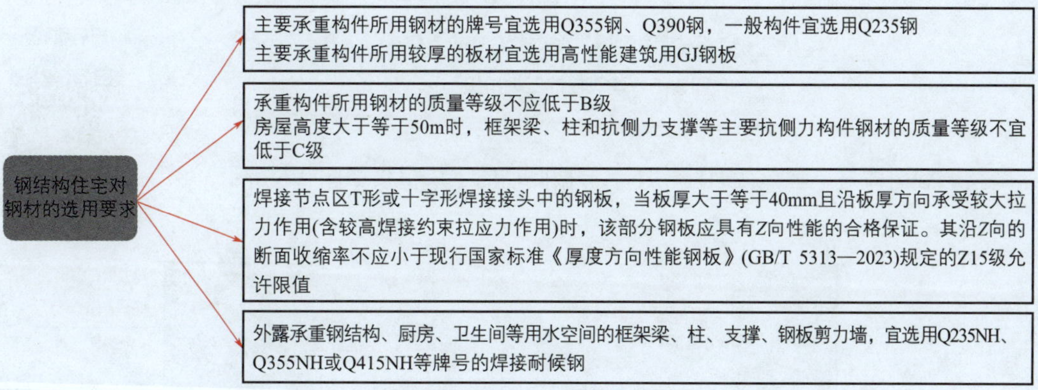

图9-3 钢结构住宅对钢材的选用要求

④ 框架梁、柱和抗侧力支撑等主要抗侧力构件所用钢材性能需要符合的规定，如图 9-4 所示。

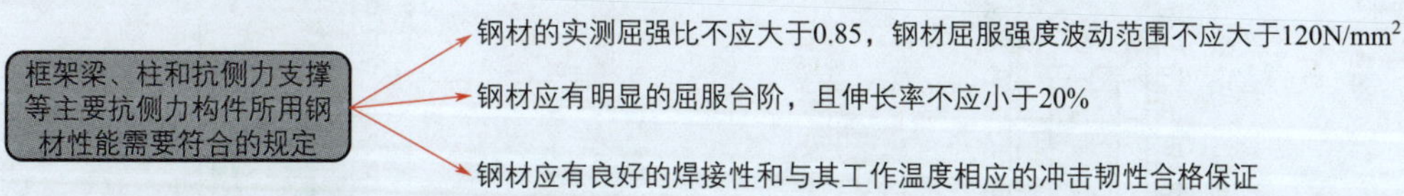

图9-4 框架梁、柱和抗侧力支撑等主要抗侧力构件所用钢材性能需要符合的规定

⑤ 建筑柱的工地拼接如图 9-5 所示。

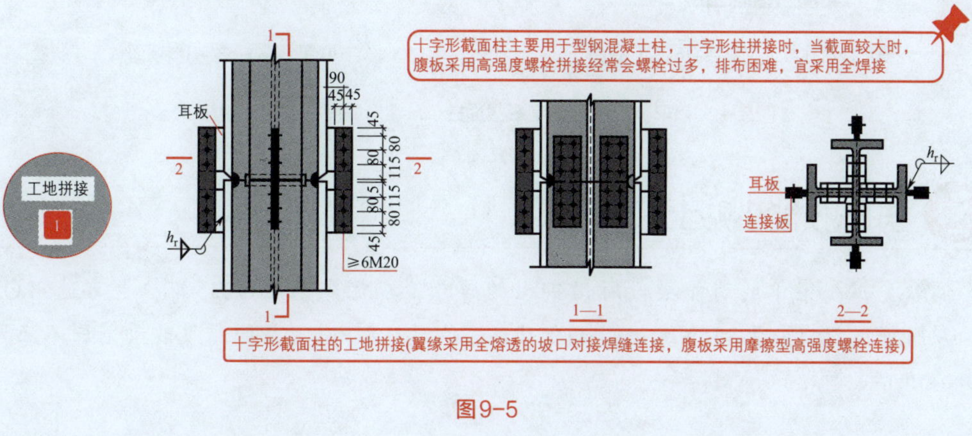

图9-5

工地拼接 2

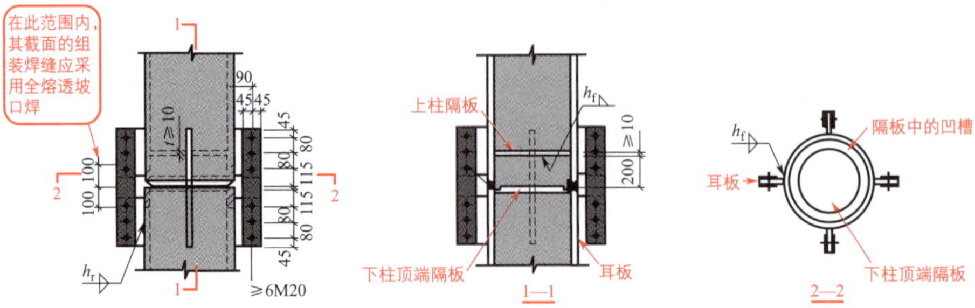

圆钢管柱的工地拼接(管壁采用全熔透的坡口对接焊缝连接)

图9-5 建筑柱的工地拼接

扫码看视频

柱上栓钉的作用

箱形截面柱与十字形截面柱、H 字形截面柱的工厂拼接如图 9-6 所示。

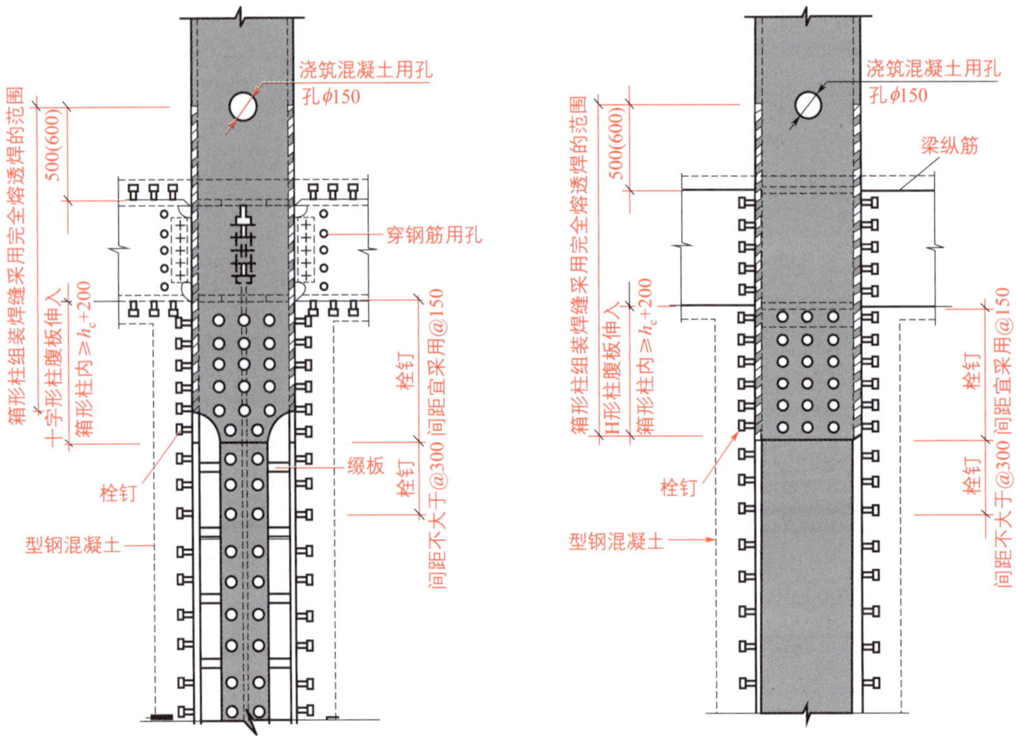

(a) 箱形截面柱与十字形截面柱工厂拼接

(b) 箱形截面柱与H形截面柱工厂拼接

图9-6 箱形截面柱与十字形截面柱、H字形截面柱的工厂拼接

知识技能小贴士

偏心支撑框架中的消能梁段所用钢材的牌号，应优先选用Q235钢，也可选用Q355钢。屈服强度不应大于355N/mm²，屈强比不应大于0.8，并且屈服强度波动范围不应大于100N/mm²。

9.1.4 钢构件连接的连接系数

钢构件连接的连接系数如图 9-7 所示。

钢构件连接的连接系数

母材牌号	梁端焊接时		支撑连接/构件拼接		柱脚	
	母材破坏	高强螺栓破坏	母材破坏	高强螺栓破坏	埋入式/外包式	外露式
Q235	1.40	1.45	1.25	1.30	1.2(1.0)	1.0
Q345	1.35	1.40	1.20	1.25		
Q345GJ	1.25	1.30	1.10	1.15		

注：1. 屈服强度高于Q345的钢材，按Q345的规定采用；屈服强度高于Q345GJ的GJ钢材，按Q345GJ的规定采用。

2. 外露式柱脚是指刚接柱脚，6、7度且高度不超过50m时可采用外露式柱脚。

3. 括号内数字用于箱形柱和圆管柱。

- 非抗震设计的多、高层民用建筑钢结构，在荷载作用下应处于弹性受力状态，节点承载力应满足杆件内力设计值的要求及构造要求
- 抗震设计的多、高层民用建筑钢结构，抗侧力构件连接节点的承载力设计值，不应小于相连构件的承载力设计值；抗侧力构件连接节点的极限承载力应大于构件的全塑性承载力

图 9-7 钢构件连接的连接系数

9.1.5 结构系统一般规定

结构系统一般规定如下。

① 钢结构住宅结构构件的截面形式与尺寸选择，需要满足结构安全性、适用性、经济性，同时需要与构件生产、运输、施工安装相互协调，宜采用标准化、规格化的成品型材，其应符合的一些规定如下。

a. 柱宜采用方（矩）形钢管柱、宽翼缘 H 型钢截面柱，或者由方形钢管、H 型钢、T 型钢截面、C 型钢截面通过焊接形成的组合截面异形柱。采用空心型材时，宜灌实。

b. 梁宜选用中翼缘或窄翼缘 H 型截面。

c. 支撑宜选用热轧 H 型钢或方（矩）形、圆形钢管。耗能支撑需要符合现行有关建筑消能减震技术有关规定。

d. 钢板剪力墙需要符合现行有关钢板剪力墙技术等的有关规定。

② 钢结构住宅主体结构的连接节点宜标准化、通用化，并且需要与建筑设计相协调，宜采用利于主体结构施工、墙板安装且不影响建筑使用功能的节点形式。

③ 钢结构住宅的主体结构构件，需要结合设备管线、风管等的布置准确预留孔洞，并且做相应加强，不应现场开孔。

④ 钢结构住宅结构体系宜根据结构高度与设防烈度进行选取，各类结构体系的适用高度见表 9-1。

表 9-1 钢结构住宅结构体系的适用高度

结构类型	结构体系	适用住宅类型	适用高度/m					
			6度	7度（0.10g）	7度（0.15g）	8度（0.20g）	8度（0.30g）	9度
轻型钢结构[①]	冷弯薄壁型钢结构	低层住宅	12	12	12	12	12	—
	钢框架结构	低层及多层住宅	18	18	18	18	18	—

续表

结构类型	结构体系	适用住宅类型	适用高度/m					
			6度	7度（0.10g）	7度（0.15g）	8度（0.20g）	8度（0.30g）	9度
普通钢结构②	钢框架结构	多层及高层住宅	100	100	90	90	70	50
	钢框架-支撑结构 钢框架-钢板剪力墙结构	多层及高层住宅	100	100	100	100	100	100
异形柱钢结构	钢框架结构	多层及中高层住宅	70	70	50	30	12	—
	钢框架-支撑结构	中高层及高层住宅	90	90	70	50	24	—

① 轻型钢结构中的钢框架结构是指梁、柱由高频焊接薄壁H型钢或热轧薄壁H型钢等组成的框架结构。
② 普通钢结构中的钢框架结构是指梁、柱由普通热轧或焊接H型钢、钢管、箱形截面等组成的框架结构。

知识技能小贴士

冷弯薄壁型钢结构设计需要符合的规定：冷弯薄壁型钢结构承重构件的壁厚不应小于0.60mm，主要承重构件的壁厚不应小于0.75mm，构件截面形式宜选用C形、U形、Π形以及其他可靠截面类型。冷弯薄壁型钢结构，需要采用轻质的墙体、楼盖和屋盖系统。

9.1.6 冷弯薄壁型钢结构体系的节点与连接

冷弯薄壁型钢结构体系的节点与连接，需要符合如下规定。

① 冷弯薄壁型钢结构体系的节点与连接，需要符合现行标准有关冷弯薄壁型钢结构技术、低层冷弯薄壁型钢房屋建筑技术、冷弯薄壁型钢多层住宅技术等有关规定。

② 钢板间的连接需要采用自钻自攻螺钉。螺钉规格不应小于 ST4.2。螺钉应从较薄钢板的一侧穿入。钢板与其他板材间的连接应采用自攻螺钉，并且螺钉规格不应小于 ST3.5。

③ 钢板间的连接，螺钉应穿透所有被连接的构件，并且在连接钢板上外露出的长度不应少于 3 个螺纹的长度，如图 9-8 所示。螺钉中心距、端距、边距不得小于螺钉直径的 3 倍。

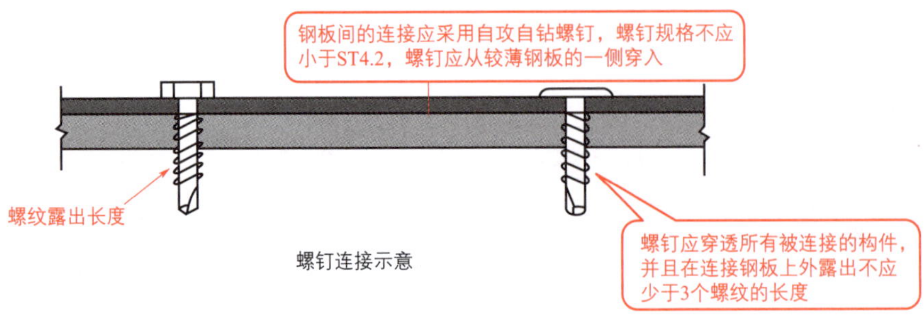

图9-8 钢板间的连接应采用自攻自钻螺钉的要求

常见冷弯型钢规格如图 9-9 所示。

常用冷弯型钢规格

常用冷弯C型钢规格

尺寸/mm				截面面积/cm²	每米质量/(kg/m)	I_x/cm⁴	W_x/cm³
h	b	a	t				
60	30	10	2.5	3.01	2.36	10.01	5.34
60	30	10	3.0	3.50	2.74	18.08	6.03
80	40	15	2.0	3.47	2.72	34.16	8.54
100	50	15	2.5	5.23	4.11	81.34	16.27
100	50	20	2.5	5.51	4.33	84.93	16.99
100	50	20	3.0	6.50	5.10	98.56	19.71
120	50	20	2.5	5.98	4.70	129.40	21.57
120	60	20	3.0	7.65	6.01	170.68	28.45
140	50	20	2.0	5.27	4.14	154.03	22.00
140	50	20	2.5	6.48	5.09	186.78	26.68
140	60	20	2.5	7.01	5.50	212.14	30.31
140	60	20	3.0	8.30	6.51	248.01	35.43
160	60	20	2.0	6.07	4.76	236.59	29.57
160	60	20	2.2	6.64	5.21	257.57	32.20
160	60	20	2.5	7.48	5.87	288.13	36.02
160	70	20	3.0	9.45	7.42	373.64	46.71
180	60	20	3.0	9.50	7.45	449.70	49.97
180	70	20	2.0	6.87	5.39	343.93	38.21
180	70	20	2.2	7.52	5.90	374.90	41.66
180	70	20	2.5	9.48	6.66	420.20	46.69
200	60	20	3.0	10.10	7.92	578.43	57.84
200	70	20	2.0	7.27	5.71	440.04	44.00
200	70	20	2.2	7.96	6.25	479.87	47.99
200	70	20	2.5	8.98	7.05	538.21	53.82
200	70	20	3.0	10.70	8.40	636.64	63.66
220	75	20	2.0	7.87	6.18	574.45	52.22
220	75	20	2.2	8.62	6.77	626.85	56.99
220	75	20	2.5	9.73	7.64	703.76	63.98
250	40	15	3.0	10.10	7.924	773.50	61.88
300	40	15	3.0	10.60	9.10	1231.6	82.11

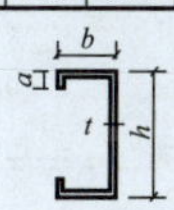

冷弯C型钢

常用冷弯等边槽钢规格

尺寸/mm			截面面积/cm²	每米质量/(kg/m)	I_x/cm⁴	W_x/cm³
H	B	t				
20	10	1.5	0.40	0.51	0.28	0.28
20	10	2.0	0.51	0.64	0.33	0.33
50	30	2.0	1.60	2.04	8.09	3.24
50	30	3.0	2.31	2.95	11.12	4.45
50	50	3.0	3.26	4.15	17.76	7.10
60	30	2.5	2.15	2.74	14.38	4.89
80	40	2.5	2.94	3.74	36.70	9.18
80	40	3.0	3.48	4.34	42.66	10.67
100	40	2.5	3.33	4.24	62.07	12.41
100	40	3.0	3.95	5.03	72.44	14.49
100	50	3.0	4.43	5.65	87.28	17.46
100	50	4.0	5.79	7.37	111.05	22.21
120	40	2.5	3.72	4.74	95.92	15.99
120	40	3.0	4.42	5.63	112.28	18.71
140	50	3.0	5.36	6.83	191.53	27.36
140	50	3.5	6.20	7.89	218.88	31.27
160	60	3.0	6.30	8.03	300.87	37.61
160	60	3.5	7.20	9.29	344.94	43.12
200	80	4.0	10.812	13.733	821.120	82.112
200	80	5.0	13.361	17.021	1000.710	100.071
200	80	6.0	15.849	20.190	1170.516	117.051
250	130	6.0	22.703	29.107	2876.401	230.112
250	130	8.0	29.755	38.147	3687.729	295.018
300	150	6.0	26.915	34.507	4911.518	327.435
300	150	8.0	35.371	45.347	6337.148	422.477

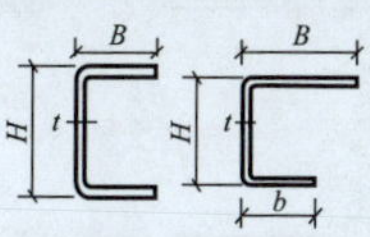

等边槽钢　不等边槽钢

常用冷弯外卷边槽钢规格

尺寸/mm				截面面积/cm²	每米质量/(kg/m)	I_x/cm⁴	W_x/cm³
H	B	C	t				
30	30	16	2.5	2.56	2.01	6.01	2.11
50	20	15	3.0	2.90	2.27	13.86	3.75
60	25	32	2.5	3.86	3.03	42.43	7.13
60	25	32	3.0	4.52	3.54	49.00	8.31
80	40	20	4.0	6.75	5.30	79.59	14.21
100	30	15	3.0	5.00	3.92	77.67	12.53
150	40	20	4.0	9.61	7.50	325.20	35.74
150	40	20	5.0	11.43	8.91	370.70	41.19
200	50	30	4.0	13.21	10.31	834.16	66.20
200	50	30	5.0	15.93	12.42	976.97	78.16

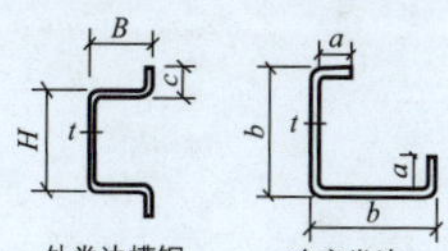

外卷边槽钢　冷弯卷边等边角钢

图9-9　常见冷弯型钢规格

知识技能小贴士

对于冷弯薄壁型钢结构低层住宅，宜选用标准化、通用化的节点形式。各连接节点，宜采用自攻螺钉或螺栓连接，不宜采用焊接连接方式。

9.1.7　钢结构住宅的连接节点

钢结构住宅图示及其连接节点如图 9-10 所示。

9.1.8　住宅建筑工程钢结构施工安全措施要求

住宅建筑工程钢结构施工安全措施要求如下。

① 需要认真执行各工种的安全操作规程。

② 高空作业人员需要进行体格检查，并且持证上岗。

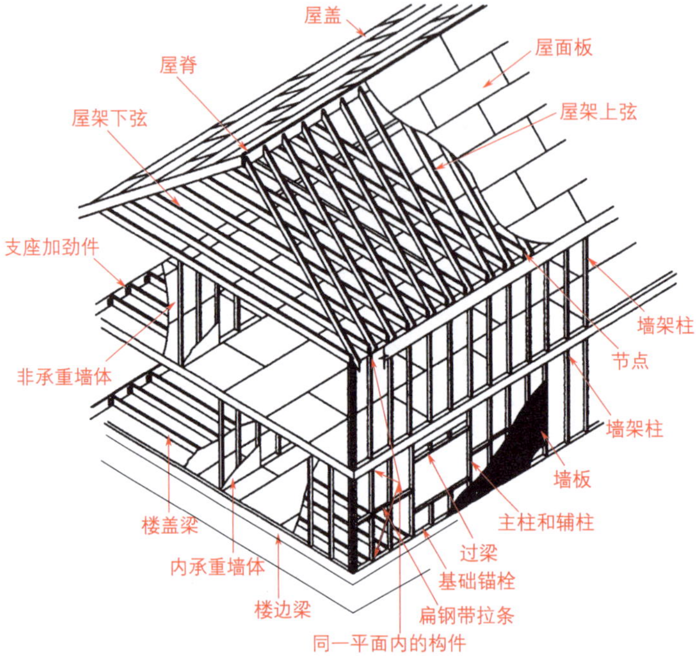

(a) 冷弯薄壁型钢密肋体系住宅骨架

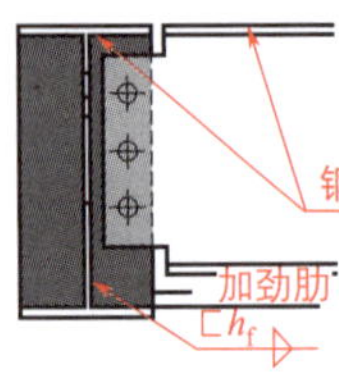

梁-梁铰接(一)

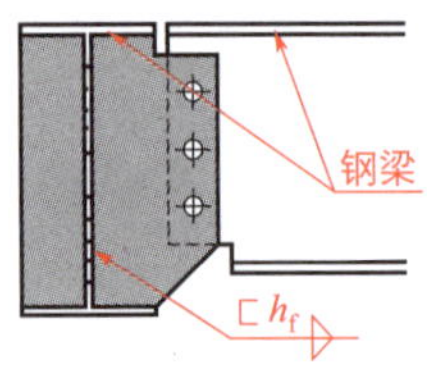

梁-梁铰接(二)

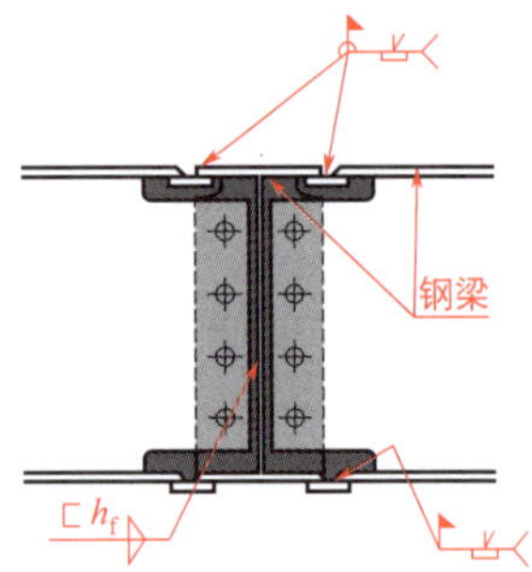

梁-梁刚接(一)

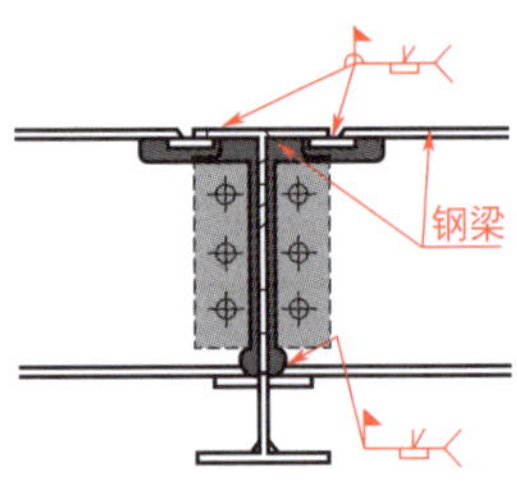

梁-梁刚接(二)

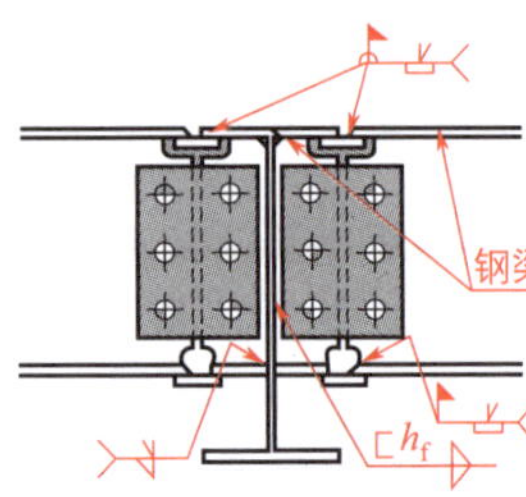

梁-梁刚接(三)

(b) 轻钢框架结构连接

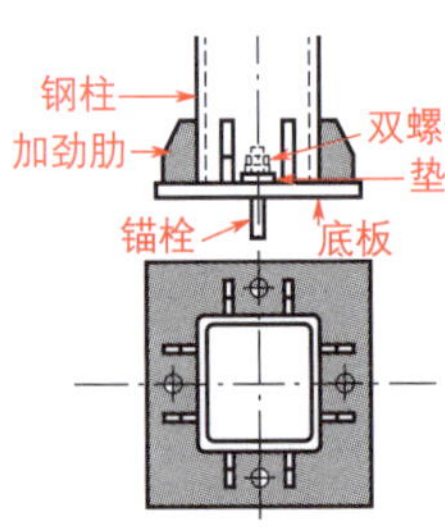

铰接柱脚(一)

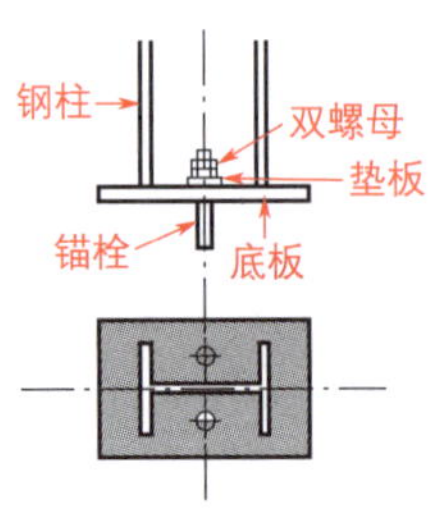

铰接柱脚(二)

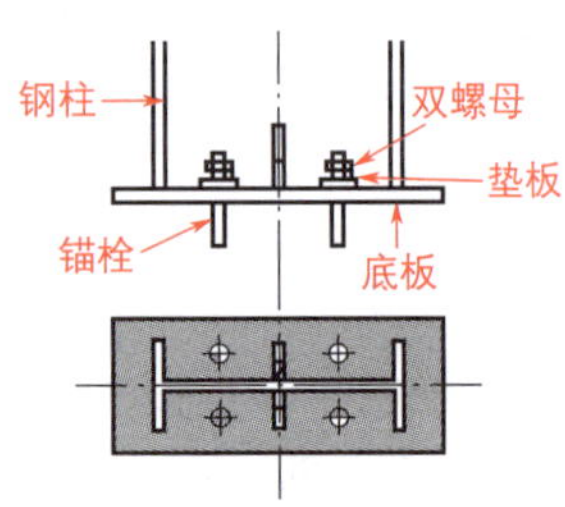

铰接柱脚(三)

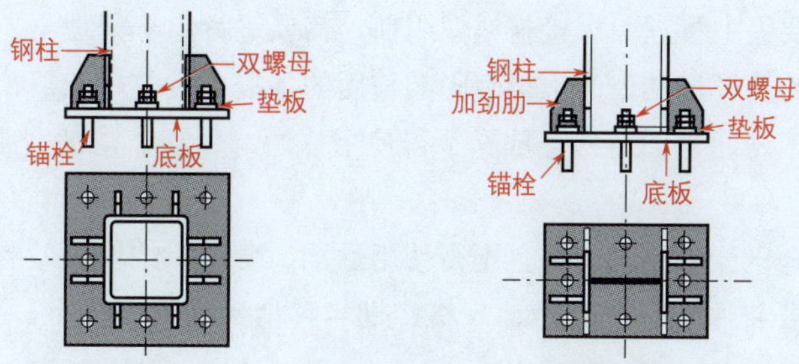

固接柱脚(一)　　固接柱脚(二)

(c) 轻钢框架结构连接

图9-10　钢结构住宅图示及其连接节点

③ 现场需要配备足够的消防器材和消防设备。

④ 高处作业现场，需要根据标准要求设置安全警戒区，悬挂明显警戒标志，并有专人监护。

⑤ 高处作业现场需要设置高空作业水平安全网。如果发现高空作业的安全隐患，则需要及时解决。如果危及人身安全，则应停止作业。

⑥ 危险作业区域，应悬挂醒目的安全警示牌。

⑦ 高空作业人员应佩戴好安全帽、系好安全带、携带工具袋。

⑧ 不得在 5 级及以上风力下进行安装，雨天、雪天进行高空作业时，需要采取可靠的防滑、防寒、防冻等措施。对水、冰、霜、雪，均需要及时清除，才可以工作。

⑨ 起重机不得超载吊装。

⑩ 用电设备需要采取漏电保护措施，以防止发生触电事故。

知识技能小贴士

钢结构施工需要根据以下规定进行质量过程控制。

① 原材料、成品需要进行进场验收。凡是涉及安全、功能的原材料、构件都需要根据规定进行复验。

② 钢结构工程施工前，需要根据要求进行焊接工艺评定，并且编制焊接工艺文件。

③ 隐蔽工程在隐蔽前，需要进行质量验收。

④ 相关专业工种间需要进行交接检验。

⑤ 各工序需要根据施工工艺要求进行质量控制，实行工序检验。

9.1.9　住宅建筑工程钢结构施工对钢结构制作材料的要求

住宅建筑工程钢结构施工对钢结构制作材料的要求如下。

① 钢结构制作使用的钢材、焊接材料、涂装材料、焊钉、紧固件等，需要具有质量合格证明文件，以及符合设计、标准等规定。

② 需复验的钢结构材料，应进行现场取样、送样、复验以及复验合格后方可使用。

③ 用于焊接、切割的气体，需要符合现行国家标准等规定。

④ 焊条、焊剂、焊丝质量需要符合现行标准等规定。

⑤ 焊接材料需要集中管理。焊接材料使用前，需要进行烘干处理。

⑥ 用于栓钉焊的焊钉，其表面不得有影响使用的条痕、裂纹、凹痕、毛刺等缺陷。

⑦ 螺栓需要在干燥通风的室内存放。不得使用沾污、受潮、锈蚀、碰伤、混批的高强度螺栓。

⑧ 涂料需要符合设计等要求，并且不得使用过期、变质、结块失效的涂料。

⑨ 钢材余料需要将原钢材的牌号、规格、批号移植到余料表面上，并且根据钢材牌号、规格进行分类管理。

知识技能小贴士

牌号不清的钢材余料，需要经复验合格后才能够使用。对于牌号标识清楚但是批号不清的钢材余料，不得用于钢结构的主要受力构件。

9.1.10 钢结构制作工艺流程

钢结构制作工艺流程如图 9-11 所示。

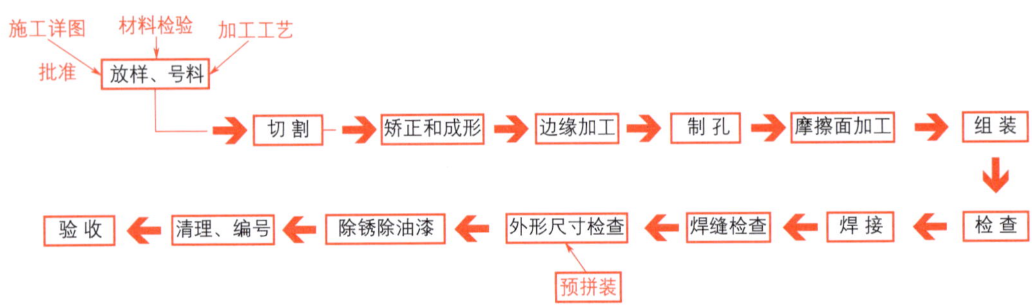

图9-11 钢结构制作工艺流程

9.1.11 钢结构制作施工工艺

钢结构制作施工工艺见表 9-2。

表9-2 钢结构制作施工工艺

项目	解释
施工图深化设计	（1）钢结构深化设计，需要满足钢结构施工构造、施工工艺、构件运输、吊装等有关技术要求 （2）钢结构施工深化设计图，需要包括图纸目录、深化设计总说明、关键节点构造、构件布置图、构件详图、构件清单、零件图等内容 （3）钢结构制作详图需要根据施工图进行深化，并且经设计单位审核确认
钢结构制作的放样、号料	（1）号料前，需要检查原材料的质量。不同规格、不同材质的零件需要分别号料，并且根据先大后小的原则依次号料 （2）样板样杆上要写明加工号、构件编号、规格，以及标注孔直径、工作线、弯曲线等各种加工符号 （3）放样与号料需要预留焊接收缩量、切割端铣等需要的加工余量

续表

项目	解释
钢结构制作的放样、号料	（4）切割缝余量根据板厚、割嘴型号、切割工艺等来确定 （5）焊接收缩量需要根据构件的结构特点由工艺设计人员给出 （6）主要受力构件、需要弯曲的构件，在号料时根据工艺规定的方向取料，弯曲件的外侧不应有样冲点与伤痕等缺陷 （7）号料后的剩余材料需要进行余料标识
钢结构制作的切割	（1）下料画线后的钢材，需要根据其所需的形状、尺寸进行下料切割 （2）机械切割时的要点如下 ① 型钢需要校直后才可以进行锯切 ② 宜采用数控带锯床进行锯切。无数控带锯床时，对于单件锯切的构件，应先画出号料线，再对线锯切。成批加工的构件，可以预先安装定位挡板进行加工 ③ 加工精度要求较高的重要构件，需要预留适当的加工余量，以供锯切后进行端面精铣 ④ 锯切时，需要注意切割断面垂直度的控制 ⑤ 机械剪切的零件厚度不宜大于12mm，剪切面需要平整 （3）等离子切割时的要点如下 ① 需要根据不同切割板厚选择适当的工作气体流量 ② 需要选择合适的电极内缩量，电极到割嘴端面的距离宜取8～11mm ③ 需要选择合适的割嘴高度，割嘴端面到被割工件表面的距离，宜为4～10mm ④ 宜在保证切割质量的前提下，尽可能提高切割速度，减少被割工件的变形量与割缝区的热影响区域，以避免黏渣增加 （4）火焰切割时的要点如下 ① 火焰切割前，需要检查确认整个火焰切割系统的设备、工具全部运转正常，并且安全 ② 火焰切割时，需要选择正确的工艺参数。切割时，需要调节好射流的形状，以保持轮廓清晰 ③ 火焰切割前，需要去除钢材表面的污垢、浮锈、油污、其他杂物，并且在背面留出足够的熔渣吹出空间 ④ 火焰切割时，需要防止回火 ⑤ 应先从短边开始切割，先割小件，后割大件；先割较复杂的，后割较简单的
钢结构制作的矫正与成形	（1）矫正可以采用机械矫正、加热矫正、加热与机械联合矫正等方法 （2）机械矫正可以使用翼缘矫正机、压力机等。加热矫正可以使用点状加热、线状加热、三角形加热。构件在同一区域内加热不宜超过两次 （3）碳素结构钢在环境温度低于-16℃、低合金结构钢在环境温度低于-12℃时，不应进行冷矫正与冷弯曲 （4）碳素结构钢与低合金结构钢在加热矫正时，加热温度应为700～800℃，最高温度不得超过900℃ （5）低合金结构钢加热矫正后，应自然冷却，不得浇水冷却 （6）零件采用热加工成形时，加热温度应控制在900～1000℃，碳素结构钢和低合金结构钢分别在温度降到700℃和800℃前结束加工。低合金结构钢应自然冷却
钢结构制作的边缘加工	（1）边缘加工可以采用火焰切割、机械加工方法 （2）对边缘有特殊要求时，宜采用精密切割 （3）对于火焰切割的零件，当需要消除影响区进行边缘加工时，加工余量应不小于2mm （4）机械加工边缘，需要把表面的缺陷清除掉，深度不得小于2mm （5）碳素结构钢的零件边缘，在手工切割后表面需要进行处理，不平度不得超过1mm （6）构件端部支承边要求刨平顶紧或构件端部截面精度要求较高的，则应进行刨边或铣边 （7）施工图有特殊要求的火焰切割边缘，需要进行刨边 （8）板材或型钢的剪切边缘，可不刨边

续表

项目	解释
钢结构制作的边缘加工	（9）零件边缘进行切割后，其切割表面的平面度应不大于1mm （10）柱端铣平顶紧接触面应有75%以上的面积紧贴，可以用0.3mm塞尺检查，边缘间隙不应大于0.5mm （11）构件的端部加工，需要在矫正合格后进行 （12）根据构件的形式采取必要的措施，以保证铣平端与轴线垂直
钢结构构件的制孔	（1）用于普通螺栓、半圆头铆钉、自攻螺钉等连接的孔，可采用钻孔、铣孔、冲孔、铰孔等制作方法 （2）对直径较大或长形孔，也可以采用火焰切割制孔 （3）构件制孔优先采用钻孔，厚度在5mm以下的普通结构钢允许冲孔，次要结构厚度小于12mm时允许采用冲孔 （4）钻孔前应磨好钻头，并且合理地选择切削余量 （5）制成的螺栓孔应为正圆柱形，并且垂直于所在位置的钢材表面，倾斜度应小于1/20 （6）精制或铰制成的螺栓孔直径和螺栓杆直径相同，采用配钻或组装后铰孔，孔应具有H12的精度 （7）利用钻床进行多层板钻孔时，需要采取有效的防止窜动措施
钢结构摩擦面的加工	（1）高强度螺栓连接摩擦面的加工，可采用喷砂、抛丸、砂轮机打磨等方法 （2）经处理的摩擦面，需要采取防油污、防损伤保护措施 （3）抗滑移系数试验用的试件应由制作厂加工，试件与所代表的钢结构构件应为同一材质、同批制作、采用同一摩擦面处理工艺和具有相同的表面状态，在同一环境条件下存放 （4）试件钢板的厚度，需要根据钢结构工程中有代表性的板材厚度来确定 （5）安装复验抗滑移系数用的试件，需要与构件同时交付安装现场进行复验
钢结构的组装	（1）组装前，应熟悉构件施工图、有关的技术要求，并且根据施工图要求复核其需组装零件的质量 （2）对于原材料的尺寸不够，或技术要求需拼接的零件，宜在组装前完成拼接，拼接应符合相关规定 （3）宜根据构件类型选择结构组装工艺，组装工艺需要符合有关规定
钢结构制作的预拼装	（1）需要根据设计、技术文件要求进行预拼装 （2）主要受力构件、节点连接结构复杂、构件允许偏差接近极限且有代表性的构件宜进行预拼装 （3）预拼装，需要在坚实、稳固的平台式胎架上进行 （4）高强度螺栓连接件预拼装时，可采用冲钉定位、安装螺栓紧固 （5）预装后应用试孔器检查 （6）检查不能通过的孔应进行修孔 （7）构件除可采用实体预拼装外，还可采用计算机辅助模拟预拼装方法
钢结构的网架制作	（1）网架结构制作前，需要进行设计图纸交底，并且根据设计文件、钢结构制作详图、国家标准、制作单位等编制制作工艺文件 （2）网架结构的杆件，需对接时应具有可靠的质量保证措施，并且达到一级焊缝质量要求 （3）网架结构的杆件需对接时，每根杆件只允许有一个对接接头，接头距节点连接位置的最短距离不得小于钢管直径，并且不得小于500mm （4）网架结构的杆件需对接时，对接杆件总数不应超过杆件总数的10%，并且不得集中布置 （5）焊接空心球节点制作需要符合的规定如下 ① 焊接空心球的半球圆形坯料钢板，宜采用半自动火焰切割机或数控切割机下料，下料后的坯料直径允许偏差为+2.0mm ② 圆形坯料钢板宜在加热炉内加热。碳素结构钢、低合金高强度结构钢加热温度应控制在1000～1100℃ ③ 温度的测量可以采用红外测温仪，也可以采用观察炉内火焰的颜色与标准色卡比对来确定加热温度

续表

项目	解释
钢结构的网架制作	④ 加热后的圆形坯料钢板宜在液压机上采用模具压制成形，成形后的表面需要光滑平整。对碳素结构钢、低合金高强度结构钢，在温度分别下降到700℃和800℃前应结束加工。低合金高强度结构钢不得用水冷却 ⑤ 加工后的半圆球需要在专用胎架或设备上装配成整球，并且宜用转胎或专门的空心球焊接机焊接成形 ⑥ 空心球的焊接可以采用焊条电弧焊或CO_2气体保护焊 ⑦ 无肋焊接空心球需要加垫板焊接。加肋焊接空心球的肋板位置需要在两个半球的拼接环形缝位置 ⑧ 肋板宜采用半自动火焰切割机或数控切割机下料，外径需要预留机加工余量，内孔可采用火焰切割成形，并且内孔孔径宜为焊接空心球外径的1/3～1/2 ⑨ 焊接空心球肋板的边缘，可加工成平台或凸台。如果采用凸台，高度不宜大于1mm ⑩ 衬管宜采用与杆件规格相同的钢管经剖切加工后成形，也可以直接采用相近规格的钢管 ⑪ 杆件与焊接空心球间应有间隙，间隙可取2～6mm ⑫ 杆件与焊接空心球连接焊缝应为全熔透焊缝，并且达到等强连接 ⑬ 杆件与焊接空心球的焊接宜在安装现场进行 （6）螺栓球节点制作需要符合的规定如下 ① 螺栓球宜将圆钢加热后用空气锤与模具锻压而成。圆钢宜用锯床锯切下料 ② 圆钢宜在加热炉内加热，加热温度宜为1100～1200℃，并且控制终锻温度不得低于800℃ ③ 锻压成形后的毛坯球不应有褶皱、过烧 ④ 螺栓球宜用专用车床或数控加工中心加工。先加工工艺孔，再加工各弦杆孔，最后加工各腹杆孔 ⑤ 紧固螺钉直径需要符合设计等要求，并且进行淬火处理，硬度值需要达到HRC32～HRC37 ⑥ 锥头或封板与钢管焊接后形成螺栓球节点的杆件。钢管直径d不小于$\phi76$时，应采用锥头连接；钢管直径d小于$\phi76$时，宜采用封板连接 ⑦ 套筒可采用六角钢加工，或圆钢经加热后用液压机模压成形 （7）支座、支托制作需要符合的规定如下 ① 支座的底板与筋板宜采用半自动火焰切割机或数控切割机下料。钢管宜采用管子车床下料、剖口 ② 支托的托板与筋板宜采用半自动火焰切割机或数控切割机下料。钢管宜采用管子车床下料、剖口。支托宜在专用胎具上组装、焊接 （8）网架试拼装需要符合的规定如下 ① 网架结构产品出厂前，重大、复杂工程宜进行试拼装，并且试拼装可采取单元试拼装、部分结构试拼装、整体结构试拼装等 ② 试拼装时，杆件与球节点采用点焊固定。间隙需要满足设计或有关标准要求。试拼装结束拆除杆件时，宜采用砂轮磨光机打磨 ③ 定位焊缝需要确保杆件两端口的坡口光滑，焊接空心球外表面无损伤

知识技能小贴士

切割时的要点如下。

① 当一张钢板上排列许多个零件并有几条相交的切割线时，需要预先安排好合理的切割程序后再进行切割。

② 材料剪切后的弯曲变形需要进行矫正。切割面粗糙或带有毛刺，需要修磨光洁。

③ 切割过程中，切口附近发生挤压、弯曲时，重要的结构件、焊缝的接口位置需要采用铣、刨、砂轮磨削等方法进行处理。

9.1.12 钢结构制作的火焰切割工艺参数

钢结构制作的火焰切割工艺参数见表 9-3。

表9-3 钢结构制作的火焰切割工艺参数

割嘴型号	板厚/mm	氧气压力/MPa	丙烷压力/MPa	切割速度/（mm/min）
1	6～10	0.69～0.78	＞0.3	450～650
2	10～20	0.69～0.78	＞0.3	350～500
3	20～30	0.69～0.78	＞0.3	300～450
4	30～40	0.69～0.78	＞0.3	300～400
5	40～60	0.69～0.78	＞0.4	250～350
6	60～100	0.69～0.78	＞0.5	200～300
7	100～150	0.69～0.78	＞0.5	140～270

9.1.13 火焰切割的允许偏差

火焰切割的允许偏差见表 9-4。

表9-4 火焰切割的允许偏差

项目	允许偏差/mm
零件长度、宽度	±3.0
切割面平面（垂直面）	$0.05t$ 且不大于 2.0
割纹深度	0.3
局部缺口深度	1.0

注：t 为钢板厚度。

9.1.14 机械加工的允许偏差

机械加工的允许偏差见表 9-5。

表9-5 机械加工的允许偏差

项目	允许偏差
零件宽度、长度	±1.0mm
加工边直线度	$L/3000$，且不应大于 2.0mm
相邻两边夹角	±6′
加工面垂直度	$0.025t$，且不应大于 0.5mm
加工面表面粗糙度	$Ra \leqslant 50\mu m$

注：t 为钢板厚度；L 为长度规格。

9.1.15 高强度螺栓、普通螺栓孔的直径与允许偏差

C 级螺栓孔允许偏差见表 9-6。螺栓孔孔距的允许偏差见表 9-7。

表9-6　C级螺栓孔允许偏差　　单位：mm

螺栓公称直径	12	16	20	22	24	27	30
螺栓孔直径	13.5	17.5	22	（24）	26	（30）	33
螺栓孔直径允许偏差	0 ~ 0.43		0 ~ 0.52		0 ~ 0.84		
圆度（最大和最小直径差）	1.0		1.5				

注：螺孔中心线斜度应不大于板厚的3%，并且单层板斜度不大于2.0mm，多层板组合斜度不大于3.0mm。

表9-7　螺栓孔孔距允许偏差　　单位：mm

螺栓孔孔距范围	≤500	501 ~ 1200	1201 ~ 3000	＞3000
同一组内任意两孔间距离	±1.0	±1.5	—	—
相邻两组的端孔间距离	±1.5	±2.0	±2.5	±3.0

9.2　模块化与箱型钢结构房屋

9.2.1　模块化钢结构房屋

模块化钢结构房屋是指通过将建筑拆解为标准化的预制模块，在工厂完成制造后运输到现场进行组装。钢结构模块化建筑的基本单元集成了建筑、结构、机电、内装等大部分功能。

模块化钢结构房屋如图 9-12 所示。

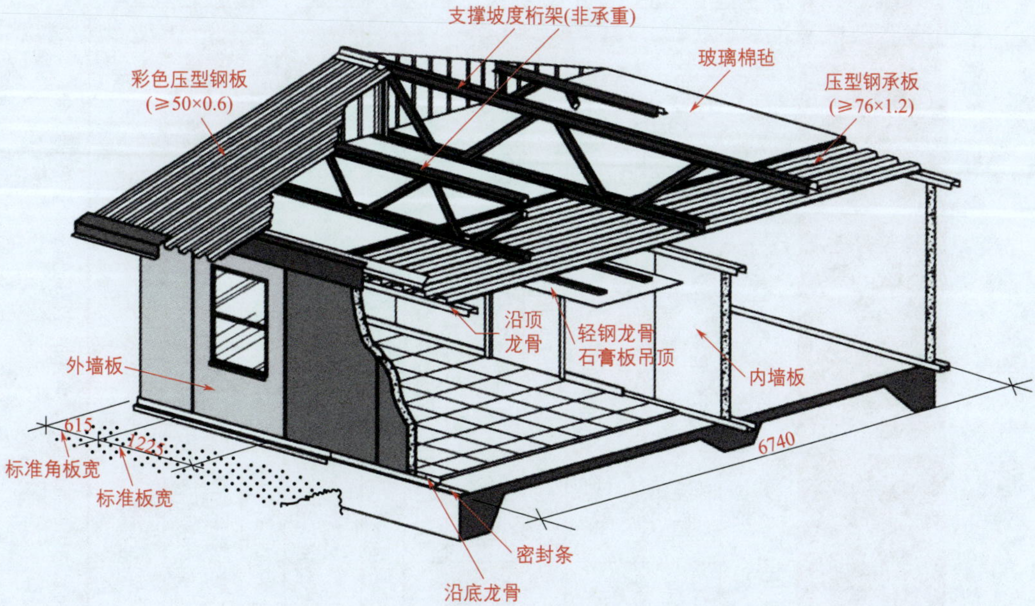

图9-12　模块化钢结构房屋（单位：mm）

模块化钢结构房屋类型与适用范围对照见表 9-8。

表9-8 模块化钢结构房屋类型与适用范围对照

类别		种型		技术特征	组合状态					最大适用高度		角件或吊点					
					单独使用	平面组合	竖向组合	组合后成为特定体系	箱-框混合	层数/层	高度/m	标准位置角件	非标位置角件	仿角件	允许吊顶部	允许吊底部	构件提供吊点
箱型房屋	集装箱房屋	通用型既有集装箱（改造）		开洞口，局部加强	√	√	√	—	√	6	24	√	—	—	√	—	—
箱型房屋	集装箱房屋	定制集装箱	固定式	闭合框架，有侧板，有标准角件	√	√	√	—	√	6	24	√	√	—	√	—	—
箱型房屋	集装箱房屋	定制集装箱	可变式	局部可展开式、滑屉式，有标准角件	√	√	—	—	—	1	—	√	√	—	√	√	—
箱型房屋	框箱房屋	框架箱	框架箱式	闭合框架，梁柱刚接	√	√	√	—	√	6	24	√	√	√	√	√	—
箱型房屋	框箱房屋	框架箱	框板箱式	闭合框架，梁柱半刚接或铰接，板蒙皮	√	√	√	—	—	3	12	√	√	√	√	√	—
箱型房屋	框箱房屋	框架箱	打包箱式	楼板、顶板为包装体	√	√	√	—	√	3	12	—	√	√	√	√	—
箱型房屋	框箱房屋	底盘箱式		钢构底盘，轻钢或木构上部	√	√	—	—	—	1	4	—	—	—	—	√	—
构件组合式房屋		冷弯薄壁型钢房屋		模块化构件预制、建造	—	—	—	√	—	3	12	—	—	—	—	—	√
构件组合式房屋		轻型钢框架房屋		模数化框架，构件互换	—	—	—	√	—	3	12	—	—	—	—	—	—
构件组合式房屋		拆装式轻钢结构活动房屋		密柱嵌板，束板垂直支撑	—	—	—	√	—	3	12	—	—	—	—	—	—
构件组合式房屋		板式房屋		六面体稳定结构，可采用摇摆柱	—	—	—	√	—	1	4	—	—	—	—	—	—

注：√表示可以选用的组合状态、角件位置特征和应满足的吊装条件。

9.2.2 箱型钢结构房屋

箱型钢结构是指由钢材制成的框架结构，其结构中的主要构件以箱体形式出现。箱型钢结构房屋如图 9-13 所示。

箱式模块化钢结构房屋是以箱体形式的模块化钢结构。

集装箱模块房，也就是集装箱房屋、模块化集装箱房屋、盒子建筑等。

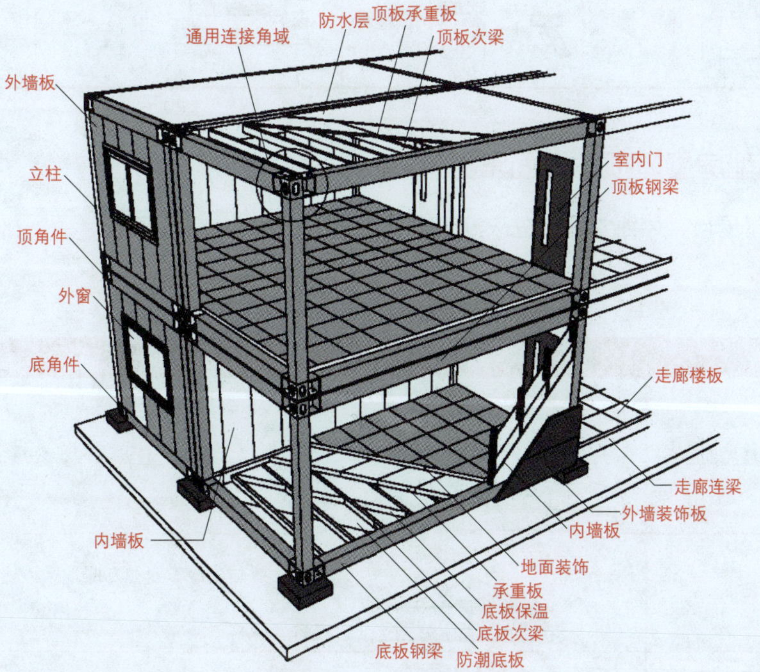

图 9-13 箱型钢结构房屋

9.2.3 箱型房屋模块常见组合形式

箱型房屋模块常见组合形式见表 9-9。

表 9-9 箱型房屋模块常见组合形式

平面组合				竖向组合			
双拼	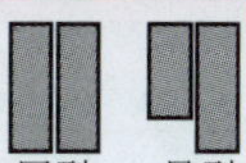 同型 异型	风车	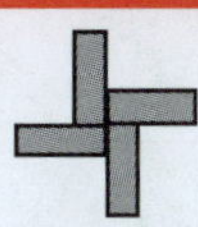	竖向积层	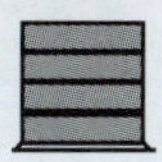	局部挑出（采取平衡措施）	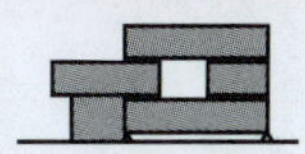
同型并列	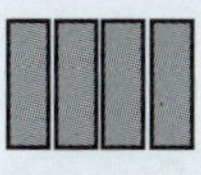	合围风车		错位积层	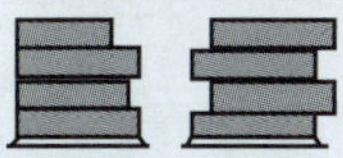 异型 同型	提供支撑体	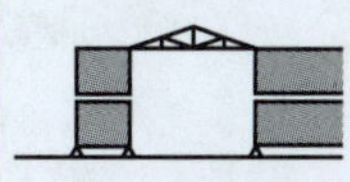
异型并列	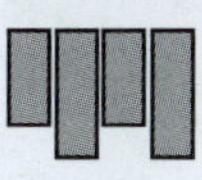	中廊	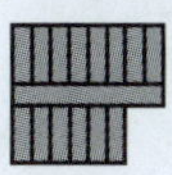	双排联系（中廊）	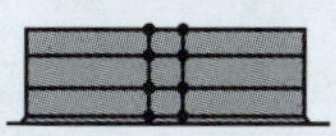	斜置（用于楼梯）	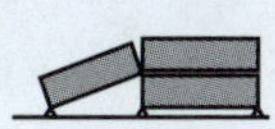

续表

平面组合				竖向组合			
错位排列		间隔联系		交替积层（空隙封闭使用）	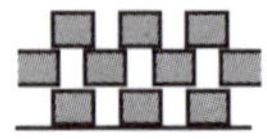	立置（用于楼梯或标志）	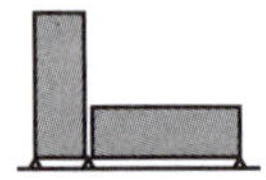
纵向拼接		自由拼接		箱跨越	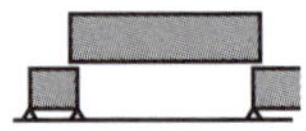		
合围							

9.2.4 箱型房屋屋顶、屋面常见形式

箱型房屋屋顶、屋面常见形见表 9-10。

表9-10 箱型房屋屋顶、屋面常见形式

名称	简图	备注
轻钢支架坡屋面	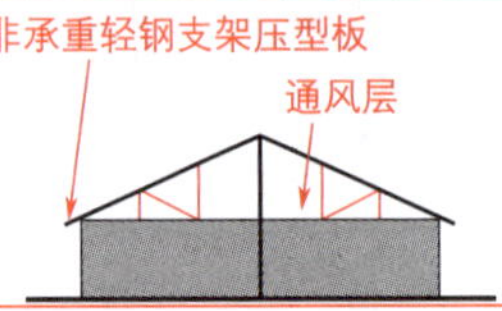	通用，夏热冬暖、夏热冬冷地区
膜结构屋面	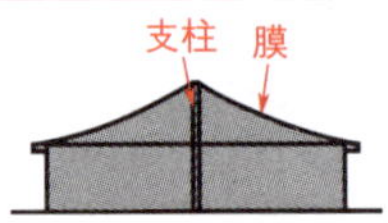	夏热冬冷、夏热冬暖地区，造型需要、移动使用
坡顶箱双拼	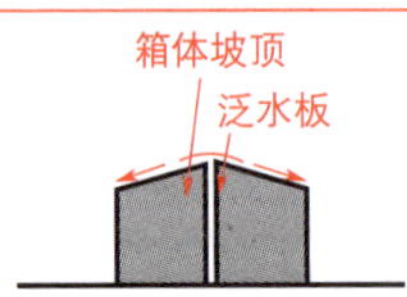	双拼
单箱自防排水	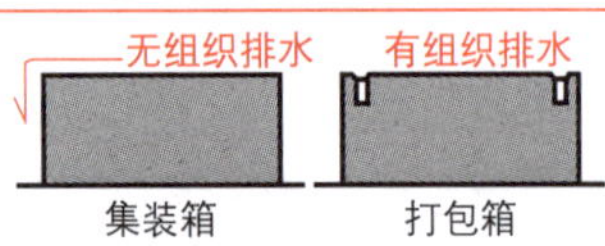	单独使用
平屋面通用做法	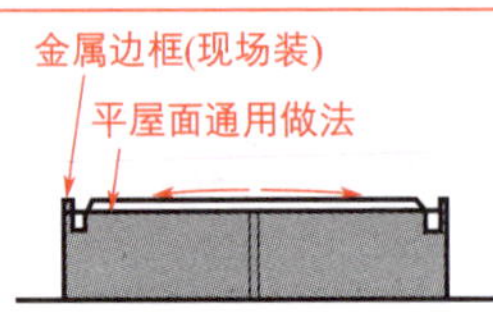	通用
长尺压型板平屋面	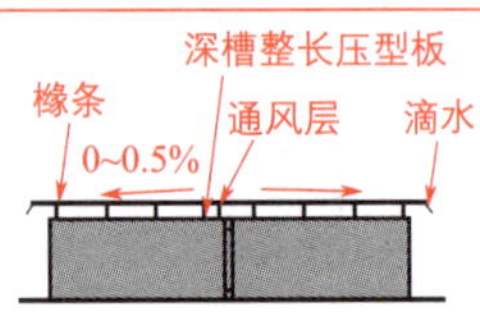	中、小进深，夏热冬冷、夏热冬暖地区
打包箱独立排水	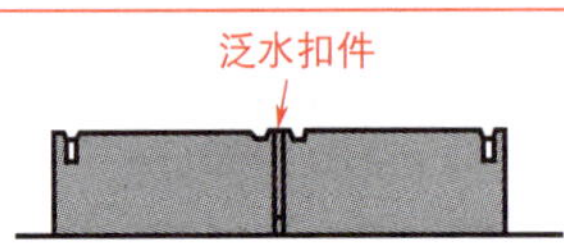	小体量组合、移动使用

9.2.5 箱型房屋构件常用截面

箱型房屋构件常用截面见表 9-11。

表9-11 箱型房屋构件常用截面

构件	截面
顶梁	
底梁	
次梁	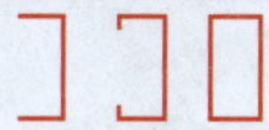
角柱	
中柱	

9.2.6 箱型房屋常用冷弯型钢规格

箱型房屋常用冷弯型钢规格见表 9-12。

表9-12 箱型房屋常用冷弯型钢规格

名称	截面	厚度/mm	规格/mm
顶梁	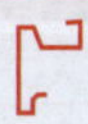	3.0	175×120
		3.0	175×120
		3.0	175×120
底梁		4.0	160×110
		3.5	120×80
立柱		3.0	210×150
		4.0	210×150
顶檩条		1.5	90×45
底檩条		1.8	100×50

9.2.7 箱模块与其他结构、构件组合或者混合应用

箱模块与其他结构、构件组合或者混合应用示意如图 9-14 所示。

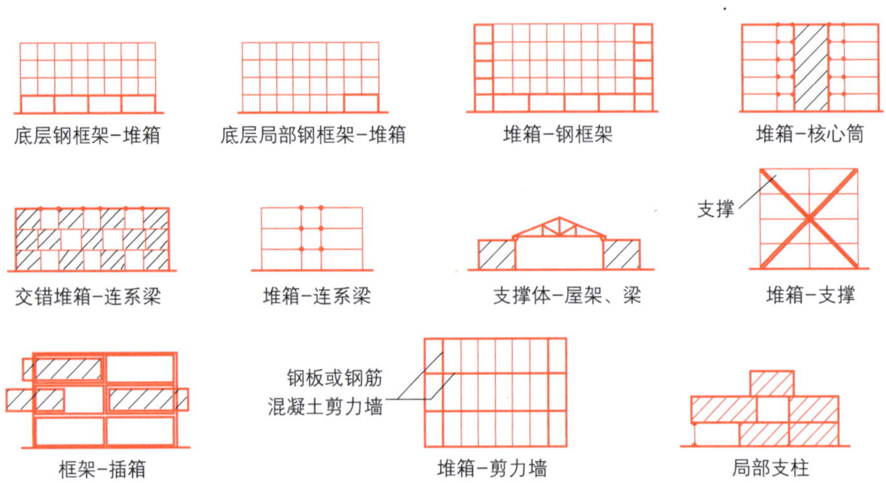

图9-14 **箱模块与其他结构、构件组合或者混合应用示意**

9.2.8 箱型轻钢结构房屋技术的特点

可拆装式箱型轻钢结构房屋是以轻型钢框架为结构，配备满足功能要求的轻质围护体系，可多次重复拆装的箱型房屋。

可拆装式箱型轻钢结构房屋，常由顶部总成、底部总成、立柱、轻质墙板等部品部件组成，既可以独立使用，也可以作为一个建筑体的组合模块。

可拆装式箱型房屋（使用单体）示意如图 9-15 所示。

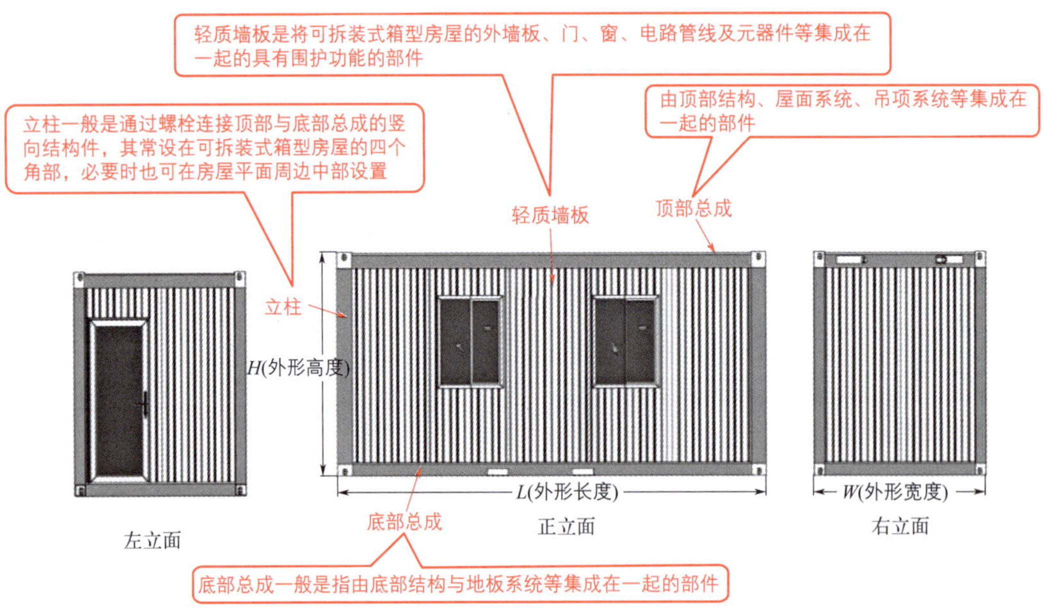

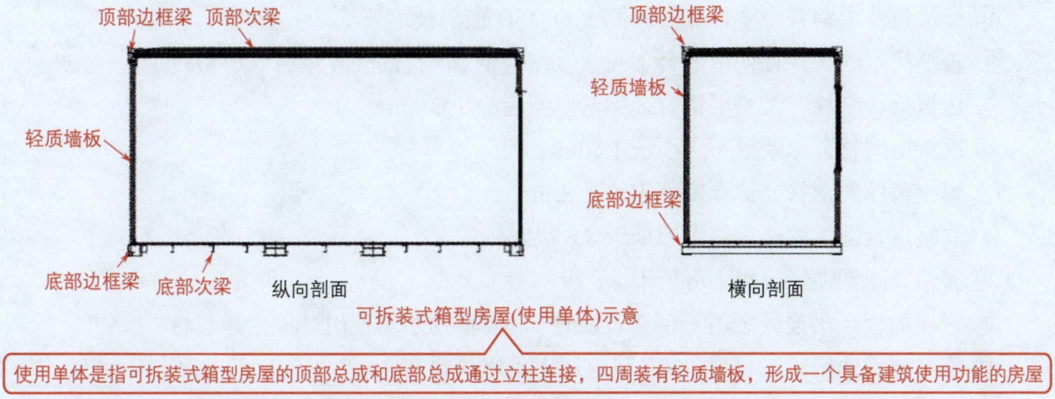

图9-15 可拆装式箱型房屋（使用单体）示意

知识技能小贴士

打包单体是指可拆装式箱型房屋的顶部总成与底部总成通过附加的打包立柱连接，四周装有挡板，形成一个内部可以储存的可拆装式箱型房屋。

运输单体是指多个打包单体通过角件部位进行堆叠，并且栓固完成后，形成一个符合集装运输要求的运输单体。

9.2.9 可拆装式箱型轻钢结构房屋规格

可拆装式箱型房屋使用单体的标准外形尺寸见表9-13。特殊规格由供需双方另行商定。可拆装式箱型房屋使用单体的内部净高，不宜小于2500mm。

表9-13 可拆装式箱型房屋使用单体的标准外形尺寸 单位：mm

规格	长度	宽度	高度
A	6058	2438	2800
B	6058	3022	2800
C	9000	2438	2800

知识技能小贴士

角件是指位于底部框架与顶部框架的四个角,可以与角部立柱连接的结构件,具有支承、堆层、吊运、连接、紧固箱型房屋的作用。

9.2.10 箱型轻钢结构房屋材料及构件

箱型轻钢结构房屋材料及构件要求如下。

① 结构用钢材的力学性能需要满足不低于Q235钢的技术要求。

② 箱型房屋顶梁、底梁、立柱宜使用轻型热轧钢带或冷弯薄壁型钢,钢材牌号不应低于Q235。

③ 焊接角件用钢材力学性能不应低于 Q345B 钢的技术要求。

④ 箱型房屋的角件宜使用低合金高强度结构钢，钢材的牌号不应低于 Q355。

⑤ 边框梁、立柱、叉槽用钢材公称壁厚不应小于 3mm。

⑥ 次梁用钢材公称壁厚不应小于 1.5mm。

⑦ 焊接角件的钢材公称厚度不应小于 4mm。

⑧ 立柱用紧固件性能等级不应低于 8.8 级。

⑨ 其他紧固件性能等级不应低于 4.8 级。

⑩ 轻质墙板、吊顶板采用彩钢夹芯板时，需要根据建筑使用功能选择芯材。

⑪ 临时建筑选用难燃材料，永久建筑选用不燃材料。

⑫ 屋面板用彩钢板基板镀层不应低于腐蚀环境为中级的要求。

⑬ 楼板用胶合板不应低于Ⅱ类胶合板的标准。

⑭ 楼板用纤维水泥平板应选择高密度、抗折强度Ⅳ级以上的产品。

⑮ 底部总成有保温处理时，需要根据建筑使用功能选择保温材料。如果采用岩棉毡，其密度不应低于 50kg/m^3，厚度应以填实框架的空腔为准。

⑯ 箱型房屋的顶梁、底梁、立柱、角件、顶部次梁、底部次梁均宜为镀锌件。顶梁、底梁、立柱、角件的镀锌量（双面）不应小于 100g/m^2。顶部次梁、底部次梁的镀锌量（双面）不应小于 80g/m^2。

⑰ 箱型房屋立柱与顶部总成或底部总成宜使用螺栓连接。标准单元组成如图 9-16 所示。

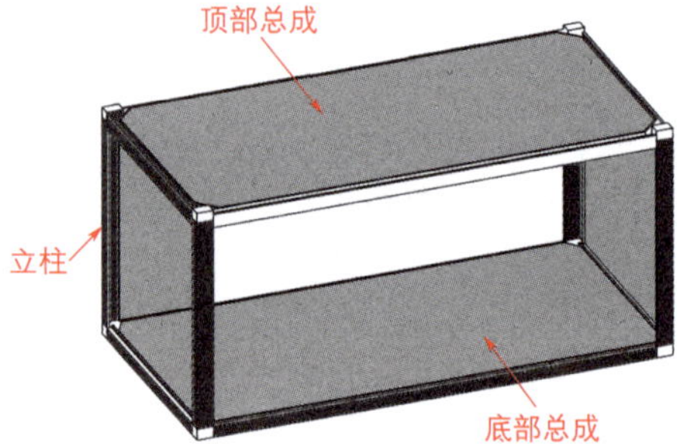

图9-16 标准单元组成

知识技能小贴士

箱型房屋的次梁，宜使用矩形钢管或C型钢，钢材的牌号不应低于Q235。矩形钢管的质量需要符合现行国家标准有关结构用冷弯空心型钢等规定。箱型房屋顶梁、底梁、立柱所用钢材的公称厚度不应小于3mm，角件的围护钢板公称厚度不应小于4mm，顶部次梁和底部次梁所用钢材的公称厚度不应小于1.5mm。

9.2.11 箱型轻钢结构房屋构件尺寸允许偏差

箱型轻钢结构房屋构件尺寸允许偏差见表 9-14。

表9-14 箱型轻钢结构房屋构件尺寸允许偏差 单位：mm

项目		允许值
角件	各面相互垂直度	≤1.5
	顶底面平行度	≤1
	角件螺纹孔位置偏差	±0.5

续表

<table>
<tr><th colspan="3">项目</th><th>允许值</th></tr>
<tr><td rowspan="8">顶部、底部框架</td><td rowspan="2">外形尺寸</td><td>≥3600</td><td>0
−5</td></tr>
<tr><td><3600</td><td>0
−4</td></tr>
<tr><td colspan="2">对角线差</td><td>≤4</td></tr>
<tr><td colspan="2">边框梁外腹面平面度</td><td>≤L/1000,且≤4</td></tr>
<tr><td colspan="2">底部框架上表面平面度</td><td>≤L/1000,且≤3</td></tr>
<tr><td colspan="2">底部框架次梁下表面平面度</td><td>≤L/1000,且≤3</td></tr>
<tr><td colspan="2">顶部框架下表面平面度</td><td>≤L/1000,且≤3</td></tr>
<tr><td colspan="2">顶部框架次梁下表面平面度</td><td>≤L/1000,且≤3</td></tr>
<tr><td rowspan="2">底部总成</td><td colspan="2">相邻楼板高低差</td><td>2.0±1.0</td></tr>
<tr><td colspan="2">支撑状态下，楼板平面度</td><td>≤L/1000,且≤3</td></tr>
<tr><td rowspan="3">顶部总成</td><td colspan="2">吊顶板平面度</td><td>≤L/1000,且≤3</td></tr>
<tr><td colspan="2">吊顶板接缝间隙</td><td>≤1.5</td></tr>
<tr><td colspan="2">吊顶板接缝直线度</td><td>≤2</td></tr>
<tr><td rowspan="5">立柱</td><td colspan="2">长度</td><td>0
−2</td></tr>
<tr><td colspan="2">截面尺寸</td><td>±1</td></tr>
<tr><td colspan="2">两端板与角柱侧面的垂直度</td><td>≤1.5</td></tr>
<tr><td colspan="2">两端连接板平行度</td><td>≤1.5</td></tr>
<tr><td colspan="2">立柱连接孔位置偏差</td><td>±1</td></tr>
<tr><td rowspan="5">外墙板</td><td colspan="2">长度</td><td>0
−2</td></tr>
<tr><td colspan="2">宽度</td><td>0
−2</td></tr>
<tr><td colspan="2">厚度</td><td>±1</td></tr>
<tr><td colspan="2">对角线差</td><td>≤3</td></tr>
<tr><td colspan="2">表面平整度</td><td>≤1</td></tr>
<tr><td rowspan="3">门窗</td><td colspan="2">门窗框对角线差</td><td>≤3</td></tr>
<tr><td colspan="2">门窗框正、侧面垂直度</td><td>≤2</td></tr>
<tr><td colspan="2">门窗框水平度</td><td>≤2</td></tr>
</table>

注：L为长度。

知识技能小贴士

原材料、构配件、设备进场时，需要提供相应的合格证明和检测报告。对箱型房屋，还需要提供建筑、结构图纸和安装施工说明。进场的构件、设备、材料，需要根据施工顺序与场地情况合理布置堆放区域，并且需要分类堆放，避免挤压变形、冲击损伤等。

9.2.12 箱型轻钢结构房屋使用单体的尺寸允许偏差

箱型轻钢结构房屋使用单体的尺寸允许偏差见表9-15。

表9-15 箱型轻钢结构房屋使用单体的尺寸允许偏差 单位：mm

项目		允许值
使用单体外形尺寸	≥3600	0 −5
	＜3600	0 −4
	端面对角线差	≤4
	侧面对角线差	≤5
垂直度		≤H/1000，且≤3
墙板组装	表面平整度	≤2
	与楼面垂直度	≤3
	接缝间隙	≤1.5
	接缝直线度	≤2
踢脚线、阴角线、顶角线	接缝间隙	≤1
	与墙板和天花板的贴合度	良好

注：H为高度。

9.2.13 箱型轻钢结构房屋涂装与焊接

箱型轻钢结构房屋涂装与焊接见表9-16。

表9-16 箱型轻钢结构房屋涂装与焊接

名称	解释
涂装	（1）钢构件防腐处理，需要包括去污、除锈、喷漆，其中，除锈应达到Sa2级 （2）钢构件防腐，宜选用镀锌基材。选用非镀锌基材时，涂装底漆需要选用富锌底漆 （3）钢构件采用镀锌基材时，需要喷涂相应的底漆、面漆。漆层干膜总厚度不应低于60μm （4）钢构件采用非镀锌基材时，需要喷涂相应的底漆、面漆，或者根据要求，喷涂相应的底漆、中层漆、面漆，漆层干膜总厚度不应低于90μm （5）经防腐处理后的钢构件，不应有色差、气泡、起皱、针孔、流挂、脱落、脏物黏附、漏涂等现象。涂层需要均匀一致，漆膜附着力应不低于Ⅱ级要求
焊接	（1）钢结构件的焊接不应有咬边、弧坑裂纹、表面夹渣、根部收缩、气孔、虚焊、漏焊等焊接缺陷 （2）边框梁与角件，需要双面焊接。外侧面焊缝，宜为单边V形形式 （3）底部框架设有叉槽时，其与底部边框梁需要为双面焊接 （4）焊接角件各板件间，宜双面焊接。外部焊缝，宜为单边V形形式 （5）箱型房屋角件与顶梁、底梁，需要采用焊接连接。焊缝强度不应低于顶梁、底梁自身强度

知识技能小贴士

在规定荷载作用下，可拆装式箱型房屋使用单体受弯构件的挠度不应超过的限值见表9-17。

表9-17 规定荷载作用下受弯构件的挠度限值

荷载	构件类别	挠度限值
底部满跨2.0kN/m^{2}的竖向均布荷载	底部边框梁	l/300
	底部内框梁	l/350
顶部满跨0.5kN/m^{2}的竖向均布荷载	顶部边框梁	l/300
	顶部内框梁	l/350

注：l表示受弯构件的跨度。

9.2.14 箱型房屋的安装要求

箱型房屋的安装要求如下。

① 宜根据建筑物的平面形状、单元组合方式、安装机械的数量、规格、现场施工条件等确定安装顺序。

② 使用单体安装时，需要先调整平面位置，再调整标高，最后调整垂直偏差。

③ 箱型房屋采用螺栓连接时，螺栓孔需要无损，接触面要紧贴严密，螺栓要紧固。

④ 箱型房屋间的缝隙需要保持一致。箱型房屋连接件需要连接可靠，无松动，防水胶条安装紧密，无遗漏。

⑤ 箱型房屋立柱、走道、顶部总成、底部总成、楼梯等主要构件安装就位后，需要立即进行校正、固定，形成稳定的空间体系。

⑥ 箱型房屋安装时若遇五级以上大风、暴雨、大雾、雷电等恶劣天气，需要停止作业，并且对已安装的围护材料做好防护处理，以防止脱落。

⑦ 箱型房屋安装过程中，需要做好屋面、门窗的防水处理，如图9-17所示。

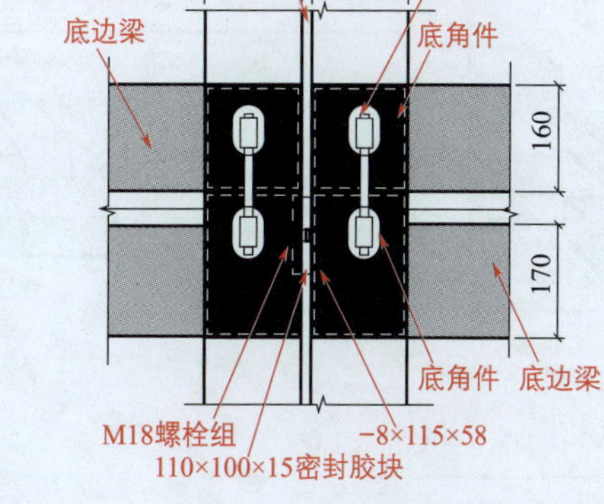

图9-17 箱体间连接节点

知识技能小贴士

角柱材料与连接如图9-18所示。

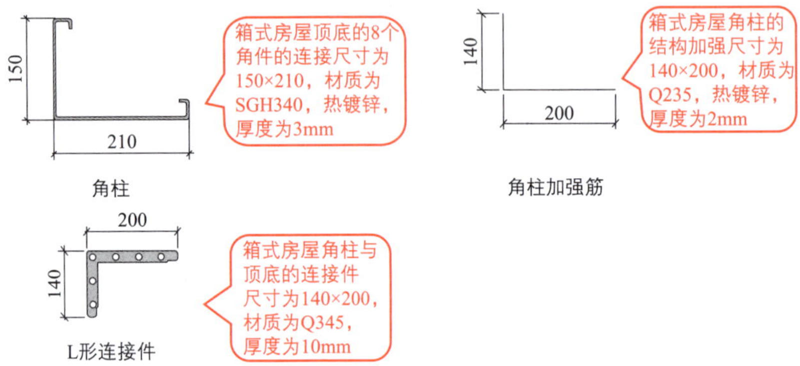

图9-18 角柱材料与连接

9.3 单元整体式钢结构建筑技术

9.3.1 单元整体式钢结构的特点

单元整体式钢结构是指在符合标准化、模数化的原则下，将钢结构建筑拆分成特定尺寸的箱式单元，每个单元主体钢结构、机电管线、内外装饰的绝大部分均在工厂内完成生产，然后将单元整体运输到工地现场，在现场进行单元拼装构成完整的钢结构建筑。箱式单元构件可以兼作抗侧力结构，也可以另外设置抗侧力结构。

箱式单元是指由杆式或板式构件组成的具有稳定空间体系与特定模数尺寸的箱式钢结构体，其内外装修大部分在工厂内完成的，是标准化的建筑组成部分。

单元拼装示意如图9-19所示。

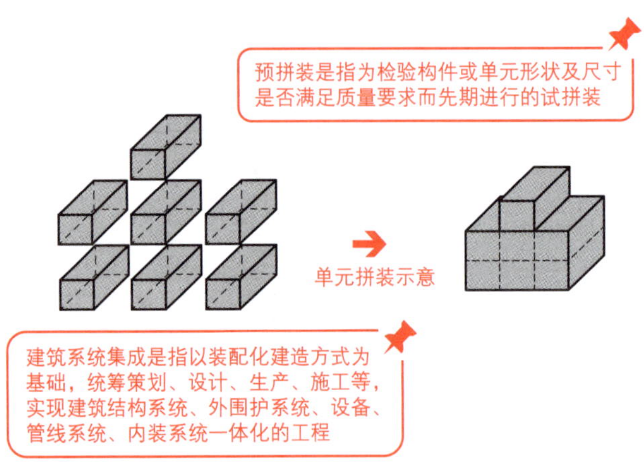

图9-19 单元拼装示意

9.3.2 单元整体式钢结构的基本规定

单元整体式钢结构的基本规定要求如下。

① 单元整体式钢结构建筑需要充分体现模数化、标准化的理念。

② 单元整体式钢结构建筑需要遵循少规格、多组合的原则，采用适宜的工业化建造技术。

③ 室内外装修，需要与建筑、结构、机电等专业一体化设计。建筑模数与部品模数需要协调，以实现标准化构配件、部品与管线集成技术的应用。

④ 单元整体式钢结构建筑的构造与性能需要满足防火、防水、耐久性等要求。

⑤ 外围护结构的热工性能需要符合节能标准的相关规定。

⑥ 单元整体式钢结构建筑的单元，宜采用自动化程度高、工艺技术先进的生产装备制作，与装配化施工的工艺工法相统一，且相协调。

知识技能小贴士

单元模数协调要求如下。

① 单元整体式钢结构建筑的开间、进深、跨度、门窗洞口宽度等，宜采用水平扩大模数数列2*n*M、3*n*M（其中，*n*为自然数）。

② 单元整体式钢结构建筑的层高、门窗洞口的高度，宜采用竖向扩大模数数列*n*M。

③ 梁、墙、柱、板等部件的截面尺寸，宜采用竖向扩大模数数列*n*M。

④ 单元整体式钢结构建筑的基本模数网格，宜采用双线网格。

⑤ 单元整体式钢结构建筑的进深、开间、层高、洞口等的尺寸，需要根据建筑类型、使用功能以及部品构件生产、运输、装配要求等来确定。

⑥ 部品构件的标志尺寸，需要根据安装的互换性来确定，并且采用优先尺寸系列。

⑦ 部品构件的制作尺寸，需要由标志尺寸与安装公差决定。

⑧ 部品构件的实际尺寸与制作尺寸间，需要满足制作公差的要求。

9.3.3 单元整体式钢结构建筑平面

单元整体式钢结构建筑平面需要满足建筑功能、结构构件布置、立面基本单元组合、可实施性等要求。

单元整体式钢结构建筑平面需要符合的规定如下。

① 单元整体式钢结构建筑平面需要在满足平面功能的基础上进行定型化设计。

② 单元整体式钢结构建筑平面需要重视其规则性对结构安全、经济合理性的影响，宜择优选用规则的形体，不应采用严重不规则的平面布局。

③ 公共交通空间宜集约布置。竖向管线宜集中设置管井，以满足使用空间的灵活性、可变性。

④ 厨房、卫生间的平面需要满足集成式厨房、集成式卫生间的设备设施与装修要求，宜采用整体式厨房与整体式卫生间。

⑤ 单元整体式钢结构建筑平面需要考虑内部装修一体化，如图 9-20 所示。

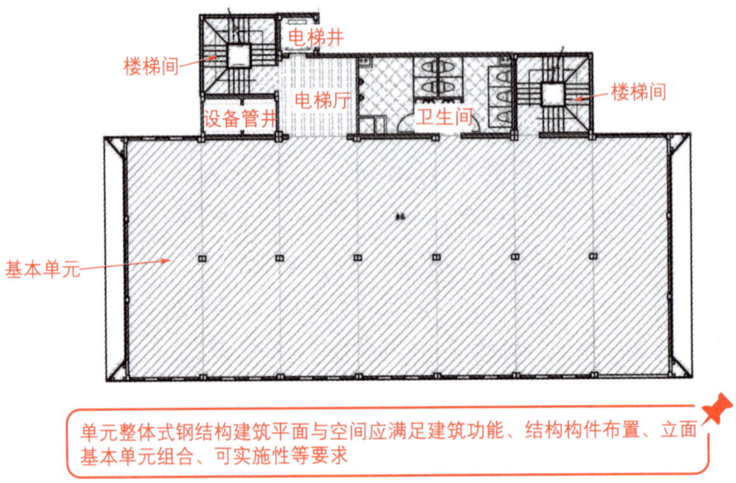

图9-20 单元整体式钢结构建筑平面示意

9.3.4 主体结构的焊接材料

单元整体式钢结构建筑主体结构的焊接材料要求如下。

① 焊接材料需要根据焊接构造与焊接质量要求分别选用手工焊条或自动焊焊丝及焊剂，其牌号和性能需要与构件主体金属性能相匹配。

② 当两种强度级别的钢材焊接时，宜选用与强度较低的钢材匹配的焊接材料。

③ 埋弧自动焊或 CO_2 气体保护焊所用的焊丝与焊剂，需要配套选用。

④ 主体结构螺栓连接的材料需要符合如下规定。

a. 普通螺栓宜采用 4.6 级或 4.8 级 C 级螺栓，其性能与尺寸规格应符合现行国家标准的规定。

b. 高强度螺栓可选用大六角高强螺栓或扭剪型高强螺栓。

c. 锚栓可采用 Q235、Q355 材质。

⑤ 单元整体式钢结构的其他材料选用的规定如下。

a. 水泥加气发泡类板材中配置的钢筋（或者钢丝网），需要经有效的防腐处理，并且钢筋的黏结强度不应小于 1MPa。

b. 楼板用水泥加气发泡类材料的立方体抗压强度不应低于 6MPa。

c. 预制单元的吊环，需要采用未经冷加工的 HPB300 级钢筋制作。

d. 灌浆料需要具有高强、早强、无收缩、微膨胀等基本特性。

⑥ 主体结构的焊缝要求如下。

a. 凡要求与母材等强的对接焊缝都应焊透，其质量等级受拉时不应低于二级，受压时宜为二级。

b. 不要求焊透的 T 形接头，宜采用角焊缝或部分焊透的对接与角接组合焊缝，以及搭接连接采用的角焊缝，其外观质量标准可为三级。

c. 单元整体式钢结构竖向布置应连续均匀，应避免抗侧力结构的侧向刚度与承载力沿竖向突变。

知识技能小贴士

单元整体式钢结构可采用钢框架结构体系、钢框架-支撑结构体系、钢框架-核心筒结构体系等。单元整体式钢结构的一些要求如下。

① 单元间柱顶、柱底水平接缝，需要进行受剪承载力验算。

② 抗侧力结构宜结合建筑功能双向均匀、分散布置。

③ 梁、柱可以采用矩形钢管或H型钢，也可以采用冷弯薄壁型钢。

④ 梁柱连接宜采用柱贯通型。

⑤ 柱与梁的连接宜采用双向刚接。

9.4 多层与高层钢结构

9.4.1 多层与高层钢结构的要求

多层与高层钢结构要求如下。

① 多层与高层钢结构需要进行合理的结构布置，应具有明确的计算简图、合理的荷载与作用的传递途径。

② 多层与高层钢结构对有抗震设防要求的建筑，需要有多道抗震防线。

③ 多层与高层钢结构的结构构件、体系，需要具有良好的变形能力与消耗地震能量的能力。

④ 多层与高层钢结构中，对可能出现的薄弱部位，需要采取有效的加强措施。

⑤ 多层与高层钢结构进行结构计算时需要考虑的构件变形如图 9-21 所示。

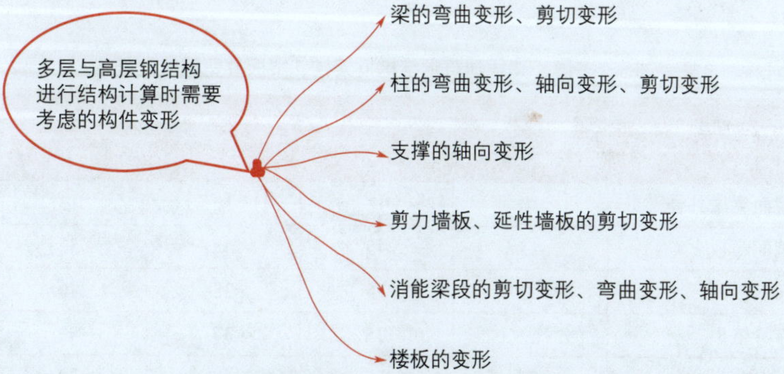

图9-21 多层与高层钢结构进行结构计算时需要考虑的构件变形

⑥ 多层与高层钢结构稳定性验算需要符合的规定如图 9-22 所示。

⑦ 高层钢结构加强层，以及上、下各一层的竖向构件和连接部位的抗震构造措施，需要根据规定的结构抗震等级提高一级。加强层的竖向构件、连接部位，需要根据计算结果设计其抗震加强措施。

⑧ 正常使用条件下，多层和高层钢结构需要具有足够的刚度。

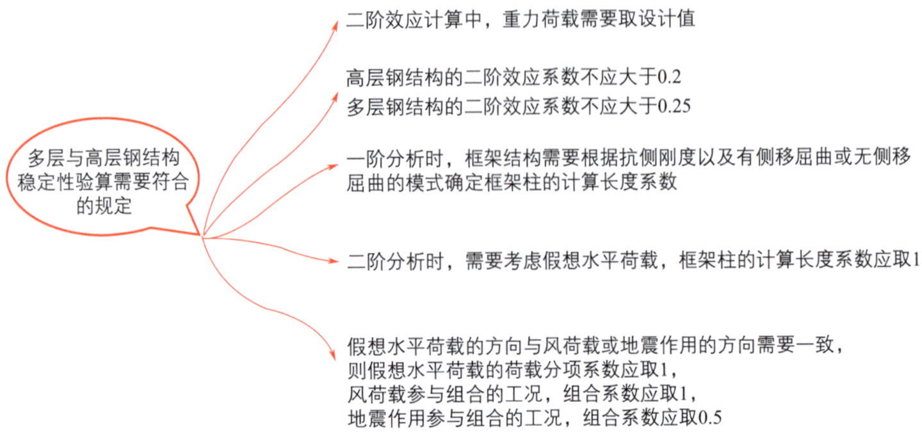

图9-22　多层与高层钢结构稳定性验算需要符合的规定

知识技能小贴士

高层钢结构抗震设计需要符合的规定如下。

① 需要对结构的构件、节点部位产生塑性变形的先后次序进行控制，并且采用能力设计法进行补充验算。

② 钢框架柱与支撑构件的长细比，梁、柱、支撑的板件宽厚比限值，需要与不同构件的抗震性能目标相适应。

9.4.2　多层、高层建筑钢结构框架柱、梁板件宽厚比的要求

多层、高层建筑钢结构框架柱、梁板件宽厚比的要求见表 9-18。

表9-18　多层、高层建筑钢结构框架柱、梁板件宽厚比的要求

板件名称		抗震等级				非抗震设计
		一级	二级	三级	四级	
柱	工字形截面翼缘外伸部分	10	11	12	13	13
	工字形截面腹板	43	45	48	52	52
	箱形截面壁板	33	36	38	40	40
	冷成形方管壁板	32	35	37	40	40
	圆管（径厚比）	50	55	60	70	70
梁	工字形截面和箱形截面翼缘外伸部分	9	9	10	11	11
	箱形截面翼缘在两腹板之间部分	30	30	32	36	36
	工字形和箱形截面腹板	(72～120) ρ	(72～100) ρ	(80～110) ρ	(85～120) ρ	(85～120) ρ

注：1. 表中 $\rho=N/(Af)$，为梁轴压比。
2. 表列数值适用于Q235钢。
3. 工字形梁和箱形梁的腹板宽厚比，对一、二、三、四级分别不宜大于60、65、70、75。

非抗侧力受弯构件板件宽厚比限值见表 9-19。

表9-19　非抗侧力受弯构件板件宽厚比限值

截面形状	受压翼缘的宽厚比限值
工字形	当梁截面计算不考虑塑性发展时 $b/t \leqslant 15$ 当梁截面计算考虑塑性发展时 $b/t \leqslant 13$
箱形	$b_0/t \leqslant 13$

注：表列 b/t 和 b_0/t 的数值适用于 Q235 钢，当材料为其他牌号时，应乘以 $\sqrt{235/f_y}$ 。

轴心受压构件的板件宽厚比限值见表 9-20。宽厚比参数如图 9-23 所示。

表9-20　轴心受压构件的板件宽厚比限值

截面形状	翼缘	腹板
工字形	当 $\lambda \leqslant 30$ 时，$b/t=13$	当 $\lambda \leqslant 30$ 时，$h_w/t_w=40$
	当 $\lambda \geqslant 100$ 时，$b/t=20$	当 $\lambda \geqslant 100$ 时，$h_w/t_w=75$
	当 $30<\lambda<100$ 时，$b/t \leqslant 10+0.1\lambda$	当 $30<\lambda<100$ 时，$h_w/t_w \leqslant 25+0.5\lambda$
箱形	$b_0/t \leqslant 40$	$h_w/t_w \leqslant 40$

注：1. 表列 b/t、b_0/t 和 b_w/t_w 的数值适用于 Q235 钢，当材料为其他牌号时，应乘以 $\sqrt{235/f_y}$ 。
2. λ 为构件两方向长细比的较大值。

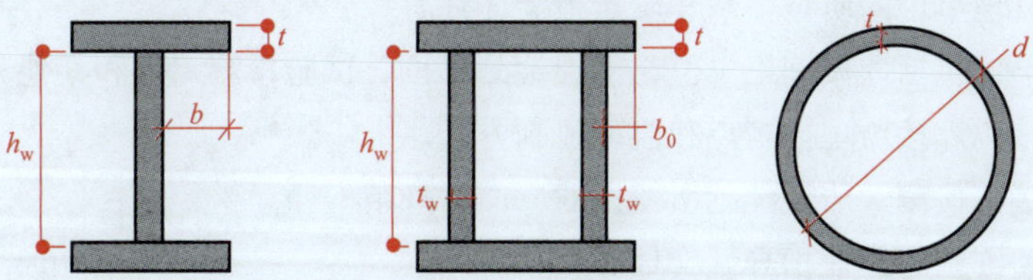

图9-23　宽厚比参数

9.4.3　多层、高层建筑钢结构框架柱长细比限值

多层、高层建筑钢结构框架柱长细比限值如图 9-24 所示。

框架柱的长细比限值

非抗震设防结构	抗震设防结构			
	一级	二级	三级	四级
100	60	70	80	100

高层民用建筑钢结构的框架柱长细比不应超过表的限值要求

框架柱的长细比限值

非抗震设防结构	抗震设防结构			
	一级	二级	三级	四级
120	60	80	100	120

注：表列数值适用于Q235钢，当材料为其他牌号时，应乘以 $\sqrt{235/f_y}$ 。

多层民用建筑钢结构的框架柱长细比，可参照高层民用建筑钢结构取限值，也可按照表取限值

图9-24　多层、高层建筑钢结构框架柱长细比限值

第 10 章
钢结构焊接监理技术与大跨度钢结构监测技术

10.1 钢结构焊接监理技术

10.1.1 钢结构焊接监理技术特点与通用要求

钢结构是以钢材为主要材料制成的结构。焊接是通过加热或加压，或两者并用，并且用或不用填充材料，使工件达到结合的一种方法。

焊接工艺是指制造焊件的有关加工方法和实施要求。焊接工艺包括焊接准备、材料选用、焊接参数、焊接方法选定和操作要求等。

对钢结构焊接工艺过程中影响质量的要素进行识别与控制，需要包括以下内容。

① 检查被监理单位的质量体系和质量检验计划等。

② 被监理单位包括焊接施工单位、无损检测单位、试验检测单位和其他分包单位。

③ 确定钢结构焊接监理控制点和监理控制方式。

④ 确认焊接、检测、质量控制所依据的标准、规范。

⑤ 编制监理细则等作业指导性文件。

10.1.2 焊接实施前的监理

焊接实施前的监理见表 10-1。

表10-1 焊接实施前的监理

项目	解释
审查焊接施工单位的资质、能力	（1）单位资质的符合性 （2）质量体系的完整性和适用性 （3）标准规范的适用性 （4）焊接技术人员、焊接检验人员、无损检测人员、焊工、焊接热处理人员的配备情况 （5）焊接方法、焊接设备、检验、试验设备的适用性 （6）检测仪器、仪表的计量检定、校准合格证书与有效期 （7）钢结构焊接工程施工方案、焊接作业指导书、焊接工艺评定文件等技术文件的适用性 （8）在理化试验、无损检测工作存在分包的情况下，检查分包审批手续和相关证明资料

续表

项目	解释
审查焊接作业相关人员的资格	（1）焊工资格证书的符合性 （2）焊接技术人员职称证书 （3）焊接检验人员上岗证书 （4）无损检测人员资格证书的符合性 （5）焊接热处理人员上岗证书
焊接设备设施的监理	（1）检查焊接设备设施与焊接工艺规程要求的符合性 （2）检查焊接设备设施、焊工所用工具和工装的状况 （3）检查检测设备、试验设备、仪器仪表的有效检定、校准日期、状态 （4）检查焊接设备、设施管理制度、设备运行记录
母材与焊接材料的监理	（1）检查母材的材质、规格，以及质量证明文件、复验报告 （2）检查焊接材料型号、规格，以及验收、复检质量证明文件 （3）检查焊接材料入库、保管、烘干、发放、回收的管理制度、相关记录 （4）见证母材、焊接材料复验
焊接工艺评定的监理	（1）检查焊接工艺评定文件的有效性，包括编制、审核、批准人员的专业技术职称、资格，报告出具机构的相关资质 （2）检查焊接工艺评定文件中的试验部分，涵盖所承担钢结构的设计节点形式、钢材类型、规格、焊接方法、焊接位置等施工要求 （3）检查焊接工艺评定所用的钢材、栓钉、焊接材料是否覆盖工程所用材料的情况 （4）检查焊接工艺评定的施焊参数、拟评定试验项目的符合性 （5）检查焊接工艺评定的替代、免除规则的符合性 （6）检查重新进行焊接工艺评定的条件和要求 （7）见证焊接工艺评定的过程
焊接工艺规程文件的监理	（1）检查焊接工艺规程文件的编制、审批、签字人员的技术职称与资格 （2）依据焊接工艺评定的结果，检查焊接工艺规程文件的符合性

知识技能小贴士

检查焊接工艺规程文件的内容包括如下项目。

① 焊后消除应力处理工艺。

② 焊接材料的规格、类别、型号。

③ 焊接电流、电弧电压、焊接速度、焊层、焊道分布等焊接工艺参数。

④ 焊接电源的种类、极性。

⑤ 焊接方法或其组合。

⑥ 焊接接头形式、坡口形状、尺寸及其允许偏差。

⑦ 焊接位置、焊接顺序。

⑧ 季节性焊接作业的相关措施。

⑨ 母材的规格、牌号、厚度、限制范围。

⑩ 清根处理方法。

⑪ 预热温度、道间温度、焊后保温。

⑫ 其他必要的规定。

10.1.3 焊接实施过程的监理

焊接实施过程的监理见表10-2。

表10-2 焊接实施过程的监理

项目	解释
焊接作业相关人员及其活动的监理	（1）抽查现场焊工、无损检测人员的持证情况 （2）检查焊接检验人员对焊接作业过程的检验和控制情况 （3）检查焊工施焊参数、焊接工艺文件的符合性与施工记录 （4）检查无损检测人员的现场检测情况
焊接设备使用情况的监理	（1）检查焊接设备设施是否满足焊接作业需求的情况 （2）检查焊接电流、电弧电压、焊接速度、使用电源的种类、极性、焊接设备设施的实际运行等情况
焊接坡口及接头的监理	（1）抽查坡口的角度、钝边尺寸、根部半径、间隙 （2）抽查坡口的形状、坡口面沟槽、接头错边量 （3）检查坡口周边与表面毛刺、油、锈等杂物的清理情况 （4）检查焊接接头端部的引弧板、熄弧板设置情况 （5）检查待焊区域的清理情况
焊接材料的监理	（1）检查领用焊接材料的型号和规格 （2）检查焊条烘干情况和记录 （3）抽查焊条在保温箱的保温温度、放置时间 （4）检查焊剂使用情况、烘干情况与记录 （5）检查焊剂烘焙后在大气中放置的时间 （6）检查焊丝表面清洁情况
焊接工艺规程执行情况的监理	（1）检查现场焊接方法、焊接工艺参数、施焊记录、焊接工艺规程文件的符合性 （2）检查引弧板、熄弧板的设置与使用情况 （3）检查焊前预热、道间温度、焊后保温情况 （4）检查定位焊尺寸、外观质量 （5）检查焊接试板的设置和焊接 （6）检查控制焊接变形的方法和措施 （7）有清根要求时，检查焊缝清根情况 （8）有焊后热处理要求时，检查热处理工艺执行情况

知识技能小贴士

检查焊接环境条件，发现有以下任一情况时，则要求焊接施工单位暂停焊接作业。

① 焊件表面潮湿，暴露于雨、冰、雪中的情况。

② 焊接作业区风速超过规定值。

③ 焊接作业区温度低于规定温度。

④ 焊接作业区相对湿度大于规定值。

10.1.4 焊接结果的监理

焊接结果的监理见表10-3。

表10-3 焊接结果的监理

项目	解释
焊缝尺寸的监理	(1) 审核焊缝尺寸检查记录 (2) 抽查焊缝外形尺寸
焊缝外观质量的监理	(1) 审核焊接施工记录 (2) 检查焊缝及其附近母材的清洁情况 (3) 检查焊缝表面质量情况 (4) 检查焊缝、热影响区情况
无损检测的监理	(1) 抽查无损检测人员持证情况 (2) 审查无损检测工艺文件 (3) 检查无损检测过程 (4) 审核无损检测报告
试验的监理	(1) 审核试验操作人员持证情况 (2) 审查试验大纲 (3) 见证取样过程 (4) 见证试验过程 (5) 审核试验报告
有关焊缝返修的监理	(1) 审查返修工艺规程文件 (2) 检查不合格焊缝的清除情况 (3) 检查焊缝并进行返修 (4) 审核返修记录和无损检测报告

10.1.5 焊接监理记录要求

需要保留的焊接监理资料和记录如下。

① 焊接工艺文件的审查记录。

② 焊接施工单位、焊接作业人员资格审查记录。

③ 焊接质量检查复核记录。

④ 母材、焊接材料的检验记录。

⑤ 热处理工艺与报告的审查记录。

⑥ 试验检测见证报告、记录。

⑦ 其他必要的记录。

10.1.6 钢结构焊接监理控制点与控制方式

钢结构焊接监理控制点与控制方式见表10-4。

表10-4 钢结构焊接监理控制点与控制方式

名称	内容	方式
焊接实施前的监理	焊接施工单位的资质和能力	文件见证点
	焊接作业相关人员的资格	文件见证点
	焊接设备设施	文件见证点
	母材和焊接材料	文件见证点

续表

名称	内容	方式
焊接实施前的监理	焊接工艺评定文件	文件见证点
	焊接工艺规程文件	文件见证点
焊接实施过程中的监理	焊接作业相关人员	现场见证点
	焊接设备使用情况	现场见证点
	焊接坡口及接头的质量	停止见证点
	焊接材料	现场见证点
	焊接规程的执行情况	现场见证点
	环境影响因素	现场见证点
焊接结果的监理	焊缝尺寸	现场见证点
	焊缝外观质量	现场见证点
	无损检测过程	现场见证点
	试验过程	停止见证点
	焊缝返修	现场见证点

10.2 大跨度钢结构监测技术

10.2.1 大跨度钢结构监测技术的特点

大跨度钢结构是指跨度大于或等于 60m 的钢结构，或者悬挑长度大于或等于 30m 的钢结构。

结构监测是指利用传感技术获取结构荷载与响应的关键信息，通过分析现场测量数据获得结构性能表征参数，进而评估当前结构状态与服役能力，并为管理、养护提供决策支持的一般过程。

大跨度钢结构监测可以分为施工监测、运营监测。施工监测是施工阶段进行的结构监测。运营监测是运营阶段进行的结构监测。

测点是监测工程中被监测构件、节点，以及环境中布置的测量点。

监测率是被监测对象中某类构件被监测数与相应类别构件总数的比值。

监测方案应包括工程概况、监测目的、结构计算分析、测点布置、监测项目、监测设备、监测周期、预警方法、数据采集与分析方法、监测系统施工与安装等内容。

监测项目包括的内容见表 10-5。

表10-5 监测项目包括的内容

项目	监测内容
位移监测	位移监测包括结构竖向变形监测、结构水平变形监测、支座位移监测等
内力监测	内力监测包括应变监测、索力监测等
振动监测	振动监测包括加速度监测、速度监测、动位移监测等

续表

项目	监测内容
荷载作用与环境监测	① 地震作用监测包括地震动监测、地震响应加速度监测等 ② 风监测包括风速监测、风向监测、风压监测等 ③ 湿度监测包括空气湿度监测、封闭结构内外侧的湿度监测等 ④ 温度监测包括空气温度监测、结构温度监测等 ⑤ 雪荷载监测包括积雪重量监测、积雪厚度监测等 ⑥ 雨量监测包括降水量监测、屋面天沟监测、雨水斗水位监测等

不同监测项目的数据分析内容见表10-6。

表10-6 不同监测项目的数据分析内容

监测项目	分析内容
地震作用	地震发生识别，地震中的加速度峰值、速度峰值持续时间等
风速、风向	最大风速、平均风速、阵风因子、脉动风谱、风玫瑰图等
风压	最大风压、平均风压、峰值因子、风压系数、风压分布图等
索力	索力最大值、索力最小值、索力平均值等
位移	累计位移、位移绝对最大值、位移时程等
温度、湿度	最高温湿度、最低温湿度等特征值 构件断面最大温度梯度、结构整体温度分布图等
雪荷载	积雪最大厚度每日增值、历史厚度增长曲线等
应力、应变	应变最小值、应力增量、应变最大值、应力幅最大值、关键构件应力、应变时程等
雨量	本次降雨量、天降雨量、周降雨量、年降雨量、月降雨量
振动	加速度峰值、加速度最大均方根值、频谱特征、频响特征、频响模态分析等

传感器类型或测量方式见表10-7。

表10-7 传感器类型或测量方式

监测项目	传感器类型或测量方式
地震作用	强震仪、加速度计等
风速、风向	机械式、超声式风速风向传感器等
风压	差压式、表压式、绝压式风压传感器等
索力	油压压力表、压力传感器、振动传感器、磁通量传感器、应变计等
位移	机械式位移计、倾斜计、激光位移计、GNSS测量系统、雷达遥感测量系统、DIC光学测量系统、加速度计等
温度、湿度	电阻类温度传感器、半导体、湿度传感器等
雪荷载	表压测量传感器、厚度测量传感器等
应变	电阻式应变计、振弦式应变计、光纤应变传感器、磁感应式应变传感器等
雨量	称重式雨量传感器、雷达式雨量传感器、翻斗式雨量传感器、光学式雨量传感器、超声波液位传感器等
振动	压电式、压阻式、力平衡式、电容式加速度计，以及磁电式、电动式速度传感器等

应变监测可以采用应变计。各类应变计的技术特点见表10-8。

表10-8 各类应变计的技术特点

应变计类型	振弦式应变计	光纤类应变传感器	磁感应式应变传感器	电阻式应变计
信号线长度影响	几乎不影响量测结果	不影响量测结果	不影响量测结果	需进行导线电阻影响的修正
信号传输距离	较长	很长，可达几十千米	较长	短
抗电磁干扰能力	较强	强	差	差
对绝缘的要求	不高	光信号，无须考虑	高	高
动态响应	差	好	很好	很好
精度	较高	较高	高	高
时漂	小，适宜长期量测	小，适宜长期量测	小	较高，可通过特殊定制适当减小
灵敏度	较低	较高（与解调系统精度有关）	较高	高
对温度的敏感性	需要修正	需要修正	较低	通过电桥实现温度补偿

10.2.2 大跨度钢结构监测等级划分

制定监测方案前，需要根据建筑结构安全等级、结构体系、跨度综合确定被监测对象的监测等级。

大跨度钢结构监测等级的划分，见表10-9。其中，A类应进行监测，其监测方案需要进行专家论证。B类应进行监测，其监测方案宜进行专家论证。C类宜进行监测。D类可进行监测。

表10-9 大跨度钢结构监测等级划分

结构体系	安全等级	跨度 L/m			
		$L\leqslant 60$	$60<L\leqslant 120$	$120<L\leqslant 180$	$L>180$
网架结构、双层网壳结构以及桁架结构	一级	D	C	B	A
	二级	D	C（D）	B（C）	B
	三级	D	D	C	B
单层网壳结构	一级	C	A（B）	A	—
	二级	C	B（C）	A	
	三级	—	—	—	—
预应力网格结构、索网结构、索桁结构、张弦结构以及索穹顶结构	一级	C（D）	B（C）	A（B）	A
	二级	D	C	B（C）	A
	三级	—	—	—	—
开合屋盖结构	一级	B（C）	B	A	A
	二级	C	—	—	—
	三级	—	—	—	—

注：“B（C）”表示施工阶段的监测等级为B，运营阶段的监测等级为C。

重要构件监测需要根据监测等级选定。根据构件的重要性，可分为Ⅰ类构件、Ⅱ类构件、Ⅲ类构件。构件重要性具体分类见表10-10。

表10-10 构件重要性具体分类

构件重要性	特征
Ⅰ类构件	（1）结构中的重要受力构件 （2）该类构件发生损伤时，对结构的最大位移、最大应力等安全评价指标产生严重影响的构件，或者对环境荷载最为敏感的构件
Ⅱ类构件	（1）结构中的主要受力构件 （2）该类构件发生损伤时，对结构的最大位移、最大应力等安全评价指标产生较大影响的构件，或者对环境荷载较为敏感的构件
Ⅲ类构件	结构中的一般受力构件或连系构件

知识技能小贴士

矩形平板网架结构的监测部位如图10-1所示。

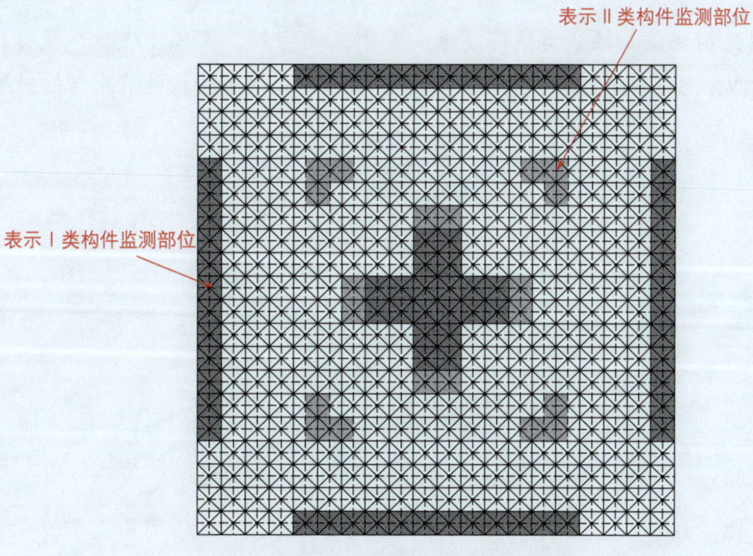

图10-1 矩形平板网架结构的监测部位

10.2.3 网格结构的监测

网格结构的监测要求与特点如下。

① 施工期间结构受力状态与整体结构设计状态存在显著差异的网格结构，需要进行施工监测。

② 悬挑长度大于30m的网格结构宜进行运营监测。当当地基本风压较大或因结构造型引起的局部风荷载较大时，则悬挑长度大于15m的网格结构宜进行运营监测。

③ 接近或达到设计工作年限，仍需继续使用的网格结构，宜进行运营监测。

④ 扩建、改建、移位、建筑用途或使用环境改变后的网格结构，宜进行运营监测。

⑤ 既有网格结构存在周边施工、轨道交通运营等情形时，宜进行运营监测。

⑥ 悬挑长度大于 30m 的网架结构、预应力网架结构，宜进行风速、风向与风压监测。

⑦ 网架结构与预应力网架结构的监测项目见表 10-11。

表10-11 网架结构与预应力网架结构监测项目

结构	位移监测			内力监测		振动监测	荷载作用与环境监测						
	结构变形		支座位移				温度	湿度	风速风向	风压	雨量	雪荷载	地震动
	竖向	水平		应变	索力								
网架结构		○	○			○		○	○	○	○	○	○
预应力网架结构		▲	▲			▲		○	○	○	○	○	○

注：▲表示宜监测；○表示可监测。

知识技能小贴士

平板网架的构件重要性分类：跨度方向跨中区域弦杆、支座区域弦杆及腹杆应为Ⅰ类构件；跨度方向四分点区域的弦杆应为Ⅱ类构件。圆形平板网架结构的监测部位如图 10-2 所示。

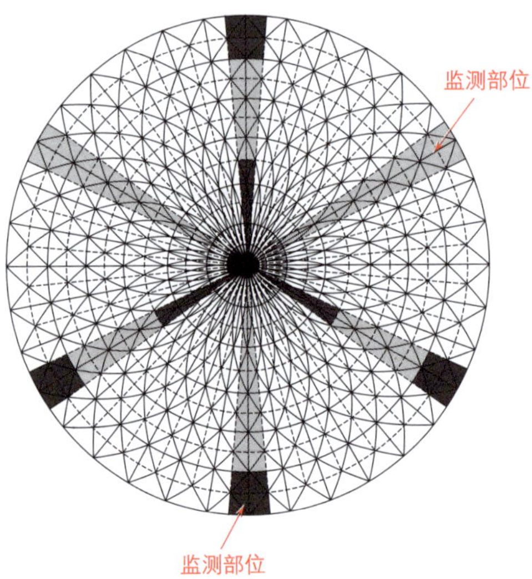

图10-2 圆形平板网架结构的监测部位

扫码看视频

网壳结构

10.2.4 网壳结构的监测

网壳结构的监测要求与特点如下。

① 网壳结构和预应力网壳结构监测项目的选择见表 10-12。

表10-12 网壳结构和预应力网壳结构监测项目的选择

结构	位移监测			内力监测		振动监测	荷载作用与环境监测						
	结构变形		支座位移	应变	索力		温度	湿度	风速风向	风压	雨量	雪荷载	地震作用
	竖向	水平											
网壳结构		○			—	▲		○	○	○	○	○	○
预应力网壳结构		▲				▲		○	○	○	○	○	○

注：▲表示宜监测；○表示可监测；—表示不涉及。

② 悬挑长度大于30m的网壳结构、预应力网壳结构，宜进行风速、风向、风压监测。

③ 对于单层柱面网壳，跨中区域跨向弦杆、反弯点区域跨向弦杆、支座区域跨向弦杆，应为Ⅰ类构件。

④ 单层球面网壳结构监测部位如图10-3所示。

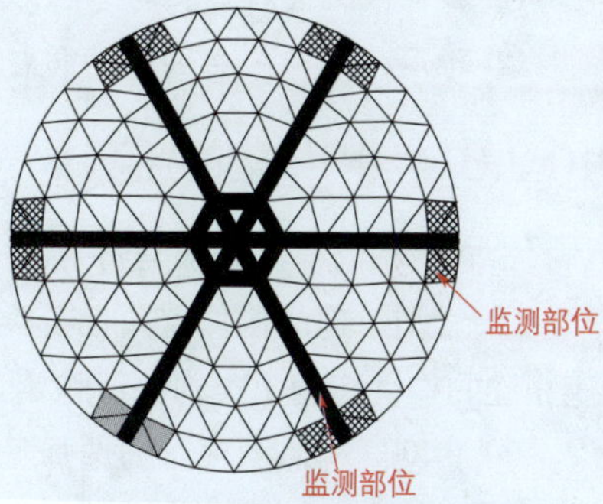

图10-3 单层球面网壳结构监测部位

知识技能小贴士

单层球面网壳的构件重要性分类的规定如下：

① 内环区域径向弦杆及环向弦杆、反弯点区域径向弦杆、支座区域径向弦杆应为Ⅰ类构件；

② 支座区域斜杆应为Ⅱ类构件。

双层球面网壳的构件重要性分类的规定：

① 内环区域环向弦杆、反弯点区域径向弦杆、支座区域弦杆应为Ⅰ类构件；

② 内环区域径向弦杆、支座区域腹杆应为Ⅱ类构件。

10.2.5 桁架结构的监测

桁架结构的监测要求与特点如下。

① 悬挑长度大于30m的桁架结构、预应力桁架结构，宜进行风速、风向、风压监测。

② 桁架结构和预应力桁架结构监测项目的选择见表10-13。

表10-13 桁架结构和预应力桁架结构监测项目的选择

结构	位移监测			内力监测		振动监测	荷载作用与环境监测						
	结构变形		支座位移	应变	索力		温度	湿度	风速风向	风压	雨量	雪荷载	地震作用
	竖向	水平											
平面桁架结构		○	○			▲		○	○	○	○	○	○
曲面桁架结构		○						○	○	○	○	○	○
预应力桁架结构		▲				▲		○	○	○	○	○	○

注：▲表示宜监测；○表示可监测。

知识技能小贴士

以桁架为主要支承骨架的组合结构体系或空间异形结构体系，构件重要性分类的规定如下：

① 截面最大的杆件、主桁架弦杆、支座弦杆应为Ⅰ类构件；

② 环桁架弦杆、次桁架弦杆、主桁架腹杆应为Ⅱ类构件。

曲面桁架、平面桁架、立体桁架结构的构件重要性分类的规定如下：

① 截面最大的杆件、跨中区域弦杆、支座区域弦杆、腹杆应为Ⅰ类构件；

② 跨度方向四分点区域的弦杆应为Ⅱ类构件。

10.2.6 索网结构的监测

索网结构的监测要求与特点如下。

① 索网结构的构件重要性分类的规定：悬索系统中的承重索，周边支承系统中与拉索支座相连的构件应为Ⅰ类构件；稳定索应为Ⅱ类构件。

② 索网结构监测项目的选择见表10-14。

表10-14 索网结构监测项目的选择

结构	位移监测			内力监测		振动监测	荷载作用与环境监测							结构几何线形监测
	结构变形		支座位移	应变	索力		温度	湿度	风速风向	风压	雨量	雪荷载	地震动	
	索面法向	索面方向												
索网结构		▲	▲			○		○	▲	○	○	○	○	▲

注：▲表示宜监测；○表示可监测。

10.2.7 索桁结构的监测

索桁结构的监测项目的选择见表10-15。

表10-15 索桁结构监测项目的选择

结构	位移监测			内力监测		振动监测	荷载作用与环境监测						
	结构变形		支座位移	应变	索力		温度	湿度	风速风向	风压	雨量	雪荷载	地震动
	竖向	水平											
索桁结构		▲	▲			○		○	▲	○	○	○	○

注：▲表示宜监测；○表示可监测。

10.2.8 张弦结构的监测

张弦结构的监测项目的选择见表10-16。

表10-16　张弦结构的监测项目的选择

结构	位移监测			内力监测		振动监测	荷载作用与环境监测						
	结构变形		支座位移										
	竖向	水平		应变	索力		温度	湿度	风速风向	风压	雨量	雪荷载	地震动
张弦梁结构		▲	▲			○		○	▲	○	○	○	○
张弦桁架结构		▲	▲			○		○	▲	○	○	○	○
弦支穹顶结构		○	▲			○		○	▲	○	○	○	○

注：▲表示宜监测；○表示可监测。

张弦结构的构件重要性分类的规定如下。

① 平面张弦梁中，拉索与跨中、端部上弦梁单元应为Ⅰ类构件，跨度方向四分点处上弦梁单元应为Ⅱ类构件。

② 双向式张弦梁中，双向中间榀张弦梁拉索、跨中及端部上弦梁单元应为Ⅰ类构件。双向中间榀张弦梁四分点上弦梁单元应为Ⅱ类构件。

③ 多向式张弦梁中，外部各榀张弦梁交接处上弦梁单元、拉索应为Ⅰ类构件。外部各榀张弦梁跨中上弦梁单元为Ⅱ类构件。

④ 轮辐式张弦梁中，各榀张弦梁拉索、端部上弦梁单元应为Ⅰ类构件。刚性中央环处上弦梁单元应为Ⅱ类构件。

⑤ 张弦桁架结构中，拉索应为Ⅰ类构件，上弦桁架截面最大的杆件、跨中区域弦杆、支座区域弦杆及腹杆应为Ⅰ类构件。上弦桁架跨度方向四分点区域弦杆应为Ⅱ类构件。

⑥ 弦支穹顶结构中，环索、与支座相连的径向索应为Ⅰ类构件，其他径向索应为Ⅱ类构件。

知识技能小贴士

双向式张弦梁结构的测点布置如图10-4所示。

轮辐式张弦梁结构的测点布置如图10-5所示。

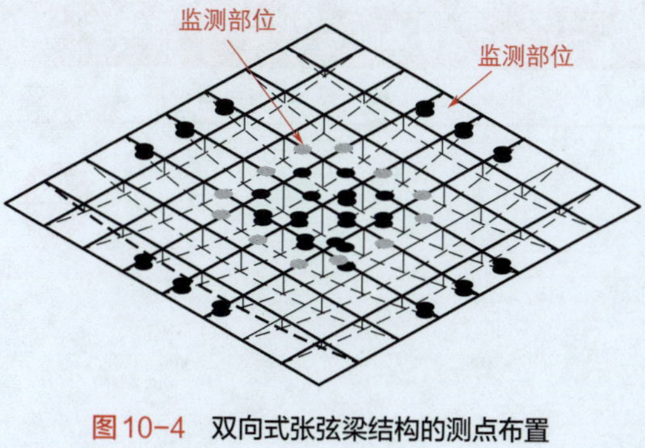

图10-4　双向式张弦梁结构的测点布置

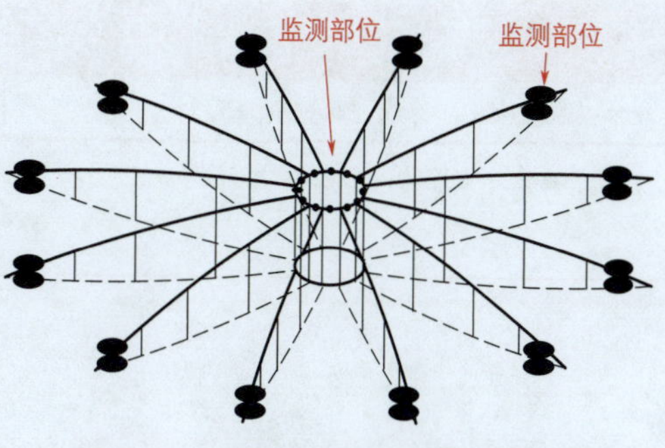

图10-5　轮辐式张弦梁结构的测点布置

10.2.9 索穹顶结构的监测

索穹顶结构的监测项目的选择见表 10-17。

表10-17 索穹顶结构的监测项目的选择

结构	位移监测			内力监测		振动监测	荷载作用与环境监测							结构几何线形监测
	结构变形		支座位移				温度	湿度	风速风向	风压	雨量	雪荷载	地震作用	
	竖向	水平		应变	索力									
索穹顶结构		▲	▲			○		○	▲	○	○	○	○	▲

注：▲表示宜监测；○表示可监测。

知识技能小贴士

索穹顶结构的构件重要性分类的规定如下：

① 环索、径向脊索应为Ⅰ类构件；

② 内外环梁、与支座相连的斜索应为Ⅱ类构件。

10.2.10 开合屋盖结构的监测

开合屋盖结构的监测内容与要求如下。

① 开合屋盖结构施工阶段的监测方案，需要根据安装流程、屋盖就位技术、机械传动设备定位技术、屋盖安装技术等综合确定。

② 宜对开合屋盖结构的基本状态、活动屋盖运行状态、非基本状态进行监测。

③ 施工期间的测点部位应能够反映位形变化。位移测点沿跨度方向的间距不宜大于30m。

开合屋盖结构监测项目见表 10-18。

表10-18 开合屋盖结构监测项目

结构	位移监测			内力监测		振动监测	荷载作用与环境监测						
	结构变形		支座位移				温度	湿度	风速风向	风压	雨量	雪荷载	地震作用
	竖向	水平		应变	索力								
开合屋盖结构		▲	▲			▲		○	▲	▲	▲	▲	○

注：▲表示宜监测；○表示可监测。

第11章 其他应用钢构技术

11.1 钢结构高强度环槽铆钉连接技术

11.1.1 钢结构高强度环槽铆钉连接技术的特点

高强度环槽铆钉是指杆部具有一系列同轴环槽的高强度铆钉。

套环是指与高强度环槽铆钉配套使用、对被连接件施加轴向载荷并锁紧的零件。

高强度环槽铆钉连接副是指由一个高强度环槽铆钉与一个配套的套环组成的连接紧固件，其是利用胡克定律，采用专用铆接设备轴向拉伸环槽铆钉，同时径向挤压套环，使套环金属流动到铆钉的环槽中，形成的金属塑性变形连接。

摩擦型连接是指依靠高强度环槽铆钉的紧固，在被连接件间产生摩擦阻力以传递剪力而将构件、部件、板件连成整体的连接方式。

承压型连接是指当摩擦面滑移后，依靠铆钉杆抗剪、铆钉杆与孔壁承压以传递剪力而将构件、部件、板件连成整体的连接方式。

高强度环槽铆钉连接副结构如图11-1所示。钢结构工程使用的高强度环槽铆钉连接副，可以分为拉断型、短尾型、单面型等。

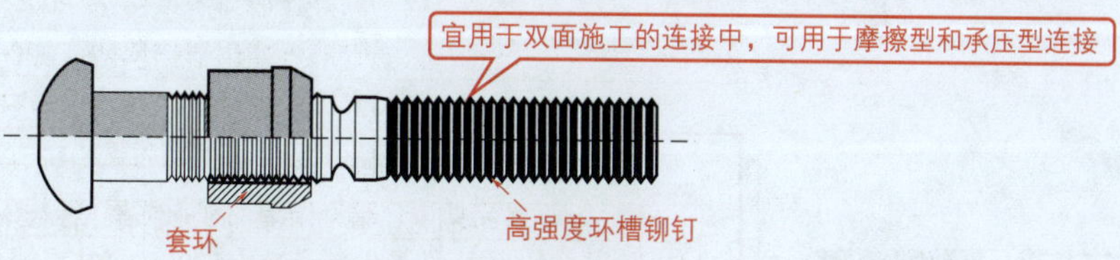

(a) 拉断型高强度环槽铆钉连接副

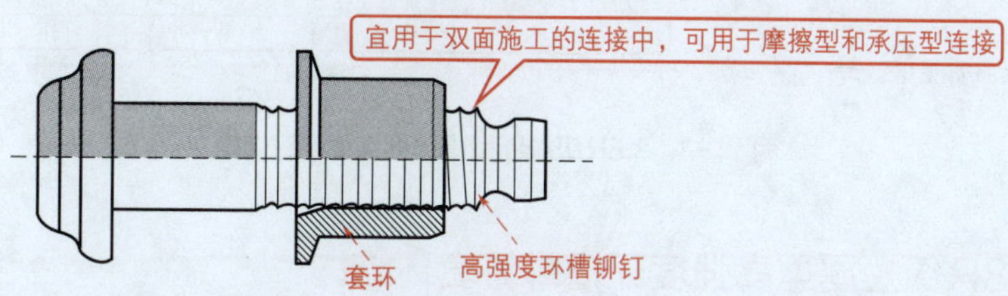

(b) 短尾型高强度环槽铆钉连接副

图11-1

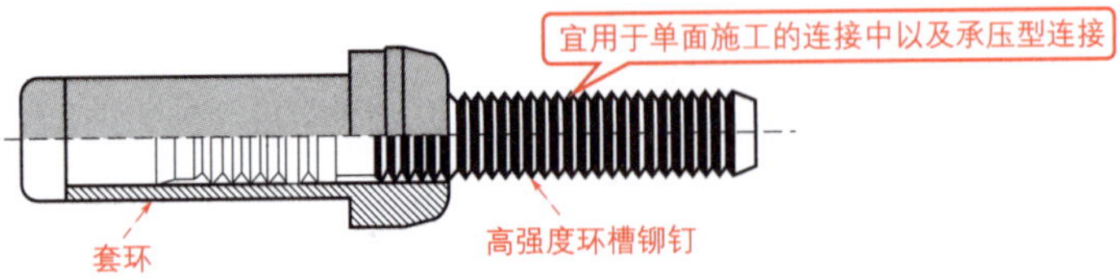

(c) 单面型高强度环槽铆钉连接副

图11-1 高强度环槽铆钉连接副结构

知识技能小贴士

高强度环槽铆钉连接，需要采用以概率论为基础的极限状态设计方法，用分项系数设计表达式计算。高强度环槽铆钉连接，应遵照连接强度不低于被连接构件强度的原则。高强度环槽铆钉连接长期受辐射热或环境温度达150℃以上，或短时间受火焰作用时，需要采取隔热降温保护措施。高强度环槽铆钉承压型连接，不宜用于厚度小于3mm的钢构件连接。

11.1.2 铆钉形式与尺寸

铆钉可以分为圆头环槽铆钉（即LMY型）、平圆头环槽铆钉（即IMP型）、沉头环槽铆钉（即IMC型）等结构形式。

8.8R级拉断型高强度环槽铆钉结构如图11-2所示。

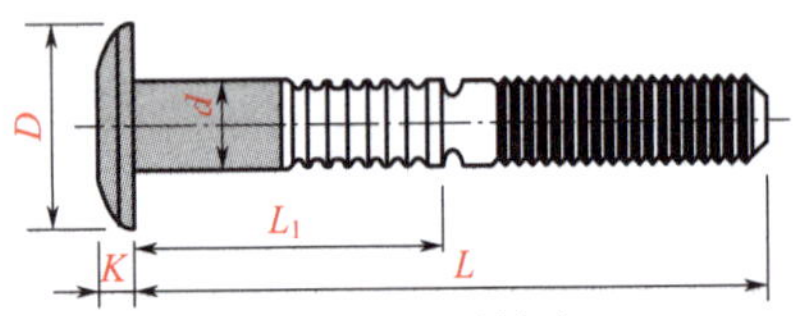

平圆头环槽铆钉

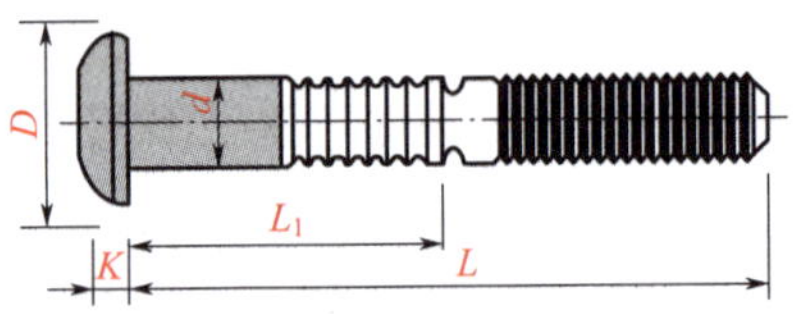

圆头环槽铆钉

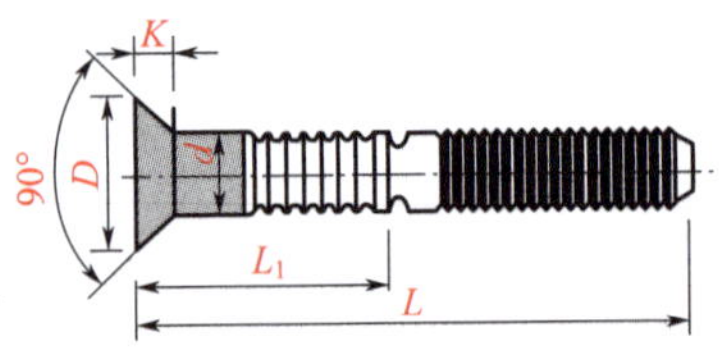

沉头环槽铆钉

铆钉直径和头部尺寸/mm

d			圆头铆钉		平圆头铆钉		沉头铆钉	
			D	K	D	K	D	K
公称	最小值	最大值	最小值	最小值	最小值	最小值	最小值	最小值
12	12.5	13.1	23.0	7.5	23.0	6.0	23.0	6.3
16	15.7	16.3	26.9	9.5	26.9	7.5	26.9	7.9
20	18.8	19.5	32.9	11.5	32.9	9.1	32.9	9.5
22	22.0	22.7	38.5	13.5	38.5	10.3	38.5	11.1
24	23.9	24.5	42.0	14.0	42.0	11.0	42.0	12.0

图11-2 8.8R级拉断型高强度环槽铆钉结构

11.1.3 8.8R级短尾型高强度环槽铆钉套环结构

8.8R级短尾型高强度环槽铆钉套环结构的短尾套环，宜为法兰套环（即LMDTF型），如图11-3所示。

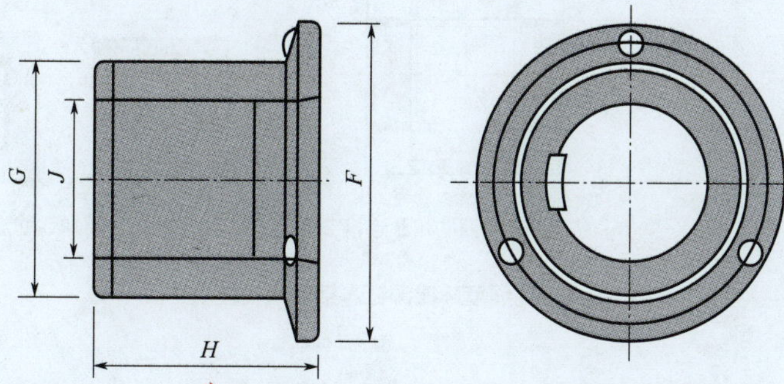

套环尺寸/mm

公称直径	J		G		F		H	
	最小值	最大值	最小值	最大值	最小值	最大值	最小值	最大值
12	12.8	13.2	19.1	19.4	25.8	27.2	18.4	19
16	16.1	16.5	23.7	24.0	32.0	34.0	23.1	23.7
20	20.0	20.6	30.2	30.6	40.2	41.8	28.9	29.7
22	22.4	23	33.2	33.6	45.1	47.3	32.4	33.1
24	24.1	24.7	35.5	36	48.3	50.7	34.7	35.3

图11-3 8.8R级短尾型高强度环槽铆钉套环结构

11.1.4 高强度环槽铆钉连接节点类型

高强度环槽铆钉连接节点类型包括拼接节点、受拉连接节点、法兰连接节点、焊铆混用连接节点、外伸式端板连接节点、铆焊并用连接节点等，如图11-4所示。

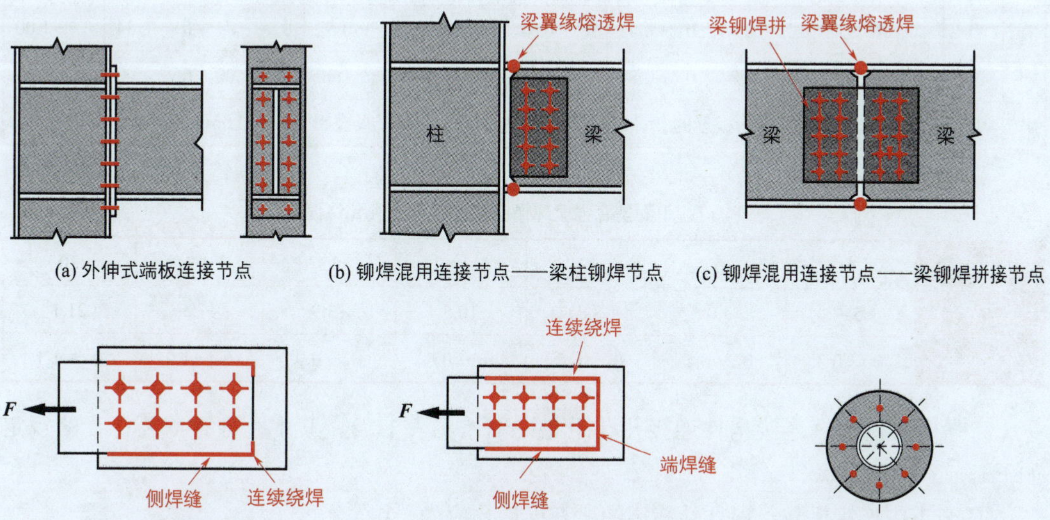

(a) 外伸式端板连接节点　(b) 铆焊混用连接节点——梁柱铆焊节点　(c) 铆焊混用连接节点——梁铆焊拼接节点

(d) 环槽铆钉与侧焊缝并用　(e) 环槽铆钉与侧焊缝及端焊缝并用　(f) 圆管无加劲肋法兰连接节点

图11-4

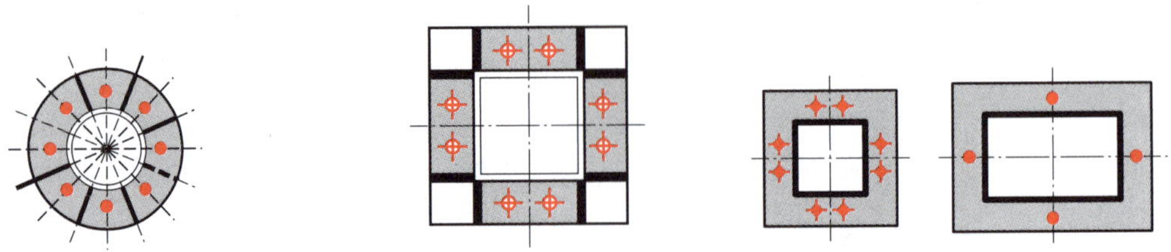

(g) 圆管有加劲肋法兰连接节点　　(h) 方矩管有加劲肋法兰连接节点　　(i) 方矩管无加劲肋法兰连接节点

图 11-4 高强度环槽铆钉连接节点类型

11.1.5 连接构件的制作

高强度环槽铆钉连接构件连接孔孔径需要符合设计等要求。高强度环槽铆钉连接构件制孔允许偏差需要符合的规定见表 11-1 和表 11-2。

表 11-1 拉断型和短尾型高强度环槽铆钉连接件制孔允许偏差　　单位：mm

<table>
<tr><th colspan="4">公称直径</th><th>12</th><th>16</th><th>20</th><th>22</th><th>24</th><th>27</th><th>30</th><th>36</th></tr>
<tr><td rowspan="10">孔型</td><td rowspan="3">标准圆孔</td><td colspan="2">直径</td><td>13.5</td><td>17.5</td><td>22.0</td><td>24.0</td><td>26.0</td><td>30.0</td><td>33.0</td><td>39.0</td></tr>
<tr><td colspan="2">允许偏差</td><td>0 ~ 0.43</td><td>0 ~ 0.43</td><td>0 ~ 0.52</td><td>0 ~ 0.52</td><td>0 ~ 0.52</td><td>0 ~ 0.84</td><td>0 ~ 0.84</td><td>0 ~ 0.84</td></tr>
<tr><td colspan="2">圆度</td><td colspan="2">1.00</td><td colspan="6">1.50</td></tr>
<tr><td rowspan="3">大圆孔</td><td colspan="2">直径</td><td>16.0</td><td>20.0</td><td>24.0</td><td>28.0</td><td>30.0</td><td>35.0</td><td>38.0</td><td>45.0</td></tr>
<tr><td colspan="2">允许偏差</td><td>0 ~ 0.43</td><td>0 ~ 0.43</td><td>0 ~ 0.52</td><td>0 ~ 0.52</td><td>0 ~ 0.52</td><td>0 ~ 0.84</td><td>0 ~ 0.84</td><td>0 ~ 0.84</td></tr>
<tr><td colspan="2">圆度</td><td colspan="2">1.00</td><td colspan="6">1.50</td></tr>
<tr><td rowspan="4">槽孔</td><td rowspan="2">长度</td><td>短向</td><td>13.5</td><td>17.5</td><td>22.0</td><td>24.0</td><td>26.0</td><td>30.0</td><td>33.0</td><td>39.0</td></tr>
<tr><td>长向</td><td>22.0</td><td>30.0</td><td>37.0</td><td>40.0</td><td>45.0</td><td>50.0</td><td>55.0</td><td>60.0</td></tr>
<tr><td rowspan="2">允许偏差</td><td>短向</td><td>0 ~ 0.43</td><td>0 ~ 0.43</td><td>0 ~ 0.52</td><td>0 ~ 0.52</td><td>0 ~ 0.52</td><td>0 ~ 0.84</td><td>0 ~ 0.84</td><td>0 ~ 1.00</td></tr>
<tr><td>长向</td><td>0 ~ 0.84</td><td>0 ~ 0.84</td><td>0 ~ 1.00</td><td>0 ~ 1.00</td><td>0 ~ 1.00</td><td>0 ~ 1.00</td><td>0 ~ 1.00</td><td>0 ~ 1.00</td></tr>
<tr><td colspan="4">中心线倾斜度</td><td colspan="8">应为板厚的3%，且单层板应为2.0mm，多层板叠组合应为3.0mm</td></tr>
</table>

表 11-2 单面型高强度环槽铆钉连接件制孔允许偏差　　单位：mm

公称直径	5	6	8	10	12	16	20
孔径	5.3	7.0	8.8	10.5	13.9	17.5	21.1
允许偏差	0 ~ 0.3	0 ~ 0.4	0 ~ 0.5	0 ~ 0.6	0 ~ 0.9	0 ~ 1.0	0 ~ 1.1

高强度环槽铆钉连接构件连接孔孔距允许偏差见表 11-3。其中孔分布需要符合的规定如下。

① 节点中连接板与一根杆件相连的所有连接孔应为一组。

② 对接接头在拼接板一侧的连接孔应为一组。

③ 受弯构件翼缘上的孔，每米长度范围内的连接孔应为一组。

表11-3 高强度环槽铆钉连接构件连接孔孔距允许偏差 单位：mm

孔距范围	≤500	501～1200	1201～3000	＞3000
同一组内任意两孔间	−1.0～1.0	−1.5～1.5	—	—
相邻两组的端孔间	−1.5～1.5	−2.0～2.0	−2.5～2.5	−3.0～3.0

知识技能小贴士

主要构件连接，直接承受动力载荷重复作用且需要进行疲劳计算的构件，其高强度环槽铆钉连接孔需要采用钻孔成形。次要构件连接且板厚不大于12mm时，可以采用冲孔成形，并且要求孔边无飞边、无毛刺。经处理后的高强度环槽铆钉连接位置摩擦面，需要采取保护措施，并且严禁在高强度环槽铆钉连接位置摩擦面上做标记。

11.1.6 钢结构高强度环槽铆钉连接技术要求

钢结构高强度环槽铆钉连接技术要求如下。

① 同一连接接头中，高强度环槽铆钉连接不应与普通螺栓连接混用，高强度环槽铆钉承压型连接不应与焊接连接并用。

② 高强度环槽铆钉连接摩擦面抗滑移系数取值需要符合的规定，见表 11-4。涂层摩擦面的抗滑移系数见表 11-5。

③ 高强度环槽铆钉，其中钢丝刷除锈方向应与受力方向垂直。如果采用其他方法处理，处理工艺和抗滑移系数值均需要经试验确定。如果设计要求使用热喷铝、镀锌等其他涂层时，钢材表面处理要求、涂层厚度、抗滑移系数均需要经试验确定。防滑防锈硅酸锌漆、锌加底漆不宜采用手工涂刷的施工方法。

表11-4 摩擦面抗滑移系数

连接处构件接触面的处理方法		抗滑移系数 μ
普通钢结构	喷硬质石英砂或铸钢棱角砂	0.45
	抛丸（喷砂）	0.40
	钢丝刷清除浮锈或未经处理的干净轧制表面	0.30
冷弯型钢结构	喷砂（丸）	0.40
	热轧钢材轧制表面清除浮锈	0.30
	冷轧钢材轧制表面清除浮锈	0.25

表11-5 涂层摩擦面的抗滑移系数

涂层类型	钢材表面处理要求	涂层厚度 / μm	抗滑移系数 μ
无机富锌漆	Sa2$\frac{1}{2}$	60～80	0.40
锌加底漆（ZINGA）			0.45
防滑防锈硅酸锌漆		80～120	0.45
聚氨酯富锌底漆或醇酸铁红底漆	Sa2及以上	60～80	0.15

④ 高强度环槽铆钉连接或拼接节点中，每根杆件一端的永久性环槽铆钉连接副数量不宜少于 2 个。

⑤ 当型钢件拼接采用高强度环槽铆钉连接副时，拼接件宜采用钢板。

⑥ 当连接处型钢斜面斜度大于 1/20 时，应在斜面上采用斜垫板。

⑦ 高强度环槽铆钉连接构造需要符合的规定：拉断型、短尾型高强度环槽铆钉连接的孔径匹配见表 11-6；单面型高强度环槽铆钉连接的孔径匹配见表 11-7；承压型连接孔型应采用标准圆孔。

表11-6 拉断型和短尾型高强度环槽铆钉连接的孔径匹配 单位：mm

公称直径				12	16	20	24	27	30	36
孔型	标准圆孔	直径		13.5	17.5	22	26	30	33	39
	大圆孔	直径		16	20	24	30	35	38	45
	槽孔	长度	短向	13.5	17.5	22	26	30	33	39
			长向	22	30	37	45	50	55	60

表11-7 单面型高强度环槽铆钉连接的孔径匹配 单位：mm

公称直径	5	6	8	10	12	16	20
孔径	5.3	7.0	8.8	10.5	13.9	17.5	21.1

⑧ 高强度环槽铆钉连接构造，不得在同一个连接摩擦面的盖板、芯板同时采用大圆孔、槽孔等扩大孔型。

⑨ 高强度环槽铆钉孔距与边距的允许间距的规定要求见表 11-8。

表11-8 高强度环槽铆钉孔距与边距的允许间距的规定要求

名称	位置和方向			最大允许间距（取两者的较小值）	最小允许间距
中心间距	外排（垂直于内力方向或顺内力方向）			$8d_0$ 或 $12t$	$2.5d_0$
	中间排	垂直内力方向		$16d_0$ 或 $24t$	
		顺内力方向	构件受压力	$12d_0$ 或 $18t$	
			构件受拉力	$16d_0$ 或 $24t$	
中心至构件边缘距离	顺内力方向（端距）			$4d_0$ 或 $8t$	$2d_0$
	垂直内力方向（边距）				$1.5d_0$

注：d_0 为连接板所使用的标准孔孔径；t 为连接板束中外层较薄的钢板或型钢厚度。

⑩ 钢板边缘与角钢、槽钢等刚性构件相连的高强度环槽铆钉的最大间距，可按中间排数值采用。

⑪ 连接节点需要满足承载力极限状态要求，应传力可靠，减少应力集中。

⑫ 高强度环槽铆钉连接副安装前，需要去除连接位置摩擦面上的毛刺飞边、焊接飞溅物，去除连接板面与连接孔内的脏物。

⑬ 高强度环槽铆钉连接副安装前，需要将沾有油污的地方清理干净。连接板面需要干燥，不应在雨中作业。

⑭ 高强度环槽铆钉连接副安装前，需要将翘曲板面整平。

⑮ 高强度环槽铆钉连接副连接位置摩擦面，如果采用喷砂或喷丸后会生赤锈，安装前需要采用细钢丝刷除去摩擦面上的浮锈。

⑯ 高强度环槽铆钉连接副安装时，在每个节点连接孔上都需要穿入安装螺栓、冲钉，并且环槽铆钉不得兼作安装螺栓与冲钉定位用。

⑰ 高强度环槽铆钉连接副安装，需要在结构件位置、间隙调整准确后进行。高强度环槽铆钉穿入方向以方便铆接为准，并且力求一致。

知识技能小贴士

高强度环槽铆钉连接构造，当盖板按大圆孔、槽孔制孔时，需要增大垫圈厚度或采用孔径与标准垫圈相同的连续型垫板。垫圈或连续垫板的厚度需要符合如下规定。

① 公称直径24mm及以下规格的高强度环槽铆钉连接副，垫圈或连续垫板厚度不宜小于8mm。

② 公称直径24mm以上规格的高强度环槽铆钉连接副，垫圈或连续垫板厚度不宜小于10mm。

③ 冷弯薄壁型钢结构的垫圈或连续垫板厚度，不宜小于连接板或芯板的厚度。

11.2 钢结构的应用

11.2.1 钢结构厂房

11.2.1.1 钢结构厂房的特点

钢结构厂房是指其主要承重构件由钢材组成，包括钢柱子、钢梁、钢结构基础、钢屋架、钢屋盖等。

钢结构的墙也可以采用砖墙围护。

钢结构厂房可以分为轻型钢结构厂房、重型钢结构厂房。框架钢结构厂房主要包括钢柱、钢梁、连廊、外部钢雨篷、墙面、屋面檩条、拉条、压型钢板、围护结构等。

钢结构厂房的锁缝屋面系统屋面板安装如图11-5所示。整体屋面板固定于檐口，以避免屋面板下滑。屋脊设弹性盖板，允许拉伸与压缩。

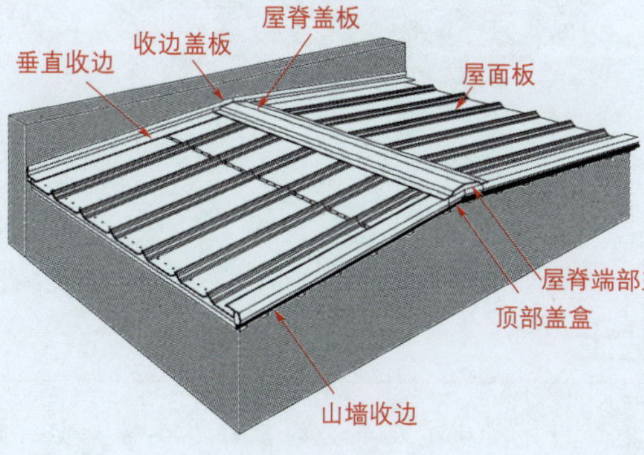

图11-5

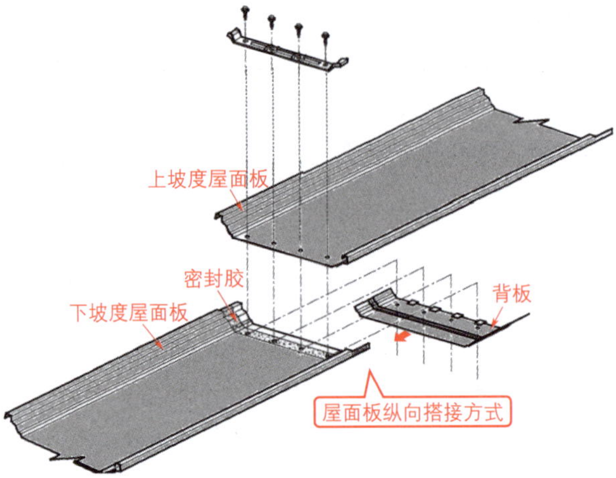

图11-5 钢结构厂房的锁缝屋面系统屋面板安装

R 型与 Q 型锁缝如图 11-6 所示。

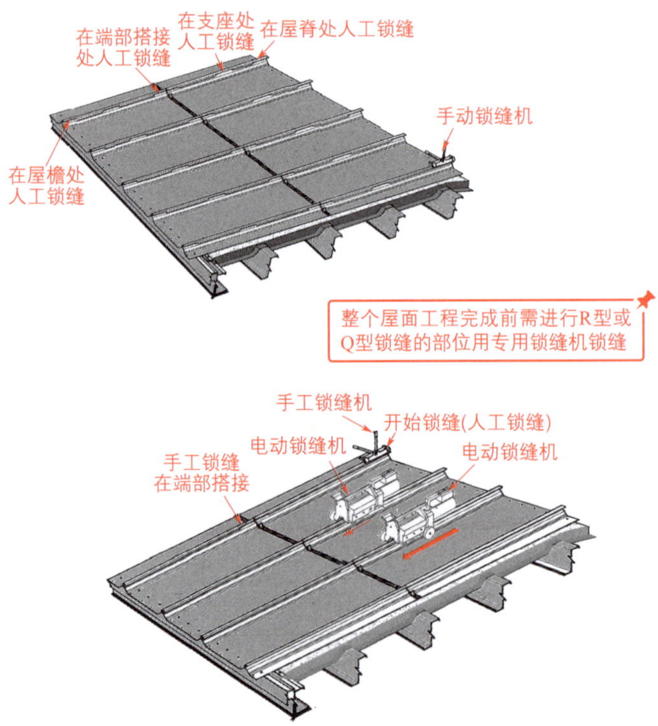

图11-6 R型与Q型锁缝

知识技能小贴士

屋面板安装为高空作业，为此，施工人员必须系好安全带，穿好防滑鞋。必要时，用钢丝绳锁定在钢梁或檩条上，供安全带种根。

铺设屋面板时，如果遇大风大雨，则需要停止施工。每天下班前，需要将屋面板用棕绳绑扎在檩条上，绑扎要牢固，以防止大风吹落。

严禁在未被固定于檩条上的单张屋面钢或几张叠在一起的钢板上行走。安装屋面板时，可以考虑使用踩踏板。铺设钢板区域内，切割工作与固定螺栓时所产生的碎屑，以及屋面、地面、天沟上的残屑杂物，需要当天收工前清理干净。

11.2.1.2　钢结构厂房的放样弹线

压型钢板屋面板、墙面板是预制装配结构，因此，安装前的放线是一道关键工序。

① 安装放线前，需要对安装面上的已有建筑成品进行测量，对达不到安装要求的部位应整改。

② 根据排板设计确定排板起始线的位置。屋面施工时，先在每个檩条上标定起点，各点的连线需要与建筑物的纵轴线相垂直，然后在板的宽度方向每隔几块板继续标注一次，以限制与检查板的宽度安装偏差积累，如图 11-7 所示。如果不按照规定放线，则会出现锯齿现象和超宽现象。

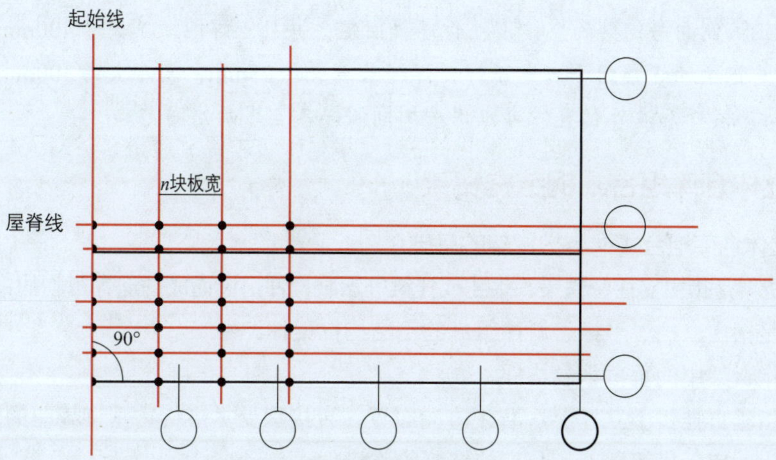

图11-7　正确放线

③ 放样弹线前，需要检查钢构件的尺寸与设计尺寸的符合程度，并且根据钢构件的实际尺寸进行放样弹线。

④ 在压型钢板的两端弹设基准线，距钢梁翼缘板边缘至少 50mm。

⑤ 在主梁上弹出中心线，以此中心线控制压型钢板搭接钢梁的宽度，以及压型钢板与钢梁熔焊的焊点位置。

⑥ 次梁的中心线反射弹在主梁上。压型钢板铺设完后，再将次梁的中心线、次梁翼缘宽度反射到次梁上面的压型钢板上。根据该中心线决定栓钉的焊接位置。

11.2.1.3　压型钢板的铺设

① 压型钢板同时也是钢结构安装的操作平台。为此，铺设时需要先铺上层压型钢板形成安全工作平台，再铺下层，最后铺中层钢板，采用逐层施工的方式。

② 铺设时，注意压型钢板上标识的层、区、位号，应准确无误。

③ 铺设时，以压型钢板母肋为基准起始边，依次铺设。一般以张为单位，边铺设边固定。

④ 梁、柱接头位置的压型钢板，需要用无齿锯将结合处切割平齐，并且与梁柱要紧密贴合。浇筑混凝土时，需要在该处贴上胶带，以避免漏浆污染梁柱。

⑤ 压型钢板侧向公肋与母肋扣合后，应使用专用夹钳固定。压型钢板之间端部搭接部位，可以采用点焊的方式固定，以避免漏浆。

⑥ 连续跨的组合楼板的波纹对齐，以便混凝土中的钢筋在波谷通过。

⑦ 外框架、电梯洞口等四周，需要采用专用的镀锌边模进行封闭。

知识技能小贴士

压型钢板在钢梁上的固定要求如下。

① 压型钢板在梁上的搭接长度不小于50mm，固定方式为栓钉焊接，并且焊钉位于压型钢板的波谷内。

② 压型钢板侧向与钢梁的搭接用栓钉焊接固定，并且点焊间距不大于400mm。

③ 边模与钢梁的焊接用手工电弧焊，焊缝长度大约25mm，间距大约300mm。封口板与压型钢板在每个波峰和波谷位置，可以用手工电弧焊各点焊两处固定。

11.2.2 立体仓库组合式钢结构货架

11.2.2.1 立体仓库组合式钢结构货架的基础

组合式货架是指由立柱、横梁、牛腿或托梁等承载构件组装而成的储存货物的钢结构设施。

立柱片是指由立柱、平撑、斜撑组成的钢结构框架体。

立柱是指货架中的垂直承载构件。

横梁是指垂直挂接于立柱上，沿 X 方向布置，直接承受本格货物垂直载荷的主要构件。

挂片是指固定于横梁端部，与立柱挂接的连接件。

牛腿是指挂接于立柱上，端部安装托梁的悬伸连接件。

托梁是指沿堆垛机货叉存 / 取货方向挂接于牛腿之上，用于放置托盘的梁。

吊梁是指在仓库平面内，沿与巷道方向相垂直的方向安装于立柱顶部，用以安装导向轨的梁。

宽巷道横梁式货架是指使用可在巷道内拐弯的平衡重、前移式、AGV 等叉车存取单元货物的横梁式货架。

窄巷道横梁式货架是指使用窄巷道专用叉车侧向存取单元货物的横梁式货架。

堆垛机用自动化仓库货架是指使用堆垛机自动存取单元货物的横梁式（牛腿式）货架。

11.2.2.2 立体仓库组合式钢结构货架基本结构

横梁式货架的基本结构，一般是立柱片、横梁通过挂接而组成的独立结构体。

牛腿式货架，一般是在横梁式货架的基础上，增加牛腿、托梁而组成的独立结构体。

货架基本结构示意如图 11-8 所示。组合式货架一般是由立柱、横梁、牛腿或托梁等承载构件组装而成的用于储存货物的钢结构设施。

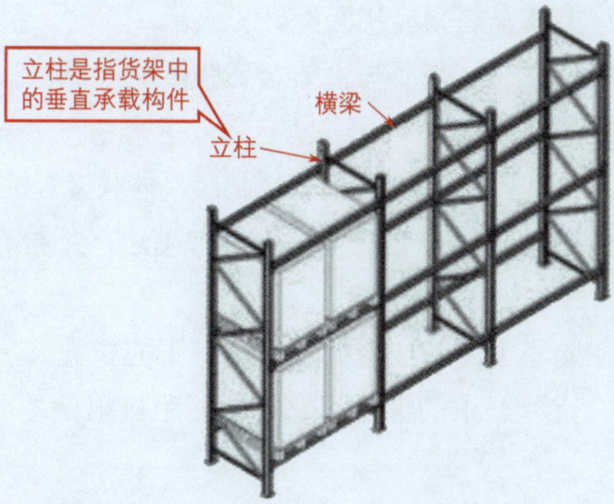

(a) 横梁式货架

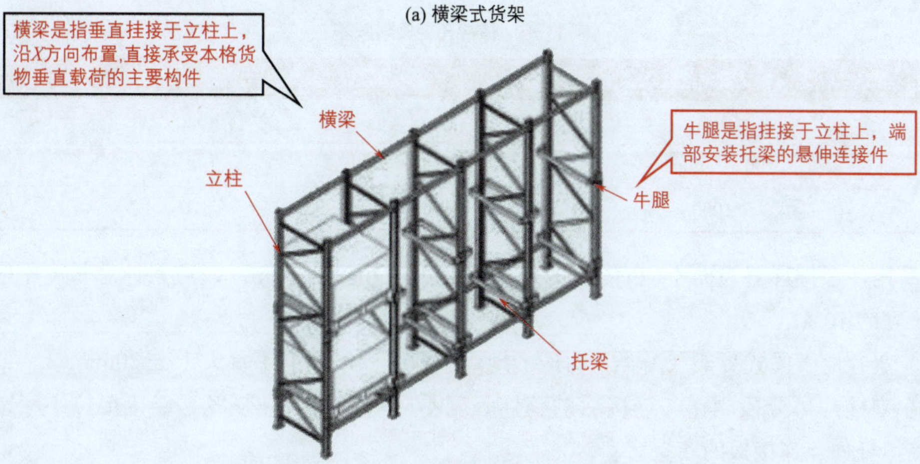

(b) 牛腿式货架

图11-8 货架基本结构示意

知识技能小贴士

立体仓库组合式钢结构货架的类型如下。

① 宽巷道横梁式货架，简称“A类货架”。

② 窄巷道横梁式货架，简称“B类货架”。

③ 堆垛机用自动化仓库货架，简称“C类货架”。

11.2.2.3 立体仓库组合式钢结构货架的要求

立体仓库组合式钢结构货架的要求如下。

① 如果货架在水平力作用下，经计算其刚度、稳定性难以满足要求时，则需要安装垂直拉杆系统、水平拉杆系统，以增强货架在垂直面、水平面的刚性与稳定性。

② 堆垛机用组合式货架，需要设端部支架，用于安装导向轨延伸部分的构件。

③ A、B类货架地脚宜采用膨胀锚栓或化学锚栓固定。

④ C类货架地脚、地轨的固定宜采用化学锚栓或预埋。货架有明确的抗震要求时，不应使用膨胀锚栓。

⑤ 手工焊接采用的焊条需要与主体金属强度相匹配。

⑥ 自动焊、半自动焊采用的焊丝与焊剂需要与主体金属强度相匹配。

⑦ 立柱冲孔节距宜采用 25mm 的整数倍。

⑧ 构件成形后，钢材外表面不应有裂纹。抱合式横梁轧制后，外缘接合位置需要紧密抱合。

⑨ 构件切断，要严格保证构件精度，切口要整齐，不得有飞边，不得有毛刺，断口截面不得有明显变形。

⑩ 构件上所有螺栓孔均需要在胎模上冲孔或套钻。安装时不应扩孔。

⑪ 构件上（除立柱外）有配合尺寸要求的螺栓相邻孔的间距极限偏差需要符合的规定见表 11-9。

表11-9 螺栓孔距极限偏差 单位：mm

相关孔间距	极限偏差
＜100	±0.25
100 ～ 1000	±0.5
⩾1000	±1

⑫ 构件焊接焊缝表面不应有气孔，咬边深度不应超过 0.5mm，咬边累计总长度不应超过焊缝长度的 10%。

⑬ 宽巷道横梁式货架（A 类）对应的地坪整体平面度误差不宜大于 ±20mm。

⑭ 立柱片可分段制作。连接后的整体强度不应低于原立柱强度。连接部位不应影响挂片、支撑杆件、连接板的布置。

⑮ 主要构件精度要求如图 11-9 所示。

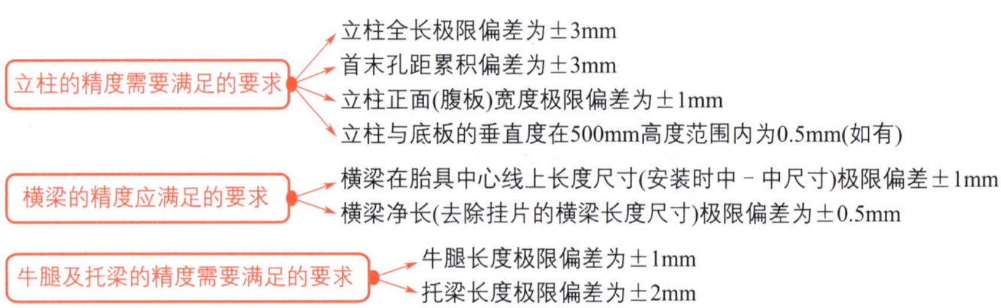

图11-9 主要构件精度要求

知识技能小贴士

钢材表面锈蚀、麻点、划痕的深度，不应大于该钢材厚度的负偏差值的一半。钢材断口位置不应有分层缺陷。货架组装用螺栓，对承受直接动力荷载的连接，宜采用高强度螺栓摩擦型连接。

11.2.2.4 宽巷道横梁式货架（A类）安装极限偏差要求

宽巷道横梁式货架（A 类）安装极限偏差要求见表 11-10。

表11-10 宽巷道横梁式货架（A类）安装极限偏差要求

项	限值/mm	说明
C_x/C_z	$\pm H/350$	立柱片在X/Z方向的垂直度要求
J_x	± 3或$\pm H_B/400$	立柱片在X方向的弯曲要求
J_z	$\pm H/500$	立柱片在Z方向的弯曲要求
B_F	20	同一立柱片中两根立柱的错位要求
G_y	± 3或$\pm A/500$	横梁在Y方向的弯曲要求
G_z	$\pm A/400$	横梁在Z方向的弯曲要求
H_y	10	同一货格内前后横梁的高低差要求

X方向：沿着巷道方向。Y方向：沿着重力加速度方向。Z方向：在仓库平面内，与巷道方向相垂直的方向
H为立柱片总高，H_B为横梁层高，A为X方向相邻立柱之间的距离

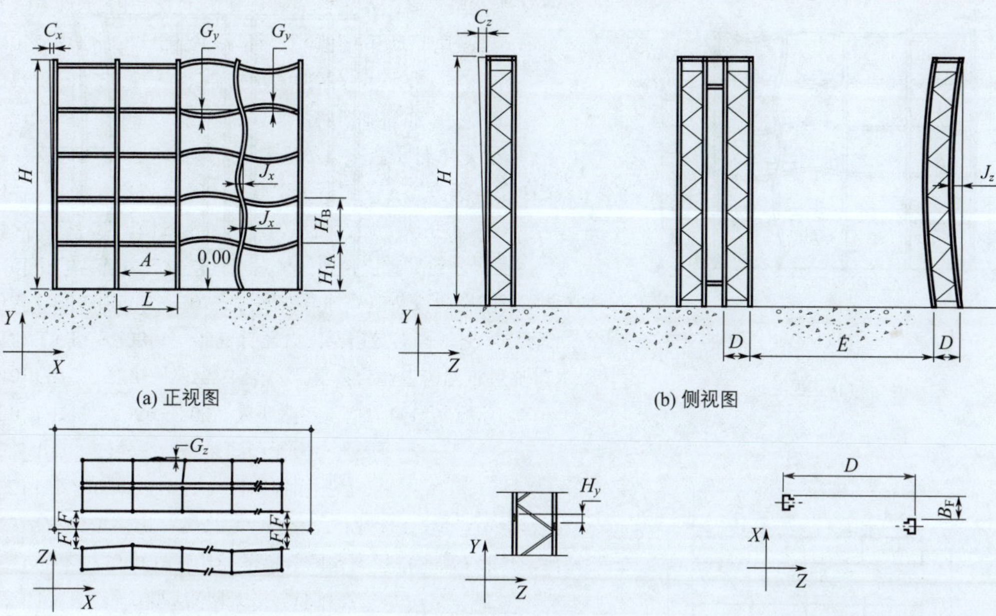

(a) 正视图　(b) 侧视图　(c) 俯视图　(d) 横梁高低差示意图　(e) 立柱错位示意图

11.2.2.5 窄巷道横梁式货架（B类）安装极限偏差要求

使用人上式 VNA 叉车时，B 类窄巷道横梁式货架（VNA）的安装极限偏差需要符合的要求见表 11-11。

表11-11 窄巷道横梁式货架（B类）安装极限偏差要求

项	限值/mm	说明
C_x	$\pm H/500$	立柱片在X方向的垂直度要求
C_z	$\pm H/500$	立柱片在Z方向的垂直度要求
	$\pm H/750$	立柱片在Z方向的垂直度要求（固定进叉深度）
J_x	± 3或$\pm H_B/750$	立柱片在X方向的弯曲要求
J_z	$\pm H/500$	立柱片在Z方向的弯曲要求

续表

项	限值/mm	说明
B_F	10	同一立柱片中两根立柱的错位要求
G_y	±3或±A/500	横梁在Y方向的弯曲要求
G_z	±A/400	横梁在Z方向的弯曲要求
H_y	10	同一货格内前后横梁的高低差要求
B	10或1.0n	近地面处同巷道同列立柱片（仅检测靠近巷道的立柱）错位要求
F_l	5	近地面处同排相邻立柱片的错位要求
X方向：沿巷道方向。Y方向：沿重力加速度方向。Z方向：在仓库平面内，与巷道方向垂直的方向 H为立柱片总高，H_B为横梁层高，A为X方向相邻立柱之间的距离，n为货架的列数		

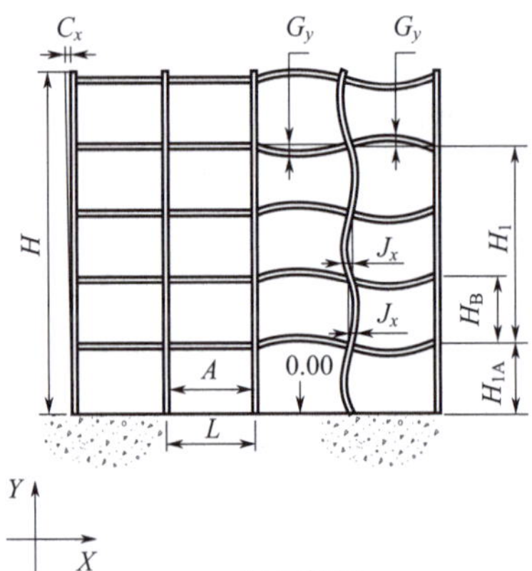

(a) 正视图

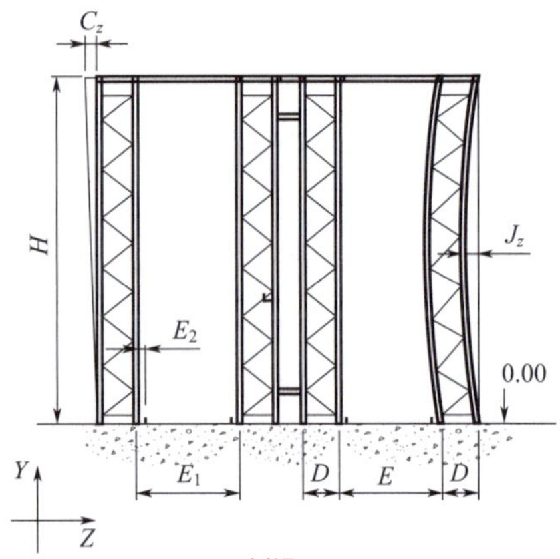

(b) 侧视图

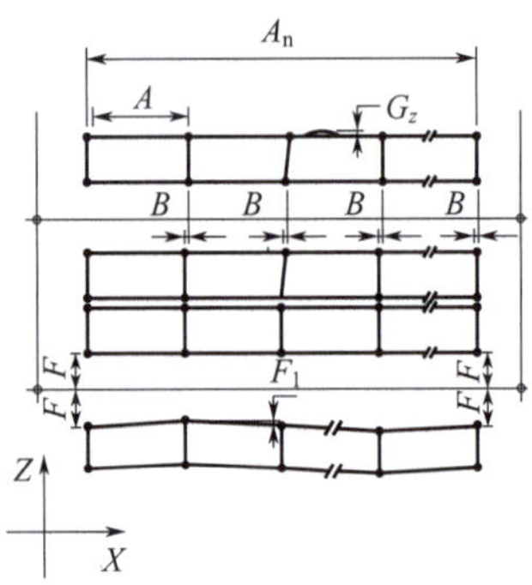

(c) 俯视图

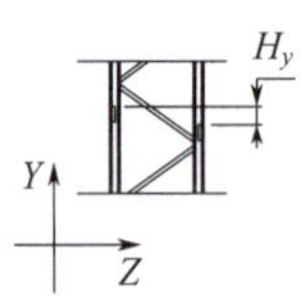

(d) 横梁高低差示意图

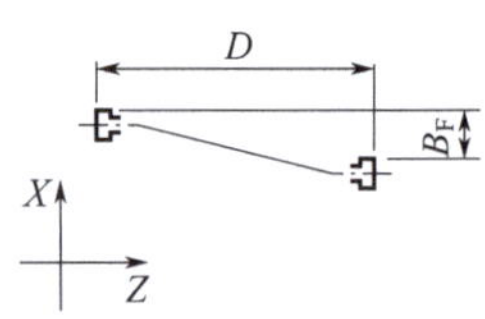

(e) 立柱错位示意图

11.2.2.6 堆垛机用自动化仓库货架（C类）

堆垛机用自动化仓库货架（C类）的要求如下。

① 立柱与地面如果通过锚栓连接，则应根据设计放线打孔，各孔与轴线的极限偏差为±2mm。

② 采用立柱调平板方式安装的货架，需要检测各调平板相对于土建水平基准面的标高，并且所有调平板的上表面应位于同一基准面，其高度极限偏差为±2mm，如图11-10所示。

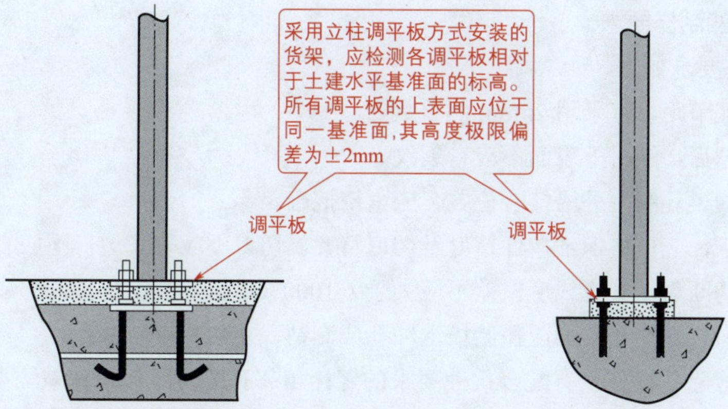

图11-10 采用立柱调平板方式安装的货架

③ 采用固定板方式安装的货架，需要检测各固定板相对于土建水平基准面的标高，并且所有固定板的上表面都应位于同一基准面，其高度极限偏差为 ±10mm。固定板本身平面度误差为 ±2mm，如图 11-11 所示。

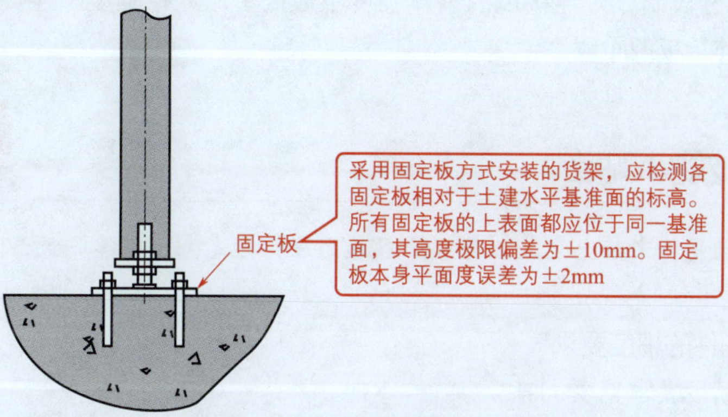

图11-11 采用固定板方式安装的货架

④ 堆垛机运行轨的非焊接式连接两运行轨端部接头，需要设置在压板位置，并且钢轨压板螺栓不应少于 2 组。

⑤ 堆垛机运行轨的焊接式连接运行轨端部的弯曲段应切掉。

⑥ 堆垛机运行轨的焊接式连接运行轨接头处的间隙应为 15 ～ 20mm。

⑦ 堆垛机运行轨的焊接式连接运行轨接头位置离开钢轨压板螺栓的距离不应大于 200mm。

知识技能小贴士

堆垛机运行轨的非焊接式连接两运行轨端部接头位置腹板，需要配置连接板，连接板可用鱼尾板改制。堆垛机运行轨的非焊接式连接，运行轨端部切角45°，极限偏差为 ±0.5°，并且切面要平整，无毛刺。

11.2.2.7 货架的制作要求

货架的制作要求如下。

① 立柱冲孔节距，宜采用 25mm 的整数倍。

② 构件成型后，钢材外表面不应有裂纹。

③ 抱合式横梁轧制后外沿接合位置，应紧密抱合。

④ 构件切断，应严格保证构件精度及切口整齐，切口不应有飞边，不应有毛刺。

⑤ 构件经切断后，其直线度误差不应大于 $L/1000$（L 为下料长度）。

⑥ 构件上所有螺栓孔，均应在胎模上冲孔或套钻，安装时不应扩孔。

⑦ 构件上（除立柱外）有配合尺寸要求的螺栓相邻孔的间距极限偏差需要符合的规定见表 11-9。

⑧ 构件焊接焊缝金属表面焊波应均匀，不应有裂纹夹渣、焊瘤焊疤、烧穿弧坑等缺陷。

⑨ 焊接区不应有飞溅物。

⑩ 构件焊接焊缝表面不应有气孔，咬边深度不应超过 0.5mm，咬边累计总长度不应超过焊缝长度的 10%。

⑪ 立柱片可分段制作，连接后的整体强度不应低于原立柱强度。连接部位不应影响挂片、支撑杆件、连接板的布置。

知识技能小贴士

构件表面宜采用粉末静电喷涂工艺。涂层表面应均匀光亮、色泽一致，不应有起泡脱落、开裂、流挂等现象。

11.2.2.8 主要构件的精度要求

主要构件的精度要求见表 11-12。

表 11-12 主要构件的精度要求

项目	解释
横梁的精度	（1）横梁在胎具中心线上的长度尺寸（安装时中-中尺寸），极限偏差 ±1mm （2）横梁净长（去除挂片的横梁长度尺寸），极限偏差为 ±0.5mm
立柱的精度	（1）立柱全长，极限偏差为 ±3mm （2）首末孔距，累积偏差为 ±3mm （3）立柱正面（腹板）宽度，极限偏差为 ±1mm （4）立柱与底板的垂直度，在 500mm 高度范围内为 0.5mm
牛腿及托梁的精度	（1）牛腿长度，极限偏差为 ±1mm （2）托梁长度，极限偏差为 ±2mm

知识技能小贴士

货架对应的地坪整体平面度误差不宜大于 ±20mm。B 类货架的叉车专用通道的地坪平整度还需要满足叉车的要求。

11.2.3 自维持钢结构临时厕所

临时厕所是指在阶段性使用的景区、赛区等活动场所设置的主要为旅游者、观赛者等提供如厕服务的非永久性设施。

自维持钢结构临时厕所是独立式、活动式钢结构临时厕所。

自维持钢结构临时厕所的主体结构、围护结构、内装修，可以实现装配、拆卸，以及在无采暖条件下使室内温度维持在5℃以上。

自维持钢结构临时厕所各部件定位，宜采用中心线与界面定位混合使用的方法。

自维持钢结构临时厕所内装模数网格，宜采用双线模数网格，并且在该基础上结合公差，预留操作间隙。

自维持钢结构临时厕所开间、柱距、进深、跨度，以及隔墙、门窗洞口、固定家具等部件，应采用水平基本模数与水平扩大模数数列，并且水平扩大模数数列应优先采用3*n*M（其中，*n*表示为自然整数）。如果难以采用3*n*M，则可以将2M或4M作为协调尺寸配合使用。如果部分分部件无法符合模数化要求，则可以通过插入非模数化的技术尺寸进行技术处理。

自维持钢结构临时厕所的层高、净高、门窗洞口等，宜采用竖向扩大模数数列*n*M。如果部分分部件无法符合模数化要求，则可以通过插入非模数化的技术尺寸进行技术处理。

自维持钢结构临时厕所平面布置，需要在保证建筑基本功能的前提下，选用合理柱网。柱网要规整，宜以连续柱跨为基础布置。柱网区格内不宜布置次梁。

自维持钢结构临时厕所功能空间，需要在模数协调基础上提高模块组合，以及结构部件排布的合理性、建筑平面的灵活性、设备管线的集成性。

自维持钢结构临时厕所平面布置，需要减少凹凸，并且与结构部件的布置相协调。

自维持钢结构临时厕所，需要采用通用化、标准化的构件与节点。

自维持钢结构临时厕所结构体系，需要采用紧固件连接。

知识技能小贴士

自维持钢结构临时厕所结构体系，可以选用薄涂型防火涂料。自维持钢结构临时厕所楼面板、屋面板需要采用预制板材，并且应通过紧固件与主体结构连接固定。楼板厚度不宜大于200mm。如果楼板厚度较大，则宜采取有效措施减轻楼板自重。

11.2.4 装配式钢结构公共厕所

装配式钢结构公共厕所简称装配式厕所，它是以钢构架为主体，采用装配式建造方式建成的公共厕所。

装配化施工是指在施工现场主要依靠机械化设备和机具，通过对建筑部品部件的拼装，建造装配式建筑的过程。

装配式钢结构公共厕所的要求如下。

① 结构钢材以普通碳素结构钢 Q235、Q355 为主。

② 钢构件采用热轧型钢或冷弯薄壁型钢。

③ 处于外露环境且对耐腐蚀有特殊要求，或者处于侵蚀性介质环境中的承重结构，需要采用相应设计强度等级的耐候结构钢。

④ 采用其他种类、牌号钢材时，需要根据现行国家标准有关建筑结构可靠度规定分析，确定指标、适用范围。

⑤ 钢构件连接宜采用螺栓、铆钉、自攻螺钉等形式，相应紧固材料性能与质量需要符合规定要求。

⑥ 钢构件焊接材料型号、成分应与主体钢构件的金属力学性能相适应。

⑦ 特殊环境下，需要对有关焊接材料、作业技术要求做出规定。

⑧ 金属材料、配件表面需要做防腐蚀处理。

⑨ 安装工艺顺序需要根据结构设计特点、施工组织设计要求选择。安装前，需要完成地基基础、预留预埋、平面测量工程的检查验收。

⑩ 装配式厕所采用冷弯薄壁型钢结构龙骨与覆面结构板材的复合结构体系时，结构安装需要符合现行国家标准有关冷弯薄壁型钢结构技术等有关规定。

⑪ 安装过程中，需要根据设计、施工工况要求，采取措施保证结构整体稳定性。不应利用已安装就位的构件起吊其他重物，不得在主要受力部位焊接其他构件。钢框架在施工中，应及时安装支撑，必要时应增设缆风绳或临时支撑。

知识技能小贴士

装配式钢结构公共厕所钢结构构件的安装需要符合如下规定。

① 吊装设备、吊具、吊装方式需要符合要求，并且根据钢构件类型和规格选用。

② 大型构件的吊点需要经计算来确定。

③ 对于侧向刚度小、腹板宽厚比大的构件，应采取防止构件扭曲、损坏的措施。

④ 构件的捆绑、悬吊部位需要采取防止构件局部变形和损坏的措施。

⑤ 钢框架结构，应先立框架柱。框架柱应根据柱网、柱脚测量定位。柱子编号与基础锚栓连接形式等，按照顺序组织安装与校正，并且采取临时固定、安全防护措施。

⑥ 钢框架安装宜采用汽车吊吊装，采用两点起吊，吊点位置需要通过计算来确定。

⑦ 钢框架柱宜采用螺栓连接。

⑧ 钢框架安装应先建立稳定面外支撑或两榀框架单元，再按顺序由外向内或由两边向中间进行。

⑨ 框架梁柱安装过程中，应及时进行垂直度、标高、轴线位置的调整及校正。

⑩ 框架梁柱校正完成后，需要进行永久性连接。

⑪ 钢框架安装完成后，需要进行其间的檩条、支撑、隅撑等构件安装，经垂直度、定位检查合格后进行固定。

⑫ 屋面跨度较小时，可先在地面安装好屋面梁或桁架，再整体起吊安装。

⑬ 金属板连接处、开孔部位，需要采用封堵或防腐处理。

11.2.5 塔桅钢结构

塔桅钢结构的要求如下。

① 对于处于地形条件复杂区域、几何形状复杂的塔桅钢结构，其抗风参数需要通过风洞试验和数值模拟来确定。

② 对于覆冰区的电视塔、无线电塔桅、输电塔等类似钢结构，需要考虑结构构件、架空线、拉绳表面覆冰后引起的荷载、挡风面积增大的影响、不均匀脱冰时产生的不利影响。对输电塔结构，还需要考虑覆冰引起的断线张力作用。

③ 塔桅钢结构需要进行长效防腐蚀处理。

④ 单管塔除了需要进行强度、稳定验算外，还需要进行局部稳定验算。

⑤ 对于承受疲劳动力作用的高耸钢结构需要进行抗疲劳设计。

11.2.6 城市钢桥

城市钢桥的要求如下。

① 对于钢结构桥梁需要选择合理的结构形式。

② 钢结构桥梁需要对构件在制造、运输、安装、使用过程中的强度、刚度、稳定性、耐久性、使用期内的养护、管理等提出要求。

③ 钢结构桥梁，其构造与连接需要便于制作、安装、检查、维护。

④ 钢结构桥梁抗震设防分类需要根据其在城市路网中的位置的重要性、结构形式来确定，并且需要进行结构抗震分析、构造设计。

⑤ 对技术特别复杂的特大桥梁的地震动参数，需要根据地震安全性评价确定。

⑥ 桥梁采用减震或隔震支座时，减震或隔震支座应具有足够的刚度、屈服强度，并且相邻上部结构间需要设置足够的间隙。

⑦ 上部结构采用整体式截面的梁式桥，正常使用极限状态下，单向受压支座需要保持受压状态。承载能力极限状态下，结构需要具有足够的抗倾覆性能。

⑧ 承受汽车与轨道交通荷载的钢结构桥梁构件与连接，应按疲劳类别进行疲劳验算。

⑨ 钢桥梁结构需要根据结构的设计工作年限、对应的极限状态、环境类别、作用等级等因素进行耐久性设计。

11.2.7 钢筒仓结构

钢筒仓结构的要求如下。

① 独立布置的钢筒仓需要设置沉降观测点。

② 当钢筒仓与毗邻的建（构）筑物间、群仓地基土的压缩性有显著差异时，则需要采取减小不均匀沉降的措施。

③ 钢筒仓永久荷载：结构自重、其他构件重量、固定设备重量。

④ 钢筒仓可变荷载：贮料荷载、楼面活荷载、屋面活荷载、风荷载、雪荷载、可移动设备荷载、积灰荷载、固定设备中的活荷载、设备安装荷载、钢筒仓外部地面的堆料荷载、管道输送产生的正负压力等。

⑤ 计算贮料荷载时，需要根据对结构产生最不利作用的贮料品种参数计算贮料重力流动压力，并且包括作用于仓壁上的水平压力、作用于仓底或漏斗顶面处的竖向压力、作用于仓壁上的总竖向摩擦力。

⑥ 计算贮料对波纹钢板仓壁的摩擦作用时，需要取贮料的内摩擦角。

知识技能小贴士

钢筒仓抗震设防烈度为8度和9度时，仓下漏斗与仓壁的连接，需要进行竖向地震作用计算。钢筒仓应进行的承载能力极限状态计算如下。

① 结构构件、连接强度、稳定性的计算。

② 钢筒仓整体抗倾覆计算、稳定性计算。

③ 钢筒仓与基础的锚固计算。

部分参考文献

[1] YB/T 6241—2024. 钢结构用焊接空心钢球.

[2] 16G519. 多、高层民用建筑钢结构节点构造详图.

[3] DB37/T 5195—2021. 钢结构螺纹锚固单边螺栓连接技术规程.

[4] GB/T 1231—2024. 钢结构用高强度大六角头螺栓连接副.

[5] T/CECS 1552—2024. 钢结构高强度环槽铆钉连接技术规程.

[6] GB/T 43151—2023. 钢结构用耐候钢高强度螺栓连接副.

[7] GB/T 43893—2024. 装配式钢结构建筑用热轧型钢.

[8] GB/T 44204—2024. 钢结构焊接监理技术要求.

[9] JB/T 11270—2024. 立体仓库组合式钢结构货架技术规范.

[10] YB/T 6126—2023. 桥梁钢结构用热轧U肋型钢.

[11] T/CECS 261—2024. 钢结构住宅设计标准.

[12] JGJ/T 497—2023. 预应力钢结构技术标准.

[13] T/CECS 1339—2023. 大跨度钢结构监测技术规程.

[14] DB11/T 1832.5—2023. 建筑工程施工工艺规程　第5部分：钢结构工程.

[15] 23G518-1. 门式刚架轻型房屋钢结构（无吊车）.

[16] T/QGCML 875—2023. 装配式钢结构安装技术规范.

[17] DB32/T 4242—2022. 装配式异形束柱钢结构住宅技术标准.

[18] T/CECS 1338—2023. 装配式钢结构公共厕所技术规程.

[19] GB/T 32120—2022. 钢结构氧化聚合型包覆腐蚀控制技术.

[20] DB43/T 2526—2022. 大型钢结构件焊接技术规范.

[21] JGJ/T 249—2011. 拱形钢结构技术规程.

[22] GB 55006—2021. 钢结构通用规范.

[23] DB32/T 4167—2021. 单元整体式钢结构建筑技术规程.

[24] GB/T 37260.1—2018. 箱型轻钢结构房屋　第1部分：可拆装式.

[25] JG/T 10—2009. 钢网架螺栓球节点.

[26] JG/T 11—2009. 钢网架焊接空心球节点.

[27] 05G515. 轻型屋面梯形钢屋架.

[28] 06SG515-1. 轻型屋面梯形钢屋架（圆钢管、方钢管）.

[29] 06SG515-2. 轻型屋面梯形钢屋架（部分T型钢）.

[30] 07SG531. 钢网架结构设计.

[31] GB 50009—2012. 建筑结构荷载规范.

附录

附录1　建筑楼面均布活荷载标准值及其组合值系数、频遇值系数、准永久值系数

民用建筑楼面均布活荷载的标准值及其组合值系数、频遇值系数、准永久值系数的取值不应小于附表1的规定

附表1　民用建筑楼面均布活荷载标准值及其组合值系数、频遇值系数、准永久值系数

<table>
<tr><th colspan="3">类别</th><th>标准值/（kN/m^2）</th><th>组合值系数 ψ_c</th><th>频遇值系数 ψ_f</th><th>准永久值系数 ψ_q</th></tr>
<tr><td colspan="3">住宅、宿舍、旅馆、办公楼、医院病房、托儿所、幼儿园</td><td>2.0</td><td>0.7</td><td>0.5</td><td>0.4</td></tr>
<tr><td colspan="3">试验室、阅览室、会议室、医院门诊室</td><td>2.0</td><td>0.7</td><td>0.6</td><td>0.5</td></tr>
<tr><td colspan="3">教室、食堂、餐厅、一般资料档案室</td><td>2.5</td><td>0.7</td><td>0.6</td><td>0.5</td></tr>
<tr><td colspan="3">礼堂、剧场、影院、有固定座位的看台</td><td>3.0</td><td>0.7</td><td>0.5</td><td>0.3</td></tr>
<tr><td colspan="3">公共洗衣房</td><td>3.0</td><td>0.7</td><td>0.6</td><td>0.5</td></tr>
<tr><td colspan="3">商店、展览厅、车站、港口、机场大厅及其旅客等候室</td><td>3.5</td><td>0.7</td><td>0.6</td><td>0.5</td></tr>
<tr><td colspan="3">无固定座位的看台</td><td>3.5</td><td>0.7</td><td>0.5</td><td>0.3</td></tr>
<tr><td colspan="3">健身房、演出舞台</td><td>4.0</td><td>0.7</td><td>0.6</td><td>0.5</td></tr>
<tr><td colspan="3">运动场、舞厅</td><td>4.0</td><td>0.7</td><td>0.6</td><td>0.3</td></tr>
<tr><td colspan="3">书库、档案库、贮藏室</td><td>5.0</td><td>0.9</td><td>0.9</td><td>0.8</td></tr>
<tr><td colspan="3">密集柜书库</td><td>12.0</td><td>0.9</td><td>0.9</td><td>0.8</td></tr>
<tr><td colspan="3">通风机房、电梯机房</td><td>7.0</td><td>0.9</td><td>0.9</td><td>0.8</td></tr>
<tr><td rowspan="4">汽车通道及客车停车库</td><td rowspan="2">单向板楼盖（板跨不小于2m）和双向板楼盖（板跨不小于3m×3m）</td><td>客车</td><td>4.0</td><td>0.7</td><td>0.7</td><td>0.6</td></tr>
<tr><td>消防车</td><td>35.0</td><td>0.7</td><td>0.5</td><td>0.0</td></tr>
<tr><td rowspan="2">双向板楼盖（板跨不小于6m×6m）和无梁楼盖（柱网不小于6m×6m）</td><td>客车</td><td>2.5</td><td>0.7</td><td>0.7</td><td>0.6</td></tr>
<tr><td>消防车</td><td>20.0</td><td>0.7</td><td>0.5</td><td>0.0</td></tr>
</table>

续表

类别		标准值/(kN/m²)	组合值系数 ψ_c	频遇值系数 ψ_f	准永久值系数 ψ_q
厨房	餐厅	4.0	0.7	0.7	0.7
	其他	2.0	0.7	0.6	0.5
浴室、卫生间、盥洗室		2.5	0.7	0.6	0.5
走廊、门厅	宿舍、旅馆、医院病房、托儿所、幼儿园、住宅	2.0	0.7	0.5	0.4
	办公楼、餐厅、医院门诊部	2.5	0.7	0.6	0.5
	教学楼及其他可能出现人员密集的情况	3.5	0.7	0.5	0.3
楼梯	多层住宅	2.0	0.7	0.5	0.4
	其他	3.5	0.7	0.5	0.3
阳台	可能出现人员密集的情况	3.5	0.7	0.6	0.5
	其他	2.5	0.7	0.6	0.5

注：本表所给各项活荷载适用于一般使用条件，当使用荷载较大、情况特殊或有专门要求时，应按实际情况采用。

附录2 建筑屋面均布活荷载标准值及其组合值系数、频遇值系数、准永久值系数

房屋建筑的屋面，其水平投影面上的屋面均布活荷载的标准值及其组合值系数、频遇值系数、准永久值系数的取值不应小于附表 2 的规定。

附表2 屋面均布活荷载标准值及其组合值系数、频遇值系数、准永久值系数

类别	标准值/(kN/m²)	组合值系数 ψ_c	频遇值系数 ψ_f	准永久值系数 ψ_q
不上人的屋面	0.5	0.7	0.5	0.0
上人的屋面	2.0	0.7	0.5	0.4
屋顶花园	3.0	0.7	0.6	0.5
屋顶运动场地	3.0	0.7	0.6	0.4

注：1. 不上人的屋面，当施工或维修荷载较大时，需要根据实际情况采用。对不同类型的结构，需要根据有关设计规范的规定采用，但是不得低于 $0.3kN/m^2$。

2. 上人的屋面兼作其他用途时，需要根据相应楼面活荷载采用。对于因屋面排水不畅、堵塞等引起的积水荷载，需要采取构造措施加以防止。必要时，需要根据积水的可能深度确定屋面活荷载。屋顶花园活荷载，不应包括花圃、土石等材料自重。

附录3 常见钢网架形式、特点、注意事项

常见钢网架形式、特点、注意事项见附表 3。

附表3　常见钢网架形式、特点、注意事项

网架名称	网架形式	组成方式及几何特征	注意事项
两向斜交斜放网架	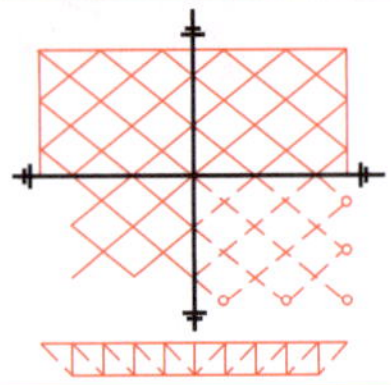	由两个方向的平面桁架交叉组成，但其交角不是正交，而是根据下部两个方向支承结构间距变化而成任意交角，即上下弦杆均斜放	适用于梯形或扇形建筑平面。一般只在建筑上有特殊要求时才选用
两向正交正放网架	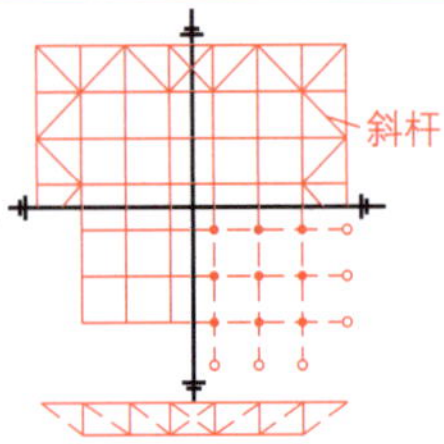	由两个分别平行于边界方向的平面桁架交叉组成。即上下弦杆均为正放，上下弦杆的长度相等，且上下弦杆和腹杆位于同一垂直平面内，在两向平面桁架的交点处有一根公用的竖杆	其弦杆构成四边形，网格为几何可变体系。因此一般在其上弦(或下弦)平面周边设置水平支撑杆件，使其有效传递水平荷载
两向正交斜放网架	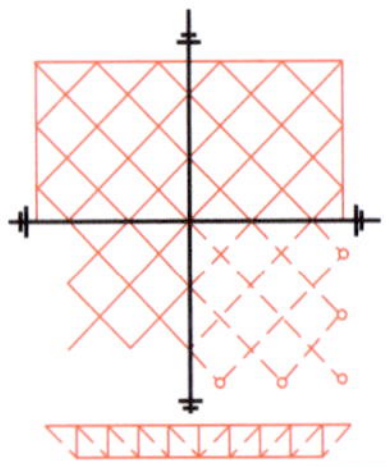	上下弦杆均斜放	注意处理桁架角部可能产生的较大拉力
正放四角锥网架	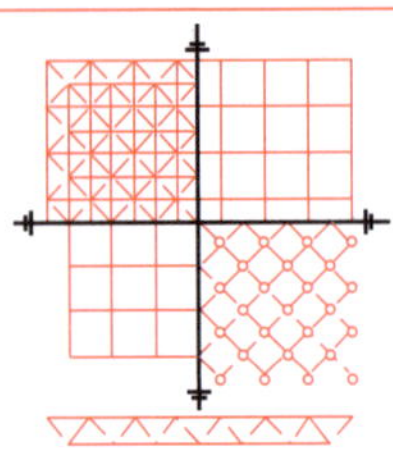	以倒置四角锥为组成单元。上下弦平面内的网格均呈正方形，上弦网格的形心与下弦网格的角点投影重合，并且没有垂直腹杆	上下弦杆等长。如果腹杆与上下弦平面为45°角，则杆件全部等长
三向网架	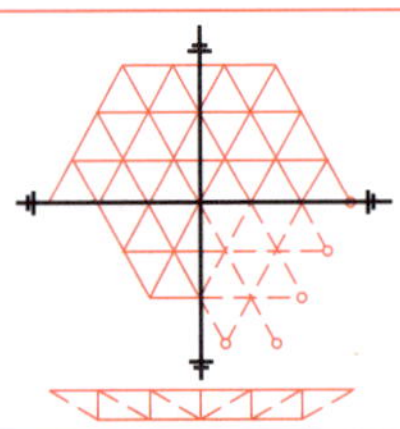	由三个方向的平面桁架交叉组成，其交角为60°角，即上下弦杆有正放和斜放。网架的网格一般是正三角形	适用于圆形或多边形平面，周边有不规则网格。适用于大跨度工程
单向折线网架（折板形网架）	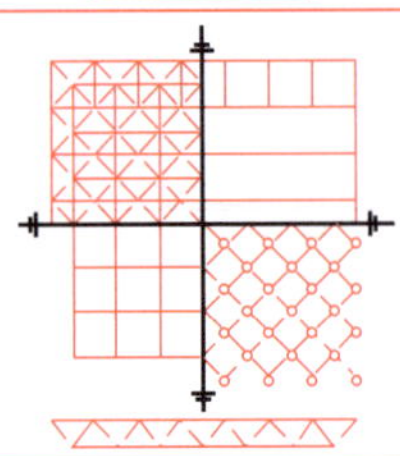	由一系列平面桁架互相斜交成V形而成，即上下弦杆均正放，也可看成无上下弦杆的正放四角锥	适用于狭长矩形平面，杆件类型较少
棋盘形四角锥网架	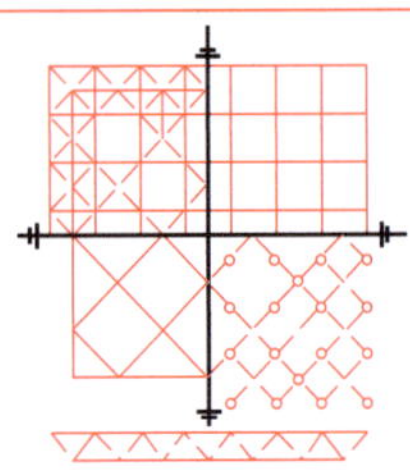	将斜放四角锥网架转动45°角而成，即上弦杆正放，下弦杆斜放。上弦网格正交正放，下弦网格正交斜放，上下弦的网格形心投影重合	节点汇交杆件少，上弦节点处6根，下弦节点处8根，节点构造简单

续表

网架名称	网架形式	组成方式及几何特征	注意事项
斜放四角锥网架	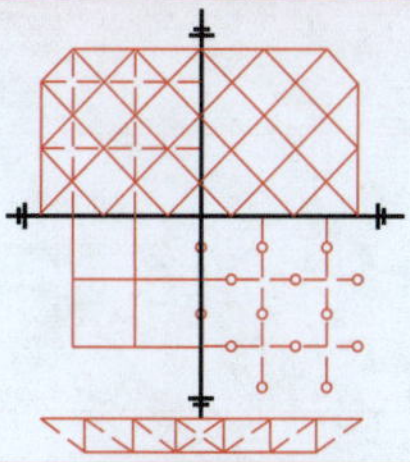	以倒置四角锥为组成单元，上弦网格正交斜放，而下弦网格与边界平行	注意当周边无刚性连系杆时，会出现锥体绕Z轴旋转的不稳定情况
三角锥网架	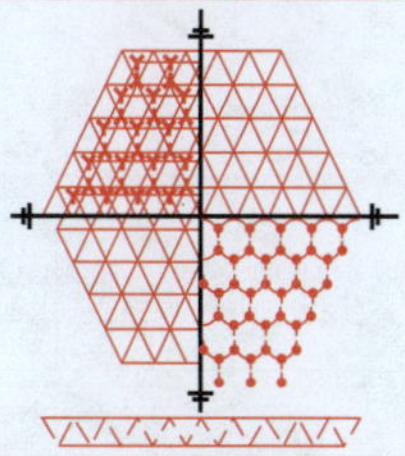	以倒置三角锥为组成单元，其上下网格均为三角形。倒置三角形的锥顶与上弦三角形的形心投影重合，平面为六边形	网架高度为$h=\sqrt{\frac{2}{3}}S$，S为弦杆长度。上下弦节点汇交的杆件均为9根，可统一节点构造
抽空三角锥网架	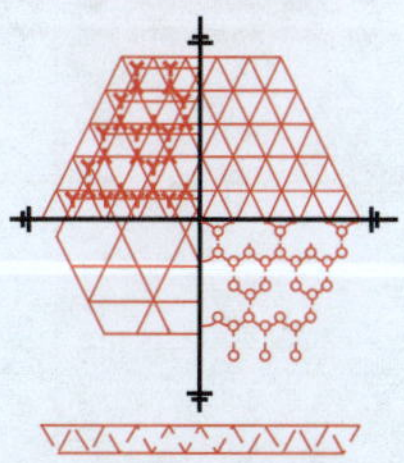	以倒置三角锥为组成单元，其上下网格均为三角形。倒置三角形的锥顶与上弦三角形的形心投影重合，平面为六边形。适当抽去一些三角锥单元的腹杆和下弦杆。上弦平面为正三角形，下弦平面为正三角形及正六边形组合成，平面为六边形	节点和杆件数量比三角锥数量少，上弦网格与三角锥网架一样密。下弦杆稀疏，有利于省料及施工
正放抽空四角锥网架	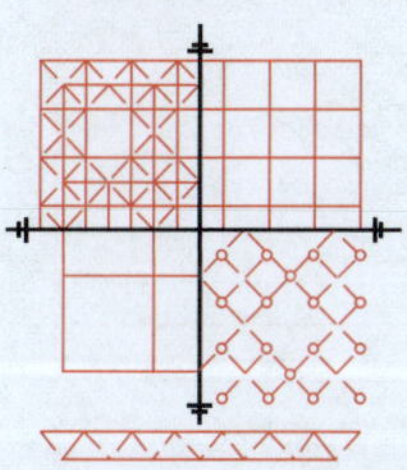	以倒置四角锥为组成单元，上下弦平面内的网格均呈正方形，上弦网格的形心与下弦网格的角点投影重合，并且没有垂直腹杆。除周边网格中的锥体不变外，其余网格可根据网架的支承情况有规律地抽掉一些锥体而成	上下弦杆等长。如果腹杆与上下弦平面为45°角，则杆件全部等长。有利于定型化生产，屋面规格少。应注意抽空可减少杆件与节点数量，节省用钢量，但会降低结构的整体刚度与超静定次数
星形四角锥网架	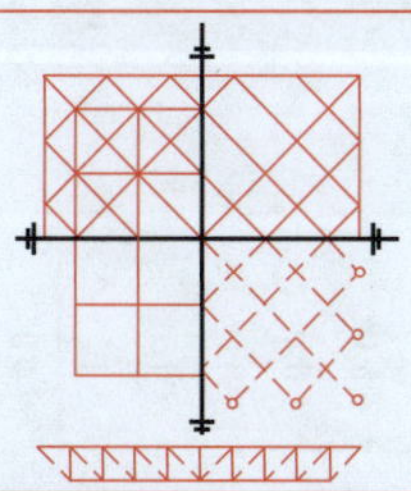	其组成单元体由两个倒置的三角形小桁架正交而成，在节点处有一根公用的竖杆。上弦杆为倒三角形的底边，下弦杆为倒三角形顶点的连线，网架的斜腹杆均与上弦杆位于同一垂直平面内	节点汇交杆件少，上下弦节点处5根，节点构造简单
平面|上弦 下弦|腹杆 剖面	图例	—— 弦杆 - - - - 腹杆	∘上弦节点 •下弦节点 ∘重合节点

附录4　冷弯方（矩）形钢管、圆钢管截面特性（拱形钢结构等）

扫码看视频

方（矩）形钢管

冷弯方（矩）形钢管、圆钢管截面特性（拱形钢结构等）见附表4。

附表4 冷弯方（矩）形钢管、圆钢管截面特性（拱形钢结构等）

边长/mm	允许偏差/mm	壁厚/mm	理论质量/(kg/m)	截面面积/cm^2	惯性矩/cm^4	回转半径/cm	截面抵抗矩/cm^3	扭转常数	
B	$\pm\Delta$	t	M	A	$I_x=I_y$	$r_x=r_y$	$W_x=W_y$	I_t/cm^4	C_t/cm^3
100	±0.80	4.0	11.7	11.9	226	3.9	45.3	361	68.1
		5.0	14.4	18.4	271	3.8	54.2	439	81.7
		6.0	17.0	21.6	311	3.8	62.3	511	94.1
		8.0	21.4	27.2	366	3.7	73.2	644	114
		10	25.5	32.6	411	3.5	82.2	750	130
110	±0.90	4.0	13.0	16.5	306	4.3	55.6	486	83.6
		5.0	16.0	20.4	368	4.3	66.9	593	100
		6.0	18.8	24.0	424	4.2	77.2	695	116
		8.0	23.9	30.4	505	4.1	91.9	879	143
		10	28.7	36.5	575	4.0	104.5	1032	164
120	±0.90	4.0	14.2	18.1	402	4.7	67.0	635	101
		5.0	17.5	22.4	485	4.6	80.9	776	122
		6.0	20.7	26.4	562	4.6	93.7	910	141
		8.0	26.8	34.2	696	4.5	116	1155	174
		10	31.8	40.6	777	4.4	129	1376	202
130	±1.00	4.0	15.5	19.8	517	5.1	79.5	815	119
		5.0	19.1	24.4	625	5.1	96.3	998	145
		6.0	22.6	28.8	726	5.0	112	1173	168
		8.0	28.9	36.8	883	4.9	136	1502	209
		10	35.0	44.6	1021	4.8	157	1788	245
		12	39.6	50.4	1075	4.6	165	1998	268
135	±1.00	4.0	16.1	20.5	582	5.3	86.2	915	129
		5.0	19.9	25.3	705	5.3	104	1122	157
		6.0	23.6	30.0	820	5.2	121	1320	183
		8.0	30.2	38.4	1000	5.0	148	1694	228
		10	36.6	46.6	1160	4.9	172	2021	267
		12	41.5	52.8	1230	4.8	182	2271	294
		13	44.1	56.2	1272	4.7	188	2382	307

续表

边长/mm	允许偏差/mm	壁厚/mm	理论质量/(kg/m)	截面面积/cm²	惯性矩/cm⁴	回转半径/cm	截面抵抗矩/cm³	扭转常数	
B	$\pm\Delta$	t	M	A	$I_x=I_y$	$r_x=r_y$	$W_x=W_y$	I_t/cm⁴	C_t/cm³
140	±1.10	4.0	16.7	21.3	651	5.5	53.1	1022	140
		5.0	20.7	26.4	791	5.5	113	1253	170
		6.0	24.5	31.2	920	5.4	131	1475	198
		8.0	31.8	40.6	1154	5.3	165	1887	248
		10	38.1	48.6	1312	5.2	187	2274	291
		12	43.4	55.3	1398	5.0	200	2567	321
		13	46.1	58.8	1450	4.9	207	2698	336
150	±1.20	4.0	18.0	22.9	808	5.9	108	1265	162
		5.0	22.3	28.4	982	5.9	131	1554	197
		6.0	26.4	33.6	1146	5.8	153	1833	230
		8.0	33.9	43.2	1412	5.7	188	2364	289
		10	41.3	52.6	1652	5.6	220	2839	341
		12	47.1	60.1	1780	5.4	237	3230	380
		14	53.2	67.7	1915	5.3	255	3566	414
160	±1.20	4.0	19.3	24.5	987	6.3	123	1540	185
		5.0	23.8	30.4	1202	6.3	150	1894	226
		6.0	28.3	36.0	1405	6.2	176	2234	264
		8.0	36.9	47.0	1776	6.1	222	2877	333
		10	44.4	56.6	2047	6.0	256	3490	395
		12	50.9	64.8	2224	5.8	278	3997	443
		14	57.6	73.3	2409	5.7	301	4437	486
170	±1.30	4.0	20.5	26.1	1191	6.7	140	1856	210
		5.0	25.4	32.3	1453	6.7	171	2285	256
		6.0	30.1	38.4	1702	6.6	200	2701	300
		8.0	38.9	49.6	2118	6.5	249	3503	381
		10	47.5	60.5	2501	6.4	294	4233	453
		12	54.6	69.6	2737	6.3	322	4872	511
		14	62.0	78.9	2981	6.1	351	5435	563

续表

边长/mm	允许偏差/mm	壁厚/mm	理论质量/(kg/m)	截面面积/cm^2	惯性矩/cm^4	回转半径/cm	截面抵抗矩/cm^3	扭转常数	
B	$\pm\Delta$	t	M	A	$I_x=I_y$	$r_x=r_y$	$W_x=W_y$	I_t/cm^4	C_t/cm^3
180	±1.40	4.0	21.8	27.7	1422	7.2	158	2210	237
		5.0	27.0	34.4	1737	7.1	193	2724	290
		6.0	32.1	40.8	2037	7.0	226	3223	340
		8.0	41.5	52.8	2546	6.9	283	4189	432
		10	50.7	64.6	3017	6.8	335	5074	515
		12	58.4	74.5	3322	6.7	369	5865	584
		14	66.4	84.5	3635	6.6	404	6569	645
190	±1.50	4.0	23.0	29.3	1680	7.6	176	2607	265
		5.0	28.5	36.4	2055	7.5	216	3216	325
		6.0	33.9	43.2	2413	7.4	254	3807	381
		8.0	44.0	56.0	3208	7.3	319	4958	486
		10	53.8	68.6	3599	7.2	379	6018	581
		12	62.2	79.3	3985	7.1	419	6982	661
		14	70.8	90.2	4379	7.0	461	7847	733
200	±1.60	4.0	24.3	30.9	1968	8.0	197	3049	295
		5.0	30.1	38.4	2410	7.9	241	3763	362
		6.0	35.8	45.6	2833	7.8	283	4459	426
		8.0	46.5	59.2	3566	7.7	357	5815	544
		10	57.0	72.6	4251	7.6	425	7072	651
		12	66.0	84.1	4730	7.5	473	8230	743
		14	75.2	95.7	5217	7.4	522	9276	828
		16	83.8	107	5625	7.3	562	10210	900
220	±1.80	5.0	33.2	42.4	3238	8.7	294	5038	442
		6.0	39.6	50.4	3813	8.7	347	5976	521
		8.0	51.5	65.6	4828	8.6	439	7815	668
		10	63.2	80.6	5782	8.5	526	9533	804
		12	73.5	93.7	6487	8.3	590	11149	922
		14	83.9	107	7198	8.2	654	12625	1032
		16	93.9	119	7812	8.1	710	13971	1129

续表

边长/mm	允许偏差/mm	壁厚/mm	理论质量/(kg/m)	截面面积/cm^2	惯性矩/cm^4	回转半径/cm	截面抵抗矩/cm^3	扭转常数	
B	$\pm\Delta$	t	M	A	$I_x=I_y$	$r_x=r_y$	$W_x=W_y$	I_t/cm^4	C_t/cm^3
250	±2.00	5.0	38.0	48.4	4805	10.0	384	7443	577
		6.0	45.2	57.6	5672	9.9	454	8843	681
		8.0	59.1	75.2	7229	9.8	578	11598	878
		10	72.7	92.6	8707	9.7	697	14197	1062
		12	84.8	108	9859	9.6	789	16691	1226
		14	97.1	124	11018	9.4	881	18999	1380
		16	109	139	12047	9.3	964	21146	1520
280	±2.20	5.0	42.7	54.4	6810	11.2	486	10513	730
		6.0	50.9	64.8	8054	11.1	575	12504	863
		8.0	66.6	84.8	10317	11.0	737	16436	1117
		10	82.1	104	12479	10.9	891	20173	1356
		12	96.1	122	14232	10.8	1017	23804	1574
		14	110	140	15989	10.7	1142	27195	1779
		16	124	158	17580	10.5	1256	30393	1968
300	±2.40	6.0	54.7	69.6	9964	12.0	664	15434	997
		8.0	71.6	91.2	12801	11.8	853	20312	1293
		10	88.4	113	15519	11.7	1035	24966	1572
		12	104	132	17767	11.6	1184	29514	1829
		14	119	153	20017	11.5	1334	33783	2073
		16	135	172	22076	11.4	1472	37837	2299
		19	156	198	24813	11.2	1654	43491	2608
320	±2.60	6.0	58.4	74.4	12154	12.8	759	18789	1140
		8.0	76.6	97	15653	12.7	978	24753	1481
		10	94.6	120	19016	12.6	1188	30461	1804
		12	111	141	21843	12.4	1365	36066	2104
		14	128	163	24670	12.3	1542	41349	2389
		16	144	183	27276	12.2	1741	46393	2656
		19	167	213	30783	12.0	1924	53485	3022

续表

边长/mm	允许偏差/mm	壁厚/mm	理论质量/(kg/m)	截面面积/cm²	惯性矩/cm⁴	回转半径/cm	截面抵抗矩/cm³	扭转常数	
B	$\pm\Delta$	t	M	A	$I_x=I_y$	$r_x=r_y$	$W_x=W_y$	I_t/cm^4	C_t/cm^3
350	±2.80	6.0	64.1	81.6	16008	14.0	915	24683	1372
		7.0	74.1	94.4	18329	13.9	1047	28684	1582
		8.0	84.2	108	20618	13.9	1182	32557	1787
		10	104	133	25189	13.8	1439	40127	2182
		12	124	156	29054	13.6	1660	47598	2552
		14	141	180	32916	13.5	1881	54679	2905
		16	159	203	36511	13.4	2086	61481	3238
		19	185	236	41414	13.2	2367	71137	3700
380	±3.00	8.0	91.7	117	26683	15.1	1404	41849	2122
		10	113	144	32570	15.0	1714	51645	2596
		12	134	170	37697	14.8	1984	61349	3043
		14	154	197	42818	14.7	2253	70586	3471
		16	174	222	47621	14.6	2506	79505	3878
		19	203	259	54240	14.5	2855	92254	4447
		22	231	294	60175	14.3	3167	104208	4968
400	±3.20	8.0	96.5	123	31269	15.9	1564	48934	2362
		9.0	108	138	34785	15.9	1739	54721	2630
		10	120	153	38216	15.8	1911	60431	2892
		12	141	180	44319	15.7	2216	71843	3395
		14	163	208	50414	15.6	2521	82735	3877
		16	184	235	56153	15.5	2808	93279	4336
		19	215	274	64111	15.3	3206	108410	4982
		22	245	312	71304	15.1	3565	122676	5578
450	±3.40	9.0	122	156	50087	17.9	2226	78384	3363
		10	135	173	55100	17.9	2449	86629	3702
		12	160	204	64164	17.7	2851	103150	4357
		14	185	236	73210	17.6	3254	119000	4989

续表

边长/mm	允许偏差/mm	壁厚/mm	理论质量/(kg/m)	截面面积/cm^2	惯性矩/cm^4	回转半径/cm	截面抵抗矩/cm^3	扭转常数	
B	$\pm\Delta$	t	M	A	$I_x=I_y$	$r_x=r_y$	$W_x=W_y$	I_t/cm^4	C_t/cm^3
450	±3.40	16	209	267	81802	17.5	3636	134431	5595
		19	245	312	93853	17.3	4171	156736	6454
		22	279	355	104919	17.2	4663	177910	7257
480	±3.50	9.0	130	166	61128	19.1	2547	95412	3845
		10	144	184	67289	19.1	2804	105488	4236
		12	171	218	78517	18.9	3272	125698	4993
		14	198	252	89722	18.8	3738	145143	5723
		16	224	285	100407	18.7	4184	164111	6426
		19	262	334	115475	18.6	4811	191630	7428
		22	300	382	129413	18.4	5392	217978	8369
500	±3.60	9.0	137	174	69324	19.9	2773	108034	4185
		10	151	193	76341	19.9	3054	119470	4612
		12	179	228	89187	19.8	3568	142420	5440
		14	207	264	102010	19.7	4080	164530	6241
		16	235	299	114260	19.6	4570	186140	7013
		19	275	350	131591	19.4	5264	217540	8116
		22	314	400	147690	19.2	5908	247690	9155

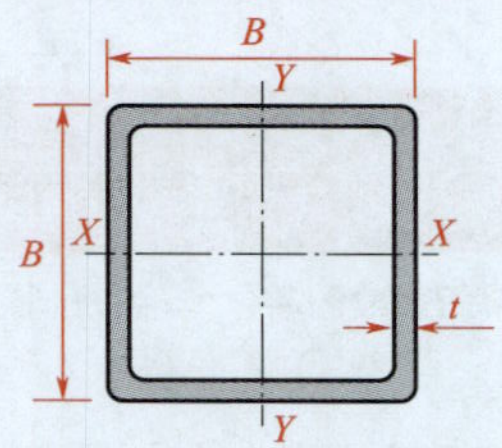

冷弯正方形钢管

注：表中理论质量按钢密度7.85g/cm^3计算。

附录5　冷弯长方形钢管外形尺寸、允许偏差及截面特性（拱形钢结构等）

冷弯长方形钢管外形尺寸、允许偏差及截面特性（拱形钢结构等）见附表5。

附表5　冷弯长方形钢管外形尺寸、允许偏差及截面特性（拱形钢结构等）

边长/mm		允许偏差/mm	壁厚/mm	理论质量/(kg/m)	截面面积/cm^2	惯性矩/cm^4		回转半径/cm		截面抵抗矩/cm^3		扭转常数	
H	B	$\pm\Delta$	t	M	A	I_x	I_y	r_x	r_y	W_x	W_y	I_t/cm^4	C_t/cm^3
120	80	±0.90	4.0	11.7	11.9	294	157	4.4	3.2	49.1	39.3	330	64.9
			5.0	14.4	18.3	353	188	4.4	3.2	58.8	46.9	401	77.7
			6.0	16.9	21.6	106	215	4.3	3.1	67.7	53.7	166	83.4
			7.0	19.1	24.4	438	232	4.2	3.1	73.0	58.1	529	99.1
			8.0	21.4	27.2	476	252	4.1	3.0	79.3	62.9	584	108
140	80	±1.00	4.0	13.0	16.5	429	180	5.1	3.3	61.4	45.1	411	76.5
			5.0	15.9	20.4	517	216	5.0	3.2	73.8	53.9	499	91.8
			6.0	18.8	24.0	570	248	4.9	3.2	85.3	61.9	581	106
			8.0	23.9	30.4	708	293	4.8	3.1	101	73.3	731	129
150	100	±1.20	4.0	14.9	18.9	594	318	5.6	4.1	79.3	63.7	661	105
			5.0	18.3	23.3	719	384	5.5	4.0	95.9	79.8	807	127
			6.0	21.7	27.6	834	444	5.5	4.0	111	88.8	915	147
			8.0	28.1	35.8	1039	519	5.4	3.9	138	110	1148	182
			10	33.4	42.6	1161	614	5.2	3.8	155	123	1426	211
160	60	±1.20	4.0	13.0	16.5	500	106	5.5	2.5	62.5	35.4	294	63.8
			4.5	14.5	18.5	552	116	5.5	2.5	69.0	38.9	325	70.1
			6.0	18.9	24.0	693	144	5.4	2.4	86.7	48.0	410	87.0
160	80	±1.20	4.0	14.2	18.1	598	203	5.7	3.3	71.7	50.9	493	88.0
			5.0	17.5	22.4	722	214	5.7	3.3	90.2	61.0	599	106
			6.0	20.7	26.4	836	286	5.6	3.3	104	76.2	699	122
			8.0	26.8	33.6	1036	344	5.5	3.2	129	85.9	876	149

续表

边长/mm		允许偏差/mm	壁厚/mm	理论质量/(kg/m)	截面面积/cm^2	惯性矩/cm^4		回转半径/cm		截面抵抗矩/cm^3		扭转常数	
H	B	$\pm\Delta$	t	M	A	I_x	I_y	r_x	r_y	W_x	W_y	I_t/cm^4	C_t/cm^3
180	65	±1.20	4.0	14.5	18.5	709	142	6.2	2.8	78.8	43.8	396	79.0
			4.5	16.3	20.7	784	156	6.1	2.7	87.1	48.1	439	87.0
			6.0	21.2	27.0	992	194	6.0	2.7	110	59.8	557	108
180	100	±1.30	4.0	16.7	21.3	926	374	6.6	4.2	103	74.7	853	127
			5.0	20.7	26.3	1124	452	6.5	4.1	125	90.3	1012	154
			6.0	24.5	31.2	1309	524	6.4	4.1	145	104	1223	179
			8.0	31.5	40.4	1643	651	6.3	4.0	182	130	1554	222
			10	38.1	48.5	1859	736	6.2	3.9	206	147	1858	259
200	100	±1.30	4.0	18.0	22.9	1200	410	7.2	4.2	120	82.2	984	142
			5.0	22.3	28.3	1459	497	7.2	4.2	146	99.4	1204	172
			6.0	26.1	33.6	1703	577	7.1	4.1	170	115	1413	200
			8.0	34.4	43.8	2146	719	7.0	4.0	215	144	1798	249
			10	41.2	52.6	2444	818	6.9	3.9	244	163	2154	292
200	120	±1.40	4.0	19.3	24.5	1353	618	7.4	5.0	135	103	1345	172
			5.0	23.8	30.4	1649	750	7.4	5.0	165	125	1652	210
			6.0	28.3	36.0	1929	874	7.3	4.9	193	146	1947	245
			8.0	36.5	46.4	2386	1079	7.2	4.8	239	180	2507	308
			10	44.4	56.6	2806	1262	7.0	4.7	281	210	3007	364
200	150	±1.50	4.0	21.2	26.9	1584	1021	7.7	6.2	158	136	1942	219
			5.0	26.2	33.4	1935	1245	7.6	6.1	193	166	2391	267
			6.0	31.1	39.6	2268	1457	7.5	6.0	227	194	2826	312
200	150	±1.50	8.0	40.2	51.2	2892	1815	7.4	6.0	283	242	3664	396
			10	49.1	62.6	3348	2143	7.3	5.8	335	286	4428	471
			12	56.6	72.1	3668	2353	7.1	5.7	367	314	5099	532
			14	64.2	81.7	4004	2564	7.0	5.6	400	342	5691	586

续表

边长/mm		允许偏差/mm	壁厚/mm	理论质量/(kg/m)	截面面积/cm²	惯性矩/cm⁴		回转半径/cm		截面抵抗矩/cm³		扭转常数	
H	B	$\pm\Delta$	t	M	A	I_x	I_y	r_x	r_y	W_x	W_y	I_t/cm^4	C_t/cm^3
220	140	±1.50	4.0	21.8	27.7	1892	948	8.3	5.8	172	135	1987	224
			5.0	27.0	34.4	2313	1155	8.2	5.8	210	165	2447	274
			6.0	32.1	40.8	2714	1352	8.1	5.7	247	193	2891	321
			8.0	41.5	52.8	3389	1685	8.0	5.6	308	241	3746	407
			10	50.7	64.6	4017	1989	7.8	5.5	365	284	4523	484
			12	58.5	74.5	4408	2187	7.7	5.4	401	312	5206	546
			13	62.5	79.6	4624	2292	7.6	5.4	420	327	5517	575
250	150	±1.60	4.0	24.3	30.9	2697	1234	9.3	6.3	216	165	2665	275
			5.0	30.1	38.4	3304	1508	9.3	6.3	264	201	3285	337
			6.0	35.8	45.6	3886	1768	9.2	6.2	311	236	3886	396
			8.0	46.5	59.2	4886	2219	9.1	6.1	391	296	5050	504
			10	57.0	72.6	5825	2634	9.0	6.0	466	351	6121	602
			12	66.0	84.1	6458	2925	8.8	5.9	517	390	7088	684
			14	75.2	95.7	7114	3214	8.6	5.8	569	429	7954	759
250	200	±1.70	5.0	34.0	43.4	4055	2885	9.7	8.2	324	289	5257	457
			6.0	40.5	51.6	4779	3397	9.6	8.1	382	340	6237	538
			8.0	52.8	67.2	6057	4304	9.5	8.0	485	430	8136	691
			10	64.8	82.6	7266	5154	9.4	7.9	581	515	9950	832
			12	75.4	96.1	8159	5792	9.2	7.8	653	579	11640	955
			14	86.1	110	9066	6430	9.1	7.6	725	643	13185	1069
			16	96.4	123	9853	6983	9.0	7.5	788	698	14596	1171
260	180	±1.80	5.0	33.2	42.4	4121	2350	9.9	7.5	317	261	4695	426
			6.0	39.6	50.4	4856	2763	9.8	7.4	374	307	5566	501
			8.0	51.5	65.6	6145	3493	9.7	7.3	473	388	7267	642
			10	63.2	80.6	7363	4174	9.5	7.2	566	646	8850	772
			12	73.5	93.7	8245	4679	9.4	7.1	634	520	10328	884
			14	84.0	107	9147	5182	9.3	7.0	703	576	11673	988

续表

边长/mm		允许偏差/mm	壁厚/mm	理论质量/(kg/m)	截面面积/cm^2	惯性矩/cm^4		回转半径/cm		截面抵抗矩/cm^3		扭转常数	
H	B	$\pm\Delta$	t	M	A	I_x	I_y	r_x	r_y	W_x	W_y	I_t/cm^4	C_t/cm^3
300	200	±2.00	5.0	38.0	48.4	6241	3361	11.4	8.3	416	336	6836	552
			6.0	45.2	57.6	7370	3962	11.3	8.3	491	396	8115	651
			8.0	59.1	75.2	9389	5042	11.2	8.2	626	504	10627	838
			10	72.7	92.6	11313	6058	11.1	8.1	754	606	12987	1012
			12	84.8	108	12788	6854	10.9	8.0	853	685	15236	1167
			14	97.1	124	14287	7643	10.7	7.9	952	764	17307	1311
			16	109	139	15617	8340	10.6	7.8	1041	834	19223	1442
350	200	±2.10	5.0	41.9	53.4	9032	3836	13.0	8.5	516	384	8475	647
			6.0	49.9	63.6	10682	4527	12.9	8.4	610	453	10065	764
			8.0	65.3	83.2	13662	5779	12.8	8.3	781	578	13189	986
			10	80.5	102	16517	6961	12.7	8.2	944	696	16137	1193
			12	94.2	120	18768	7915	12.5	8.1	1072	792	18962	1379
			14	108	138	21055	8856	12.4	8.0	1203	886	21578	1554
			16	121	155	23114	9698	12.2	7.9	1321	970	24016	1713
350	250	±2.20	5.0	45.8	58.4	10520	6306	13.4	10.4	601	504	12234	817
			6.0	54.7	69.6	12457	7458	13.4	10.3	712	594	14554	967
			8.0	71.6	91.2	16001	9573	13.2	10.2	914	766	19136	1253
			10	88.4	113	19407	11588	13.1	10.1	1109	927	23500	1522
			12	104	132	22196	13261	12.9	10.0	1268	1060	27749	1770
			14	119	152	25008	14921	12.8	9.9	1429	1193	31729	2003
			16	134	171	27580	16434	12.7	9.8	1575	1315	35497	2220
350	300	±2.30	7.0	68.6	87.4	16270	12874	13.6	12.1	930	858	22599	1347
			8.0	77.9	99.2	18341	14506	13.6	12.1	1048	967	25633	1520
			10	96.2	122	22298	17623	13.5	12.0	1274	1175	31548	1852
			12	113	144	25625	20257	13.3	11.9	1464	1350	37358	2161
			14	130	166	28962	22883	13.2	11.7	1655	1526	42837	2454
			16	146	187	32046	25305	13.1	11.6	1831	1687	48072	2729
			19	170	217	36204	28569	12.9	11.5	2069	1904	55439	3107

续表

边长/mm		允许偏差/mm	壁厚/mm	理论质量/(kg/m)	截面面积/cm²	惯性矩/cm⁴		回转半径/cm		截面抵抗矩/cm³		扭转常数	
H	B	$\pm\Delta$	t	M	A	I_x	I_y	r_x	r_y	W_x	W_y	I_t/cm^4	C_t/cm^3
400	200	±2.40	6.0	54.7	69.6	14789	5092	14.5	8.6	739	509	12069	877
			8.0	71.6	91.2	18974	6517	14.4	8.5	949	652	15820	1133
			10	88.4	113	23003	7864	14.3	8.4	1150	786	19368	1373
			12	104	132	26248	8977	14.1	8.2	1312	898	22782	1591
			14	119	152	29545	10069	13.9	8.1	1477	1007	25956	1796
			16	134	171	32546	11055	13.8	8.0	1627	1105	28928	1983
400	250	±2.50	5.0	49.7	63.4	14440	7056	15.1	10.6	722	565	14773	937
			6.0	59.4	75.6	17118	8352	15.0	10.5	856	668	17580	1110
			8.0	77.9	99.2	22048	10744	14.9	10.4	1102	860	23127	1440
			10	96.2	122	26806	13029	14.8	10.3	1340	1042	28423	1753
			12	113	144	30766	14926	14.6	10.2	1538	1197	33597	2042
			14	130	166	34762	16872	14.5	10.1	1738	1350	38460	2315
			16	146	187	38448	19628	14.3	10.0	1922	1490	43083	2570
400	300	±2.60	7.0	74.1	94.4	22261	14376	15.4	12.3	1113	958	27477	1547
			8.0	84.2	107	25152	16212	15.3	12.3	1256	1081	31179	1747
			10	104	133	30609	19726	15.2	12.2	1530	1315	38407	2132
			12	122	156	35284	22747	15.0	12.1	1764	1516	45527	2492
			14	141	180	39979	25748	14.9	12.0	1999	1717	52267	2835
			16	159	203	44350	28535	14.8	11.9	2218	1902	58731	3159
			19	185	236	50309	32326	14.6	11.7	2515	2155	67883	3607
450	250	±2.70	6.0	64.1	81.6	22724	9245	16.7	10.6	1010	740	20687	1253
			8.0	84.2	107	29336	11916	16.5	10.5	1304	953	27222	1628
			10	104	133	35737	14470	16.4	10.4	1588	1158	33473	1983
			12	123	156	41137	16663	16.2	10.3	1828	1333	39591	2314
			14	141	180	46587	18824	16.1	10.2	2070	1506	45358	2627
			16	159	203	51651	20821	16.0	10.1	2295	1666	50857	2921

续表

边长/mm		允许偏差/mm	壁厚/mm	理论质量/(kg/m)	截面面积/cm^2	惯性矩/cm^4		回转半径/cm		截面抵抗矩/cm^3		扭转常数	
H	B	$\pm\Delta$	t	M	A	I_x	I_y	r_x	r_y	W_x	W_y	I_t/cm^4	C_t/cm^3
450	350	±2.80	7.0	85.1	108	32867	22448	17.4	14.4	1461	1283	41688	2053
			8.0	96.7	123	37151	25360	17.4	14.3	1651	1449	47354	2322
			10	120	153	45418	30971	17.3	14.2	2019	1770	58458	2842
			12	141	180	52650	35911	17.1	14.1	2340	2052	69468	3335
			14	163	208	59898	40823	17.0	14.0	2662	2333	79967	3807
			16	184	235	66727	45443	16.9	13.9	2966	2597	90121	4257
			19	215	274	76195	51834	16.7	13.8	3386	2962	104670	4889
450	400	±3.00	9.0	115	147	45711	38225	17.6	16.1	2032	1911	65371	2938
			10	127	163	50259	42019	17.6	16.1	2234	2101	72219	3272
			12	151	192	58407	48837	17.4	15.9	2596	2442	85923	3846
			14	174	222	66554	55631	17.3	15.8	2958	2782	99037	4398
			16	197	251	74264	62055	17.2	15.7	3301	3103	111766	4926
			19	230	293	85024	71012	17.0	15.6	3779	3551	130101	5671
			22	262	334	94835	79171	16.9	15.4	4215	3959	147482	6363
500	200	±3.10	9.0	94.2	120	36774	8847	17.5	8.6	1471	885	23642	1584
			10	104	133	40321	9671	17.4	8.5	1613	967	26005	1734
			12	123	156	46312	11101	17.2	8.4	1853	1110	30620	2016
			14	141	180	52390	12496	17.1	8.3	2095	1250	34934	2280
			16	159	203	58015	13771	16.9	8.2	2320	1377	38999	2526
500	250	±3.20	9.0	101	129	42199	14521	18.1	10.6	1688	1161	35044	2017
			10	112	143	46324	15911	18.0	10.6	1853	1273	38624	2214
			12	132	168	53457	18363	17.8	10.5	2138	1469	45701	2585
			14	152	194	60659	20776	17.7	10.4	2426	.1662	58778	2939
			16	172	219	67389	23015	17.6	10.3	2696	1841	37358	3272
500	300	±3.30	10	120	153	52328	23933	18.5	12.5	2093	1596	52736	2693
			12	141	180	60604	27726	18.3	12.4	2424	1848	62581	3156
			14	163	208	68928	31478	18.2	12.3	2757	2099	71947	3599
			16	184	235	76763	34994	18.1	12.2	3071	2333	80972	4019
			19	215	274	87609	39838	17.9	12.1	3504	2656	93845	4606

续表

边长/mm		允许偏差/mm	壁厚/mm	理论质量/(kg/m)	截面面积/cm²	惯性矩/cm⁴		回转半径/cm		截面抵抗矩/cm³		扭转常数	
H	B	$\pm\Delta$	t	M	A	I_x	I_y	r_x	r_y	W_x	W_y	I_t/cm^4	C_t/cm^3
500	400	±3.40	10	135	173	64334	45823	19.3	16.3	2573	2291	84403	3653
			12	160	204	74895	53355	19.2	16.2	2996	2668	100471	4298
			14	185	236	85466	60848	19.0	16.1	3419	3042	115881	4919
			16	209	267	95510	67957	18.9	16.0	3820	3398	130866	5515
			19	245	312	109600	77913	18.7	15.8	4384	3896	152512	6360
			22	279	356	122539	87039	18.6	15.6	4902	4352	173112	7148
500	450	±3.50	10	143	183	70337	59941	19.6	18.1	2813	2664	101581	4132
			12	170	216	82040	69920	19.5	18.0	3282	3108	121022	4869
			14	196	250	93736	79865	19.4	17.9	3749	3550	139716	5580
			16	222	283	104884	89340	19.3	17.8	4195	3971	157943	6264
			19	260	331	120595	102683	19.1	17.6	4824	4564	184368	7238
			22	297	378	135115	115003	18.9	17.4	5405	5111	209643	8151
500	480	±3.60	10	148	189	73939	69499	19.8	19.2	2958	2896	112236	4420
			12	175	223	86328	81146	19.7	19.1	3453	3381	133767	5211
			14	203	258	98697	92763	19.6	19.0	3948	3865	154499	5977
			16	229	292	110508	103853	19.4	18.8	4420	4327	174736	6713
			19	269	342	127193	119515	19.3	18.7	5088	4980	204127	7765
			22	307	391	142660	134031	19.1	18.5	5706	5585	232306	8753

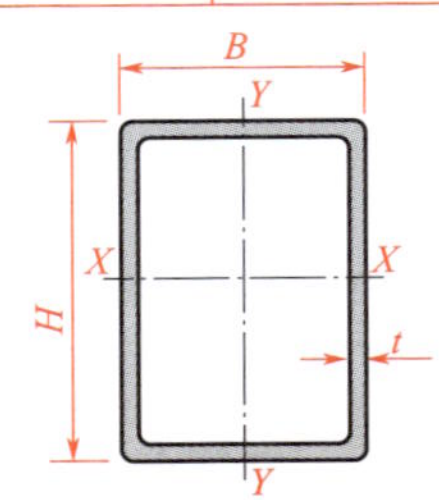

冷弯矩形钢管

注：表中理论质量按钢密度7.85g/cm³计算。

附录6 空心圆管外形尺寸、允许偏差及截面特性（拱形钢结构等）

空心圆管外形尺寸、允许偏差及截面特性（拱形钢结构等）见附表6。

附表6 空心圆管外形尺寸、允许偏差及截面特性（拱形钢结构等）

管径/mm	壁厚/mm	理论质量/（kg/m）	截面面积/cm^2	惯性矩/cm^4	回转半径/cm	截面抵抗矩/cm^3	抗扭截面系数/cm^3
D	t	M	A	$I_x=I_y$	$r_x=r_y$	$W_x=W_y$	W_n
114.3	4	1.1	13.9	211	3.9	37	74
	5	1.4	17.2	257	3.9	45	90
	6	1.7	20.4	300	3.8	52	105
	8	2.2	26.7	379	3.8	66	133
139.7	4	1.4	17.0	393	4.8	56	112
	5	1.7	21.1	480	4.8	69	138
	6	2.1	25.2	564	4.7	81	162
	8	2.7	33.1	720	4.7	103	206
159	4	1.6	19.5	585	5.5	74	147
	5	2.0	24.2	718	5.4	90	180
	6	2.3	28.8	845	5.4	106	212
	8	3.1	37.9	1084	5.3	136	273
168.3	4	1.7	20.6	697	5.8	83	166
	6	2.5	30.6	1008	5.7	120	240
	8	3.3	40.3	1297	5.7	154	308
	10	4.1	49.7	1563	5.6	186	372
	12	4.9	58.9	1809	5.5	215	430
219.1	4	2.2	27.0	1563	7.6	143	285
	6	3.2	40.1	2281	7.5	208	416
	8	4.3	53.0	2958	7.5	270	540
	10	5.4	65.7	3597	7.4	328	657
	12	6.4	78.0	4198	7.3	383	766
	14	7.5	90.2	4763	7.3	435	870
323.9	6	4.8	59.9	7569	11.2	467	935
	8	6.4	79.4	9905	11.2	612	1223
	10	8.0	98.6	12152	11.1	750	1501
	12	9.5	117.5	14312	11.0	884	1768
	14	11.1	136.2	16388	11.0	1012	2024
	16	12.7	154.7	18381	10.9	1135	2270
355.6	6	5.3	65.9	10065	12.4	566	1132
	8	7.0	87.3	13195	12.3	742	1484
	10	8.7	108.5	16215	12.2	912	1824
	12	10.5	129.5	19130	12.2	1076	2152
	14	12.2	150.2	21941	12.1	1234	2468
	16	14.0	170.6	24651	12.0	1386	2773

续表

管径/mm	壁厚/mm	理论质量/（kg/m）	截面面积/cm^2	惯性矩/cm^4	回转半径/cm	截面抵抗矩/cm^3	抗扭截面系数/cm^3
D	t	M	A	$I_x=I_y$	$r_x=r_y$	$W_x=W_y$	W_n
406.4	6	6.0	75.4	15121	14.2	744	1488
	8	8.0	100.1	19864	14.1	978	1955
	10	10.0	124.5	24463	14.0	1204	2408
	12	12.0	148.6	28922	14.0	1423	2847
	14	14.0	172.5	33244	13.9	1636	3272
	16	16.0	196.1	37430	13.8	1842	3684
	18	18.0	219.5	41484	13.7	2042	4083
	20	19.9	242.7	45409	13.7	2235	4469
457	6	6.8	85.0	21607	15.9	946	1891
	8	9.0	112.8	28432	15.9	1244	2488
	10	11.2	140.4	35074	15.8	1535	3069
	12	13.5	167.7	41535	15.7	1818	3635
	14	15.7	194.7	47820	15.7	2093	4185
	16	18.0	221.6	53932	15.6	2360	4720
	18	20.2	248.1	59874	15.5	2620	5240
	20	22.4	274.4	65648	15.5	2873	5746
508	6	7.5	94.6	29796	17.7	1173	2346
	8	10.0	125.6	39260	17.7	1545	3091
	10	12.5	156.4	48496	17.6	1909	3818
	12	15.0	186.9	57507	17.5	2264	4528
	14	17.5	217.2	66298	17.5	2610	5220
	16	20.0	247.2	74871	17.4	2947	5895
	18	22.5	276.9	83231	17.3	3276	6553
	20	25.0	306.5	91381	17.3	3597	7195
559	6	8.3	104.2	39831	19.6	1425	2850
	8	11.0	138.4	52538	19.5	1879	3759
	10	13.8	172.4	64968	19.4	2324	4648
	12	16.5	206.1	77124	19.3	2759	5518
	14	19.3	239.6	89011	19.3	3184	6369
	16	22.0	272.8	100632	19.2	3600	7200
	18	24.7	305.8	111991	19.1	4006	8013
	20	27.5	338.5	123093	19.1	4404	8808
610	6	9.0	113.8	51897	21.4	1701	3403
	8	12.0	151.2	68517	21.3	2246	4492
	10	15.0	188.4	84804	21.2	2780	5560
	12	18.0	225.3	100763	21.1	3303	6607
	14	21.0	262.0	116398	21.1	3816	7632
	16	24.0	298.4	131715	21.0	4318	8637
	18	27.0	334.6	146716	20.9	4810	9620
	20	30.0	370.5	161408	20.9	5292	10584

续表

管径/mm	壁厚/mm	理论质量/(kg/m)	截面面积/cm^2	惯性矩/cm^4	回转半径/cm	截面抵抗矩/cm^3	抗扭截面系数/cm^3
D	t	M	A	$I_x=I_y$	$r_x=r_y$	$W_x=W_y$	W_n

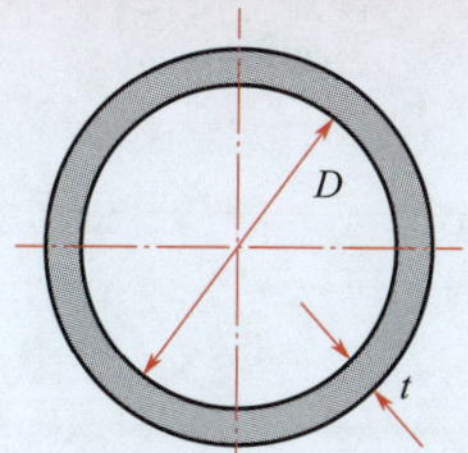

空心圆管截面特性尺寸

注：表中理论质量按钢密度7.85g/cm^3计算。

附录7 随书附赠视频汇总

书中相关视频汇总

建筑结构	常见的钢结构类型	钢结构工程材料要求
钢结构连接要求	钢结构的焊接要求	钢结构的维护
H型钢	螺栓连接副形式	钢结构用耐候钢高强度螺栓连接副
钢结构用焊接空心钢球	压型钢板材料截面形式	钢框架结构
桁架结构	螺栓球网架	钢结构楼板体系综述

续表

压型钢板楼板	柱上栓钉的作用	网壳结构
方（矩）形钢管		

本书拓展视频

石材干挂角钢的要求		